■ 高等院校装备制造大类专业系列教材

机械制造技术基础

谢志刚　　　　主　编
陈小芹 杨壮凌　副主编

清華大學出版社
北京

内容简介

本书基于职业院校“双高”建设、“提质培优”质量工程和“三教”改革基本要求，依据高等职业院校装备制造大类学科专业规范和职业能力要求，结合国内外先进、实用的机械制造技术编写而成。全书共8章，主要内容包括绪论、金属切削基础、机械加工精度、机械加工表面质量、机械制造工艺规程的制定、机床夹具设计、典型零件数控加工工艺和机械装配工艺基础。除第1章外，每章设置了特色实践项目（包括刀具刃磨、加工精度及表面质量检验、夹具设计、数控加工工艺、减速器装配等），每章末尾归纳了知识点。全书每章末均附有习题。本书配有在线开放课程及微课视频、实操视频等资源。

本书可作为职业院校机电类及相关专业的教材，也可作为相关专业技术人员的参考和自学用书。

图书在版编目(CIP)数据

机械制造技术基础/谢志刚主编. —北京：清华大学出版社，2022.7
高等院校装备制造大类专业系列教材
ISBN 978-7-302-61085-4

Ⅰ. ①机… Ⅱ. ①谢… Ⅲ. ①机械制造工艺－高等学校－教材 Ⅳ. ①TH16

中国版本图书馆CIP数据核字(2022)第100998号

责任编辑：王剑乔
封面设计：刘 键
责任校对：刘 静
责任印制：宋 林

出版发行：清华大学出版社
网 址：http://www.tup.com.cn，http://www.wqbook.com
地 址：北京清华大学学研大厦A座 **邮 编：**100084
社 总 机：010-83470000 **邮 购：**010-62786544
投稿与读者服务：010-62776969，c-service@tup.tsinghua.edu.cn
质量反馈：010-62772015，zhiliang@tup.tsinghua.edu.cn
课件下载：http://www.tup.com.cn，010-83470410
印 装 者：三河市龙大印装有限公司
经 销：全国新华书店
开 本：185mm×260mm **印 张：**18.5 **字 数：**443千字
版 次：2022年8月第1版 **印 次：**2022年8月第1次印刷
定 价：59.00元

产品编号：096281-01

前 言

本书在职业院校机电类专业教育教学及课程体系改革与实践的基础上，基于翻转课堂、线上线下混合式教学等教学新模式进行编写，融入课程思政（家国情怀、奉献精神、劳动精神和工匠精神等）进行价值引领，配套“好大学在线”网站在线开放课程（MOOC）——“机械制造技术基础”及立体化教学资源。本书的内容设计符合新时期职业院校学生的特点和需要，在培养学生学习能力、阅读习惯、学习目标等方面更具针对性和时代性。书中链接了微课视频、实训视频、拓展视频、动画、增强图片等，充分吸取了国内高职院校近年来机械制造技术基础课程教学改革的经验，形成以纸质教材为载体，数字化资源、数字课程开发应用相结合的新形态教材，实现教材内容与数字资源建设一体化、教学与学习过程一体化。

本书编写特色有以下三个方面。

（1）整合碎片化资源，采用二维码实现资源与教材融合；打造MOOC，完善了在线测验和线上交流，便于课程教学以“教材＋微课＋MOOC＋课堂线上即时互动”模式展开。

（2）在内容组织上，紧密结合生产实际，兼顾知识体系的结构性和操作技能的实践性，配有理论讲解视频和实操视频，以便进一步拓宽知识面。

（3）在每章内容的编写体系上，一切从学习目标出发，由浅入深，逐步推进，除第1章外，在每章的开始明确了学习目标、重点与难点、教学资源、课程导入，各章均设置实践项目，每章末尾归纳了本章知识点梳理并附有习题。

本书由汕头职业技术学院组织编写，由谢志刚任主编，陈小芹、杨壮凌任副主编。具体编写分工如下：第1、4～6章由谢志刚编写，第2、3章由陈小芹编写，第7、8章由杨壮凌编写。

本书教学课件

在本书编写过程中得到汕头轻工装备企业联盟工程师的诸多支持和帮助，在此一并表示衷心感谢！

限于编者水平，书中疏漏之处在所难免，恳切希望读者不吝赐教。

编　者

2022年4月

前言

目录

绪　论

第1章
微课视频

机械制造导论及机械加工的流程步骤

1.1　制造业、机械制造业及其地位

制造业是所有与制造有关的行业的总体。制造业为国民经济各部门和科技、国防提供技术装备，是整个工业、经济与科技、国防的基础，是现代化的动力源，是现代文明的支柱。同时，制造业是一个国家的立国之本。在工业化国家中，以各种形式从事制造活动的人员约占全国从业人数的1/4。美国约68%的财富来源于制造业，日本约50%的国民生产总值由制造业创造，我国的制造业在工业总产值中约占40%。

机械制造业是制造业最主要的组成部分，是为用户创造和提供机械产品的行业，包括机械产品的开发设计、制造、生产、流通和售后服务全过程。机械制造业担负着为国民经济各部门和国防提供机械装备的任务，其规模和水平直接反映了国民经济实力和科学技术水平，因此，在国民经济中具有十分重要的地位和作用。

1.2　机械制造技术的范畴和内容

机械制造技术是以制造一定质量的机械产品为目标，研究如何以最少的消耗、最低的成本和最高的效率进行机械产品制造的综合性技术。

机械制造工艺可分为热加工工艺和冷加工工艺。热加工工艺包括铸造、锻造、焊接、热处理、表面改性等；本课程主要讲授冷加工工艺，包括常温下零件的机械加工工艺和机器的装配工艺。

零件的机械加工工艺是研究如何利用切削的原理使工件成形，达到预定的设计要求，也就是尺寸精度、形状精度、位置精度和表面质量要求(图1-1)。

机器的装配工艺是研究如何将零件或部件进行配合和连接，使之成为半成品和成品，并达到所要求的装配精度的工艺过程(图1-2)。

图 1-1　机械加工

图 1-2　机械装配

1.3　机械制造业的发展

人类文明的发展与制造业的进步密切相关，早在石器时代，人们就开始利用天然石料制作工具，用其猎取自然资源。到了青铜器和铁器时代，人们开始采矿冶金锻造工具，并开始制作纺织机械、水利机械、运输车辆等。近三百年，与三次工业革命同步，机械制造业和机械制造技术得到快速发展，如图 1-3 所示。

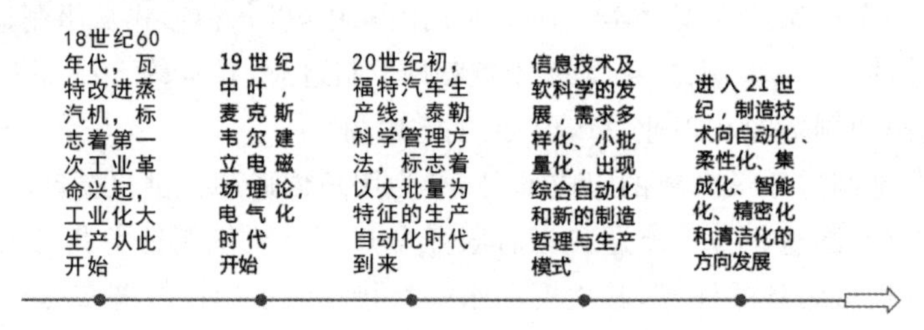

图 1-3　机械制造业的快速发展阶段

面对世界经济技术发展的日益融合和开放的趋势，为了在世界经济发展大潮中处于领先地位，世界各个工业化国家先后提出了振兴制造业技术的战略计划。2011 年 6 月 24 日，美国总统奥巴马宣布启动一项超过 5 亿美元的先进制造业伙伴关系（AMP 计划），希望通过政府、高校与企业的合作来强化美国制造业，共同帮助美国重夺全球制造业领先地位。2013 年 4 月，德国政府在汉诺威工业博览会上，正式推出“工业 4.0”高科技战略计划，目的是提高德国工业的竞争力，在新一轮工业革命中占领先机。2015 年 1 月 23 日，日本政府公布了机器人新战略，提出三大核心目标，即“世界机器人创新基地”“世界第一的机器人应用国家”“迈向世界领先的机器人新时代”，目的是确保日本在机器人领域的世界领先地位。2015 年 5 月 8 日，中国由国务院正式印发《中国制造 2025》，该行动纲领的目标是：第一步，到 2025 年迈入制造强国行列；第二步，到 2035 年中国制造业整体达到世界制造强国阵营中等水平；第三步，到新中国成立一百年时，综合实力进入世界制造强国前列。《中国制造 2025》也给我国机械制造业的发展指明了目标——创新驱动、质量为先、绿色发展、结构优化和人才为本。

1.4　中国机械制造的贡献

在人类历史上，先后出现过多个文明，唯有中华文明从诞生到现在从未中断过。中国的机械制造具有悠久的历史。考古发现，早在 50 万年以前的远古时代，中国已经开始使用石器和钻木取火工具以及弓形钻。弓形钻如图 1-4 所示，由燧石钻头、钻杆、窝座和弓弦等组成，往复推拉弓弦就可使钻杆转动，用来钻孔、扩孔和取火。到了商代出现了用来琢玉的古代钻床，如图 1-5 所示。

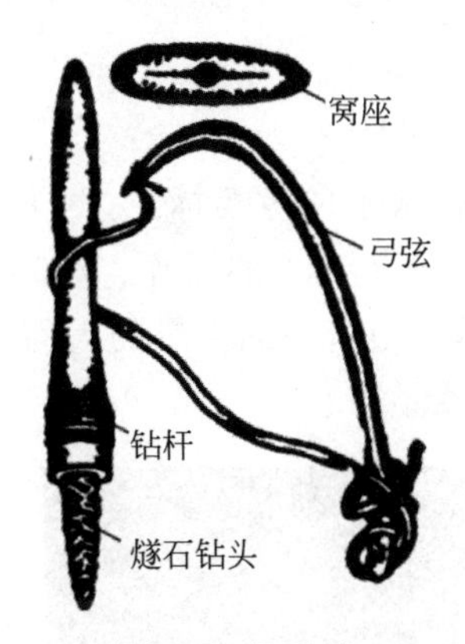

图 1-4　弓形钻

图 1-5　古代钻床

我国车削加工和车床雏形（图 1-6）的出现比欧洲早了近千年。如图 1-6(b)所示，弓弦缠绕工件后与脚踏板连接，脚踩踏板实现工件旋转，手持刀具进给车削工件，在工件表面形成环形槽。

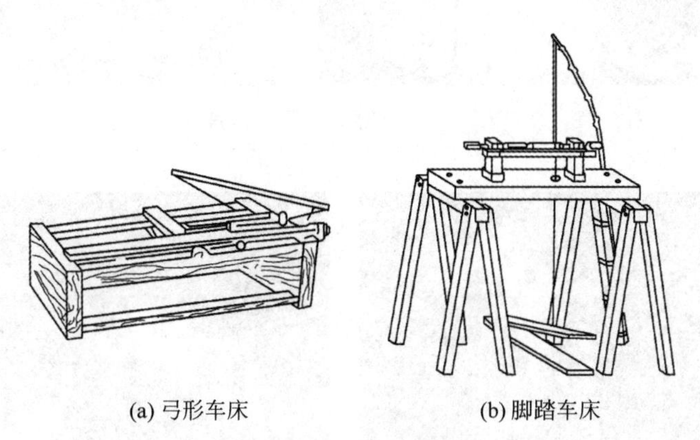

(a) 弓形车床　　(b) 脚踏车床

图 1-6　古代车床

到了明代，在古天文仪器加工中，我国已采用铣削和磨削加工方法，出现了铣床、磨床和切削刃磨机的雏形，如图 1-7 和图 1-8 所示。

1949 年新中国成立之后，经过几代人的不懈努力，我国建立了独立自主、门类齐全的制造业体系，尤其是高铁系统及其施工运营技术达到了世界先进水平。

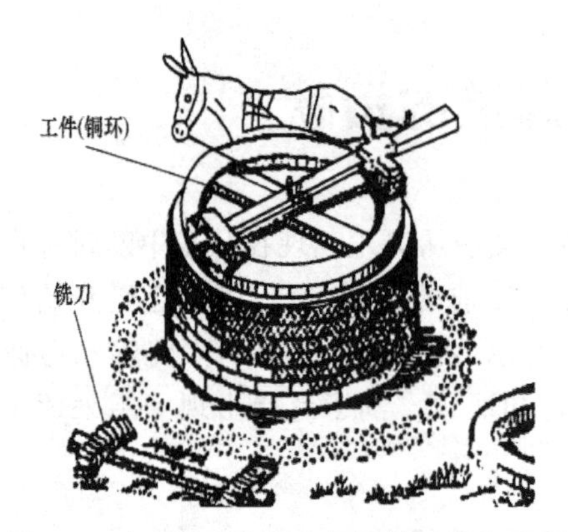

图 1-7 古代天文仪器上铜环的铣削和磨削

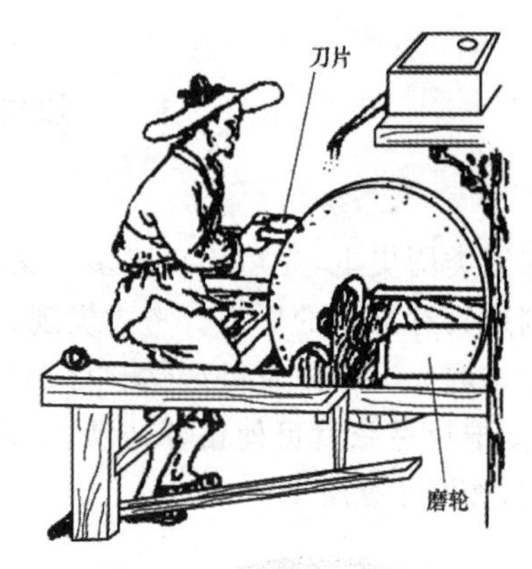

图 1-8 古代脚踏刃磨机

航空航天制造技术水平是衡量一个国家科技发展综合水平的重要标志，图 1-9 是天宫一号发射与神舟飞船对接，图 1-10 是嫦娥三号着陆器与月球车互拍的照片。2003 年以来，我国先后自行设计制造发射了神舟系列载人飞船。2020 年 7 月，探测火星的天问 1 号成功发射，中国航空航天技术的飞速进步已逐步打破西方的垄断。

图 1-9 天宫一号发射场景及与神舟飞船对接

图 1-10 嫦娥三号着陆器与月球车互拍传回的照片

1.5　课程的内容、性质和任务

机械制造技术基础课程包括以下三部分内容。

第一部分，以金属切削理论为基础，要求掌握金属切削的基本原理和基本知识。

第二部分，以制造工艺为主线，要求了解和掌握机械加工工艺过程和装配工艺过程。

第三部分，主要了解刀具、夹具等常用的工艺装备。

本书分为8章：绪论；金属切削基础；机械加工精度；机械加工表面质量；机械制造工艺规程的制定；机床夹具设计；典型零件数控加工工艺；机械装配工艺基础。

机械制造技术基础课程作为机电类专业的专业基础课，知识面广，实践性强，对初学者来说，有一定难度。在学习过程中，通过实习、实验、课程设计、信息化教学、现场教学，来更好地体会和加深理解所学内容，为后续的专业课程夯实基础。学习中要注意理论与实践相结合，培养分析和解决问题的能力。

我国的制造技术在古代曾经领先，在近现代快速追赶，如今中国制造已走向世界。我们要学好机械制造技术理论，做好“中国制造”。

习　题

1. 判断题(正确画√，错误画×)

(1) 制造业为国民经济各部门和科技、国防提供技术装备，是现代化的动力源，是现代文明的支柱。　(　)

(2) 刀具材料和机床动力源的发展使得切削速度不断提高，切削速度的提高反过来促进了机床各部分强度以及轴承、变速机构的改进。　(　)

(3) 进入21世纪，机械制造业正向自动化、柔性化、集成化、智能化、绿色化和清洁化的方向发展。　(　)

(4) 目前，我国的机械制造业已具有相当规模和一定的技术基础，成为我国工业体系中最大的产业之一。　(　)

(5) 机械冷加工技术和机械装配技术占机械制造过程的总工作量的60%以上。　(　)

(6) 机械加工过程中，同一个被加工表面，若精度要求和表面质量要求不同，所采用的加工方法也不同。　(　)

2. 填空题

(1) 机械制造业包括机械产品的__________、__________、__________、__________和__________全过程。

(2) 第一次工业革命，__________的应用从采矿业推广到纺织、面粉、冶金等行业，机器生产方式逐步取代手工劳动方式。

(3) 19世纪中叶，__________理论的建立为发电机和电动机的产生奠定了基础，以__________为动力源，使机械结构发生重大变化。

(4) 流水生产线的出现和泰勒科学管理理论的产生，标志着机械制造业进入__________生产的时代。

(5) 传统的自动化生产方式只有在大批量生产条件下才能实现，而__________的出现使中小批量生产自动化成为可能。

(6) 当今以__________技术为特征的第四次工业革命浪潮，掀起了机械制造技术和理念的飞跃。

(7) 近些年，发达国家为了确保其制造业的领先地位，美国提出了__________计划，德国推出了__________计划，日本公布了__________计划。

(8) 早在50万年以前的远古时代，我国已开始使用石器和钻木取火的__________；在商代，我国已出现了可转动的琢玉工具，即古代__________；到了明代，在古天文仪器中，已采用__________和__________加工方法。

(9) 公元260年左右，我们祖先创造了木制__________，并成功地研制了以水为动力的机械，用于谷物的加工。

(10) 近几年，我国提出__________战略计划，给我国机械制造业的发展指明了目标：__________、__________、__________、__________、__________。

金属切削基础

学习目标

本章主要介绍切削运动；切削用量；切削层参数；基准；刀具角度参考系、刀具角度的标注和刀具刃磨。

本章重点是切削用量、基准和刀具角度的标注。

通过本章的学习，要求掌握典型机床的切削运动、切削用量的基本概念；能够分析设计基准与工艺基准；了解刀具角度参考系，掌握刀具静止参考系中的常见刀具角度，培养刀具刃磨技能。

重点与难点

◇ 切削运动

◇ 切削用量

◇ 基准

◇ 刀具角度参考系、刀具角度的标注和刀具刃磨

教学资源

微课视频、实操视频、拓展知识视频、MOOC学习平台。

课程导入 大国工匠——洪家光

洪家光，男，汉族，1979年12月生，中共党员，沈阳工业大学数控技术专业毕业，大专学历，沈阳黎明航空发动机(集团)有限责任公司首席技能专家(图2-Ⅰ)。

洪家光多次参与辽宁舰舰载机等多项国家重点航空发动机科研项目，拥有7项国家发明和实用新型专利。他攻克了金刚石滚轮成型面加工难题，累计为公司创造产值9000余万元。作为省级“洪家光技能大师工作室”领创人，带领团队完成35项创新项目和53项攻关项目，带领辽宁队获得第九届全国青年职业技能大赛车工组团体第一名。洪家光讲，要想成为一名好车工，磨出一把好刀是关键，洪家光设计磨制的刀具有上千把，解决了一系列技术难题。

图 2-Ⅰ 大国工匠洪家光

洪家光获得了很多荣誉：

享受国务院政府特殊津贴，曾获全国最美青工、全国技术能手、辽宁青年五四奖章等奖项。

2016 年 5 月，荣获第 20 届“中国青年五四奖章”。

2017 年度国家科技进步二等奖。

2018 年 4 月 28 日，获“全国五一劳动奖章”荣誉称号。

2018 年 11 月，获得人力资源和社会保障部第十四届中华技能大奖。

2020 年 5 月，获得“第二届全国创新争先奖状”。

2020 年 11 月 20 日，洪家光的家庭被中央文明委评为第二届全国文明家庭。

2020 年 11 月 24 日，荣获“全国劳动模范”称号。

2021 年 6 月 28 日，被中共中央授予“全国优秀共产党员”称号。

毛坯精度低、表面粗糙度值大，不能满足零件的使用性能要求，必须进行切削加工才能成为零件。在机床上通过刀具与工件的相对运动，切除工件上多余的金属材料，使之形成符合要求的形状、尺寸的表面，这种加工方法称为金属切削加工。它是机械制造工业中的基本加工方法之一。

金属切削加工的基本形式有车削、铣削、钻削、镗削、刨削、磨削、拉削等。钳工也属于金属切削加工。钳工工作包括錾削、锉削、锯削、刮削以及钻孔、铰孔、攻螺纹、套螺纹等。机械装配和设备修理属于钳工工作。

2.1 切削运动

刀具与工件间的相对运动称为切削运动(即表面成形运动)。按作用来分，切削运动可分为主运动和进给运动。图 2-1 为车刀进行普通外圆车削时的切削运动，此时，工件做回转运动，刀具做直线运动，工件表面由待加工表面、过渡表面和已加工表面组成。其中，工件的回转运动视为主运动，刀具的直线运动视为进给运动。所有切削运动的速度及方向都是按刀具相对于工件来确定的。

1. 主运动

主运动是刀具与工件之间的相对运动。它使刀具的切削部分切入工件，切除工件上的被切削层，使之转变为切屑，从而形成工件新表面。一般地，主运动速度最高，消耗功率最大，机床通常只有一个主运动。

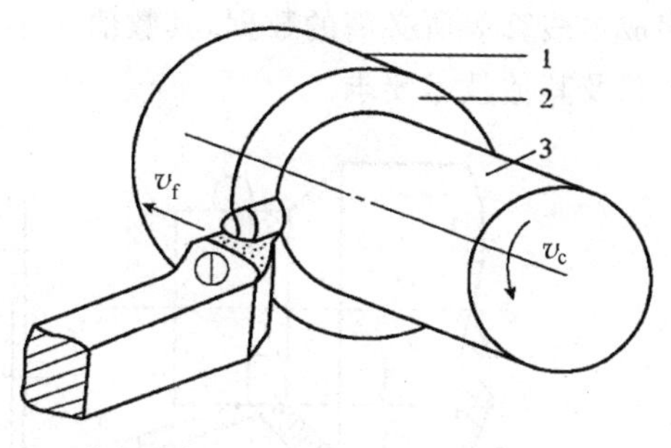

1—待加工表面；2—过渡表面；3—已加工表面

图 2-1　车削运动

车削

2. 进给运动

进给运动是配合主运动实现依次连续不断地切除多余金属层的刀具与工件之间的附加相对运动。进给运动与主运动相配合即可完成所需的表面几何形状的加工。根据工件表面形状成形的需要，进给运动可以是多个，也可以是一个；可以是连续的，也可以是间歇的。

主运动和进给运动是实现切削加工的基本运动，可以由刀具来完成，也可以由工件来完成；可以是直线运动，也可以是回转运动。正是由于上述不同运动形式和不同运动执行元件的多种组合，才产生了不同的加工方法，如图 2-2 所示。

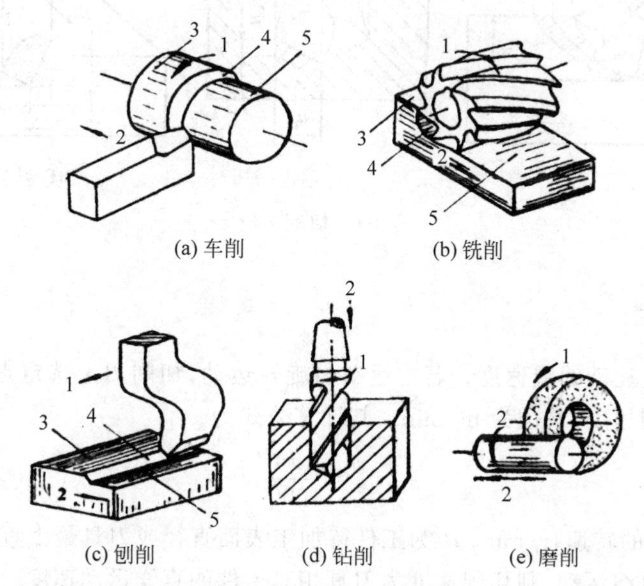

1—主运动；2—进给运动；3—待加工表面；4—过渡表面；5—已加工表面

图 2-2　各种机床切削运动

铣削、钻削、刨削和磨削

切削加工过程中还包括辅助运动：切入运动、分度转位运动、机床控制台运动、送夹料运动和空程运动。

2.2 切削用量

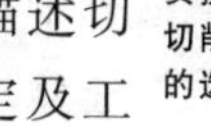

实操视频 切削用量的选择

所谓切削用量，是指切削速度、进给量和背吃刀量（切削深度）三者的总称，用以描述切削运动，如图 2-3 所示。切削用量是机床调整、切削力或切削功率计算、工时定额确定及工序成本核算等所必需的数据，其数值大小取决于工件材料和结构、加工精度、刀具材料、刀具形状及其他技术要求。

车端面与车槽

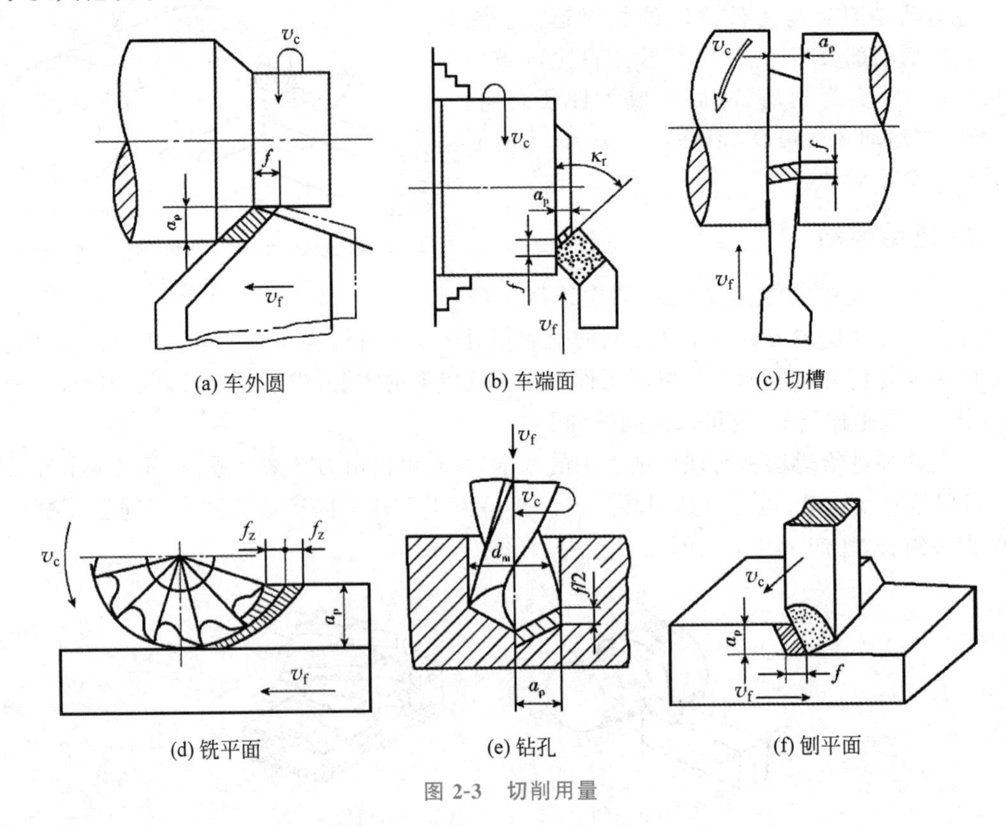

(a) 车外圆　(b) 车端面　(c) 切槽

(d) 铣平面　(e) 钻孔　(f) 刨平面

图 2-3　切削用量

1. 切削速度

切削速度为主运动的线速度。若主运动为旋转运动，切削刃上选定点相对于工件的瞬时线速度即为切削速度，单位为 m/min。其计算公式为

$$v_c = \frac{\pi d n}{1000} \tag{2-1}$$

式中：n 为主运动的转速，r/min；d 为工件待加工表面直径或刀具最大直径，mm。

若主运动为直线运动，则切削速度为刀具相对工件的直线运动速度。

2. 进给量 f、进给速度 v_f 和每齿进给量 f_z

进给运动一般情况下用进给量表示。进给量为在主运动的一个循环内刀具在进给运动方向上相对工件的位移量，可用刀具或工件每转或每行程的位移量来表述和度量。如主运动为旋转运动(如车削)时，进给量 f 为工件或刀具旋转一周两者沿进给方向移动的相对距离(mm/r)；主运动为直线运动(如刨削)时，进给量 f 为每一往复行程刀具相对工件沿进给方向移动的距离(mm/行程)；对于多齿旋转刀具(如铣刀、铰刀、拉刀等)在每转或每往复行程中每个刀齿相对于工件在进给运动方向上的移动距离，称为每齿进给量 f_z(mm)。进给速度 v_f 为切削刃上选定点相对于工件进给运动的瞬时速度，单位为 m/min，如图 2-3(d)所

示，进给速度、进给量、每齿进给量三者关系如下：

$$v_f=\frac{fn}{1000}=\frac{f_z zn}{1000} \tag{2-2}$$

式中：v_f 为进给速度，m/min；f 为进给量，mm/r；n 为转速，r/min；f_z 为每齿进给量，mm；z 为刀具齿数。

3. 背吃刀量 a_p

当刀具不能一次吃刀就能切掉工件上的金属层时，还需由操作者或机床进刀机构在一次进给后再沿切深方向完成吃刀运动，习惯上称每次吃刀的深度为背吃刀量，以 a_p 表示，单位为 mm。对于车削和刨削而言，背吃刀量是工件上待加工表面和已加工表面之间的垂直距离，如图 2-3(a)所示主运动为旋转运动的车削，其背吃刀量的大小为

$$a_p=\frac{d_w-d_m}{2} \tag{2-3}$$

式中：d_w 为待加工表面直径，mm；d_m 为已加工表面直径，mm。

对于图 2-3(f)所示主运动为直线运动的刨削，其背吃刀量的大小为

$$a_p=H_w-H_m \tag{2-4}$$

式中：H_w 为待加工表面厚度，mm；H_m 为已加工表面厚度，mm。

对于图 2-3(e)所示的钻孔，其背吃刀量的大小为

$$a_p=\frac{d_m}{2} \tag{2-5}$$

2.3　切削层参数

刀具切削刃在一次进给(走刀)中，从工件待加工表面上切下的金属层称切削层。车削外圆时，工件每转一转，车刀从位置Ⅰ移动到位置Ⅱ，前进了一个进给量 f，图 2-4 中阴影部分即为切削层。其截面尺寸的大小即切削层参数，也称切削层横截面三要素(切削层宽度 b_D、切削层厚度 h_D、切削层公称横截面积 A_D)，它决定了刀具所承受负荷的大小及切削尺寸，还影响切削力和刀具磨损、表面质量和生产效率。

1. 切削宽度 b_D

过切削刃上选定点，在与该点主运动方向垂直的平面内，平行于过渡表面度量的切削层尺寸，单位为 mm。同样由图 2-4(a)可以看出，切削层公称宽度为沿刀具主切削刃量得的待加工表面至已加工表面之间的距离，即主切削刃与工件的接触长度。

$$b_D=\frac{a_p}{\sin\kappa_r} \tag{2-6}$$

式中：b_D 为切削宽度，mm；a_p 为背吃刀量，mm；κ_r 为刀具主偏角。

可见，a_p 越大，b_D 越宽。

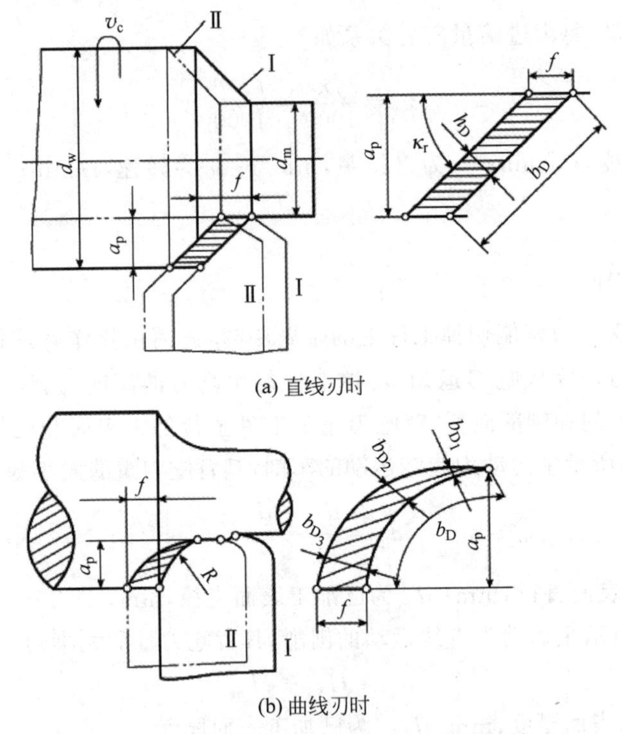

图 2-4 外圆纵车时切削层参数

2. 切削厚度 h_D

过切削刃上选定点，在与该点主运动方向垂直的平面内，垂直于过渡表面度量的切削层尺寸，单位为 mm。由图 2-4(a)可以看出，切削厚度为刀具每移动一个进给量以后，主切削刃相邻两位置间的垂直距离。

$$h_D = f\sin\kappa_r \tag{2-7}$$

式中：h_D 为切削厚度，mm；f 为刀具每转进给量，mm/r；κ_r 为刀具主偏角。

可见，h_D 随 f、κ_r 的增大而增大。当切削刃为直线时，切削刃上各点处的 h_D 相等；切削刃为曲线时，切削刃上各点的 h_D 是变化的，如图 2-4(b)所示。

3. 切削层公称横截面积 A_D

由图 2-4(a)可以看出，切削层公称横截面积 A_D 就是切削层横截面的面积。

$$A_D \approx b_D h_D = a_p f \tag{2-8}$$

式中：A_D 为切削层公称横截面积，mm^2；h_D 为切削厚度，mm；b_D 为切削宽度，mm；a_p 为背吃刀量，mm；f 为刀具每转进给量，mm/r。

2.4 基　　准

零件上各个表面之间、零件与零件之间均有一定的相互位置和距离尺寸的要求，因此在分析研究加工表面的位置精度时，首先应了解加工表面的标定问题，即基准的概念。基准就是依据，是用来确定生产对象上几何要素间的几何关系所依据的那些点、线、面。如图 2-5 所示，为了能够加工出小圆柱面，加工时用三爪卡盘装夹大圆柱面，逐层在小圆柱面处切除多余的材料，最终获得尺寸直径 20mm。显然，小圆柱面的中心线就是标定直径为 20mm 的小圆柱面的基准。

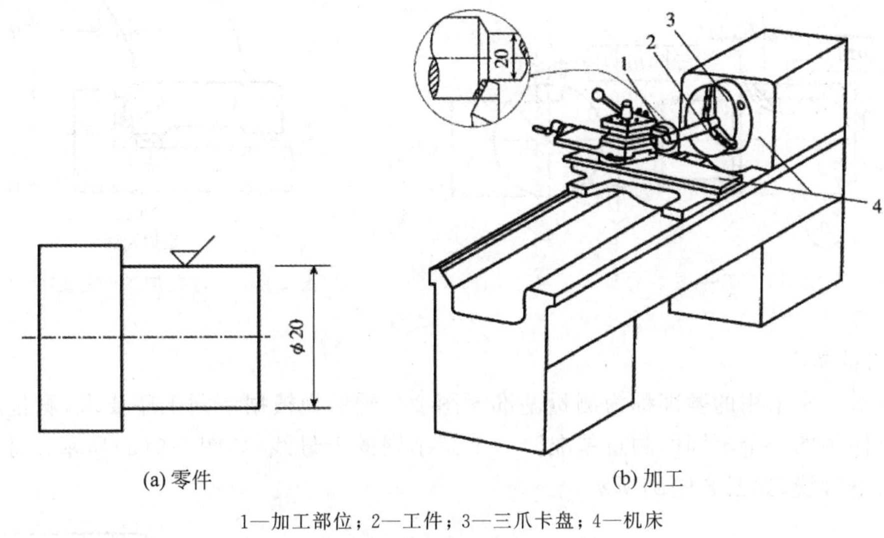

(a) 零件　　(b) 加工

1—加工部位；2—工件；3—三爪卡盘；4—机床

图 2-5　基准

基准根据其功用不同，可分为设计基准和工艺基准两大类。

1. 设计基准

零件设计图样上所采用的基准称为设计基准。这是设计人员从零件的工作条件、性能要求出发，适当考虑加工工艺性而选定的。在零件图上可以有一个设计基准，也可以有多个设计基准。

图 2-6 所示齿轮的外圆和分度圆的设计基准是齿轮内孔的中心线，而表面 C、D 的设计基准是表面 B。

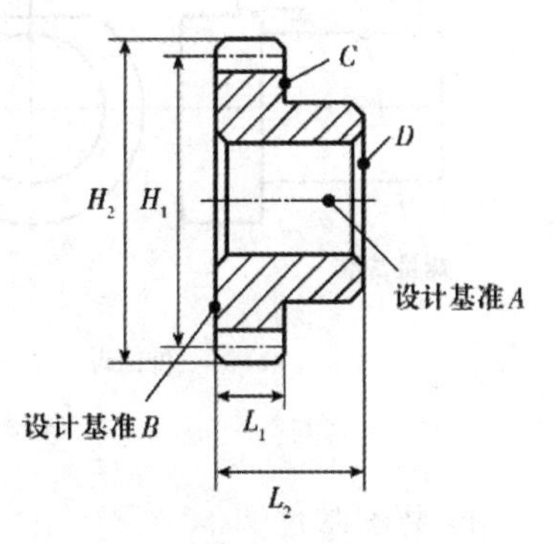

图 2-6　零件图中的设计基准

2. 工艺基准

工艺基准是在工艺过程中所采用的基准。按其在工艺过程中用途的不同，工艺基准又可分为以下四类。

1）工序基准

在工序图上用来确定本工序中待加工表面加工后的尺寸形状、位置的基准，称为工序基准。

图 2-7 为在阶梯轴上键槽的工序图，要求其底面与下母线 B 平行，两侧面相对于中心线 C 对称，并与 A、B 保持距离尺寸分别为 l 和 h。因此，A、B、C 均为本工序的工序基准。

2）定位基准

工件在机床上或夹具中进行加工时，用作定位的基准，称为定位基准。

图 2-8 所示的零件在加工内孔时,其位置是由与夹具上的定位元件相接触的底面 A 和侧面 B 所确定的,故 A、B 为该工序的定位基准。

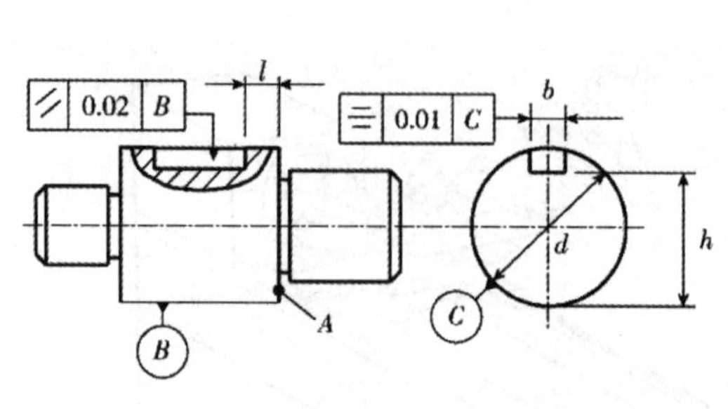

图 2-7 工序图中的工序基准

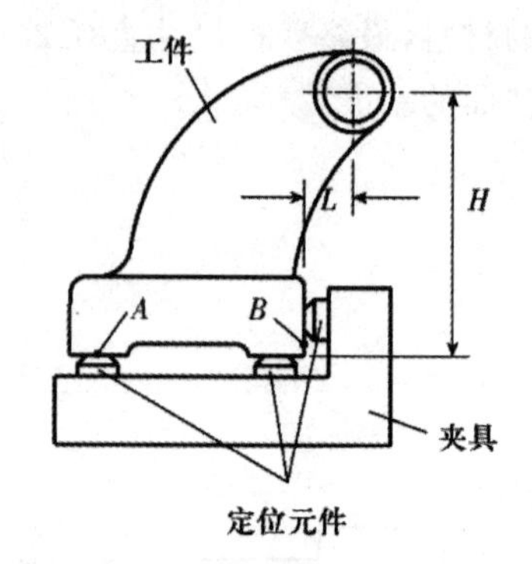

图 2-8 工件在加工时的定位基准

3) 测量基准

在测量时所采用的基准称为测量基准。图 2-9 所示为根据不同工序要求,测量已加工表面时所使用的两个不同的测量基准。一个是小圆的上母线,如图 2-9(a)所示;另一个则为大圆的下母线,如图 2-9(b)所示。

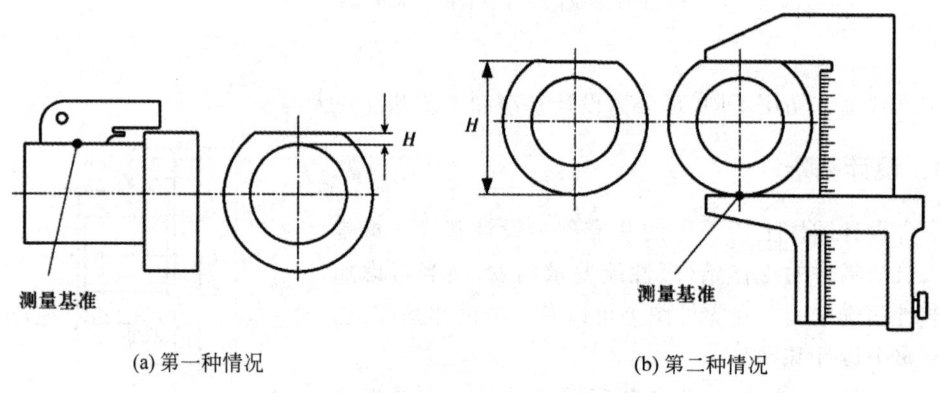

(a) 第一种情况 (b) 第二种情况

图 2-9 工件上已加工表面的测量基准

4) 装配基准

在机器装配时,用来确定零件或部件在产品中的相对位置所采用的基准,称为装配基准。图 2-10 为齿轮的装配工序图。由于齿轮是以其内孔 A 及端面 B 装配到与其配合的轴上,故齿轮内孔 A 和端面 B 为装配基准。

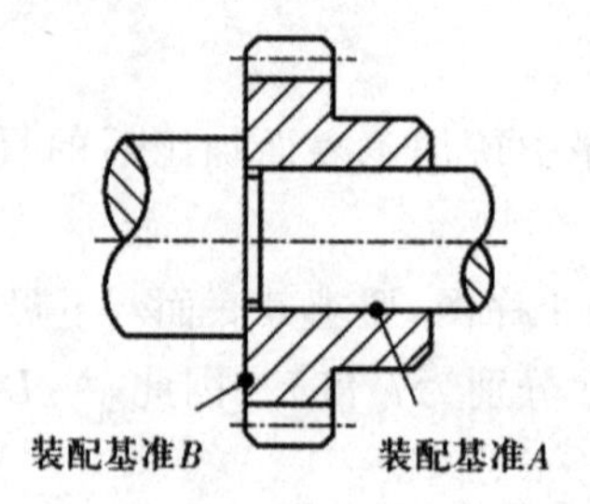

图 2-10 机器零件装配时的装配基准

2.5　刀具角度参考系、刀具角度的标注和刀具刃磨

2.5.1　刀具切削部分的基本定义

在金属切削加工中,刀具要用来切除工件上的多余金属,是完成切削加工、获得加工表面的重要工具,因此刀具是保证加工质量、提高加工生产率、影响产品成本的一个重要因素。根据工件和机床的不同,所选用的刀具类型、结构、材料和几何参数也不相同,但其切削部分所起的作用都是相同的,都能简化成外圆车刀的基本形态,故以普通外圆车刀为例说明刀具切削部分的几何参数。如图 2-11 所示,其切削部分由 3 个刀面、2 个切削刃和 1 个刀尖组成。

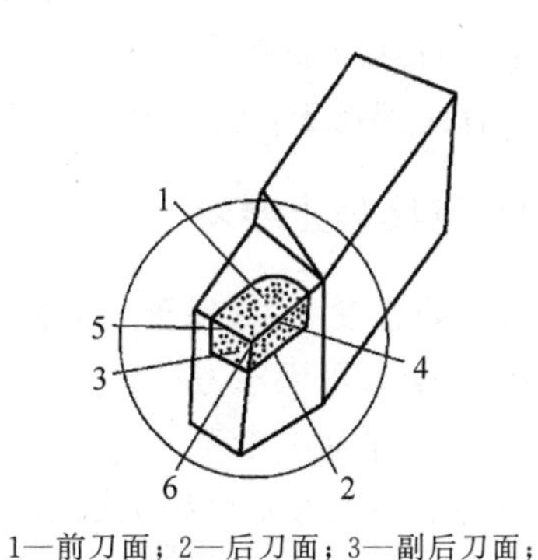

1—前刀面；2—后刀面；3—副后刀面；
4—主切削刃；5—副切削刃；6—刀尖

图 2-11　车刀的组成部分和各部分名称

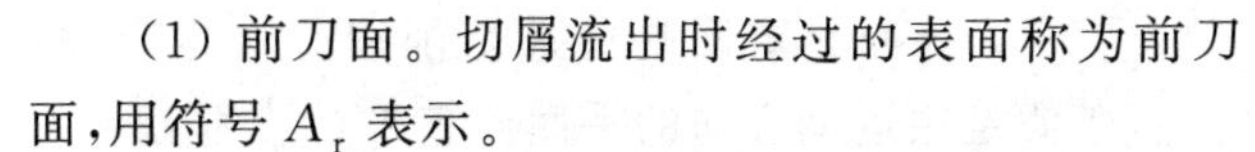

(1) 前刀面。切屑流出时经过的表面称为前刀面,用符号 A_r 表示。

(2) 后刀面。刀具上与工件的加工表面相对的表面称为后刀面,也称主后刀面,用符号 A_α 表示。

(3) 副后刀面。刀具上与工件的已加工表面相对的表面称为副后刀面,用符号 A'_α表示。

(4) 主切削刃。前刀面与主后刀面的交线称为主切削刃用符号 S 表示。在切削过程中,主切削刃担任主要的切削任务,切去大量的材料并形成工件上的加工表面。

(5) 副切削刃。前刀面与副后刀面的交线称为副切削刃,用符号 S'表示。它担任少量的切削任务,配合主切削刃完成整个切削任务并最终形成工件上的已加工表面。

(6) 刀尖。刀尖是主切削刃和副切削刃的连接处,如图 2-11 所示。在实际应用中,为增加刀尖的强度和耐磨性,一般在刀尖处磨出直线或圆弧形的过渡刃。刀尖的结构如图 2-12 所示。

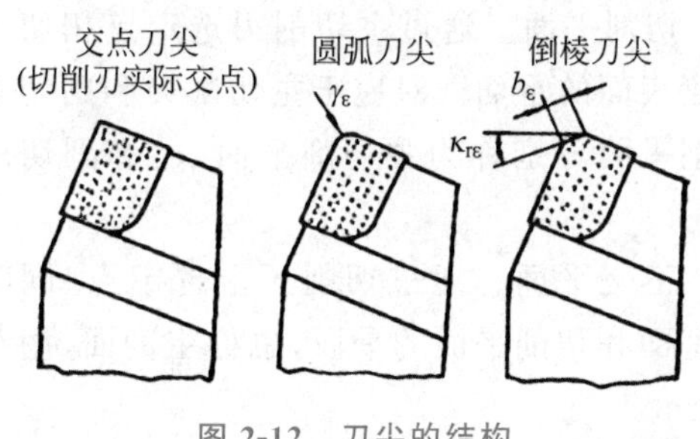

图 2-12　刀尖的结构

2.5.2　刀具角度参考系

1. 刀具角度参考系概述

为了确定刀具切削部分各表面、切削刃的空间位置以及测量刀具角度,需要建立参考系。建立参考系必须与切削运动相联系,应反映刀具角度对切削过程的影响,同时参考系平面与刀具安装平面应平行或垂直,以便于测量。GB/T 12204—2010 规定了定义刀具几何角度的两类参考系,即刀具静止参考系和刀具工作参考系。

(1) 刀具静止参考系。刀具静止参考系是在以下两个假定下建立的坐标系。

一是假定运动条件。分别以切削刃选定点位于工件中心高时的主运动方向和进给运动方向为假定主运动方向和假定进给运动方向,不考虑进给运动的大小(即 $v_f=0$)。

二是假定安装条件。安装车刀时应使刀尖与工件中心等高,并使车刀刀杆对称面垂直于工件轴线。

(2) 刀具工作参考系。刀具工作参考系是按合成切削运动方向(此时 $v_f \neq 0$)和安装情况来定义刀具的参考系。

二者区别在于:前者由主运动方向确定,而后者则由合成切削运动方向确定。

2. 刀具静止参考系

刀具静止参考系(以车刀为例的静止参考系),包括正交平面参考系、法平面参考系和假定工作平面-背平面参考系。

1) 正交平面参考系

正交平面参考系也称主剖面参考系,由相互垂直的基面 p_r、切削平面 p_s 和正交平面 p_o 3 个坐标平面组成,如图 2-13 所示。

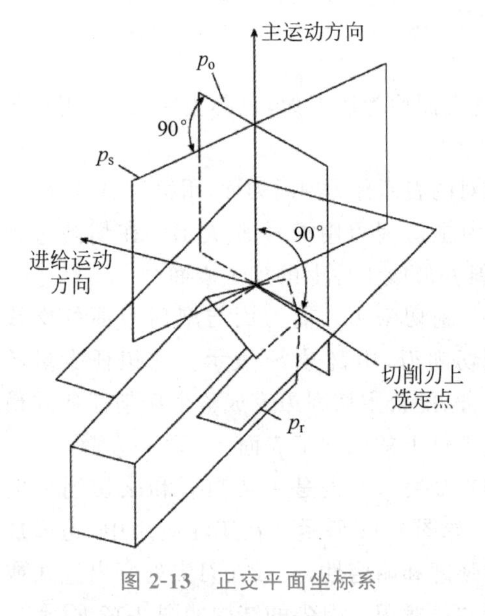

图 2-13 正交平面坐标系

(1) 基面。基面是通过切削刃上选定点,垂直于假定主运动方向的平面。它平行或垂直于刀具在制造、刃磨和测量时适合于安装和定位的一个平面或轴线。用符号 p_r 表示。例如,对于车刀和刨刀等,它的基面按规定平行于刀杆底面;对于回转刀具(如铣刀钻头等),它的基面是通过切削刃上选定点并包含轴线的平面。

(2) 切削平面。通过主切削刃选定点相切于工件过渡表面的平面。对应于主切削刃和副切削刃的切削平面分别称为主切削平面 p_s 和副切削平面 p_s'。

(3) 正交平面。通过切削刃上选定点,同时垂直于基面和切削平面的平面,也称主剖面,用符号 p_o 表示。

2) 法平面参考系

法平面参考系也称法剖面参考系,由法平面 p_n、基面 p_r 和切削平面 p_s 组成,如图 2-14 所示。法平面也称法剖面,是通过切削刃上选定点且垂直于切削刃的平面。

3) 假定工作平面-背平面参考系

如图 2-15 所示,假定工作平面-背平面参考系由假定工作平面 p_f、背平面 p_p 和基面 p_r 三个坐标平面组成。假定工作平面也称进给剖面,是指通过切削刃上选定点平行于假定进给运动方向并垂直于基面的平面;而背平面也称切深剖面,是指通过切削刃上选定点垂直于假定工作平面和基面的平面。

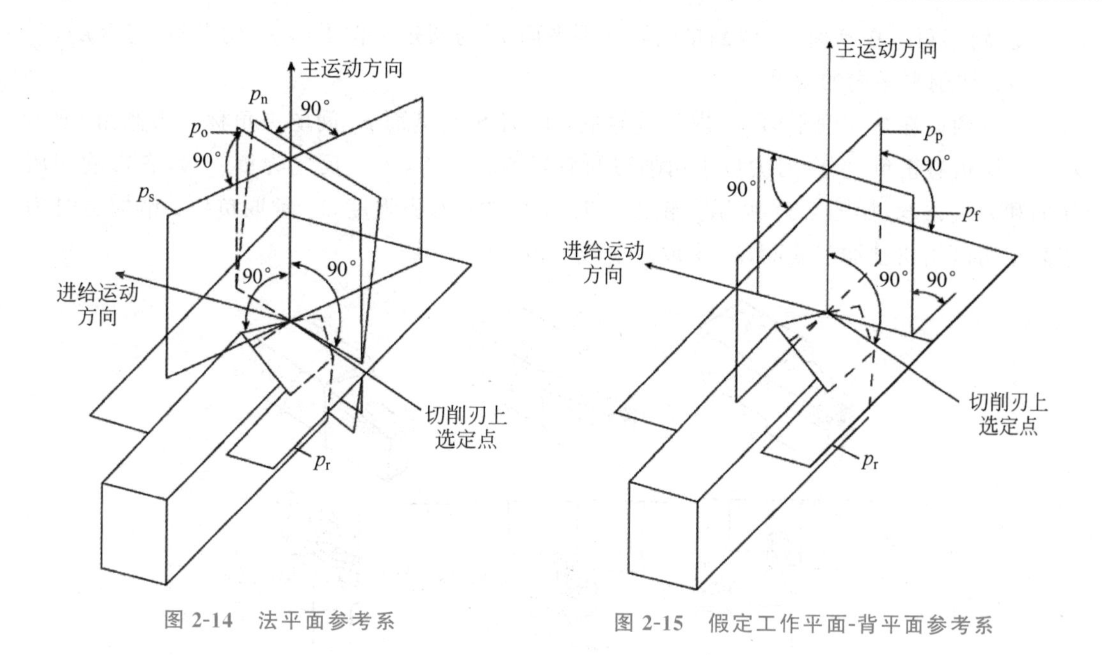

图 2-14　法平面参考系　　　　图 2-15　假定工作平面-背平面参考系

2.5.3　刀具角度的标注

1. 刀具的标注角度

在刀具静止参考系中定义的刀具角度称为刀具的标注角度，如图 2-16 所示。刀具的标注角度是刀具设计、制造、刃磨和测量的依据。

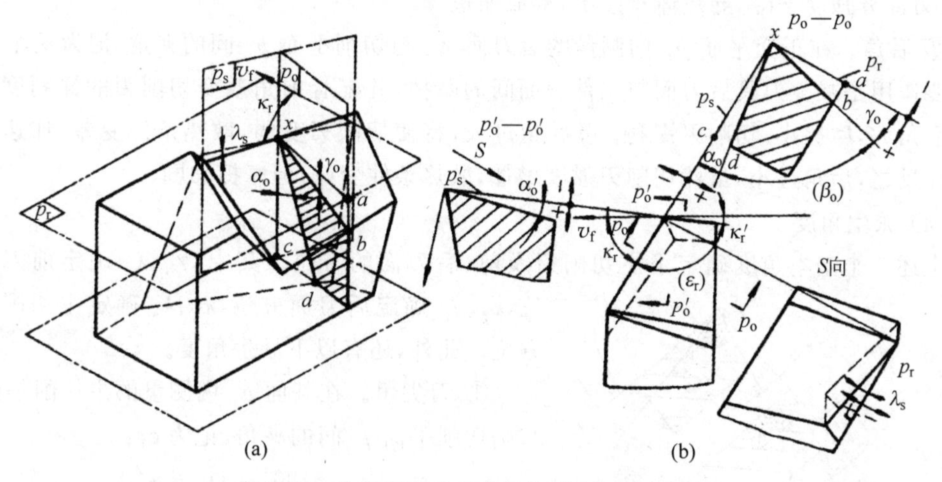

图 2-16　外圆车刀正交平面参考系的标注角度

1）正交平面参考系中的刀具标注角度

（1）基面内的角度

① 主偏角。在基面 p_r 内测量的主切削平面 p_s 与假定工作平面 p_f 间的夹角，记为 κ_r。

② 副偏角。在基面 p_r 内测量的副切削平面 p_s' 与假定工作平面 p_f 的夹角，记为 κ_r'。

(2) 切削平面内的角度

刃倾角。在主切削平面 p_s 内测量的主切削刃 S 与基面 p_r 间的夹角称为刃倾角，记为 λ_s。刃倾角有正负之分，刀尖位于切削刃的最高点时定为(＋)、反之为负(－)，它影响切屑流向和刀尖强度，如图 2-17 所示。粗加工时为了增加刀头强度，λ_s 常取负值；精加工时为了防止切屑划伤已加工表面，λ_s 常取正值或零值。

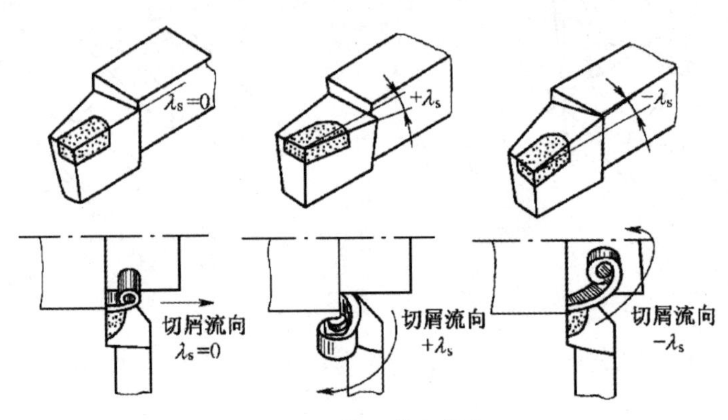

图 2-17 车刀的刃倾角

(3) 正交平面内的角度

① 前角。在正交平面 p_o 内测量的前刀面 A_r 与基面 p_r 间的夹角，记为 γ_o。根据前刀面与基面相对位置的不同，前角又可分为正前角、零前角和负前角。如图 2-18 所示，当前刀面与切削平面夹角小于 90°时，前角为正；大于 90°时，前角为负。前角主要影响主切削刃的锋利程度和刃口强度。增大前角能使刀刃锋利，切削容易，降低切削力和切削热；但前角过大，刀刃部分强度下降，导热体积减小，寿命缩短。

② 后角。在正交平面 p_o 内测量的后刀面 A_α 与切削平面 p_s 间的夹角，记为 α_o。后角的主要作用是减少刀具后刀面与工件表面间的摩擦，并配合前角改变切削刃的锋利度与强度。后角大，摩擦小，切削刃锋利；但后角过大，将使切削刃变弱，散热条件变差，加速刀具磨损。反之，后角过小，虽然切削刃强度增加，散热条件变好，但摩擦加剧。

(4) 派生角度

上述 5 个基本角度确定了主切削刃及前、后刀面的方位。其中，γ_o、λ_s 确定前刀面方位，κ_r、α_o 确定后刀面方位，κ_r、λ_s 确定主切削刃的方位。此外，还有以下派生角度。

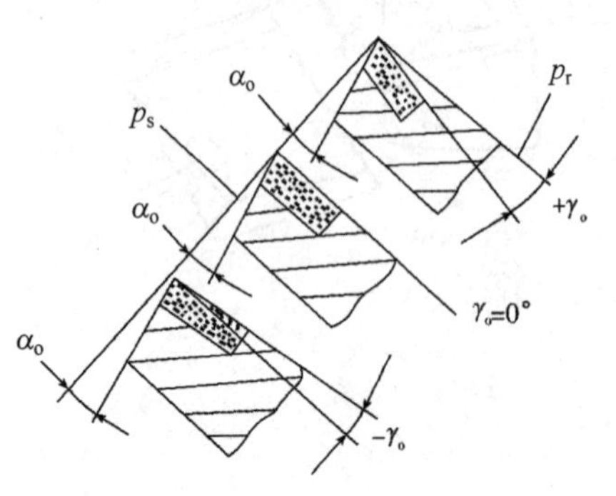

图 2-18 前角的正负

① 刀尖角。在基面 p_r 内测量的主切削平面 p_s 与副切削平面 p_s' 间的夹角，记为 ε_r：

$$\varepsilon_r=180°-(\kappa_r+\kappa_r')$$

② 楔角。在正交平面 p_o 内测量的前刀面 A_r 与后刀面 A_α 间的夹角，记为 β_o：

$$\beta_o=90°-(\gamma_o+\alpha_o)$$

2）法平面参考系中的刀具标注角度

按照刀具角度定义，同理可标注出法平面参考系中的 5 个基本角度：主偏角 κ_r、副偏角 κ_r'、刃倾角 λ_s、法前角 γ_n 和法后角 α_n，如图 2-19 所示。也有派生角度：刀尖角 ε_r、法楔角 β_n。

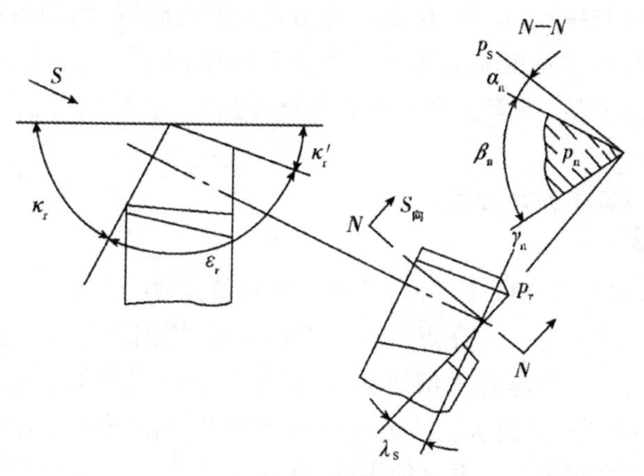

图 2-19　外圆车刀法平面参考系的标注角度

3）假定工作平面-背平面参考系中的刀具标注角度

在这个参考系中，刀具标注角度包括主偏角 κ_r、副偏角 κ_r'、进给前角 γ_f、进给后角 α_f、背前角 γ_p、背后角 α_p，同理可标出刀尖角 ε_r、背楔角 β_p、进给楔角 β_f 等派生角度，如图 2-20 所示。

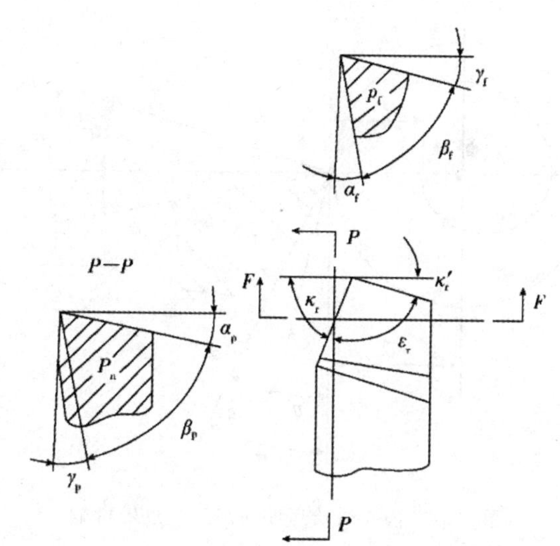

图 2-20　外圆车刀假定工作平面-背平面参考系的标注角度

2. 刀具的工作角度

切削加工中，刀具相对工件的运动是主运动和进给运动的合成，为合理地表达切削过程中的刀具角度，按合成切削运动方向和实际安装情况来定义刀具的参考系，这就是所谓的刀具工作参考系。在该参考系中定义和测量的刀具角度称为刀具的工作角度。

由于刀具的实际工作条件往往不同于静止参考系建立时的假定条件，所以刀具的工作参考系与静止参考系不一致，从而导致刀具的标注角度不同于其工作角度。当进给速度远远小于主运动速度，且实际安装条件尽可能与假定安装条件相近时，一般情况下刀具的工作角度与标注角度相差无几(误差小于 1%)，如普通车削、镗孔、铣端面等。当进给速度较大时，如切削大导程丝杠和螺纹、铲背、切断以及钻孔的钻心附近，切削条件或刀具安装条件特殊时，刀具工作角度与标注角度相差较大。为便于调整、安装刀具，使刀具获得合理的工作角度，需要计算两者的差值，进而换算出刀具的标注角度，然后按照换算后的标注角度进行刀具的刃磨或制造。

1) 进给运动对刀具工作角度的影响

(1) 横向进给(横车)

如图 2-21 所示，切断刀切断工件时，若不考虑进给运动，切削刃上选定点 O 相对于工件的运动轨迹是一圆周，基面 p_r 过 O 点平行于刀杆底面，切削平面 p_s 过 O 点与圆周相切，其前、后角分别为 γ_o 和 α_o。当考虑进给运动后，切削刃上 O 点的运动轨迹已是一平面阿基米德螺旋线，这时的工作切削平面 p_{se} 已是过 O 点的阿基米德螺旋线的切线，工作基面 p_{re} 已是过 O 点的与工作切削平面 p_{se} 垂直的平面，在这个工作参考系内测量的前角和后角分别为 γ_{oe} 和 α_{oe}，p_{re} 相对于 p_r 倾斜了角度 η，此时存在下列关系式：

$$\tan\eta = v_f/v_c = f/\pi d \tag{2-9}$$

$$\gamma_{oe} = \gamma_o + \eta \tag{2-10}$$

$$\alpha_{oe} = \alpha_o - \eta \tag{2-11}$$

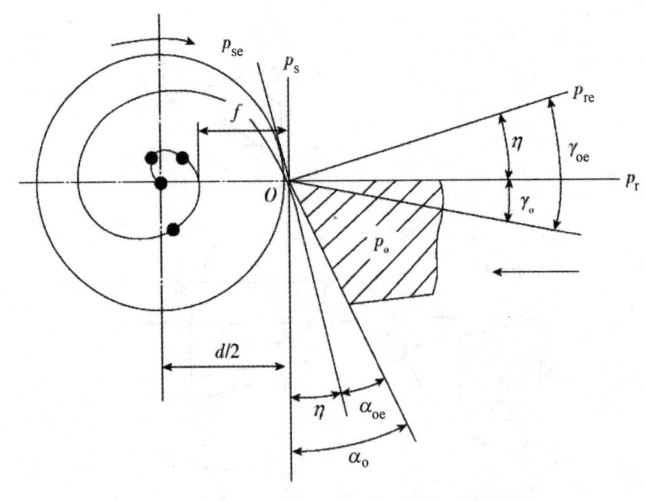

图 2-21 横向进给运动对工作角度的影响

不难看出，切削刃越接近工作中心，d 值越小，η 值越大，γ_{oe} 越大，而 α_{oe} 越小(甚至变为零或负值)，对刀具的切削就越不利。

(2) 纵向进给(纵车)

图 2-22 所示为纵车梯形丝杠时的情况。其中，d_w 为待加工表面，p_s 为切削平面，p_r 为基面；工作切削平面为切于螺旋面的平面 p_{se}，工作基面为垂直于 p_{se} 的 p_{re}。从图中可以看出 p_{se} 相对于 p_s、p_{re} 相对于 p_r 均偏转了一个角度 η_f，因而可以得出标注前角 γ_f 与工作

前角 γ_{fe}、标注后角 α_f 与工作后角 α_{fe} 存在下列关系：

$$\tan\eta_f = f/\pi d_w \tag{2-12}$$

$$\gamma_{fe} = \gamma_f + \eta_f \tag{2-13}$$

$$\alpha_{fe} = \alpha_f - \eta_f \tag{2-14}$$

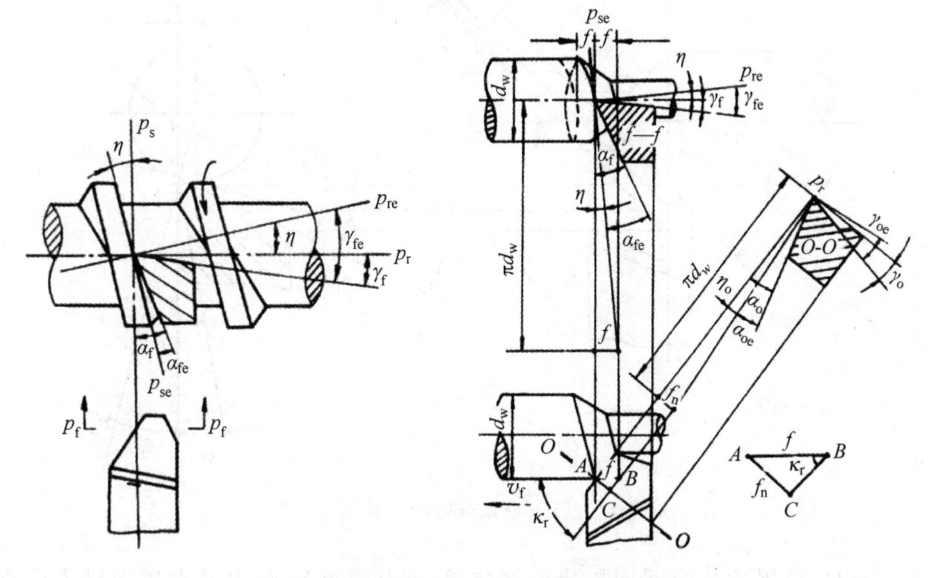

图 2-22　纵向进给运动对工作角度的影响

可以看出，进给量 f 使工作前角 γ_{fe} 大于标注前角 γ_f，使工作后角 α_{fe} 小于标注后角 α_f。当进给量增大到使 $\eta_f \geqslant \alpha_f$ 时，工作后角 $\alpha_{fe} \leqslant 0$，意味着后刀面的位置已经超前于工作切削平面的位置了，即后刀面已经抵住过渡表面，此时刀具已丧失了切削能力。

换算到正交平面系：

$$\tan\eta_o = \tan\eta_f \cdot \sin\kappa_r \tag{2-15}$$

$$\gamma_{oe} = \gamma_o + \eta_o \tag{2-16}$$

$$\alpha_{oe} = \alpha_o - \eta_o \tag{2-17}$$

车外圆时，$\eta_f = 30' \sim 40'$，可忽略；车螺纹时，尤其是车多头大螺距螺纹时，η_f 很大，则不可忽略。

2）刀具安装位置对工作角度的影响

（1）刀尖位置高低对刀具工作角度的影响

安装刀具时，刀尖不一定在机床中心高度上。如图 2-23 所示，刀尖高于机床中心高度，此时选定点 A 的基面和切削平面已变为过 A 点的基面 p_{re} 和与之垂直的切削平面 p_{se}，其工作前角和后角分别为 γ_{pe} 和 α_{pe}。可见，刀具工作前角 γ_{pe} 比标注前角 γ_p 增大了，工作后角 α_{pe} 比标注后角 α_p 减小了，即

$$\tan\theta_p = \frac{h}{\sqrt{(d_w/2)^2 - h^2}} \tag{2-18}$$

$$\gamma_{pe} = \gamma_p + \theta_p \tag{2-19}$$

$$\alpha_{pe} = \alpha_p - \theta_p \tag{2-20}$$

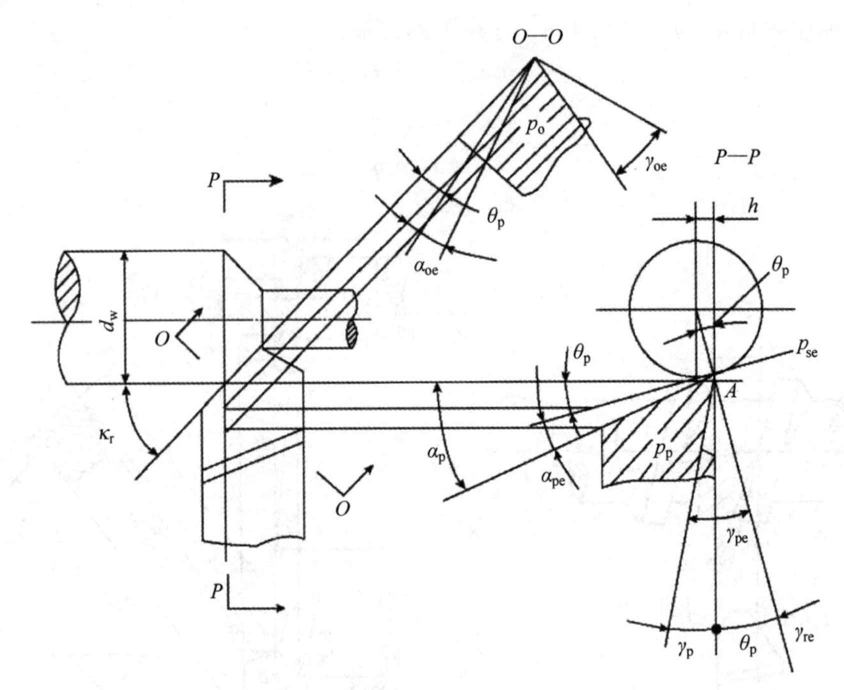

图 2-23 刀尖位置高时的刀具工作角度

式中：θ_p 为刀尖位置变化引起前后角的变化值，rad(弧度)；h 为刀尖高于机床中心的数值，mm。

当刀尖低于工件中心线时，以上计算公式中的 θ_p 符号相反。另外，镗内孔时与车外圆的计算公式中的 θ_p 符号正好相反。

(2) 刀柄轴线不垂直于进给方向时的影响

如图 2-24 所示，当刀柄轴线与进给方向不垂直时(刀柄轴线偏转 G 角度)，工作主偏角和工作副偏角与标注主偏角和标注副偏角的关系为

$$\kappa_{re}=\kappa_r \pm G \tag{2-21}$$

$$\kappa'_{re}=\kappa'_r \mp G \tag{2-22}$$

以上式中，刀头向左偏时为“＋”，反之为“－”。

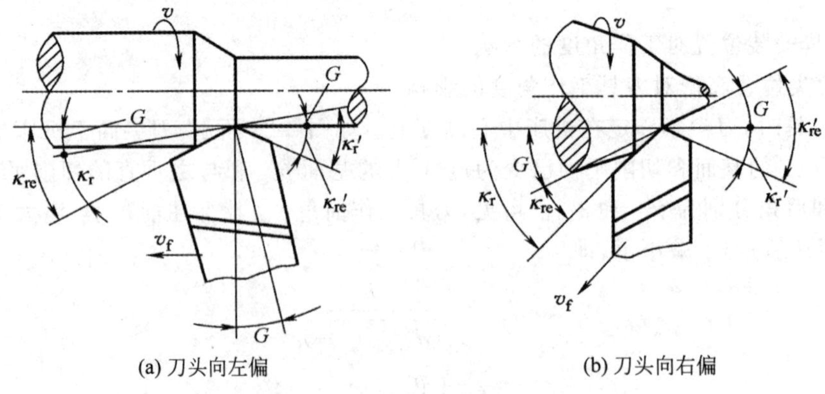

图 2-24 刀柄轴线不垂直于进给方向

2.6　实践项目——刀具刃磨

2.6.1　车刀刃磨

1. 常用车刀的种类和材料

1）常用车刀的种类

车刀按加工过程中的用途不同，通常把车刀分为外圆车刀、端面车刀、切断刀、内孔车刀、成形车刀和螺纹车刀，如图 2-25 所示。

各种车刀

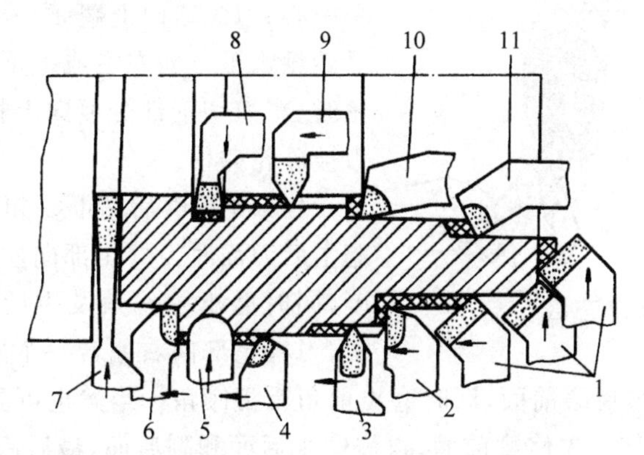

1—45°端面车刀；2—90°外圆车刀；3—外螺纹车刀；4—75°外圆车刀；5—成形车刀；6—90°左切外圆车刀；7—切断刀(槽刀)；8—内孔槽刀；9—内螺纹车刀；10—95°内孔车刀；11—75°内孔车刀

图 2-25　车刀类型

2）车刀切削部分的作用和材料

切削部分是车刀的重要组成部分，在金属切削过程中担负着主要的切削加工作用，因此切削部分的材料除具有高硬度外，还具有高的耐热性、耐磨性、足够的强度、韧性和良好的工艺性。

常用车刀材料有高速钢、硬质合金和陶瓷，其中高速钢和硬质合金是生产中应用最广泛的两种刀具切削部分的材料。

2. 车刀刃磨时砂轮的选择

1）砂轮的种类

砂轮的种类很多，通常刃磨普通车刀选用平形砂轮，安装在砂轮机上(图 2-26)，常用的有氧化铝砂轮和碳化硅砂轮两大类；氧化铝砂轮又称白刚玉砂轮，多呈白色，它的磨粒韧性好，比较锋利，硬度低，其自锐性好，主要用于刃磨高速钢车刀和硬质合金车刀的刀体部分；碳化硅砂轮多呈绿色，其磨粒的硬度高，刃口锋利，但其脆性大，主要用于刃磨硬质合金车刀。

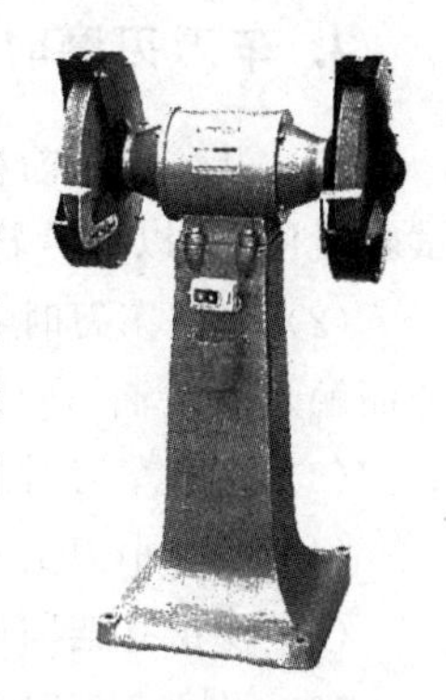
图 2-26　砂轮机

砂轮机

2）砂轮的选用原则

刃磨高速钢和硬质合金车刀刀体部分，主要选用白色的氧化铝砂轮；刃磨硬质合金车刀切削部分，主要选用绿色的碳化硅砂轮；粗磨普通车刀时应选用基本粒尺寸较大、粒度号较小的粗砂轮；精磨车刀时选用基本粒尺寸较小、粒度号大的细砂轮。

3. 刃磨车刀的姿势及方法

（1）刃磨车刀时刃磨者应站立在砂轮机的侧面，防止砂轮碎裂时碎片飞出伤人；同时在刃磨车刀时，应先观察砂轮机周围环境，检查设备安全状况，再开动设备，待砂轮转速平稳后，方可开始刃磨车刀。

（2）刃磨时两手握刀的距离放开，右手靠近刀体的切削部分，左手靠近刀体的尾部，如图 2-27 所示，同时两肘夹紧腰部，刃磨过程要平稳，以减小磨刀时的抖动。

实操视频

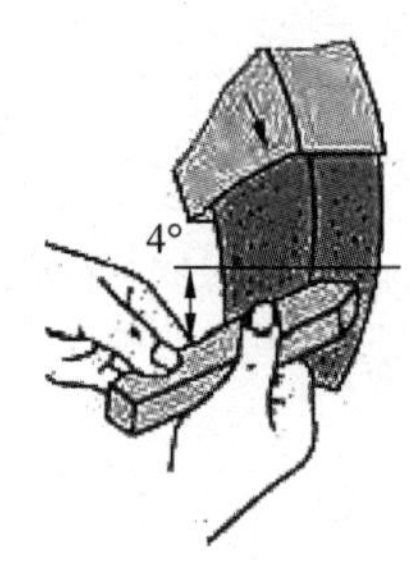

图 2-27　车刀刃磨

（3）刃磨时车刀的切削部分要放在砂轮的水平中心，刀尖略向上翘 3°～8°，车刀接触砂轮后应沿砂轮水平方向左右或上下移动。当车刀离开砂轮时，车刀切削部分要向上抬起，防止刃磨好的刀刃被砂轮碰伤。

（4）先粗磨后精磨。粗磨时，先磨主后面，刃磨主后刀面时刀杆尾部向左偏转一个主偏角的角度，同时磨出主偏角及主后角；然后刃磨副后刀面，刀杆尾部向右偏转一个副偏角的角度，同时磨出副偏角及副后角；最后磨前面，同时磨出前角及刃倾角。当然也可先磨副后面，再磨主后面，最后磨前面。精磨时，先修磨前面，再修磨主后面和副后面，最后修磨刀尖圆弧。

（5）修磨刀尖圆弧时通常以左手握车刀前端为支点，用右手转动车刀的尾部，让刀尖圆弧自然形成。

（6）研磨。经过刃磨的车刀，其切削刃有时不够平滑，这时用油石加少量机油对切削刃进行研磨，可以提高刀具耐用度和工件表面的加工质量。研磨时将油石与刀面贴平，然后将油石沿刀面上下或左右移动。研磨时要求动作平稳，用力均匀，不能破坏刃磨好的刃口。

（7）通过目测法、样板法、角度测量仪检查刀具是否符合要求，也可以进行试车检查。批量生产时将车刀刃磨成符合图样车削要求，在不转动刀架或少转动刀架的情况下完成尽量多的工作，能最大限度地提高加工效率。但对操作者要求较高，需要在工作中不断加以总结提高。

4. 车刀刃磨时人身安全注意事项

（1）刃磨车刀前检查设备是否完好，先检查砂轮有无裂纹，砂轮轴螺母是否拧紧，并经试转后使用，以免砂轮碎裂或飞出伤人。

（2）刃磨车刀时不能用力过大，移动过程要平稳，移动、转动速度要均匀，否则会使手打滑而触及砂轮面，造成工伤事故。

（3）刃磨车刀时应戴防护眼镜，以免砂粒和铁屑飞入眼中，刃磨时不可戴手套。

（4）刃磨小刀头时必须把小刀头装入刀杆上进行。

（5）砂轮支架与砂轮的间隙不得大于 3mm，如果间隙过大，应调整砂轮间隙。

（6）刃磨车刀时，如果温度过高，则暂停磨削；高速钢要及时用水冷却，防止退火，保持切削部分的硬度；硬质合金车切不可水冷，防止刀裂。长期间进行磨削时，中途应停止设备，检查其运行情况确保安全。

（7）先停磨削后停机，人离开机房时关闭砂轮机，待砂轮停止后切断电源。

（8）车刀刃磨时粗磨和精磨要分开，选用的砂轮粒度也不相同；刃磨时力量要均匀，运动要平稳，车刀的刀面要光滑平整，切削刃要平直，同时保证刀具角度正确。

为了方便记忆，将以上内容总结为口诀，详见表 2-1。

表 2-1　车刀刃磨操作口诀

（1）常用车刀种类、材料及砂轮的选用 常用车刀五大类，切削用途各不同；外圆内孔和螺纹，切断成形也常用； 车刀刃形分三种，直线曲线加复合；车刀材料种类多，常用碳钢氧化铝， 硬质合金碳化硅，根据材料选砂轮；砂轮颗粒分粒度，粗细不同勿乱用； 粗砂轮磨粗车刀，精车刀选细砂轮。
（2）车刀刃磨操作技巧与注意事项 刃磨开机先检查，设备安全最重要；砂轮转速稳定后，双手握刀立轮侧； 两肘夹紧腰部处，刃磨平稳防抖动；车刀高低需控制，砂轮水平中心处； 刀压砂轮力适中，反力太大易打滑；手持车刀均匀移，温高烫手则暂离； 刀离砂轮应小心，保护刀尖先抬起；高速钢刀可水冷，防止退火保硬度。
（3）90°、60°、45°等外圆车刀刃磨 粗磨先磨主后面，杆尾向左偏主偏；刀头上翘 3～8 度，形成后角摩擦减； 接着磨削副后面，最后刃磨前刀面；也可先磨副后面，然后再磨主后面； 前角前面同磨出，先粗后精顺序清；精磨首先磨前面，再磨主后副后面； 修磨刀尖圆弧时，左手握住前支点；右手转动杆尾部，刀尖圆弧自然成； 面平刃直稳中求，角度正确是关键；样板角尺细检查，经验丰富可目测。

2.6.2　麻花钻刃磨

1. 刃磨要求

麻花钻的刃磨比较困难，刃磨技术要求较高。麻花钻一般需刃磨两个主后面，并同时磨出顶角、后角和横刃斜角。刃磨后应满足以下要求：麻花钻的两个主切削刃和钻心线之间的夹角应对称，且顶角 $2\phi=118°\pm2°$；两条主切削刃要对称，且长度一致。

图 2-28 所示为钻头刃磨对孔加工的影响。图 2-28(a)所示为刃磨正确；图 2-28(b)、(c)、(d)所示为刃磨不正确的钻头，在钻孔时都将使钻出的孔扩大或歪斜。同时，两主切削刃所受的切削抗力不均衡会造成钻头很快磨损。

2. 刃磨方法

（1）刃磨时，钻头切削刃应放在砂轮中心水平面上或稍高些。钻头中心线与砂轮外圆柱面母线在水平面内的夹角应等于顶角的一半，同时钻尾向下倾斜，如图 2-29(a)所示。

（2）钻头刃磨时用右手握住钻头前端作为支点，左手握钻尾，以钻头前端支点为圆心，钻尾做上下摆动，如图 2-29(b)所示，并略做旋转，但不能旋转过多或上下摆动过大，以防磨

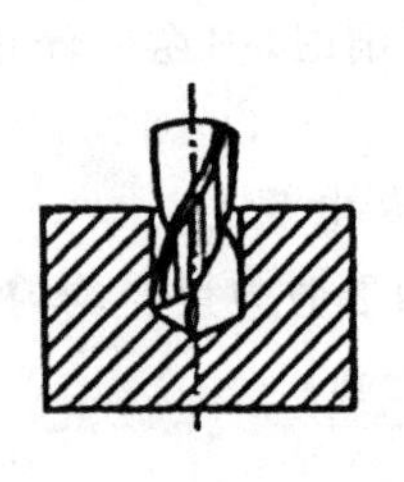

(a) 刃磨正确

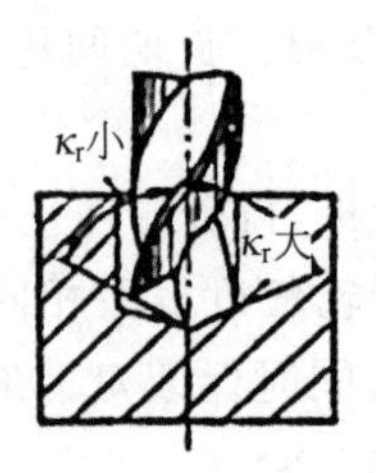

(b) 顶角不对称

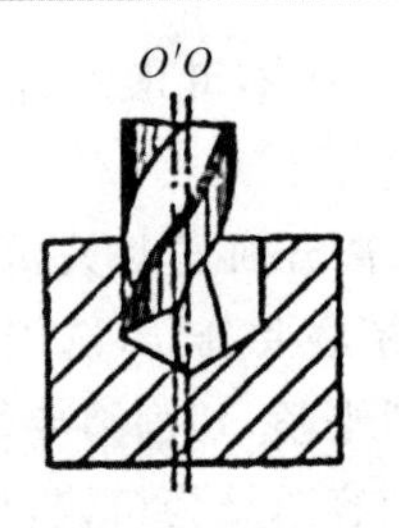

(c) 主切削刃长度不等

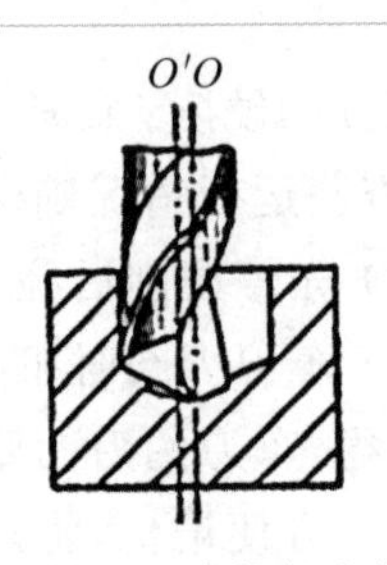

(d) 顶角和刃磨长度不对称

图 2-28　钻头刃磨对孔加工的影响

磨钻头实操讲解

麻花钻的刃磨：麻花钻切削部分

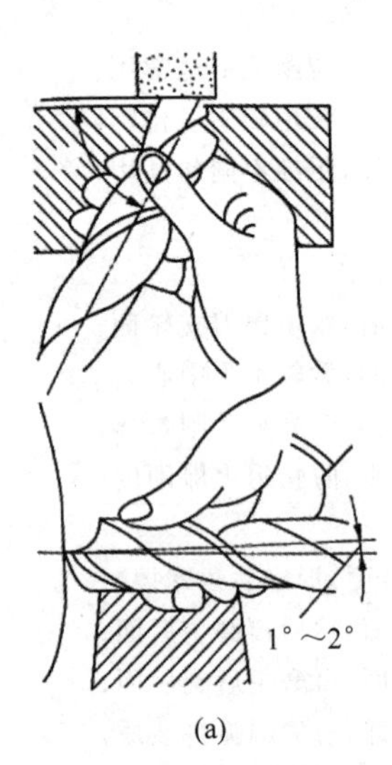

(a)

(b)

摆动止点

15°～20°

摆动范围

图 2-29　麻花钻的刃磨

出负后角或把另一面的主切削刃磨掉，特别是在磨小直径麻花钻时更应注意。

（3）当一个主切削刃磨完以后，把钻头转过 180°刃磨另一个主切削刃，人和手要保持原来的姿势和位置，这样容易达到两刃对称的目的。

钻头刃磨过程中要经常冷却，以防其因过热退火，降低硬度。

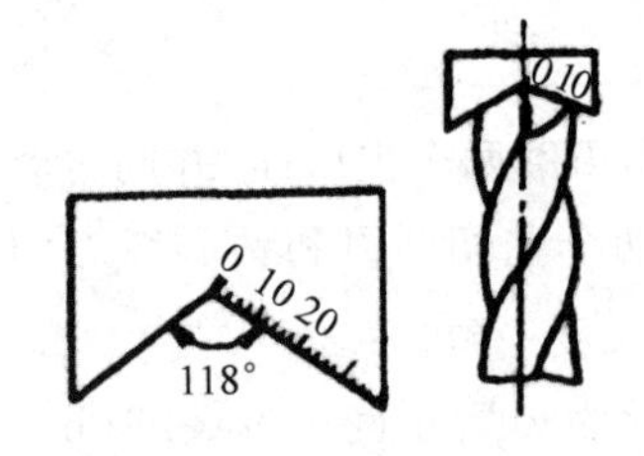

图 2-30　检查顶角 2ϕ

3. 刃磨检验

钻头刃磨过程中，可用角度样板检验刃磨角度，也可以用钢直尺配合目测进行检验。图 2-30 所示为检验顶角 2ϕ 时的情形。

本章知识点梳理

1. 切削加工
   - 切削运动：主运动、进给运动
   - 切削用量：切削速度、进给量、背吃刀量
   - 切削层参数：切削层宽度、切削层厚度、切削层公称横截面

2. 基准 { 设计基准 / 工艺基准：工序基准、定位基准、测量基准、装配基准 }

3. 刀具切削部分（三面两刃一尖）：前刀面、后刀面、副后刀面、主切削刃、副切削刃、刀尖

4. 刀具角度参考系 { 刀具静止参考系：正交平面参考系、法平面参考系、假定工作平面-背平面参考系 / 刀具工作参考系 }

5. 刀具的角度标注 { 正交平面参考系刀具标注角度：主偏角、副偏角、前角、后角、刃倾角、刀尖角、楔角 / 法平面参考系、假定工作平面-背平面参考系的刀具标注角度（略） }

6. 对刀具工作角度的影响：进给运动、刀具安装

7. 刀具刃磨：车刀刃磨、麻花钻刃磨

习 题

1. 判断题（正确画√，错误画×）

(1) 普通机床在进行切削加工时，主运动必定有且通常只有一个，而进给运动可能有一个或几个，也可能没有。（　）

(2) 牛头刨床的主运动是工件的直线运动。（　）

(3) 外圆磨床的进给运动是工件的回转运动、工件的直线往复运动、砂轮的横向进给。（　）

(4) 钻孔时的背吃刀量是孔径的一半即 $0.5D$。（　）

(5) 车端面横向进给时，切削刃越接近工件中心，对刀具的切削就越不利，这是切削原理本身造成的。（　）

(6) 设计基准和工序基准都与相应图纸有关，设计基准是零件设计图上所采用的基准，工序基准是工序图上用来确定本工序待加工表面（加工后）的尺寸、形状、位置的基准。（　）

(7) 对于车刀和刨刀，它们的基面按规定平行于刀杆底面，对于回转刀具（如铣刀、钻头等），它的基面是通过切削刃上选定点并包含轴线的平面。（　）

(8) 安装车刀时，刀尖高于机床中心高度，会造成工作前角增大，工作后角减小。（　）

(9) 在车床对轴类零件进行切槽，此时槽刀的背吃刀量是槽刀（主切削刃）的宽度。（　）

2. 填空题

(1) 正交平面参考系由正交平面、基面和__________平面组成。

(2) 切削用量三要素对切削温度的影响的顺序是：__________＞进给量＞__________。

(3) 目前生产中最常用的两种刀具材料是__________和__________，制造形状复杂的刀具时常用__________。

(4) 基准根据功用不同可分为__________与__________两大类。

(5) 车床车削外圆柱面时，主运动是__________的旋转运动，进给运动是__________的直线运动。

(6) 铣床的主运动是__________的旋转运动，进给运动是__________的直线或回转运动。

(7) 工艺基准按不同场合和用途可分为工序基准、__________、测量基准、__________。

(8) 车刀的切削部分一般总结为三面两刃一尖，包括前刀面、__________、__________、主切削刃、副切削刃和刀尖。

3. 单项选择题

(1) 下列改变(　　)能使刀具的主切削刃的实际工作长度增大。

A. 减小前角　　B. 增大后角　　C. 减小主偏角　　D. 减小副偏角

(2) 选择金属材料的原则，首先应满足(　　)。

A. 零件使用性能要求　　B. 零件工艺性能要求

C. 材料经济性　　D. 加工成本

(3) 一般当工件的强度、硬度、塑性越高时，刀具耐用度(　　)。

A. 不变　　B. 有时高，有时低　　C. 越高　　D. 越低

(4) 已知端铣刀直径为80mm，铣削速度为20m/min，则主轴转速为(　　)r/min。

A. 78　　B. 77　　C. 79　　D. 80

(5) 车床最适于加工(　　)零件。

A. 平板类　　B. 轴类　　C. 轮齿成型　　D. 箱体类

(6) 刀具角度中影响切削力最大的是(　　)。

A. 前角　　B. 主偏角　　C. 副偏角　　D. 后角

(7) 一般铣削主要用于(　　)和半精加工。

A. 超精加工　　B. 镜面加工　　C. 粗加工　　D. 光整加工

(8) 数控精车时，一般应选用的切削用量是(　　)。

A. 较大的吃刀量、较低的主轴转速、较高的进给速度

B. 较小的吃刀量、较低的主轴转速、较高的进给速度

C. 较小的吃刀量、较高的主轴转速、较高的进给速度

D. 较小的吃刀量、较高的主轴转速、较低的进给速度

(9) 硬质合金是高速切削常用的刀具材料，它具有(　　)、高耐磨性和高耐热性。

A. 高韧性　　B. 高弹性　　C. 高硬度　　D. 高温度

(10) 下列刀具中(　　)是成形车刀。

A. 螺纹车刀　　B. 圆弧形车刀　　C. 切断刀

(11) 刀具的前刀面和基面之间的夹角称为(　　)。

A. 楔角　　B. 刃倾角　　C. 前角　　D. 主偏角

机械加工精度

第3章
微课视频

学习目标

本章主要介绍机械加工精度概述；工艺系统几何误差对加工精度的影响；工艺系统物理变形对加工精度的影响；加工误差的综合分析；保证和提高加工精度的主要途径和加工精度的检验。

本章重点是工艺系统几何误差对加工精度的影响，工艺系统物理变形对加工精度的影响，加工误差的综合分析和加工精度的检验。

通过本章的学习，要求掌握机械加工精度的基本概念，了解获得机械加工精度的方法；能够分析影响机械加工的影响因素；掌握保证和提高加工精度的主要途径，培养加工精度检验的技能。

重点与难点

◇ 机械加工精度概述
◇ 工艺系统几何误差对加工精度的影响
◇ 工艺系统物理变形对加工精度的影响
◇ 加工误差的综合分析
◇ 保证和提高加工精度的主要途径
◇ 加工精度的检验

微课视频、实操视频、拓展知识视频、MOOC学习平台。

课程导入　超级工程：5MW风力发电机轴承的精度

在中国市场一部5MW的风力发电机(型号SL5000)，可以不消耗任何燃料，而从空气中获取最终价值超过4亿元人民币的电能，不过获得这些收益的前提是，SL5000将在自然环境恶劣的海面上支撑20年以上(图3-Ⅰ)。如果在运行的过程中出现需要更换像轴承这

图 3-Ⅰ 海上风力发电机

种主要部件的情况，获利的希望可能就会落空。轴承因为既要受力，又要运动，而成为最容易损坏的部分，SL5000 所需要的轴承将挑战轴承制造的最高难度。到目前为止，全世界只有 3 家工厂有能力接受这个挑战，中国瓦房店轴承厂就是其中之一。

SL5000 这种巨型风力发电机需要巨大轴承来支撑，而实际上这个轴承是有史以来尺寸最大的精密轴承，为了制造它，必须动用先进的加工设备，以微米级的误差加工直径超过 3m 的构件。在轴承高速运转的过程中，任何一点细小的瑕疵，都有可能被急剧放大，导致轴承严重损坏，必须使用世界上最大的三维精密检测仪进行精度检测，检测精度达到 0.8 μm。SL5000 使用的主要轴承尺寸超过 3m，加工误差不能超过 6μm，相当于人的头发丝的 1/20。瓦房店轴承厂能制造出 SL5000 所需全部轴承，其中最大的一个轴承有两层楼的高度，它将安装在发电机机舱的底部，有了它，海上巨无霸 SL5000 就可以随心所欲地转动，寻找风的方向。

每一种机械产品都是由许多相关的零件装配而成的，因此产品的质量不但取决于装配的质量，而且与零件的制造质量直接相关。零件的制造质量是依靠零件毛坯的制造方法、机械加工、热处理以及表面处理等工艺来保证的，因而应在零件制造的各个环节树立质量意识，以确保产品的质量。机械加工质量包括机械加工精度和表面质量两个方面内容，前者是指机械零件加工后宏观的尺寸、形状和位置精度，后者主要是指零件加工后表面的微观几何形状精度和物理力学性质质量。

3.1 机械加工精度概述

3.1.1 机械加工精度的基本概念

所谓机械加工精度，是指零件在加工后的几何参数(尺寸、形状和表面间的相互位置)的实际值与理论值相符合的程度。符合程度越高，加工精度越高。实际加工时，不可能也没必要把零件做得与理想零件完全一致，总会有一定的偏差，即所谓的加工误差。从保证产品的使用性能分析，可以允许零件存在一定的加工误差，只要这些误差在规定的范围内，就认为保证了加工精度。在生产实践中都是用加工误差的大小来反映与控制加工精度的，加工误差越小，加工精度越高。

机械加工精度包括尺寸精度、形状精度、位置精度三项内容，三者既有联系也有区别。通常在同一要素上给定的形状公差应限制在位置公差之内，而位置公差一般也应限制在尺寸公差之内，零件形状误差占相应尺寸公差的30%～50%，位置误差为有关尺寸公差的65%～85%。当尺寸精度要求高时，相应的位置精度、形状精度也要求高。但形状精度要求高时，相应的位置精度和尺寸精度却不一定要求高，这要根据零件的功能要求来决定。

3.1.2　获得机械加工精度的方法

1. 获得尺寸精度的方法

(1) 试切法。试切法是通过试切→测量→调整→再试切，反复进行直到工件尺寸达到规定要求为止。试切法的加工效率低，劳动强度大，且要求操作者有较高的技术水平，主要适用于单件小批生产。

(2) 调整法。调整法是先调整好刀具和工件在机床上的相对位置，并在一批零件加工过程中保持此位置不变，以保证被加工零件尺寸的加工方法。调整法广泛采用行程挡块、行程开关、靠模、凸轮或夹具等来保证加工精度。这种加工方法的效率高，加工精度稳定可靠，无须操作工人有很高的技术水平，而且劳动强度小，广泛应用于成批、大量的自动化生产中。

(3) 定尺寸刀具法。定尺寸刀具法是用刀具的相应尺寸保证工件被加工部位尺寸精度的加工方法。如钻孔、铰孔、拉孔、攻螺纹、用镗刀块加工内孔、用组合铣刀铣工件两侧和槽面等。这种方法的加工精度主要取决于刀具的制造精度、刃磨质量和切削用量等，其生产效率高，但刀具制造复杂，常用于孔、槽和成形表面的加工。

(4) 自动控制法。自动控制法是在加工过程中，通过由尺寸测量装置、动力进给装置和控制机构等组成的自动控制系统，自动完成工件尺寸的测量、刀具的补偿调整和切削加工等一系列动作。当工件达到要求尺寸时，发出指令停止进给，结束此次加工，从而自动获得所要求尺寸精度的一种加工方法。如数控机床就是通过数控装置、测量装置及伺服驱动机构来控制刀具或工作台按设定的规律运动，从而保证零件加工的尺寸精度。

2. 获得形状精度的方法

获得形状精度的方法

(1) 轨迹法。轨迹法是依靠刀具与工件的相对运动轨迹获得加工表面形状的加工方法。如车削时，工件做旋转运动，刀具沿工件旋转轴线方向做直线运动，则刀尖在工件加工表面上形成的螺旋线轨迹就是外圆或内孔。用轨迹法加工所获得的形状精度主要取决于刀具与工件的相对运动(成形运动)精度。

(2) 成形法。成形法是利用成形刀具对工件进行加工来获得加工表面形状的方法。如用曲面成形刀具加工回转曲面、用模数铣刀铣削齿轮、用花键拉刀拉花键槽等。用成形法加工所获得的形状精度主要取决于切削刃的形状精度和成形运动精度。

(3) 展成法。展成法是利用工件和刀具做展成切削运动来获得加工表面形状的加工方法，如在滚齿机或插齿机上加工齿轮。用展成法获得成形表面时，切削刃必须是被加工表面发生线(曲线)的共轭曲线，而展成运动必须保持刀具与工件确定的速比关系，这种方法用于各种齿轮轮廓、花键键槽、蜗轮轮齿等表面的加工，其特点是切削刃的形状与所需表面的几何形状不同。

(4) 仿形法。仿形法是刀具按照仿形装置进给对工件进行加工的方法。仿形法所得到的形状精度取决于仿形装置的精度和其他成形运动的精度。仿形车、仿形铣等均属于仿形法加工。

(5) 数控加工法。数控加工法是利用坐标轴联动的数控加工技术，是空间曲面加工的有效加工方法。两坐标联动的数控加工方法可以方便地获得高精度的平面轮廓曲线，三坐标联动的数控加工方法可获得各种复杂的空间轮廓曲面。

3. 获得位置精度的方法

(1) 直接找正定位法。用划针或百分表直接在机床上找正工件位置。

(2) 划线找正定位法。先按零件图在毛坯上划好线，再以所得划线为基准找正它在机床的位置。

(3) 夹具定位法。在机床上安装好夹具，工件放在夹具中定位。

(4) 机床控制法。利用机床的相对位置精度来保证工件位置精度。

3.1.3 影响加工精度的因素及其分析

如图 3-1 所示，在机械加工中，零件的尺寸、几何形状和表面间相互位置的形成，取决于工件和刀具在切削运动过程中的相互位置关系 $r(t)$，而 $r(t)$ 是由工件、夹具、机床、刀具组成的工艺系统所保证的，因此，工件的加工精度问题也就涉及到整个工艺系统的精度问题。

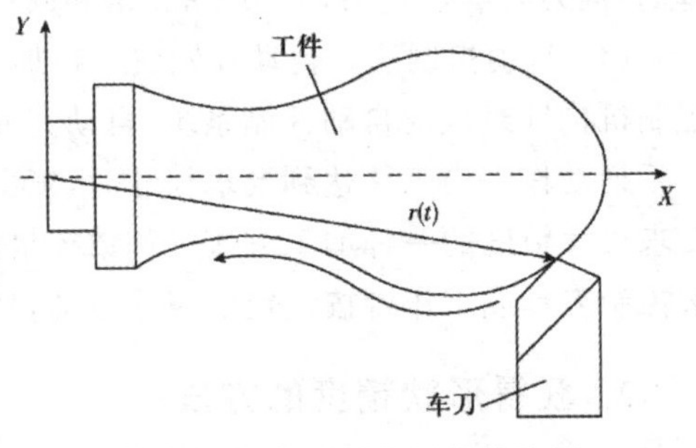

图 3-1 工件相对于刀具的位置

工艺系统中各个环节所存在的误差在不同的条件下以不同的程度和方式反映为工件的加工误差，它是产生加工误差的根源，因此工艺系统的误差被称为原始误差。原始误差主要来自三方面：一是加工前的误差，即在加工前就存在的工艺系统本身的误差(几何误差)，包括工件、夹具、刀具的制造与安装误差；二是加工中的误差，即加工过程中工艺系统的受力受热变形、刀具的磨损；三是加工后因内应力引起变形而导致的误差等，如图 3-2 所示。

3.1.4 研究加工精度的目的和方法

1. 研究加工精度的目的

研究加工精度的目的，就是要弄清影响加工精度的各种因素，找出它们对加工精度影响的规律，掌握控制加工精度的方法，以获得预期的加工精度，以及找出进一步提高加工精度的途径。

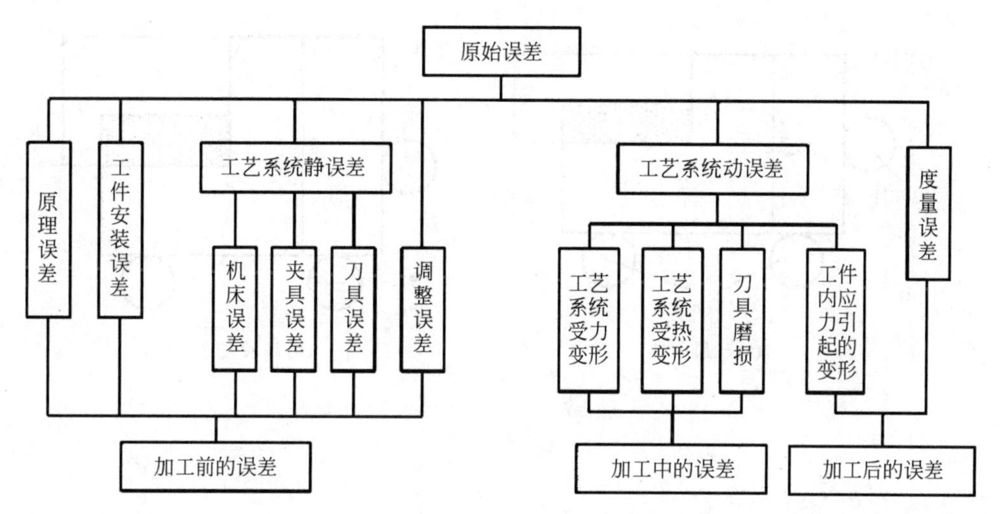

图 3-2　工艺系统的原始误差

2. 研究加工精度的方法

(1) 单因素分析法。研究某一确定因素对加工精度的影响，为简单起见，一般不考虑其他因素的同时作用。通过分析计算、测试或试验，得出该因素与加工误差之间的关系。

(2) 统计分析法。以加工一批工件的实测结果为基础，运用数理统计方法进行数据处理，以控制工艺过程的正常进行。当发生质量问题时，可以从中判断误差的性质，找出误差出现的规律，以减少加工误差。因此，统计分析法只适用于批量生产。

在实际生产中，这两种方法常常结合起来应用。一般先用统计分析法寻找误差的出现规律，初步判断产生加工误差的可能原因，然后运用单因素分析法进行分析、试验，以便迅速有效地找出影响加工精度的主要原因。

3.2　工艺系统几何误差对加工精度的影响

3.2.1　工件尺寸误差

图 3-3 为在工件上加工一个台阶面的工序简图，本道工序中要求保证尺寸 $l_{0}^{+\delta_1}$mm，用调整法保证尺寸精度时，此处工件以下底面和左侧面定位进行加工，该方法保证的是定位基准表面与加工表面之间的尺寸。然而，一批工件总存在着制造误差，前一道工序完成的尺寸 $H_{-\delta_H}^{0}$，在本道工序中体现为一批工件该尺寸的变化。当 H 为极限尺寸 H_{min} 时，加工表面的工序尺寸为 l_1，如图 3-3(a)所示。而当 H 为极限尺寸 H_{max} 时，加工表面的工序尺寸为 l_2，如图 3-3(b)所示。由于 $l_1-l_2=H_{max}-H_{min}=\delta_H$，所以本道工序中台阶面存在着加工误差 $\Delta l=l_2-l_1=\delta_H$。该加工误差的实质是由定位基准与设计基准不重合所形成的误差，故称为基准不重合误差。

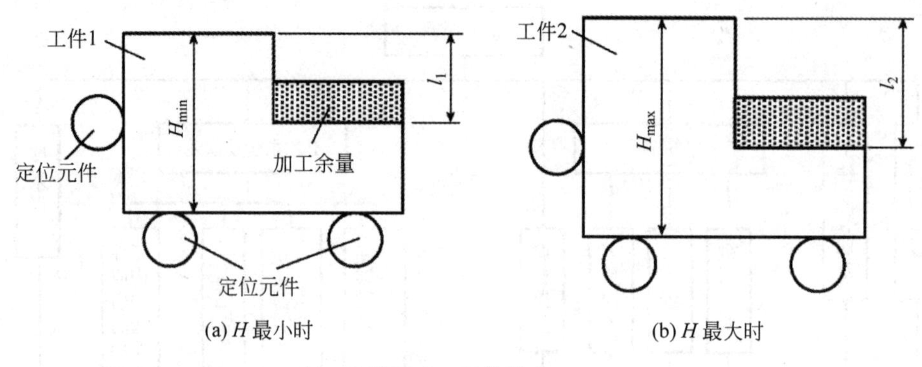

图 3-3 工件误差

3.2.2 工件定位误差

为了保证加工表面的加工精度要求，首要任务就是保证工件定位时，通过一定数目的定位元件合理布置在定位表面上，使工件获得相对于刀具的正确加工位置。然而，由于定位元件和工件定位表面本身均存在制造误差和安装误差，将引起工件的位置和方向产生变化，从而引起加工误差。图 3-4 所示为一个套筒类零件在水平放置的心轴上定位、铣键槽的工序，要求保证尺寸 $h_{-\delta_h}^{\ 0}$ mm。加工时，该尺寸是由按心轴的轴心线调整好铣刀的高度位置，保证一批工件加工尺寸；同时注意，更换心轴后其轴心线位置不变。

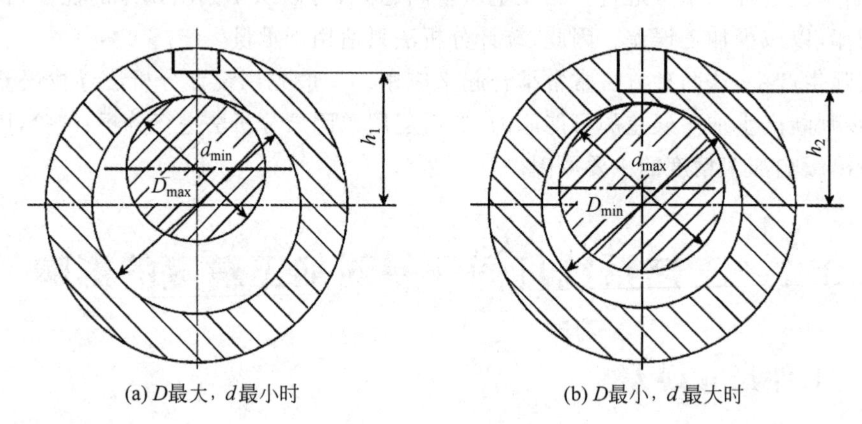

图 3-4 定位误差

由于工件的定位表面和心轴不可能制造得十分准确且无误差，同时为了使工件圆孔易于套入心轴，故必须使工件内孔与心轴之间具有一个最小配合间隙，假定工件内孔和心轴直径分别为 $\phi D_{\ 0}^{+\delta_D}$ mm、$\phi d_{-\delta_d}^{\ 0}$ mm。这样，工件内孔中心和心轴中心不可能保持完全同轴。如图 3-4(a)所示，当心轴直径最小、工件内孔直径最大时，工序尺寸 h 达到最小值 h_1。而当心轴直径最大、工件内孔直径最小时，工序尺寸 h 达到最大值 h_2，如图 3-4(b)所示。此时，加工误差：

$$\Delta h = h_1 - h_2 = \frac{D_{max} - d_{min}}{2} - \frac{D_{min} - d_{max}}{2} = \frac{1}{2}(\delta_D + \delta_d) \tag{3-1}$$

3.2.3　夹具制造误差

如图 3-5(a)所示,在块状工件上钻一个通孔,要求保证尺寸 $L\pm\delta_L$ mm,然而,由于夹具中各主要元件存在着制造误差和配合间隙,故会给设计尺寸 L 带来加工误差。如图 3-5(b)所示,影响尺寸 L 精度的因素主要有以下 3 个。

(1) 衬套内孔轴线至定位表面的距离 L_1 的制造误差 δ_{L_1}。

(2) 钻套与衬套之间的配合间隙 Δ'_{max}。

(3) 钻套内外圆的同轴度误差 ε。

由于各误差因素并非都是按最大值出现的,故按概率法来估算分度误差才符合实际。其具体算法可用下式表示:

$$\Delta L = 2\delta_{L_1} + \Delta'_{max} + \varepsilon \tag{3-2}$$

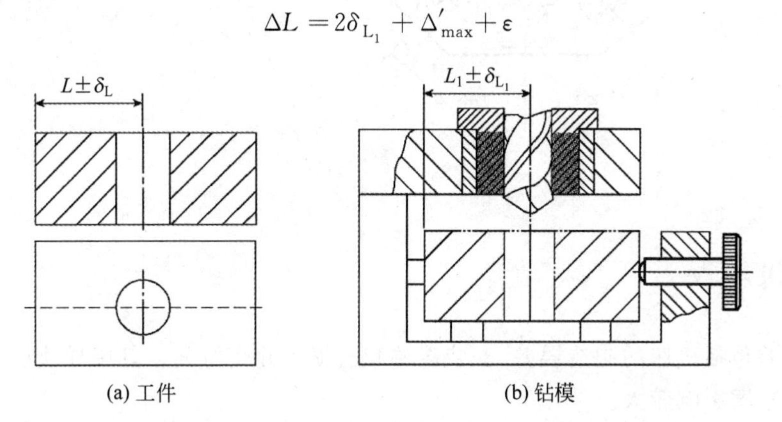

图 3-5　夹具误差

3.2.4　夹具安装误差

图 3-6 为小连杆的铣槽工序图。工序要求铣工件两个端面上的槽,槽的中心线与两孔中心连线夹角为 45°±5′,夹具左侧安装对刀块(对刀块的直角铅锤面、水平面可利用塞尺对刀)。在 X62W 卧式铣床上进行加工时,由于定向键与机床工作台 T 形槽之间存在配合间隙,这将导致夹具由于水平摆动而倾斜一个角度 β。假定两个定向键的配合尺寸为 $b_{-\delta_b}^{\ 0}$ mm,距离为 $l\pm\delta_1$ mm,而 T 形槽的配合尺寸为 $B_{\ 0}^{+\delta_B}$ mm,则夹具安装误差可表示为

$$\beta = \frac{\delta_B + \delta_b + (B-b)}{l} \tag{3-3}$$

图 3-6 中,由于定向键的尺寸为 $18_{-0.011}^{\ 0}$ mm,两个定向键之间的距离为 115mm,由《机械设计手册》可查得 X62W 卧式铣床 T 形槽的尺寸为 $18_{\ 0}^{+0.018}$ mm,故夹具安装误差为 0.9′。

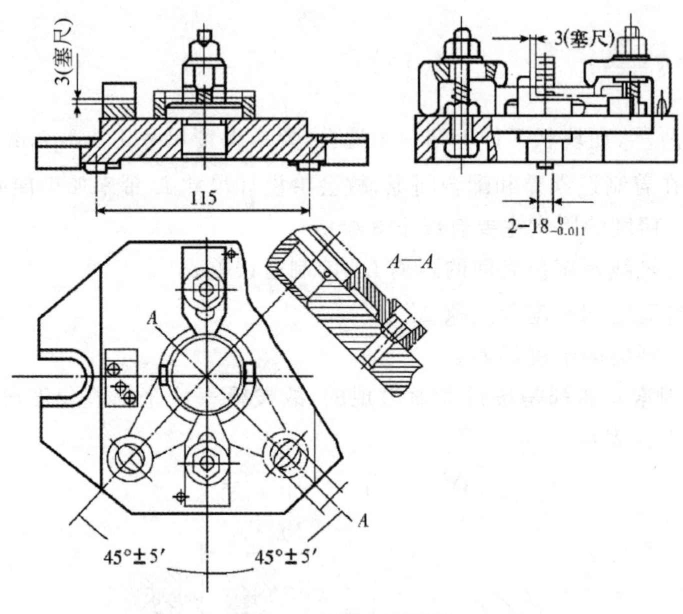

图 3-6 夹具安装误差

3.2.5 机床误差

机床误差包括机床的制造误差、安装误差和磨损等几个方面。其中导轨误差、主轴回转误差对加工精度影响较大。

1. 导轨误差

床身导轨是机床中确定主要部件相对位置的基准，也是主要部件的运动基准，它的各项误差直接影响零件的加工精度。在机床的精度标准中，导轨误差共有 3 个项目：在水平面内的直线度、在垂直面内的直线度和前后导轨的平行度(扭曲)。若车床导轨在水平面内的直线度误差使刀尖在水平面内发生位移 Y(图 3-7)，则引起被加工零件在半径方向产生的误差 ΔR 和加工表面圆柱度误差 ΔR_{max} 分别为

$$\Delta R = Y \tag{3-4}$$

$$\Delta R_{max} = Y_{max} - Y_{min} \tag{3-5}$$

车床导轨在垂直面内的直线度误差将引起刀尖产生 ΔZ 的误差，如图 3-8 所示，从而导致工件的半径产生加工误差，其值 ΔR 为

$$\Delta R \approx \frac{\Delta Z^2}{d} \tag{3-6}$$

由式(3-4)和式(3-5)可知，不同的原始误差对加工精度具有不同的影响。当原始误差的方向与工序尺寸方向一致时，其对加工精度的影响最大。对加工精度影响最大的那个方向称为误差的敏感方向。对于车削来说，在工件已加工表面的法线方向，导轨误差对加工精度的影响最大，因此法线方向是误差敏感方向；而在切线方向，导轨误差对加工精度的影响最小，通常可忽略不计，故切线方向称为误差非敏感方向。

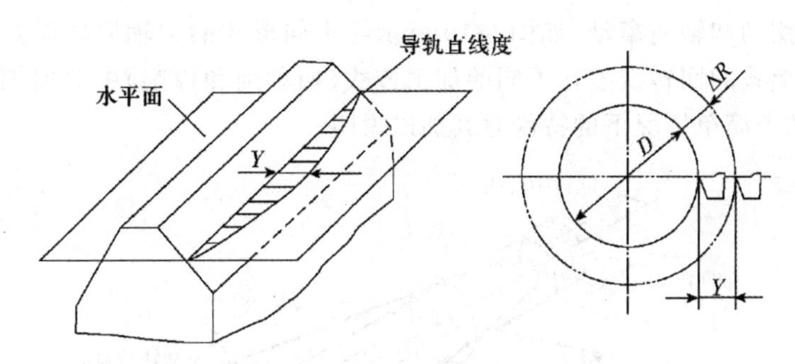

图 3-7 车床导轨在水平面内直线度的误差

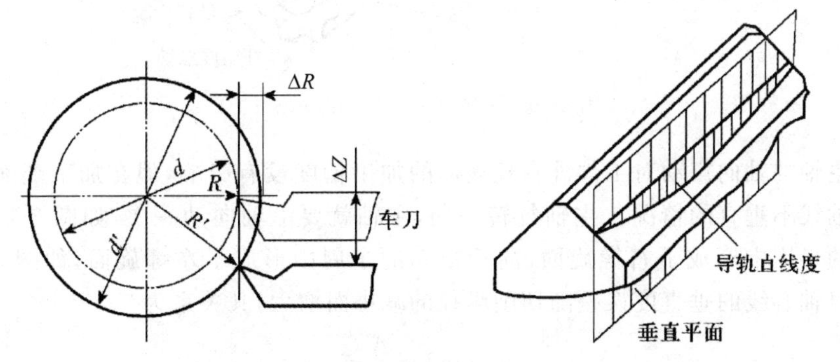

图 3-8 车床导轨在垂直平面内直线度的误差

机床的两导轨在垂直平面内的平行度误差(扭曲度),会使车床的溜板沿床身移动时发生偏斜,从而使刀尖相对工件产生偏移,影响加工精度。如图 3-9 所示,假设前后导轨的扭曲度为 δ,车床主轴中心高为 H,导轨宽度为 B,由于 $\tan\alpha=\delta/B$,则工件半径误差可由几何关系近似求得

$$\Delta R \approx H\frac{\delta}{B} \tag{3-7}$$

2. 主轴的回转误差

机床主轴的回转精度直接影响被加工工件的加工精度,尤其是在精加工时,机床主轴的回转误差往往是影响加工精度的主要因素。所谓主轴的回转精度,是指主轴回转中心线在主轴回转过程中的稳定程度,理想主轴回转中心线的空间位置是固定不变的。但实际上由于存在着轴颈的圆度、轴颈之间的同轴度、轴承之间的同轴度、主轴的挠度以及支承端面对轴颈中心线的垂直度等误差,主轴的实际回转轴线与理想回转轴线会发生偏移,而这个偏移量就是主轴的回转误差。

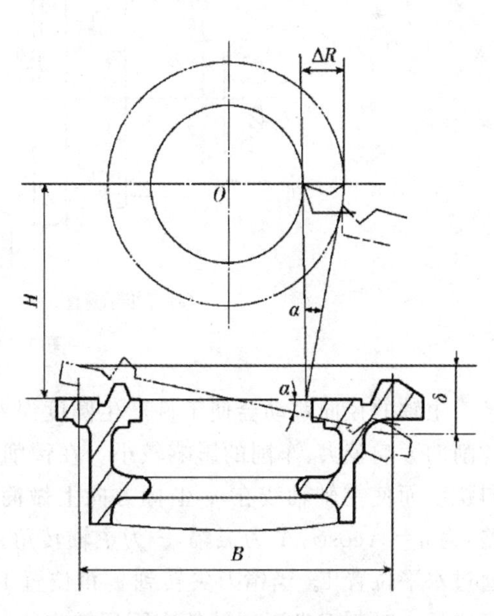

图 3-9 导轨扭曲引起的加工误差

主轴的回转误差可以分为 3 种基本形式:

径向跳动、倾角摆动和轴向窜动，如图 3-10 所示。不同形式的主轴回转误差对加工精度的影响不同，同一形式的回转误差在不同的加工方式（如车削和镗削）中对加工精度的影响也不一样。现举几个简单情况下的特例对其加以说明。

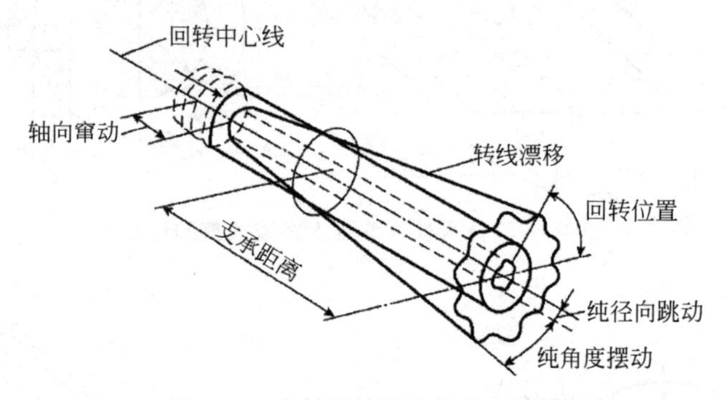

图 3-10 主轴回转误差的基本形式

车床主轴的轴向窜动对工件外圆柱表面的加工精度没有影响，但在加工端面时则会产生端面与轴线不垂直的情况。主轴每转一周，主轴就要沿轴向动一次，如图 3-11(a)所示。向前窜动的半周中形成了右螺旋面，向后窜动的半周中形成了左螺旋面，如图 3-11(b)所示。端面对轴心线的垂直度误差随切削半径的减小而增大，其关系为

$$\tan\theta = \frac{A}{R} \tag{3-8}$$

式中：A 为主轴端面圆跳动的幅值；R 为工件车削端面的半径；θ 为端面切削后的垂直度偏差。

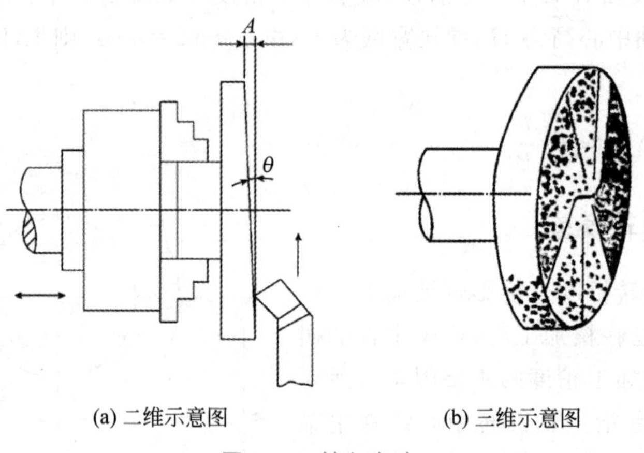

(a) 二维示意图　　(b) 三维示意图

图 3-11 轴向窜动

主轴的径向跳动会使工件产生圆度误差，但加工方法不同，影响程度也不尽相同，其中镗削的影响较大，车削的影响较小。在镗削时，刀随主轴旋转，工件不转。设由于主轴的径向跳动而使主轴轴线在 y 坐标方向上做简谐运动，如图 3-12 所示，其运动方程（即原始误差）为 $h=A\cos\varphi$，A 为振幅，φ 为主轴转角；当主轴中心偏移最大（等于 A）时，镗刀尖刚好通过水平位置 1。当镗刀尖转到 φ 角位置 $1'$ 处时，回转中心的实际偏离位置 $h=A\cos\varphi$。由于在任一时刻刀尖到主轴的实际回转中心的距离 R 都是一定值，则刀尖轨迹的水平分量和

垂直分量分别为

$$\left.\begin{aligned} y &= A\cos\varphi + R\cos\varphi = (A+R)\cos\varphi \\ z &= R\sin\varphi \end{aligned}\right\} \tag{3-9}$$

式(3-9)是一个椭圆的参数方程,其长半轴为 $A+R$,短半轴为 R。说明镗出的孔为椭圆形,如图 3-12 中的点画线所示,其圆度误差为 A。

车削时主轴径向跳动对工件的圆度影响很小,这可以由图 3-13 来说明。仍假定主轴轴线沿 y 坐标方向做简谐振动,则在工件 1 处(主轴中心偏移最大处)切出的半径为 $R-A$,在工件 3 处切出的半径为 $R+A$,而在工件 2、4 处切出的半径均为 R。这样,在上述 4 点的工件直径相等,而在其他各点所形成的直径只有二阶小的误差,所以车削出的工件表面接近于一个圆。

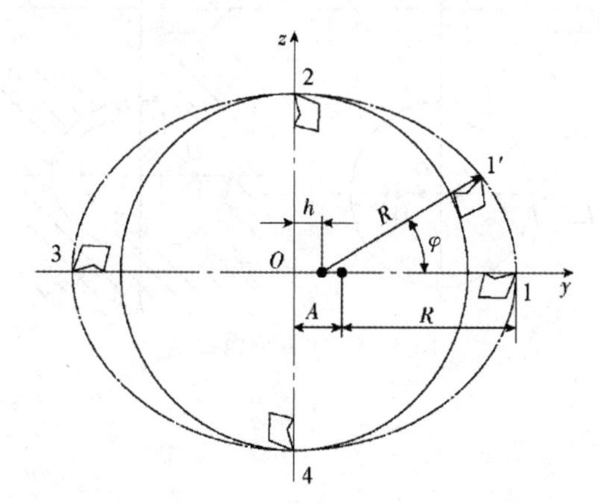

图 3-12　径向跳动对镗孔圆度的影响

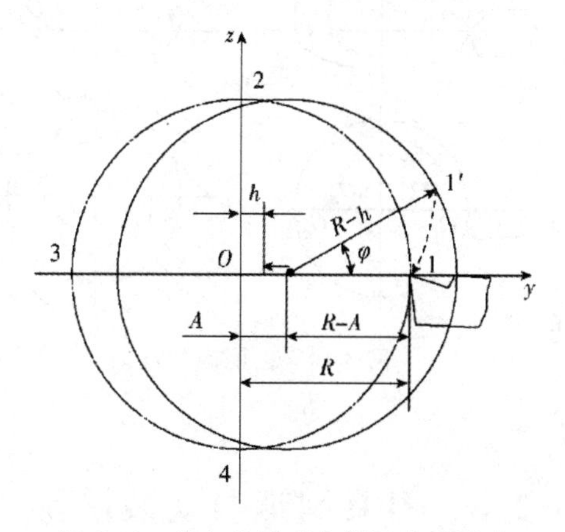

图 3-13　径向跳动对车削圆度的影响

事实上,若车刀切在工件表面任一位置 1′处时,切出的实际半径为 $R-h$,则刀尖轨迹的水平分量和垂直分量分别为

$$\left.\begin{aligned} y &= A + (R-h)\cos\varphi = A\sin^2\varphi + R\cos\varphi \\ z &= (R-h)\sin\varphi = R\sin\varphi - A\cos\varphi\sin\varphi \end{aligned}\right\} \tag{3-10}$$

由此可得

$$y^2 + z^2 = R^2 + A^2\sin^2\varphi \tag{3-11}$$

若略去二次误差 A^2,则上式近似为

$$y^2 + z^2 = R^2 \tag{3-12}$$

上式表明,车削出的工件表面接近于正圆。

当主轴空间倾角摆动时,如果是轴线在空间成一锥角 α 的圆锥轨迹,如图 3-14 所示,那么从各个截面来看,相当于轴心做偏心运动,只是各截面的偏心量不同而已。因此,无论是车削还是镗削,都能获得一个正圆柱。

当主轴平面倾角摆动时,如图 3-15 所示,假定其频率与主轴回转频率一致,沿各截面来看,车削表面是一个正圆,以整体面论,车削出来的工件是一个圆柱;镗削内孔时,沿各截面来看,镗削表面均为椭圆,就整体来说镗削出来的是一个椭圆柱。

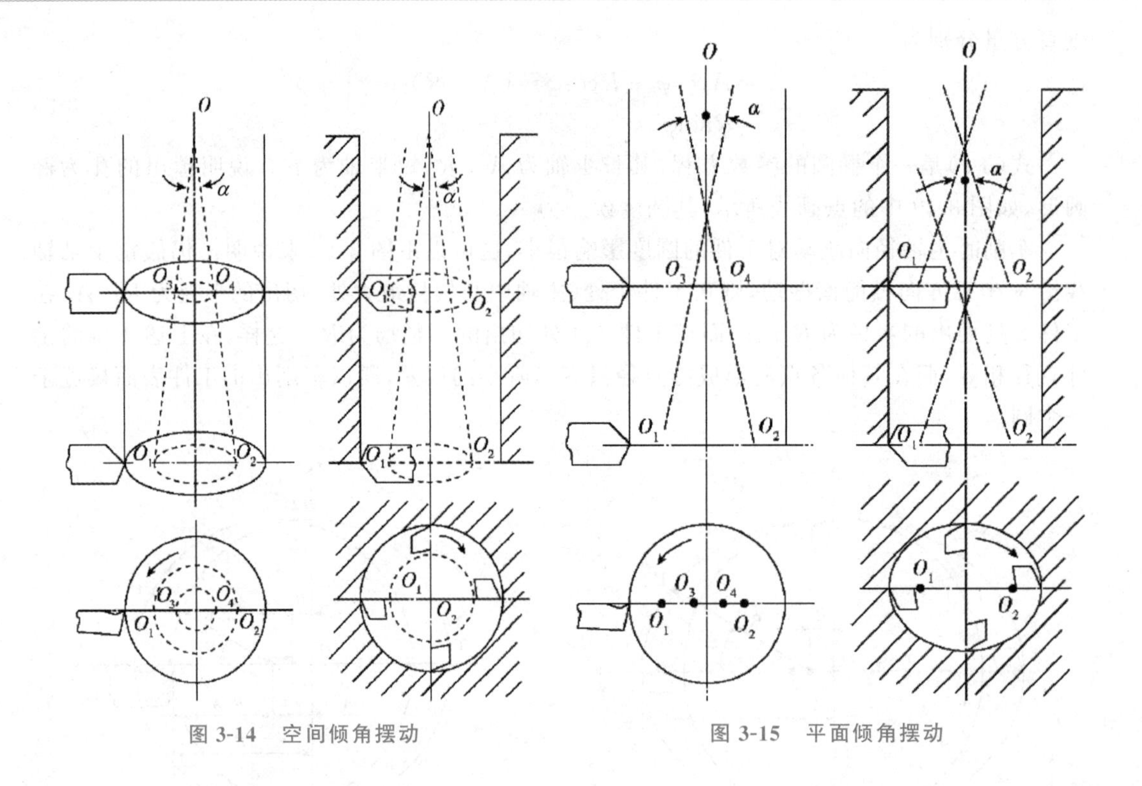

图 3-14 空间倾角摆动　　图 3-15 平面倾角摆动

3.2.6 刀具制造与安装误差

刀具对加工精度的影响随刀具种类的不同而异。定尺寸刀具，如钻头、铰刀、孔拉刀、丝锥、板牙、槽铣刀等，加工时刀具的尺寸误差、形状误差直接影响工件的尺寸精度和形状精度。成形刀具，如成形车刀、成形铣刀、成形砂轮等的形状误差，将直接影响工件加工表面的形状精度。普通刀具，如车刀、刨刀、铣刀等，其制造误差对加工精度没有直接的影响。

另外，若采用成形刀具对工件进行加工，则加工表面的加工精度还与刀具的安装精度有关。图 3-16 所示为采用宽刃车刀横向进给加工短圆柱面。当安装正确时，加工表面的形状为正圆柱；当车刀刃口位置安装得偏高或偏低时，工件将加工成一个双曲面；若车刀刃口的安装位置在 y 方向产生倾斜时，工件加工表面则为圆锥面。

车削加工
（成形车刀）

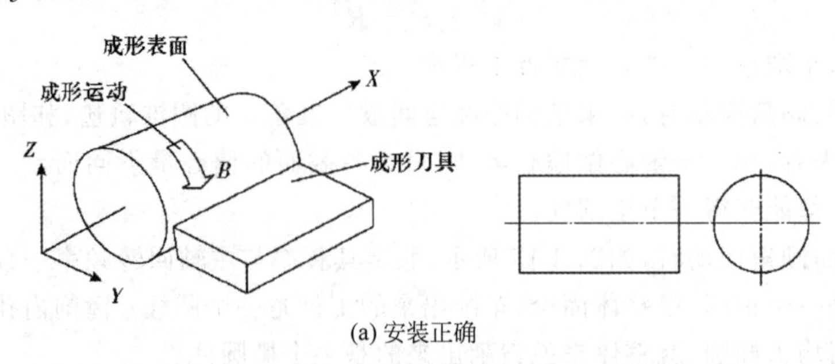

(a) 安装正确

图 3-16 刀具安装误差

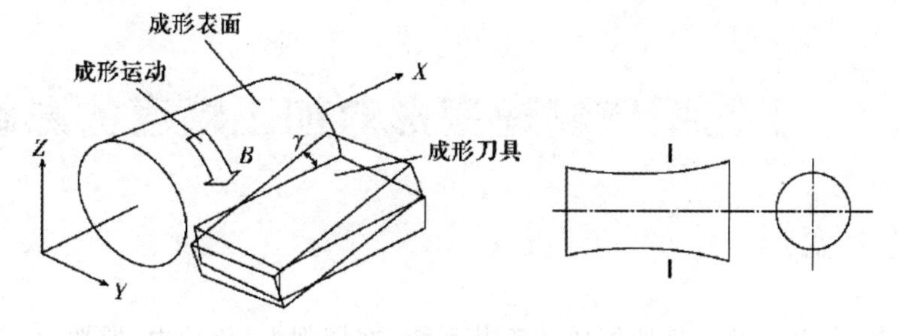

(b) 垂直面内有安装误差

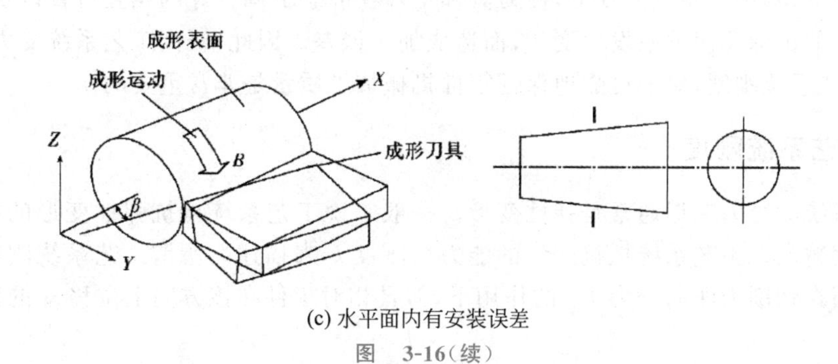

(c) 水平面内有安装误差

图　3-16(续)

3.2.7　对刀误差

如图 3-5(b)所示，工件上被加工孔的位置尺寸是 $L_1 \pm \delta_{L_1}$ mm，在加工过程中，由于存在与钻套之间的间隙以及容屑高度的影响，故将引偏刀具而对尺寸 L 带来加工误差。假定刀与钻套之间的最大配合间隙为 Δ_{max}，容屑高度为 S，钻套高度为 H，工件被加工孔的深度为 B，那么由图 3-17 所示的几何关系可求得刀具的引偏量 x 为

$$x_1 = \left(\frac{H}{2} + S + B\right)\frac{\Delta_{max}}{H} \tag{3-13}$$

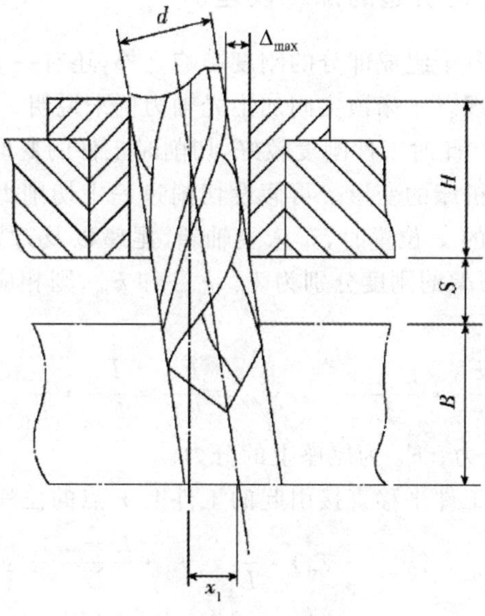

图 3-17　对刀误差

3.3 工艺系统物理变形对加工精度的影响

3.3.1 受力变形

由机床、夹具、刀具及工件所组成的工艺系统，在切削力、传动力、惯性力、夹紧力以及重力等的作用下，将产生相应的变形，使刀具和工件在静态下调整好的相互位置以及切削成形运动所需要的正确几何关系发生变化，而造成加工误差。因此，研究工艺系统受力变形的规律，提高工艺系统刚度，对于可靠地保证零件机械加工质量是非常重要的。

1. 工艺系统刚度

工艺系统的受力变形通常是弹性变形。一般来说工艺系统抵抗弹性变形的能力越强，则加工精度越高。工艺系统抵抗变形的能力用刚度 k 来描述。所谓工艺系统刚度，是指工件加工表面在切削力法向分力 F_y 的作用下，刀具相对工件在该方向上位移 y 的比值，即

$$k=\frac{F_y}{y} \tag{3-14}$$

工艺系统在切削分力 F_y 的作用下，变形 y 是各个组成部分变形的叠加(包括机床变形 y_{jc}、夹具变形 y_{jj}、刀具变形 y_d、工件变形 y_g)，即

$$y=y_{jc}+y_{jj}+y_{dj}+y_g \tag{3-15}$$

由于机床刚度 $k_{jc}=F_y/y_{jc}$，夹具刚度 $k_{jj}=F_y/y_{jj}$，刀具刚度 $k_{dj}=F_y/y_{dj}$，工件刚度 $k_g=F_y/y_g$。将各部分刚度表达式代入式(3-14)中，经整理可得工艺系统刚度的一般表达式：

$$\frac{1}{k}=\frac{1}{k_{jc}}+\frac{1}{k_{jj}}+\frac{1}{k_{dj}}+\frac{1}{k_g} \tag{3-16}$$

2. 切削力作用点变化引起的加工误差

工艺系统刚度除了受各个组成部分的刚度影响之外，还有一个很大特点，那就是随着受力点位置的变化而变化。现以车床顶尖间加工光轴为例来说明。

(1) 假定工件短而粗。此时工件刚度较好，切削时工件的变形可以忽略不计。因此，工艺系统的变形完全取决于机床的变形。再假设切削过程中切削力保持不变，车刀以径向分力 F_y 进给到图 3-18 所示的 x 位置时，车床主轴箱、尾座以及刀架分别受到 F_1、F_2、F_y 的作用。若主轴箱、尾座和刀架的刚度分别为 k_{tj}、k_{wz} 和 k_{dj}，则相应的变形 y_{tj}、y_{wz} 和 y_{dj} 分别为

$$y_{tj}=\frac{F_1}{k_{tj}}=\frac{F_y}{k_{tj}}\cdot\frac{L-x}{L} \qquad y_{wz}=\frac{F_2}{k_{wz}}=\frac{F_y}{k_{wz}}\cdot\frac{x}{L} \qquad y_{dj}=\frac{F_y}{k_{dj}} \tag{3-17}$$

式中：F_1 为主轴箱上的分力；F_2 为尾座上的分力。

两端支撑点位移带动工件平移直接引起的工件上 x 点的位移：

$$y_x=y_{tj}+(y_{wz}-y_{tj})\cdot\frac{x}{L}=y_{tj}\cdot\frac{L-x}{L}+y_{wz}\cdot\frac{x}{L}$$

$$=\frac{F_y}{k_{tj}}\left(\frac{L-x}{L}\right)^2+\frac{F_y}{k_{wz}}\left(\frac{x}{L}\right)^2$$

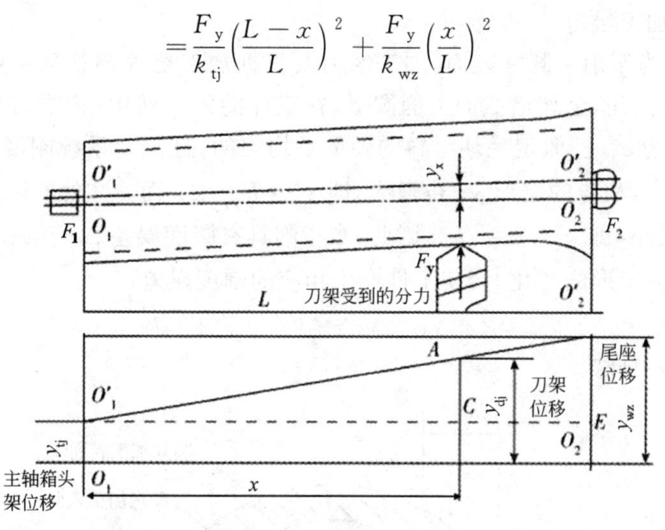

图 3-18　工艺系统变形随切削力位置而变化

由图 3-18 中的几何关系可得机床的总变形为

$$y_{jc}=y_x+y_{dj}=F_y\left[\frac{1}{k_{tj}}\left(\frac{L-x}{L}\right)^2+\frac{1}{k_{wz}}\left(\frac{x}{L}\right)^2+\frac{1}{k_{dj}}\right]\tag{3-18}$$

可见，y 是 x 的抛物线型二次函数，使车出的工件呈两端粗、中间细的鞍形，如图 3-19 所示，各截面上的直径尺寸不同，产生了形状和尺寸误差。

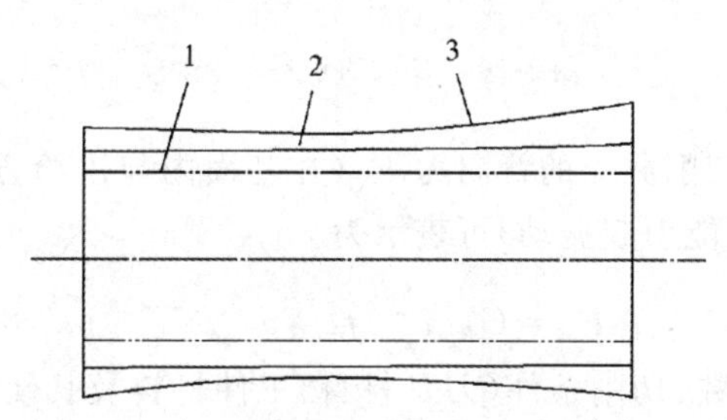

1—理想情况下；2—刀架变形情况下；3—头架尾座变形情况下

图 3-19　机床变形引起的工件误差

（2）假定工件为刚性差的细长轴。由于工艺系统中的工件变形远远大于机床和刀具的变形，此时可不考虑机床和刀具的变形，工件变形可按简支梁计算：

$$y_g=\frac{F_y}{3EI}\frac{(L-x)^2x^2}{L}\tag{3-19}$$

显然，当 $x=0$ 或 $x=L$ 时，$y=0$；当 $x=\frac{L}{2}$时，工件变形最大，此时 $y_g=\frac{F_yL^3}{48EI}$。因此，加工后的工件呈鼓形或鞍形。

3. 切削力大小变化引起的加工误差（误差复映）

在车床上加工短轴，工艺系统刚度变化不大，可近似地看作常数。这时由于被加工表面形状误差（使加工余量不均）或材料硬度的变化，引起切削力和工艺系统受力变形的变化，因而产生了工件的加工误差。

图 3-20 所示为车削一圆柱表面，加工时刀具根据加工要求调整到一定的背吃刀量(图中虚线的位置)。然而，毛坯横截面为椭圆形，在工件的每一转中，背吃刀量发生变化，最大值为 a_{p_1}，最小值为 a_{p_2}。假定毛坯材料的硬度是均匀的，且工艺系统刚度为 k，那么 a_{p_1} 处的切削力 F_{y_1} 最大，相应的变形 y_1 也最大，即 $y_1=F_{y_1}/k$；而 a_{p_2} 处的切削力 F_{y_2} 最小，相应的变形 y_2 也最小，即 $y_2=F_{y_2}/k$。因此，当车削具有圆度误差 $\Delta m=a_{p_1}-a_{p_2}$ 的毛坯时，由于工艺系统受力变形的变化，会使工件产生相应的圆度误差：

$$\Delta g=y_1-y_2=(F_{y_1}-F_{y_2})/k \tag{3-20}$$

这种现象称为误差复映。

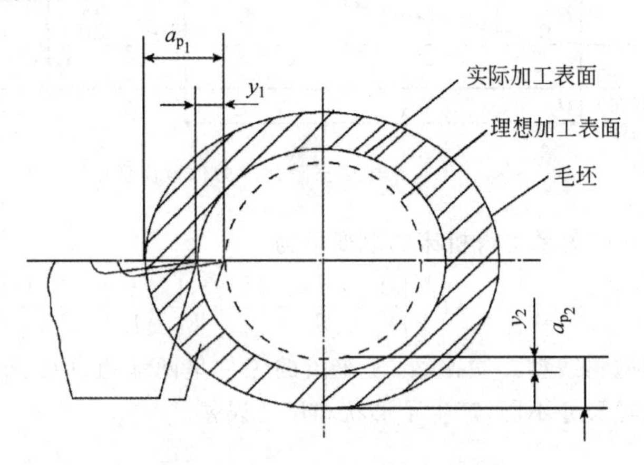

图 3-20 车削时误差的复映

根据切削原理可知，切削分力的背向力 F_y(在基面内与进给方向垂直，F_y 使工件产生弯曲变形或刀架退让并可能引起振动)可表示为

$$F_y=C_{F_y}a_p^{x_{F_y}}f^{y_{F_y}}v^{n_{F_y}}K_{F_y} \tag{3-21}$$

式中：C_{F_y} 为刀具几何参数、切削条件(刀具材料、工件材料及其硬度、切削用量、冷却液等)对背向力的影响系数；a_p 为背吃刀量；f 为进给量；v 为切削速度；x_{F_y}、y_{F_y}、n_{F_y} 为切削用量对背向力的影响指数；K_{F_y} 为实际切削条件与经验公式不符合时的修正系数。

在工件材料硬度均匀、切削条件一定的情况下，$C_{F_y}f^{y_{F_y}}v^{n_{F_y}}K_{F_y}=C$ 为常数，在某种条件的车削加工中，$x_{F_y}\approx 1$，则背向力 $F_y=Ca_p$。将 $F_{y_1}=Ca_{p_1}$，$F_{y_2}=Ca_{p_2}$ 代入式(3-20)得

$$\Delta g=\frac{C}{k}(a_{p_1}-a_{p_2})=\frac{C}{k}\Delta m=\varepsilon\Delta m \tag{3-22}$$

式中：$\varepsilon=\dfrac{C}{k}$称为误差复映系数。可以看出，工艺系统刚度 k 越高，ε 越小，即复映在工件上的加工误差越小。一般地，误差复映系数是一个小于 1 的正数，表明该工序具有一定的误差修正能力。

当加工过程分成 n 次进给运动进行时，每次进给的复映系数为 $\varepsilon_1,\varepsilon_2,\cdots,\varepsilon_n$，则总的复映系数 $\varepsilon=\varepsilon_1\varepsilon_2\cdots\varepsilon_n$，可简化为

$$\varepsilon=(\varepsilon_1)^n \tag{3-23}$$

由于几次进给后，ε 远小于 1，加工误差也变得很小，说明工件某一表面采用多次加工有助于提高加工精度。

毛坯材料硬度不均匀也将使切削力大小产生变化，工艺系统的受力变形也随着变化，从而产生加工误差。因此，在采用调整法成批生产时，控制毛坯材料硬度的均匀性是很重要的。值得注意的是，由于加工过程中走刀次数通常已定，如果一批毛坯材料的硬度差别很大，就会使工件的尺寸分散范围扩大，甚至超差。

4. 夹紧力引起的加工误差

工件在装夹时，由于工件刚度较低或夹紧力作用点不当，会使工件产生相应的变形，造成加工误差。图 3-21 所示为利用三爪自动定心卡盘夹持薄壁套筒，假定毛坯是正圆形，夹紧后工件呈三棱形，如图 3-21(a)所示。此时镗出来的孔为正圆形，如图 3-21(b)所示。但松开后，套筒零件弹性恢复，使孔又变成三棱形，如图 3-21(c)所示。为了减小加工误差，应使夹紧力均匀分布，可采用开口过度环或采用专用卡爪夹紧，如图 3-21(d)和图 3-21(e)所示。

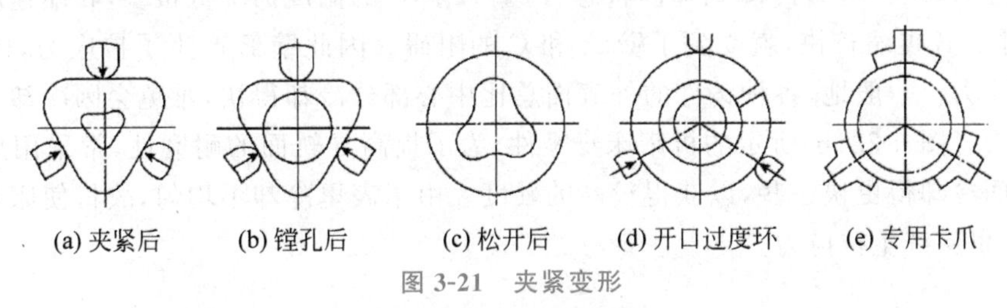

图 3-21　夹紧变形

图 3-22(a)为磨削薄板工件示意图。当磁力将工件吸向磁盘表面时，工件将产生弹性变形，如图 3-22(b)所示。磨完后，由于弹性恢复，已磨完的表面又产生翘曲，如图 3-22(c)所示。改进的办法是在工件和磁力吸盘之间垫橡皮垫(厚 0.5mm)，如图 3-22(d)和图 3-22(e)所示。工件夹紧时，橡皮垫被压缩，减小工件的变形，再以磨好的表面定位磨另一面。这样，经多次互为基准交替磨削即可获得平面度较高的薄板工件。

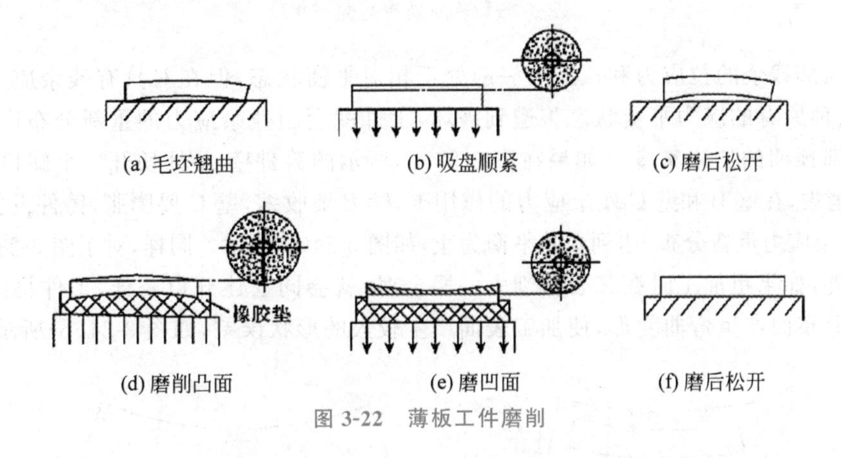

图 3-22　薄板工件磨削

5. 残余应力引起的加工误差

1) 残余应力产生的原因及所引起的变形

残余应力是指在没有外力作用下或去除外力后仍存留在工件内部的应力。零件中的残余应力往往处于一种很不稳定的相对平衡状态，在常温下，特别是在外界某些因素的影响下，很容易失去原有状态，使残余应力重新分布，在应力重新分布过程中会使零件产生相应的变形，从而破坏其原有的精度。因此，必须采取措施减小残余应力对加工零件精度的影响。

(1) 毛坯制造及热处理过程中产生的残余应力。残余应力是由于金属内部组织发生了不均匀的体积变化而产生的。体积变化的产生主要来自热加工和冷加工。在毛坯制造（如铸造、锻造焊接）中由于毛坯结构比较复杂，各部分厚度不均匀，散热条件相差很大，引起毛坯各部分冷热收缩不均匀以及金相组织转变时的体积变化，从而使毛坯内部产生相当大的残余应力。如图 3-23(a)所示，浇铸一个内外壁厚相差较大的铸件时，当铸件冷却时，由于壁 A 和 C 比较薄，散热比较容易，所以冷却较快，而壁 B 较厚，散热比较困难，所以冷却较慢。由于热塑性和冷弹性的影响，当壁 A 和 C 从塑性状态冷却到弹性状态时（约 620℃），壁 B 的温度还比较高，处于塑性状态。因此，壁 B 对壁 A 和 C 的收缩不起阻碍作用，铸件内部不产生残余应力，但当壁 B 冷却到弹性状态时，壁 A 和 C 的温度已降低很多，收缩速度变得很慢，而这时壁 B 收缩较快，就受到了壁 A 和 C 的阻碍。因此壁 B 产生了拉应力，壁 A 和 C 产生了压应力。一般地，各种铸件的外表面总比中心部分冷却得快，难免会因冷却不均匀产生残余应力。图 3-23(b)所示的机床床身零件，为了提高导轨面的耐磨性，常采用局部激冷工艺使表面冷却得更快一些，以获得较高的硬度。由于表里冷却不均匀，故将使床身表层产生压应力，里层产生拉应力。

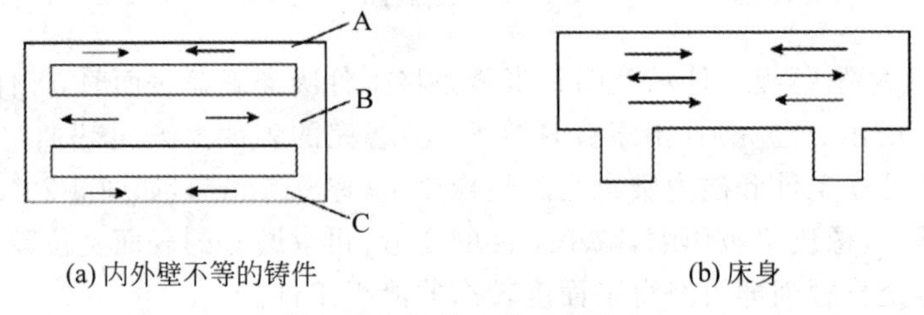

(a) 内外壁不等的铸件　　(b) 床身

图 3-23　逐渐内应力的产生

工件内部残余的拉应力和压应力一般处于相对平衡状态，但在对具有残余应力的工件加工时，这种原有的应力平衡状态将遭到破坏，工件就会因残余应力的重新分布产生变形，因而得不到预期的加工精度。如果在图 3-23(a)所示的铸件壁 A 处切开一个缺口，则壁 A 的压应力消失，在壁 B 和壁 C 残余应力的作用下，壁 B 要收缩，壁 C 要膨胀，铸件发生弯曲变形，直至残余应力重新分布，达到新的平衡为止，如图 3-24(a)所示。同样，对于图 3-23(b)所示的床身零件，如果粗加工时在其表面刨去一层金属，就会同上述开口一样，工件将因残余应力的重新分布面产生弯曲变形，使加工表面产生较大的形状误差，如图 3-24(b)所示。

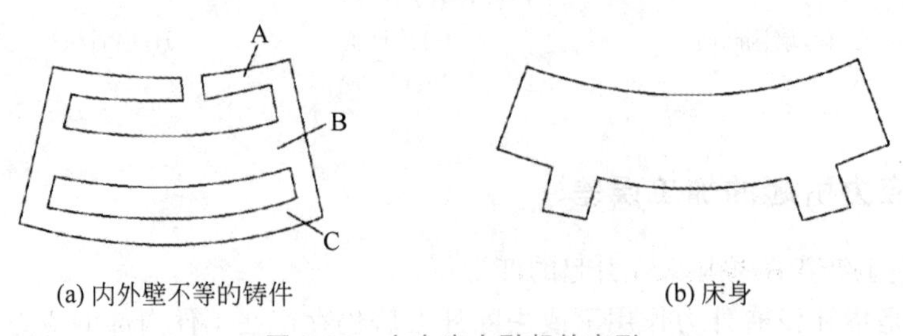

(a) 内外壁不等的铸件　　(b) 床身

图 3-24　由内应力引起的变形

(2) 冷校直带来的残余应力。弯曲的工件(原来无残余应力)要校直,必须使工件产生反向弯曲,并使工件产生一定的塑性变形,如图3-25(a)所示。当工件外层应力超过屈服强度时,其内层应力还未超过弹性极限,故其分布情况如图3-25(b)所示。去除外力后,由于下部外层已产生拉伸的塑性变形、上部外层已产生压缩的塑性变形,故里层的弹性恢复受到阻碍。结果上部外层产生残余拉应力,上部里层产生残余压应力;下部外层产生残余压应力,下部里层产生残余拉应力,如图3-25(c)所示。冷校直后虽然弯曲减小了,但内部组织处于不稳定状态,如再进行一次加工,又会产生新的弯曲。

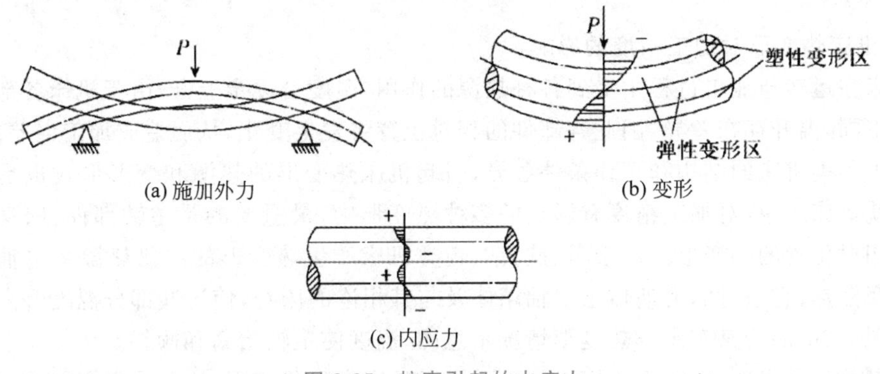

图3-25 校直引起的内应力

2) 减少或消除残余应力的措施

为了减少残余应力对加工精度的影响,可在毛坯制造及零件粗加工后进行时效处理,常用的方法有人工时效、振动时效和自然时效等方法。例如,对铸、锻、焊接件进行退火或回火,零件淬火后进行回火;对精度要求高的床身、丝杠、箱体、精密主轴等零件,在粗加工后进行时效处理;对精度要求很高的精密丝杠、标准齿轮、精密床身等零件,在每次切削加工后都要进行时效处理。

合理安排工艺过程可以减小残余应力对加工精度的影响,如将粗、精加工分开在不同工序中进行,可使粗加工后有一定时间让残余应力重新分布,以减小对精加工的影响。在加工大型工件时,粗、精加工往往在一个工序中完成,这时应在粗加工后将工件松开,让工件有自由变形的可能,然后再用较小的夹紧力夹紧工件进行精加工。

3.3.2 受热变形

在机械加工中,工艺系统在各种热源的影响下会产生复杂的变形,使得工件与刀具间的正确相对位置关系遭到破坏,造成加工误差。

1. 工艺系统的热源

工艺系统热变形的根本原因是系统内温度场分布的变化,而温度场的分布则取决于热量的产生、传入和传出过程。当温度达到热平衡时,单位时间内散出的热量与热源传入的热量趋于相等,温度分布不再变化,成为与时间无关的稳定温度场,也就不再继续产生热变形。

引起工艺系统热变形的热源主要来自两个方面。一是内部热源,主要包括轴承离合器、齿轮副、丝杠螺母副、高速运动的导轨副等工作时产生的摩擦热，以及液压系统和润滑系统等工作时产生的摩擦热；切削和磨削过程中由于挤压、摩擦和金属弹、塑性变形产生的切削热。二是外部热源，主要指由于室温变化及车间内不同位置、不同高度和不同时间存在的温度差，以及因空气流动产生的温度差等；照明设备以及取暖设备等的辐射热等。

对工艺系统加工精度影响最大的是大尺寸构件受热不均、温度差较大时引起的弯曲变形。实践经验证明，工艺系统的热变形问题重点在机床和工件上。

2. 机床热变形对加工精度的影响及其解决措施

1）机床热变形对加工精度的影响

机床在运转与加工过程中受到各种热源的作用，温度会逐步上升，由于机床各部件受热程度的不同，温升存在差异，因此各部件的相对位置将发生变化，从而造成加工误差。

由于各类机床的结构和工作条件各异，引起机床热变形的热源和变形形式也是多种多样的。就机床来说，对加工精度有影响的多种热变形中，最重要的是主轴部件、床身导轨以及两者相对位置的热变形。对于车、铣、钻、镗类机床产生热变形的主要热源是主轴箱内传动件的摩擦热，它通过润滑油传至主轴箱体及与其相连的床身，使这些部分温度升高而产生变形。图 3-26(a)为某车床的热变形情况示意图，温度使主轴抬高和倾斜。

测量并分析得知，影响主轴倾斜的主要原因是床身的热变形，它约占总倾斜量的 75%，主轴前后轴承温差引起的倾斜量占 25%。图 3-26(b)表示了主轴抬高量和倾斜量与时间的关系。

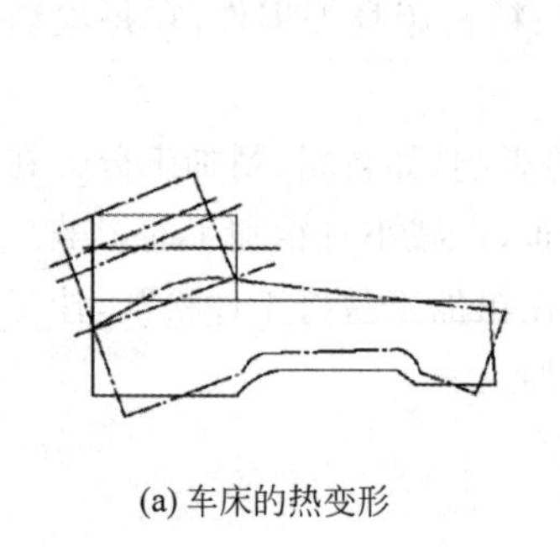

(a) 车床的热变形

(b) 主轴抬高和倾斜量与运转时间的关系(n=10/min)

图 3-26　车床的热变形

2）减少机床热变形对加工精度影响的措施

(1) 结构设计措施：采用热对称结构设计(单柱改双柱)；使关键件热变形在误差不敏感方向移动；合理安排支承位置；使热位移有效部分缩短；对发热大的热源采用足够的冷却措施。

(2) 工艺措施：安装机床的区域保持恒定环境温度；均布加热器、取暖、门帘和不靠窗照射；机床达到热平衡状态后再加工；空转一段时间后达到热平衡、不断续加工；精密机床采用恒温室；严格控制切削用量以减少工件发热。

3. 工件热变形及其对加工精度的影响

在加工过程中,工件受热将产生热变形,工件在热膨胀的状态下达到规定的尺寸精度,冷却收缩后尺寸会变小,甚至可能超出公差范围,造成废品。

1）工件比较均匀地受热

对一些形状简单的轴类、套类和盘类零件的内外圆加工时,切削热会比较均匀地传给工件,如不考虑工件温升后的散热,其温度沿工件全长和周围的分布是均匀的,工件的热变形也比较均匀,因此可以根据其平均温升来估算工件的热变形。工件长度或直径上的热变形量为

$$\Delta L = \alpha L \Delta T \tag{3-24}$$

式中：α 为工件材料的线膨胀系数；L 为工件热变形方向上的尺寸；ΔT 为工件温升。

一般来说,在轴类零件加工中,其直径尺寸要求较为严格,为保证较高的尺寸精度和形状精度水平,要求粗加工与精精加工必须分开进行,即工件经过粗加工后,并在工件冷却之后才能进行精加工,精加工时采用高速精车或用大量切削液充分冷却的磨削等方法,以减少工件的发热和变形。

2）工件不均匀受热

刨、铣、磨削板类零件工件单面受热,上下表面之间会形成温度差而产生弯曲变形。图 3-27 是要磨削一个长度为 L、高为 h 的薄片零件,假设加工表面的温度是均匀的,而上下表面间的温差为 ΔT,则产生的热变形 y 可作如下估算：

$$y \approx \frac{\alpha L^2 \Delta T}{8h} \tag{3-25}$$

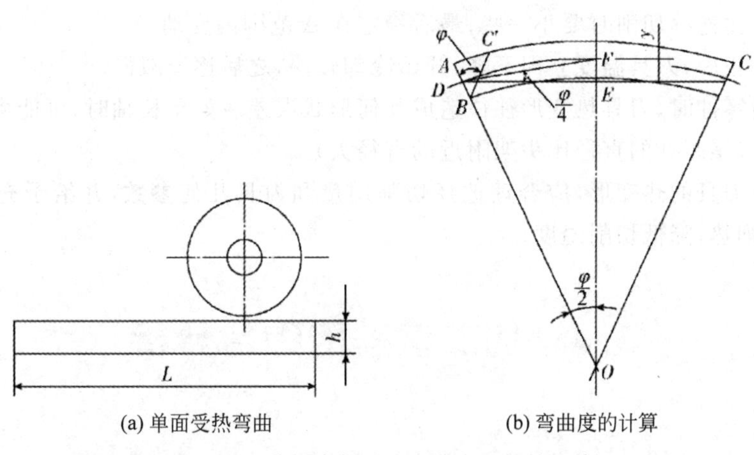

(a) 单面受热弯曲　　(b) 弯曲度的计算

图 3-27　薄板磨削前的弯曲变形及其计算

可见,工件越薄,温差越大；工件长度越大,工件热变形量就越大。因此在加工大型薄板时,要特别注意减少切削热传入工件。通常采取的措施是在切削时使用充分的冷却液,或提高工件的进给速度和砂轮横向进给量使大部分热量由切屑带走,以减少切削表面的温升。此外,对于铜、铝等有色金属的加工,由于线膨胀系数较大,它们的受热变形较其他工件材料大得多,故对加工精度的影响非常显著,应特别注意。

4. 刀具热变形对加工精度的影响

刀具热变形主要是由切削热引起的。通常传入刀具的热量并不太多,但由于热量集中在切削部分,以及刀体小,热容量小,故仍会有很高的温升。例如车削时,高速钢车刀的工作表面温度可达700~800℃,而硬质合金切削刃可达1000℃以上。

连续切削时,刀具的热变形在切削初始阶段增加很快,随后变得较为缓慢,在经过不长的时间后(10~20min)便趋于热平衡状态。此后,热变形变化量就非常小,如图3-28所示。刀具的总变形量可达0.03~0.05mm。

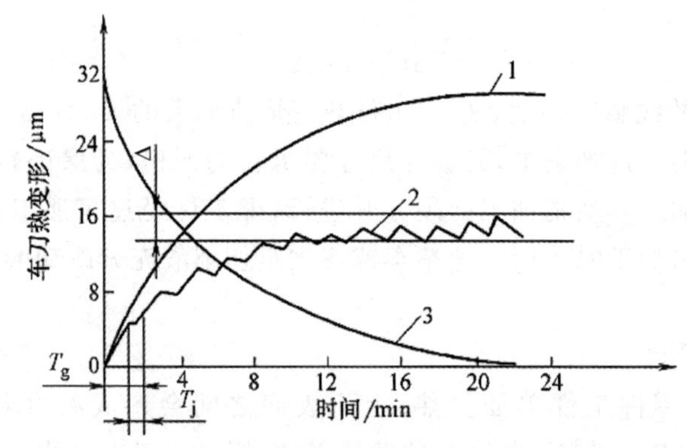

1—连续切削;2—间断切削;3—冷却曲线;T_g—加工时间;T_j—间断时间

图3-28 车刀热变形

间断切削时,由于刀具具有短暂的冷却时间,故其热变形曲线具有热胀冷缩双重特性,且总的变形量比连续切削时要小一些,最后稳定在Δ范围内变动。

当切削停止后,刀具温度立即下降,开始冷却较快,之后逐渐减慢。

加工大型零件时,刀具热变形往往造成几何形状误差。如车长轴时,可能由于刀具热伸长而产生锥度(尾座处的直径比头架附近的直径大)。

为了减小刀具的热变形,应合理选择切削用量和刀具几何参数,并给予充分冷却和润滑,以减少切削热,降低切削温度。

实操视频
加工精度的
统计分析

3.4 加工误差的综合分析

3.4.1 加工误差的性质

根据一批工件加工误差出现的规律,可将影响加工精度的误差因素按其性质分为两类,一类是系统误差,另一类是随机误差。

1. 系统误差

在顺序加工的一批工件中,其加工误差的大小和方向都保持不变或按一定规律变化,这类加工误差称为系统误差。前者称为常值系统误差,后者称为变值系统误差。例如,机床、刀具、夹具的制造误差，工艺系统的受力变形等引起的加工误差均与加工时间无关，其大小和方向在一次调整中也基本不变，因此都属于常值系统误差。机床、夹具等磨损速度很慢，在一定时间内也可看作是常值系统误差。机床、刀具和夹具等在尚未达到热平衡前的热变形误差和刀具的磨损等，都是随加工时间而规律变化的，属于变值系统误差。

2. 随机误差

在顺序加工的一批工件中，其加工误差的大小和方向的变化是无规律的称为随机误差。例如，毛坯误差的复映、残余应力引起的变形误差和定位、夹紧误差等都属于随机误差。应注意的是，在不同的场合，误差表现出的性质也是不同的。例如，对于机床在一次调整后加工出的一批工件而言，机床的调整误差为常值系统误差，但对多次调整机床后加工出的工件而言，每次调整时产生的调整误差就不可能是常值，因此对于经多次调整所加工出来的大批工件而言，调整误差为随机误差。

3.4.2 加工误差的数理统计方法

前面讨论了各种工艺因素产生加工误差的规律，并介绍了一些加工误差的单因素分析方法。在生产实际中，影响加工精度的工艺因素是错综复杂的。对于某些加工误差问题，不能仅用单因素分析法来解决，而需要用概率统计方法进行综合分析，找出产生加工误差的原因加以消除。

1. 实际分布曲线(直方图)

在批量生产中，抽取其中一定数量的零件进行测量，抽取的这批零件称为样本，而抽取的零件数目 n 称为样本容量。

在切削加工过程中，由于工艺系统中各种原始误差的存在，会引起工件加工尺寸总在一定范围内变化(即尺寸分散)，故加工尺寸可称为随机变量，用 x 表示。样本尺寸的最大值 x_{max} 与最小值 x_{min} 之差称为级差 R，即

$$R = x_{max} - x_{min} \tag{3-26}$$

将样本按尺寸大小以一定的间隔范围分成 k 组，那么各组的尺寸间隔范围称为组距 d，组距及其边界(又称为组界 x_j 与 x_{j+1})可分别按下式计算：

$$d = \frac{R}{k-1} \tag{3-27}$$

$$x_j = x_{min} + (j-1)d - \frac{d}{2}, \quad j = 1, 2, \cdots, k \tag{3-28}$$

同一组距内的零件数称为频数 m_i，而频数与样本容量之比称为频率 f_i，有

$$f_i = \frac{m_i}{n} \tag{3-29}$$

以频数或频率为纵坐标，以零件尺寸为横坐标，画出直方图，进而画成一条折线，即为实际分布曲线。该分布曲线直观地反映了加工精度的分布状况。为了分析该工序的加工精度情况，可在直方图上标出该工序的加工公差带位置，并计算出该样本的统计数字特征：平均

值 $\bar{x}$ 和标准差 S。

样本的平均值 $\bar{x}$ 表示该样本的尺寸分散中心，主要取决于调整尺寸的大小和常值系统误差。

$$\bar{x}=\frac{1}{n}\sum_{i=1}^{n}x_{\mathrm{i}} \tag{3-30}$$

式中：x_{i} 为各工件的尺寸。

样本的标准差 S 反映了该批工件的尺寸分散程度，它是由变值系统误差和随机误差决定的。

$$S=\sqrt{\frac{1}{n-1}\sum_{i=1}^{n}(x_{\mathrm{i}}-\bar{x})^{2}} \tag{3-31}$$

合理选择组数 k 对实际分布图显示的好坏有很大关系。组数过多，组距太小，分布图会被频数的随机波动所歪曲；组数太少，组距太大，分布特征将被掩盖。k 值一般应根据表 3-1 所示的经验数值进行确定。

表 3-1 分组数 k 的选定

n	25～40	40～60	60～100	100	100～160	160～250
k	6	7	8	10	11	12

另外，在以频数为纵坐标绘制直方图时，图形的高矮受样本容量和组距大小的影响。组距大，图形高；组距小，图形矮胖。为了使分布图能反映某一工序的加工精度而不受组距和样本容量的影响，可以频率密度为纵坐标。频率密度等于频率与组距的比值。

下面通过实例说明直方图的绘制步骤。

【例 3-1】 磨削一批轴径为 $\phi 60^{+0.060}_{+0.010}$ mm 的工件，经实测后的尺寸如表 3-2 所示，绘制直方图。

表 3-2 轴径尺寸实测值 单位：μm

44	20	46	32	20	40	52	33	40	25	43	38	40	41	30	36	49	51	38	34
22	46	38	30	42	38	27	49	45	45	38	32	45	48	28	36	52	32	42	38
40	42	38	52	38	36	37	43	28	45	36	50	46	38	30	40	44	34	42	47
22	28	34	30	36	32	35	22	40	35	36	42	46	42	50	40	36	20	16	53
32	46	20	28	46	28	54	18	32	33	26	46	47	36	38	30	49	18	38	38

注：表中数据为实测尺寸与基本尺寸之差。

解 直方图绘制过程如下。

(1) 收集数据。

在从总体中抽取样本时，确定样本容量是很重要的。若样本容量太小，则样本不能准确反映总体的实际分布，这就失去了抽样的本来目的；若样本容量太大，则又增加了分析计算的工作量。通常取样本容量 $n=50\sim200$，本例取 $n=100$ 件。

(2) 确定组数与组距。

组数 k 可按表 3-1 选取，本例取 $k=9$。

在表 3-2 中找出最大值 $x=54\mu\mathrm{m}$，最小值 $x=16\mu\mathrm{m}$，组距 $d=4.75\mu\mathrm{m}$。计算后的组距应进行圆整，方法是圆整成测量尾数(量具的最小分辨值)的整数倍，并尽量接近计算值。因此本例将组距圆整成 $d=5\mu\mathrm{m}$。

(3) 记录各组数据。

计算各组组界、各组中心值，并统计各组频数、计算频率和频率密度，填写频数分布

表 3-3。

(4) 绘制直方图。

根据表 3-3 的数据，以工件尺寸为横坐标，以频率密度为纵坐标，绘制直方图。再由直方图各矩形顶端的中点连成曲线，就可给出该批工件尺寸的实际分布曲线，如图 3-29 所示。

表 3-3　频数分布表

组号	组界/μm	中心值	频数统计	频数	计算频率/%	频率密度/(%·μm^{-1})
1	13.5～18.5	16	16,18,18	3	3	0.6
2	18.5～23.5	21	20,20,22,22,22,20,20	7	7	1.4
3	23.5～28.5	26	25,27,28,28,28,28,28,26	8	8	1.6
4	28.5～33.5	31	32,33,30,30,32,32,30,30,32,32,32,33,30	13	13	2.6
5	33.5～38.5	36	38,36,38,34,38,38,36,38,38,38,38,36,37,36,38,34,34,36,35,35,36,36,36,38,38,38	26	26	5.2
6	38.5～43.5	41	40,40,43,40,41,42,42,40,42,43,40,42,40,42,42,40	16	16	3.2
7	43.5～48.5	46	44,46,46,45,45,45,48,45,46,44,47,46,46,46,46,47	16	16	3.2
8	48.5～53.5	51	52,49,51,49,52,52,50,50,53,49	10	10	2.0
9	53.5～58.5	56	54	1	1	0.2

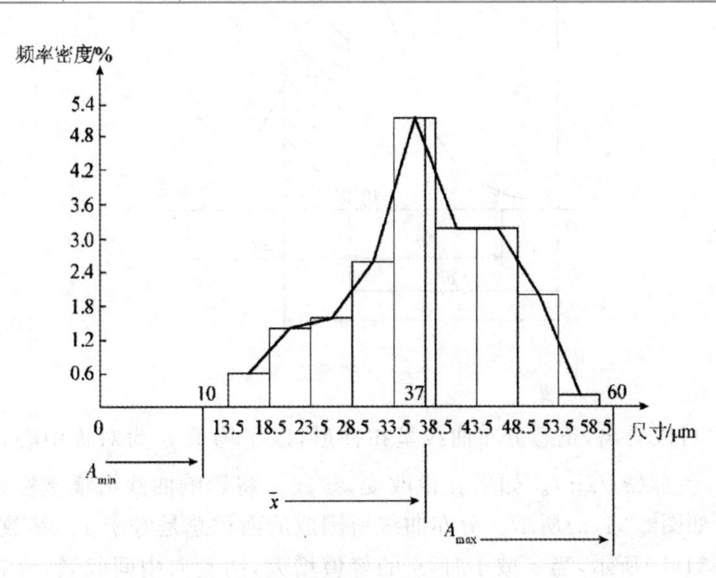

图 3-29　实际分布图

(5) 分析结果。

在直方图上作出最大极限尺寸 $A_{max}=60.06$mm 及最小极限尺寸 $A_{min}=60.01$mm 的标志线。计算平均值和标准差分别为 $\bar{x}=37.00\mu m$，$S=9.06\mu m$。由直方图可以直观地看到工件尺寸的分布情况：该批工件的尺寸有一个分散范围，尺寸偏大或偏小者很少，大多数居中。尺寸分散范围($6S=53.58\mu m$)略大于公差值($T=50\mu m$)，说明本工序的加工精度稍显不足；分散中心 $\bar{x}$ 与公差中心 A_m 基本重合，表明机床调整误差很小。

想要进一步研究该工序的加工精度问题，必须找出频率密度与加工尺寸间的关系，因此必须研究理论分布曲线。

2. 理论分布曲线

1) 正态分布

概率论已证明，相互独立的大量微小随机变量总和的分布符合正态分布。当被测量的一批零件(机床上用调整法一次加工出来的一批零件)的数目足够大而尺寸间隔非常小时，其尺寸误差是很多相互独立的随机误差综合作用的结果。如果其中没有一个是起决定作用的随机误差，则加工后零件的尺寸将近似于正态分布，正态分布曲线的形状如图 3-30 所示。其概率密度表达式为

$$y=\frac{1}{\sigma\sqrt{2\pi}}e^{-\frac{1}{2}\left(\frac{x-\mu}{\sigma}\right)^2}\qquad(-\infty<x<+\infty,\quad\sigma>0)\tag{3-32}$$

式中：y 为分布的概率密度；x 为随机变量；$\mu=\frac{1}{n}\sum_{i=1}^{n}x_i$ 为正态分布随机变量总体的算术平均值；$\sigma=\sqrt{\frac{1}{n}\sum_{i=1}^{n}(x_i-\mu)^2}$ 为正态分布随机变量的标准差。

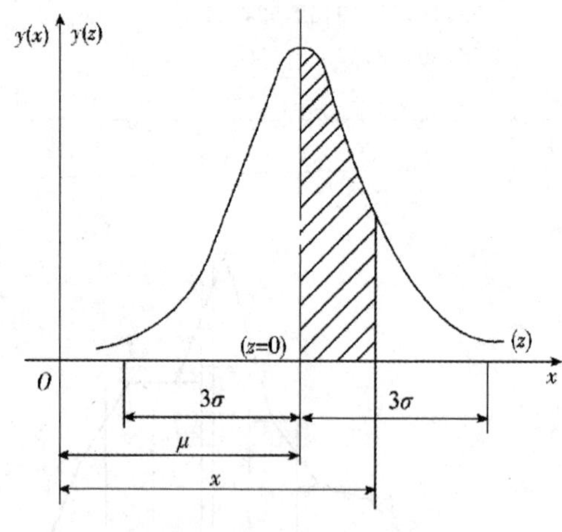

图 3-30 正态分布曲线

从式(3-32)可以看出，正态分布曲线呈扣钟形，以平均值 μ 为对称中心，该值正好对应曲线的最大值 $y=1/(\sigma\sqrt{2\pi})$。如果 μ 值改变，参数 μ 将影响曲线沿横坐标移动的位置，而不改变其形状，如图 3-31(a)所示。分布曲线所围成的面积总是等于 1。参数 σ 对曲线形状的影响，如图 3-31(b)所示，当 σ 减小时，y 的峰值增大，两侧向中间收紧，分布曲线越陡峭；

反之，当 σ 增大时，y 的峰值减小，曲线越平坦。

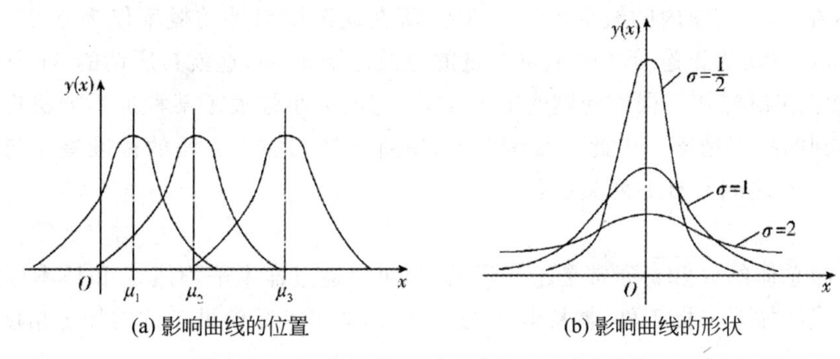

(a) 影响曲线的位置　(b) 影响曲线的形状

图 3-31　参数 μ 和 σ 对正态分布曲线的影响

总体平均值 $\mu=0$，总体标准差 $\sigma=1$ 的正态分布称为标准正态分布。任何不同的 μ 和 σ 的正态分布都可以通过坐标变换 $x=(x-\mu)/\sigma$ 转变为标准的正态分布。

由分布函数的定义可知，正态分布函数是正态分布概率密度函数的积分，即

$$F(x)=\frac{1}{\sigma\sqrt{2\pi}}\int_{-\infty}^{x}\mathrm{e}^{-\frac{1}{2}\left(\frac{x-\mu}{\sigma}\right)^{2}}\mathrm{d}x \tag{3-33}$$

由式(3-33)可知，$F(x)$ 为正态分布曲线上下积分限间包含的面积，它表征了随机变量 x 落在区间$(-\infty,x)$上的概率。

令 $z=\dfrac{x-\mu}{\sigma}$，并构建函数：

$$F(z)=\frac{1}{\sqrt{2\pi}}\int_{0}^{z}\mathrm{e}^{-\frac{z^{2}}{2}}\mathrm{d}z \tag{3-34}$$

显然，$F(z)$ 为图 3-30 中有阴影线部分的面积。对于不同 z 值的 $F(z)$，可由表 3-4 查出。

表 3-4　$F(z)$的值

z	$F(z)$	z	$F(z)$	z	$F(z)$	z	$F(z)$	z	$F(z)$	z	$F(z)$	z	$F(z)$
0.01	0.0040	0.17	0.0675	0.33	0.1293	0.49	0.1879	0.80	0.2881	1.30	0.4032	2.20	0.4861
0.02	0.0080	0.18	0.0714	0.34	0.1331	0.50	0.1915	0.82	0.2939	1.35	0.4115	2.30	0.4893
0.03	0.0120	0.19	0.0753	0.35	0.1368	0.52	0.1985	0.84	0.2995	1.40	0.4192	2.40	0.4918
0.04	0.0160	0.20	0.0793	0.36	0.1405	0.54	0.2054	0.86	0.3051	1.45	0.4265	2.50	0.4938
0.05	0.0199	0.21	0.0832	0.37	0.1443	0.56	0.2123	0.88	0.3106	1.50	0.4332	2.60	0.4953
0.06	0.0239	0.22	0.0871	0.38	0.1480	0.58	0.2190	0.90	0.3159	1.55	0.4394	2.70	0.4965
0.07	0.0279	0.23	0.0910	0.39	0.1517	0.60	0.2257	0.92	0.3212	1.60	0.4452	2.80	0.4974
0.08	0.0319	0.24	0.0948	0.40	0.1554	0.62	0.2324	0.94	0.3264	1.65	0.4506	2.90	0.4981
0.09	0.0359	0.25	0.0987	0.41	0.1591	0.64	0.2389	0.96	0.3315	1.70	0.4544	3.00	0.49865
0.10	0.0398	0.26	0.1023	0.42	0.1628	0.66	0.2454	0.98	0.3365	1.75	0.4599	3.20	0.49931
0.11	0.0438	0.27	0.1064	0.43	0.1664	0.68	0.2517	1.00	0.3413	1.80	0.4641	3.40	0.49966
0.12	0.0478	0.28	0.1103	0.44	0.1700	0.70	0.2580	1.05	0.3531	1.85	0.4678	3.60	0.499841
0.13	0.0517	0.29	0.1141	0.45	0.1736	0.72	0.2642	1.10	0.3643	1.90	0.4713	3.80	0.499928
0.14	0.0557	0.30	0.1179	0.46	0.1772	0.74	0.2703	1.15	0.3749	1.95	0.4744	4.00	0.499968
0.15	0.0596	0.31	0.1217	0.47	0.1808	0.76	0.2764	1.20	0.3849	2.00	0.4772	4.50	0.499997
0.16	0.0636	0.32	0.1255	0.48	0.1844	0.78	0.2823	1.25	0.3944	2.10	0.4821	5.00	0.49999997

当 $z=\pm3$，即 $x-\mu=\pm3\sigma$，由表 3-4 可得 $2F(3)=2\times0.49865=99.73\%$。这说明随机变量 x 落在 $\pm3\sigma$ 范围内的概率为 99.73%，落在此范围以外的概率仅为 0.27%，此值已很小。因此，可以认为正态分布的随机变量的分散范围是 6σ，这就是所谓的 6σ 原则。

6σ 的概念在研究加工误差问题时非常重要，它的大小代表了某种加工方法在一定的条件下所能达到的加工精度。因此一般情况下，使所选择的加工方法的标准差 σ 与工件的尺寸公差带宽度 T 之间具有下列关系：

$$6\sigma\leqslant T \tag{3-35}$$

正态分布总体的 μ 和 σ 通常是不知道的，但可以通过样本平均值 $\bar{x}$ 和样本标准差 S 来估计。这样成批加工一批工件，抽检其中的一部分，即可判断整批工件的加工精度。

2）非正态分布曲线

在实际加工中，工件尺寸的实际分布有时并不近似于正态分布，常常会出现以下几种非正态分布情形。如图 3-32(a)所示，在两次调整下，若加工尺寸混在一起，由于每次调整时常值系统误差不同，因此曲线的参数不可能完全相同，当常值系统误差的差值大于 2.2σ 时，就出现了双峰。例如两台机床加工，若将加工后的工件混在一起，不但常值系统性误差不同，而且机床的精度也不同，即随机性误差的影响不同(即 σ 不同)，也会导致分布曲线的峰高不等。双峰分布实质上是两组分布曲线的叠加，即在随机误差中混入了常值系统性误差，每组有各自的分散中心和标准偏差。

如图 3-32(b)所示，在加工过程中，由于刀具的磨损，虽然一定时间内工件尺寸呈正态分布，但随着加工的进行，尺寸分布的中心在均匀的移动，因此形成平顶分布，有一段曲线概率相等。平顶分布实质上是在随机性误差中混入了变值系统性误差。

当工艺系统存在显著热变形时，由于热变形在开始阶段变化较快，以后逐渐减慢直至热平衡，因此工件尺寸的实际分布不对称，这种分布又称瑞利分布。加工轴时向左偏，加工孔时向右偏，如图 3-32(c)所示。在试切法加工中，操作者主观上为了避免产生不可修复废品，加工轴时宁大勿小，加工孔时宁小勿大，也往往会出现不对称分布，如图 3-32(d)所示。

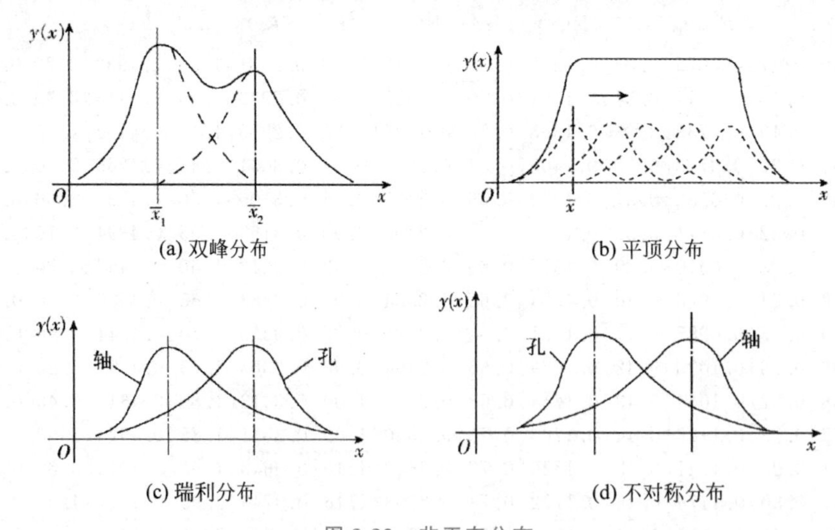

图 3-32 非正态分布

对于非正态分布的范围，就不能认为是 6σ。工程应用中处理的方法是除以相对分布系

数 K，即分布的分散范围为 T，则非正态分布的分散范围为 $T=6\sigma/K$，K 值的大小与分布曲线的形状有关，其数值见表 3-5，表中 α 为相对不对称系数，它是总体算数平均值坐标点至总体分散范围中心的距离与一半分散范围($T/2$)的比值。因此，分布中心的偏移量为 $\Delta=\alpha T/2$。

表 3-5　各种分布曲线的值 K 和 σ 值

分布规律特性	正态分布	辛普生分布（等腰三角形）	等概率分布	评定分布	不对称分布	
分布曲线简图		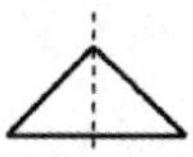	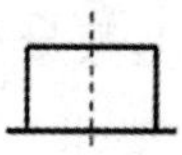	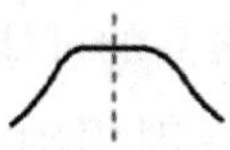	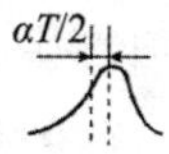 $\alpha T/2$	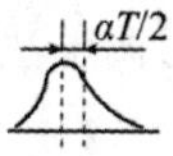 $\alpha T/2$
K	1	1.22	1.73	1.10～1.50	0.26	−0.26
α	0	0	0	0	1.17	1.17

3. 分布图分析法

1) 判断加工误差的性质

工件的尺寸分布是否服从正态分布，取决于加工过程中是否存在变值系统性误差，这是判别加工误差性质的基本方法。如果实际分布与正态分布基本相符，则加工过程中没有变值系统误差，或影响很小。这时还可进一步根据尺寸分布中心 $\bar{x}$ 是否与公差带中心 A_m 重合来判断是否存在常值系统性误差。如果实际分布与正态分布有较大出入，可根据直方图初步判断变值系统性误差是什么类型。

2) 确定工序的工艺能力

所谓工艺能力，是指工序处于稳定状态(指均值和标准差稳定不变的性能，取决于变值系统误差)时本工序所能加工出产品质量的实际能力，即加工误差正常波动的幅度。当一批工件加工后的尺寸符合正态分布时，可以用该工序的尺寸分散范围 6σ 来表示其工艺能力。

一般，一个工序的工艺能力是否满足加工精度的要求可用工序能力系数表示。工序能力系数可按下式计算：

$$C_P=\frac{T}{6\sigma} \tag{3-36}$$

根据工序能力系数 C_P 的大小，可以将工序能力分为 5 个等级，如表 3-6 所示。

表 3-6　工艺等级

工序能力系数	工 序 等 级	说　　明
$C_P>1.67$	特级	工序能力很高，可以允许有异常波动，不一定经济
$1.67\geqslant C_P>1.33$	一级	工序能力足够，可以允许有一定的异常波动
$1.33\geqslant C_P>1.00$	二级	工序能力勉强，必须密切注意
$1.00\geqslant C_P>0.67$	三级	工序能力不足，可能出现少量不合格品
$0.67\geqslant C_P$	四级	工序能力很差，必须加以改进

一般情况下，工序能力不低于二级，即 $C_P>1$。可见，工序能力系数 C_P 反映了工序能力的大小。必须指出，$C_P>1$ 只说明工艺能力勉强，至于加工中是否会出废品，还要看调整得是否准确。如果 $C_P<1$，那么不管怎样调整，不合格产品总是不可避免的。若加工中存在常值系统性误差，即分布中心 $\bar{x}$ 与公差中心 A_m 不重合，则需 $T-2(|\bar{x}-A_m|)>6\sigma$ 才不会出废品。

3）估算合格品率和废品率

通过分布曲线，不仅可以掌握某道工序随机误差的分布范围，而且可根据分布曲线和公差带之间的相对位置得知不同误差范围内出现的零件数占全部零件数的百分比，估算在采用调整法加工时产生不合格品的可能性及其数量。

【例 3-2】 在磨床上磨削销轴外圆，要求外径 $d=\phi 12_{-0.043}^{-0.016}$mm，抽样后测得 $\bar{x}=11.974$mm，$\sigma=0.005$mm，其分布符合正态分布，试分析该工序的加工质量。

解 该工序的尺寸分布如图 3-33 所示，工艺能力系数 $C_P=T/6\sigma=0.9<1$，说明该工序能力不足，因此产生废品是不可避免的。

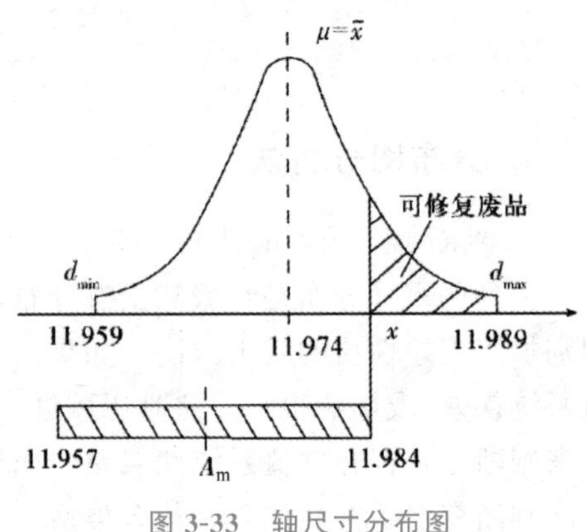

图 3-33 轴尺寸分布图

工件最小尺寸 $d_{min}=\bar{x}-3\sigma=11.959$mm，大于公差带下限（11.957mm），故不会产生不可修复废品。

工件最大尺寸 $d_{max}=\bar{x}+3\sigma=11.989$mm，大于公差带上限（11.984mm），故会产生可修复的废品。计算可修复废品率，由于 $z=(x-\bar{x})/\sigma=(11.984-11.974)/0.005=2$，查表 3-4 可知，$z=2$ 时，$F(z)=0.4772$，故废品率 $Q=0.5-F(z)=2.28\%$。

4. 点图分析法

用分布图分析研究加工误差时，不能反映出零件加工的先后顺序，因此就不能把变值系统误差和随机误差区分开来。另外，必须等一批工件加工完后才能绘出分布曲线，故不能在加工过程中及时提供控制精度的资料，为了克服这些不足，在生产实践中常用点图分析法。

1）单值点图

在一批零件的加工过程中，按加工顺序的先后逐个测量一批工件的尺寸，以工件序号为横坐标，以工件尺寸为纵坐标，就可作出单值点图，如图 3-34(a)所示。单值点图反映了每个工件的尺寸变化与加工时间的关系。假如把点图中的上下极限点包络成两根平滑的曲线，如图 3-34(b)所示，就能清楚地反映加工过程中误差的性质及变化趋势。平均值曲线 OO' 表示每一瞬时的误差分散中心，其变化情况反映了变值系统性误差随时间变化的规律。其起始点 O 则可看出常值系统误差的影响。上下限 AA' 和 BB' 间的宽度表示每一瞬时尺寸的分散范围，其变化情况反映了随机误差随时间变化的情况。

2）$\overline{X}$-R 点图

（1）$\overline{X}$-R 点图的基本形式及绘制

为了能直接反映加工中系统性误差和随机性误差随加工时间变化的趋势，实际生产中

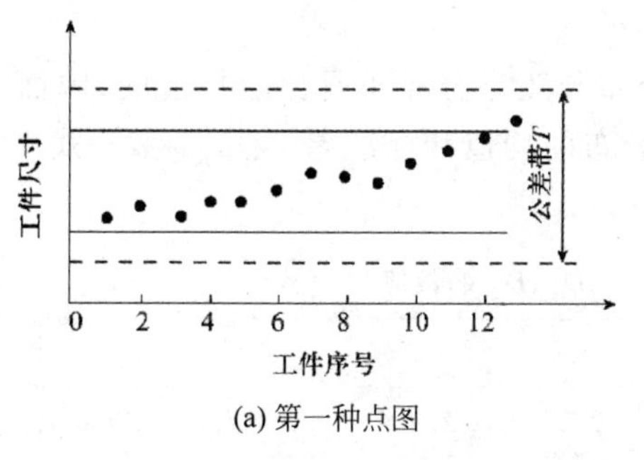

(a) 第一种点图

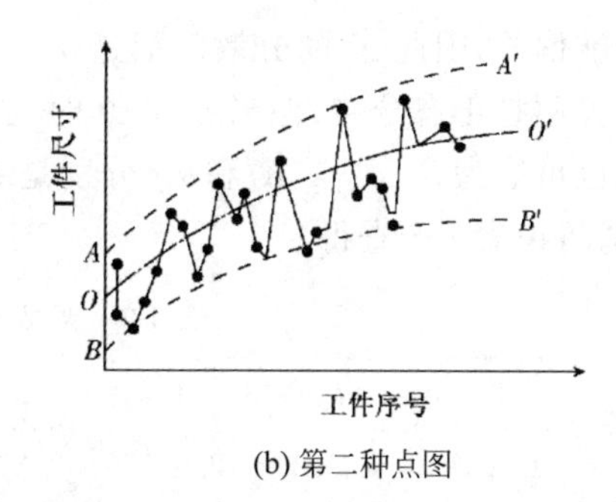

(b) 第二种点图

图 3-34　单值点图

常用样组点图来代替单值点图。样组点图的种类很多，目前最常用的样组点图是 $\overline{X}$-R 点图。$\overline{X}$-R 点图是每一小样组的平均值 $\overline{X}$ 控制图和级差 R 控制图联合使用时的通称。其中，$\overline{X}$ 为各小样组的平均值，R 为各小样组的极差。前者控制工艺过程质量指标的分布中心，后者控制工艺过程质量指标的分散程度。

$\overline{X}$-R 点图是以小样本顺序随机抽样为基础绘制的。在工艺过程进行中，每隔一定时间抽取抽样容量 $m=2\sim10$ 件的一个小样本，得出小样本的平均值 $\overline{X}$ 和极差 R，经过若干时间后，就可取得若干组(例如 k 组，通常取 $k=25$)小样本。这样，以样本组号为横坐标，分别以 $\overline{X}$ 和 R 为纵坐标，就可分别做 $\overline{X}$ 点图和 R 点图，如图 3-35 所示。

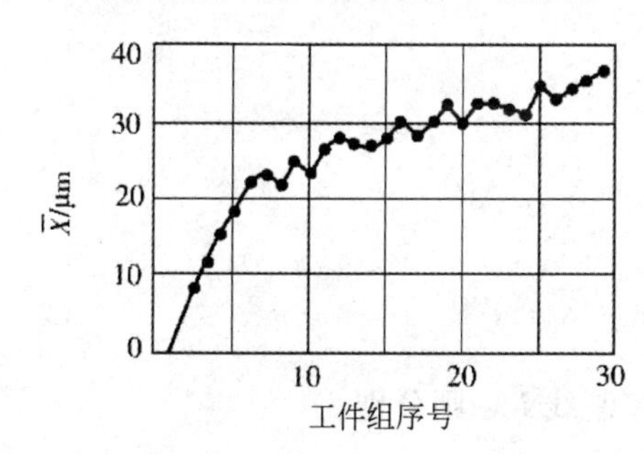

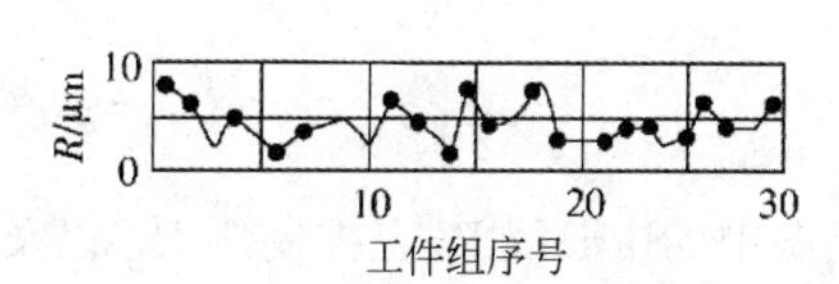

图 3-35　$\overline{X}$-R 点图

假定以顺序加工的 m 个工件为一组，那么每一样组的平均值 $\overline{X}$ 和极差 R 为

$$\overline{X}=\frac{1}{m}\sum_{i=1}^{m}X_{\mathrm{i}} \tag{3-37}$$

$$R=X_{\max}-X_{\min} \tag{3-38}$$

式中：$X_{\max}$ 为同一样组中工件的最大尺寸；$X_{\min}$ 为同一样组中工件的最小尺寸。

任何一批工件的加工尺寸都有波动性，因此各样组的平均值 $\overline{X}$ 和极差 R 也都有波动性。假如加工误差主要是随机性误差，且系统性误差的影响很小，那么这种波动属于正常波动，加工工艺是稳定的。假如加工中存在着影响较大的变值系统性误差，或随机性误差的大小有明显的变化时，那么这种波动属于异常波动，这个加工工艺就被认为是不稳定的。

(2) $\overline{X}$-R 点图的中心线和上、下控制线的确定

在 $\overline{X}$-R 点图上各有 3 根线，即中心线和上、下控制线。由概率论可知，当总体是正态分布时，其样本的平均值 $\overline{X}$ 的分布也服从正态分布，且 $\overline{X}\sim N(\mu,\sigma^2/m)$，$\mu$ 和 σ 是总体的均

值和标准偏差，因此 $\bar{X}$ 的分散范围是 $\mu \pm 3\sigma/\sqrt{m}$ 。

R 虽不是正态分布，但当 $m<10$ 时，其分布与正态分布也是比较接近的，因而 R 的分散范围也可取为 $\bar{R} \pm 3\sigma_R$，$\bar{R}$ 和 σ_R 分别是 R 分布的均值和标准差，且 $\sigma_R = d\sigma$，式中 d 为常数，其值可由表 3-7 查得。

表 3-7　系数 c、d、A、D_1、D_2 的数值

m	2	3	4	5	6	7	8	9	10
c	1.128	1.693	2.059	2.326	2.534	2.701	2.847	2.970	3.078
d	0.8528	0.8884	0.8798	0.8641	0.8480	0.8330	0.8200	0.808	0.797
A	1.8806	1.0231	0.7285	0.5768	0.4833	0.4193	0.3726	0.3367	0.3082
D_1	3.2681	2.5742	2.2819	2.1145	2.0039	1.9242	1.8641	1.8162	1.7768
D_2	0	0	0	0	0	0.0758	0.1359	0.1838	0.2232

总体的均值 μ 和标准差 σ 通常是不知道的。但由数理统计可知，总体的均值 μ 可以用小样本平均值 $\bar{X}$ 的平均值 $\bar{\bar{X}}$ 来估计，而总体的标准差 σ 可以用 $\bar{R}/c$ 来估计，式中 c 为常数，其值可由表 3-7 查得。因此，$\bar{X}$-R 点图中各条控制线便可确定，$\bar{X}$ 点图中的中心线 $\bar{\bar{X}}$、上控制线 $\bar{\bar{X}}_S$ 以及下控制线 $\bar{\bar{X}}_X$ 分别为

$$\bar{\bar{X}} = \frac{1}{k}\sum_{i=1}^{k}\bar{X}_i \tag{3-39}$$

$$\bar{\bar{X}}_S = \mu + \frac{3\sigma}{\sqrt{m}} = \bar{\bar{X}} + A\bar{R} \tag{3-40}$$

$$\bar{\bar{X}}_X = \mu - \frac{3\sigma}{\sqrt{m}} = \bar{\bar{X}} - A\bar{R} \tag{3-41}$$

而 R 点图中的中心线 $\bar{R}$、上控制线 R_S 以及下控制线 R_X 则分别为

$$\bar{R} = \frac{1}{k}\sum_{i=1}^{k}R_i \tag{3-42}$$

$$R_S = \bar{R} + 3\sigma_R = D_1\bar{R} \tag{3-43}$$

$$R_X = \bar{R} - 3\sigma_R = D_2\bar{R} \tag{3-44}$$

式中：$A=3/(c\sqrt{m})$，$D_1=1+3d/c$，$D_2=1-3d/c$，且参数均可根据表 3-7 进行选择。

3）点图分析法的应用

点图分析法是全面质量管理中用以控制产品加工质量的主要方法之一，在实际生产中应用很广，主要用于工艺验证、分析加工误差和加工过程的质量控制。工艺验证的目的是判定某工艺是否能够稳定地满足产品的加工质量要求，其主要内容是通过抽样调查，确定其工序能力和工序能力系数，并判别工艺过程是否稳定。

在点图上作出平均线和控制线后，就可根据图中点的情况判别工艺过程是否稳定(波动状态是否正常)。表 3-8 为正常波动与异常波动的判别标志。

表 3-8　正常波动与异常波动的判别标志

正常波动	异常波动
1. 没有点超出控制线 2. 大部分点在平均线上下波动,小部分点在控制线附近 3. 点没有明显的规律性	1. 有点超出控制线 2. 点密集分布在平均线上下附近 3. 点密集分布在控制线附近 4. 连续 7 点以上出现在平均线的单侧 5. 连续 11 点中有 10 点出现在平均线的单侧 6. 连续 14 点中有 12 点出现在平均线的单侧 7. 连续 17 点中有 14 点以上出现在平均线的单侧 8. 连续 20 点中有 16 点以上出现在平均线的单侧 9. 点有上长或下降倾向 10. 点有周期性波动

【例 3-3】 以磨削一批轴径为 $\phi 50^{+0.060}_{+0.010}$ mm 的工件为例,说明工艺验证的方法和步骤。

首先进行抽样测量,按照加工顺序和一定的时间间隔随机地抽取 4 件为一组,共抽取 25 组,检验的质量数据列入表 3-9 中。根据表中数据,先计算出各样组的平均值 $\bar{X}$ 和极差 R,然后算出 $\bar{X}$ 的平均值 $\bar{\bar{X}}$、R 的平均值 $\bar{R}$,再计算 $\bar{X}$ 点图和 R 点图的上、下控制线位置。本例 $\bar{\bar{X}}=37.3\mu m$,$\bar{X}_S=49.24\mu m$,$\bar{X}_X=25.36\mu m$,$\bar{R}=16.36\mu m$,$R_S=37.3\mu m$,$R_X=0$。据此画出 $\bar{X}$-R 图,如图 3-36 所示。此时也可计算出 $\sigma=8.93\mu m$。由于本例中 $T=50\mu m$,故工序能力系数 $C_P=T/6\sigma\approx 0.933$,属于三级工序。

表 3-9　$\bar{X}$-R 点图数据表　　单位:μm

序　号	x_1	x_2	x_3	x_4	$\bar{X}$	R
1	44	43	22	38	36.8	22
2	40	36	22	36	33.5	18
3	35	53	33	38	39.8	20
4	32	26	20	38	29.0	18
5	46	32	42	50	42.5	18
6	28	42	46	46	40.5	18
7	46	40	38	45	42.3	8
8	38	46	34	46	41.0	12
9	20	47	32	41	35.0	27
10	30	48	52	38	42.0	22
11	30	42	28	36	34.0	14
12	20	30	42	28	30.0	22
13	38	30	36	50	38.5	20
14	46	38	40	36	40.0	10
15	38	36	36	40	37.5	4
16	32	40	28	30	32.5	12
17	52	49	27	52	45.0	25
18	37	44	35	36	38.0	9
19	54	49	33	51	46.8	21
20	49	32	43	34	39.5	17

续表

序　　号	x_1	x_2	x_3	x_4	$\overline{X}$	R
21	22	20	18	18	19.5	4
22	40	38	45	42	41.3	7
23	28	42	40	16	31.5	26
24	32	38	45	47	40.5	15
25	25	34	45	38	35.5	20
总计					932.5	409
平均					$\overline{\overline{X}}=37.3$	$\overline{R}=16.36$

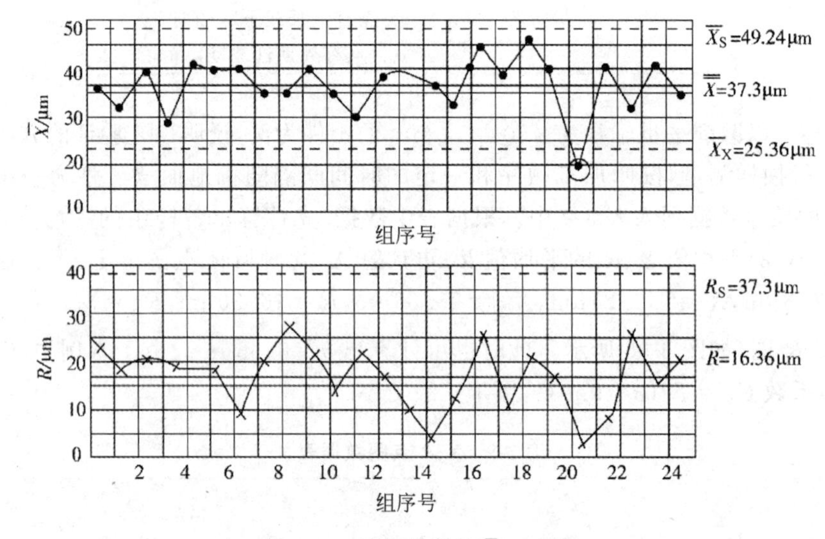

图 3-36　磨削轴径的 $\overline{X}$-R 点图

由于 $\overline{X}$ 点图中第 21 组的点超出下控制线，说明工艺过程发生了异常变化，可能有不合格品出现，从工序能力系数看，也小于 1，这些都说明本工序的加工质量不能满足零件的精度要求。因此，要查明原因，采取措施，消除异常变化。

3.5　保证和提高加工精度的主要途径

为了保证和提高机械加工精度，必须找出造成加工误差的主要因素（原始误差），然后采取相应的工艺技术措施来减小这些因素的影响。

生产实际中有许多减小误差的方法和措施，从误差减小方式上看，可将它们分成两大类，即误差预防和误差补偿。

误差预防指的是减小原始误差或减小原始误差的影响，即减少误差源或改变误差源至加工误差之间的数量转换关系。实践与分析表明，当加工精度要求高于某一程度后，利用误差预防技术来提高加工精度所花费的成本将按指数规律增长。

误差补偿是指在现存的表现误差条件下，通过分析、测量，进而建立数学模型，并以这些信息为依据，人为地在系统中引入一个附加的误差源，使之与系统中现存的表现误差相抵消，以减少或消除零件的加工误差。在现有工艺系统条件下，误差补偿技术是一种有效而经济的方法，特别是借助微型计算机辅助技术，可达到很好的效果。

1. 减小或消除原始误差

这是生产中应用较广的一种基本方法。它是在查明影响加工精度的主要原始误差因素之后，设法将其直接减小或消除。例如，在加工细长轴时，因工件刚度较差，容易产生变形和振动，会严重影响工件的加工精度。采用跟刀架后，虽然增加了工件的刚度，但只解决了径向削力（背向分力）F_p 把工件"顶弯"的问题。由于轴向切削力（进给分力）F_f 的作用，当工件长径比 L/D 较大时，工件也会受偏心压缩失稳弯曲，如图 3-37(a)所示，产生弯曲后，由于高速回转产生的离心力以及工件受切削热作用产生的热伸长，工件将受到固定后顶尖的限制，轴向不能自由伸长，这就进一步加剧了工件的弯曲，因而加工精度仍难以提高。为此，可采用反向进给切削方式，如图 3-37(b)所示，进给方向由卡盘一端指向尾座，使 F_f 力对工件起拉伸作用，同时尾座改用可伸缩的弹性顶尖，就不会因 F_f 和热应力而压弯工件，采用大进给量和较大主偏角的车刀，增大 F_f 力，工件在强有力的拉伸作用下具有抑制振动的作用可使切削平稳。

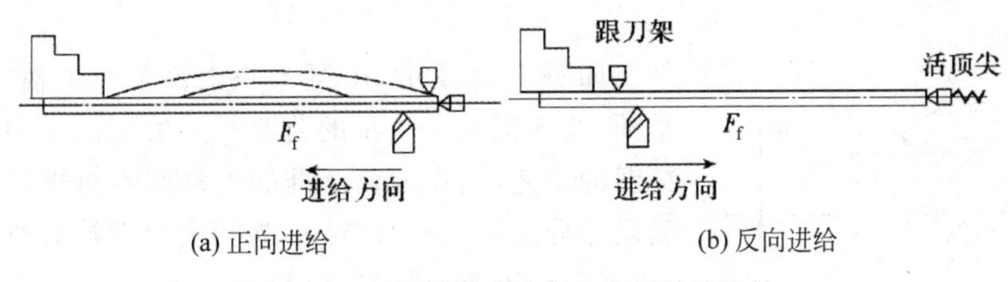

(a) 正向进给　(b) 反向进给

图 3-37　不同进给方向加工细长轴的比较

不同进给方向加工细长轴

2. 补偿或抵消原始误差

补偿误差就是人为地制造一种新误差去补偿加工、装配或使用过程中的误差。抵消误差是利用原有的一种误差去抵消另一种误差。这两种方法都是力求使两种误差大小相等、方向相反，从而达到减小误差的目的。如图 3-38 所示，在刮研横梁导轨时，预加载荷使加工后的导轨产生"向上凸"的几何形状误差，以抵消横梁因铣头重量而产生"向下垂"的受力变形。

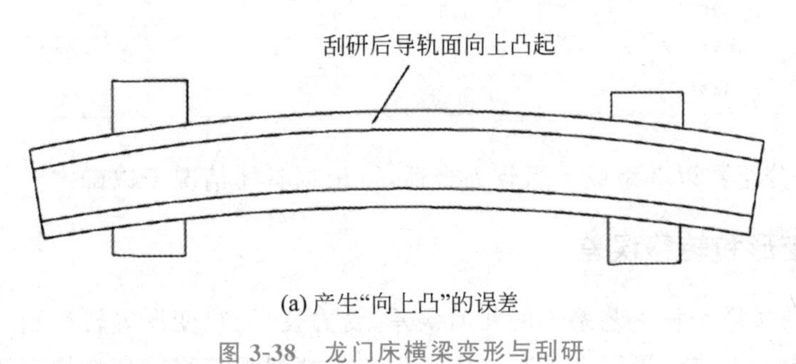

(a) 产生"向上凸"的误差

图 3-38　龙门床横梁变形与刮研

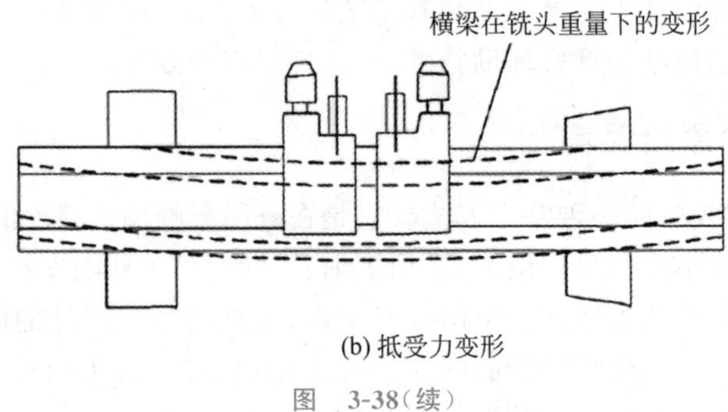

(b) 抵受力变形

图 3-38(续)

3. 均分或均化原始误差

当毛坯精度较低而引起较大的定位误差和复映误差时,可能使本工序的加工精度降低,难以满足加工要求,如提高毛坯(或上道工序)的精度,又会使成本增加,这时便可采用均分误差的方法。该方法的实质是把毛坯按误差的大小分为 n 组,以使每组毛坯误差的范围缩小为原来的 $1/n$,这样整批工件的尺寸分散比分组前要小得多,然后按组调整刀具与工件的相对位置。

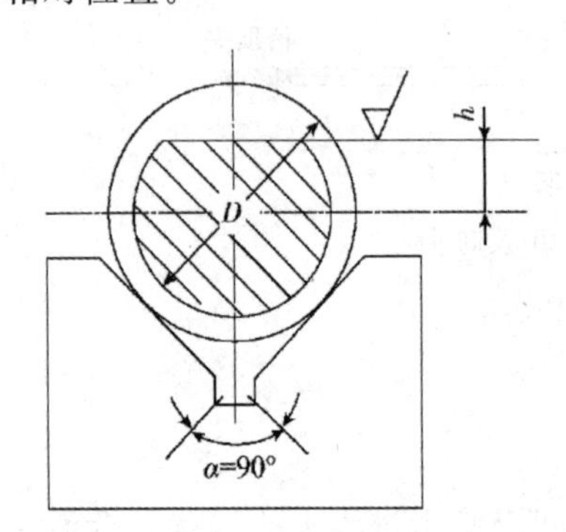

图 3-39 V 形块定位

如图 3-39 所示,在 V 形块上铣削一个轴类工件的小平面,要求保证尺寸 h 的公差 $\delta_h=0.02$mm。由于改用了精锻的工艺,用作定位基准的大外圆不再进行切削加工,其尺寸分散,$\delta_D=0.05$mm,按照夹具设计计算公式(参见《机械设计手册》),定位误差 Δh 为

$$\Delta h=\frac{\delta_D}{2\sin\frac{\alpha}{2}}=0.035(\text{mm})$$

显然,由于毛坯尺寸误差而产生的定位误差已经超过了公差要求。现将毛坯分组,如表 3-10 所示。

表 3-10 毛坯分组

分组数	各组误差 δ_D/mm	定位误差 Δh/mm	定位误差占工件公差的百分比/%
2	0.025	0.017	85
3	0.017	0.012	60
4	0.0125	0.0088	44

由此可见,分组数以 3 组或 4 组较为合适,可根据具体情况予以确定。

4. 转移变形和转移误差

这种方法的实质是将工艺系统的几何误差、受力变形、热变形等转移到不影响加工精度的非敏感方向上去,这样,可以在不减小原始误差的情况下获得较高的加工精度。如当机床精度达不到零件加工要求时,常常不是仅靠提高机床精度来保证加工精度,而是通过改进工艺方法和夹具,将机床的各类误差转移到不影响工件加工精度的方向上。如图 3-40 所示,在转塔车床加工中,转塔刀架需经常旋转,要长时间保证它的转位精度是很困难的。假如转塔刀架上外圆车刀的切削基面也像卧式车床在水平面内(图 3-40(a)),那么转塔刀架的转位误差处在误差敏感方向,将严重影响加工精度。因此,在生产中一般转塔车床的刀具都是采用"立刀"安装法,即把刀刃的切削基面放在垂直平面内(图 3-40(b)),这样就把刀架的转位误差转移到了加工误差的不敏感方向,由此产生的加工误差也就减小到可以忽略不计的程度。

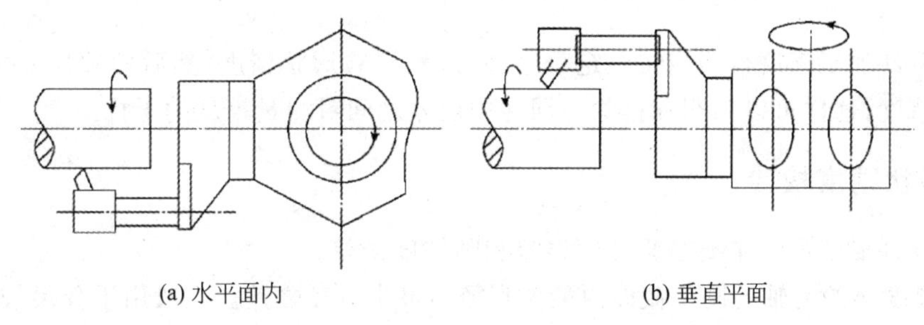

图 3-40　转塔车床刀架转位误差的转移

5. "就地加工",保证精度

机床或部件的装配精度主要依赖于组成零件的加工精度,但在有些情况下,即使各组成零件都有很高的加工精度,也很难保证要求的装配精度。因此,对于装配以后有相互位置精度要求的表面,应采用"就地加工"法来加工。

"就地加工"的要点:要保证部件间什么样的位置关系,就在这样的位置关系上利用一个部件装上刀具去加工另一个部件。有的人把这种方法称为"自干自"。

例如,在转塔车床制造中,转塔上 6 个安装刀架的大孔的轴心线必须保证和机床主轴旋转的轴心线重合,而 6 个平面又必须和主轴中心线垂直。如果把转塔作为单独加工的零件而加工出这些表面,然后在装配中达到上述两项要求是很困难的,因为其中包含了很复杂的尺寸链关系。

就地加工的办法是这些表面在装配前不进行精加工。在转塔装配到机床上以后,在主轴上装上镗刀杆,使镗刀旋转,转塔做纵向进给运动,就可以依次精镗出转塔上的 6 个孔。然后再在主轴上装上一个能做径向进给的小刀架。刀具一面旋转,一面径向进给,依次精加工转塔的 6 个平面。由于转塔上孔的轴心线是依据主轴回转轴心线加工成的,当然就保证了二者的同轴度;同样,也保证了 6 个平面与主轴轴心线的垂直度。卸去刀架,换上心轴和千分表后,就可以验查所要求的同轴度和垂直度两项精度,如图 3-41 所示。

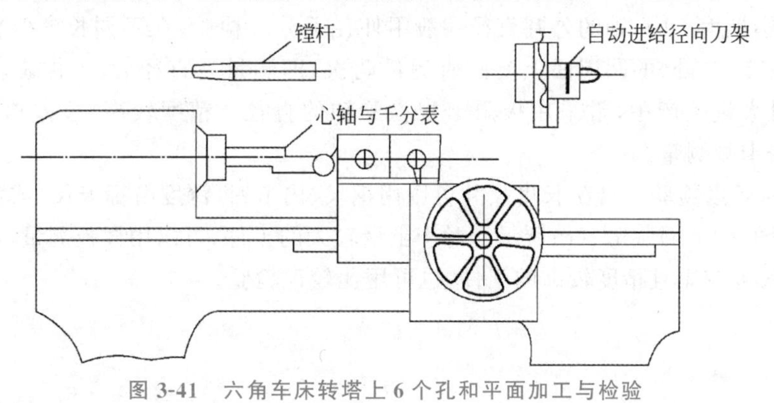

图 3-41　六角车床转塔上 6 个孔和平面加工与检验

3.6 实践项目——加工精度的检验

3.6.1 轴类零件加工精度的检验

轴类零件加工精度检验应按一定顺序进行，先检验形状精度，然后检验尺寸精度，最后检验位置精度，这样可以判明和排除不同性质误差之间对测量精度的干扰。

1. 形状精度检验

轴类零件形状误差主要是指圆度误差和圆柱度误差。

(1) 圆度误差为轴的同一截面内最大直径与最小直径之差。一般用千分尺按照测量直径的方法即可检验，精度高的轴需用比较仪检验。

(2) 圆柱度误差是指同一轴向剖面(即纵向剖面)内最大直径与最小直径之差，同样可用千分尺检测。

另外，还可用V形架和千分表来检验圆度和圆柱度误差(图3-42)。为了测量准确，通常应使用夹角$\alpha=90°$和$\alpha=120°$两个V形架，分别测量后取结果的平均值。

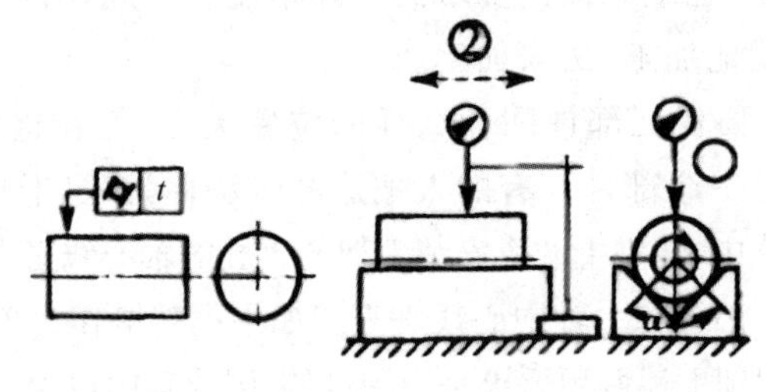

图3-42 圆度和圆柱度误差的测量

(3) 弯曲度可以用千分表检验，把零件放在平板上，零件转动一周，千分表读数的最大变动量就是弯曲误差值。

外径千分尺

2. 尺寸精确检验

(1) 外圆直径检验。测量时，从不同长度位置和不同直径方向进行测量。

在单件小批生产中，轴的外圆直径一般用外径千分尺检验，在不同长度位置(根据具体情况，一般取2～3处)的圆周面上要同时测量两次(即测量完直径后，工件旋转90°再测一次)。在大批大量生产中，常采用极限卡规检验轴的直径。精度较高(公差值<0.01mm)时，可用杠杆卡规测量。

(2) 台阶长度检验。台阶长度尺寸可以用钢尺、内卡钳、深度游标卡尺(或深度千分尺)来测量。如图3-43(a)、(b)、(c)所示。对于批量较大的工件，可以用样板测量，如图3-43(d)所示；对于长度较短且精度较高的工件，也可用比较仪检验。

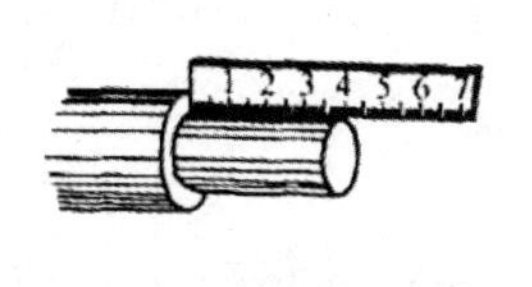

(a) 用钢直尺

(b) 用内卡钳

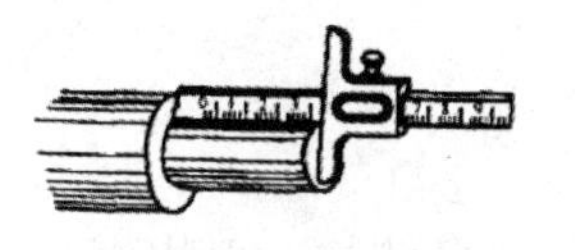

(c) 用深度游标卡尺

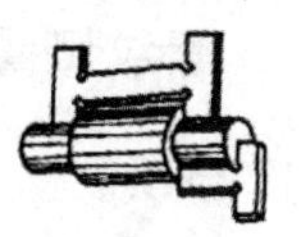

(d) 用样板

深度千分尺

图 3-43 测量台阶长度的方法

3. 位置精度(同轴度检验)

如图 3-44 所示,将基准外圆 ϕ35mm 放在 V 形架上,用百分表测头接触 ϕ22mm 外圆,把工件转动一周,百分表指针的最大差数即为同轴度误差,可按此法测量若干截面。

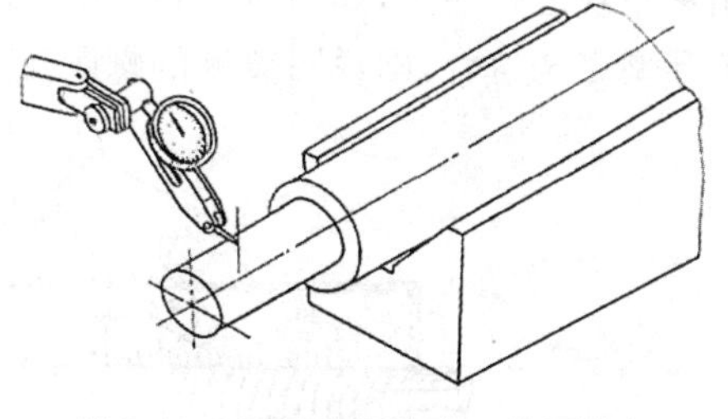

图 3-44 用百分表检验工件同轴度

4. 键槽精度检验

现以半封闭键槽轴零件为例介绍键槽精度的检验方法。

(1) 测量槽宽。槽宽尺寸采用内径千分尺和塞规测量,如图 3-45 所示。

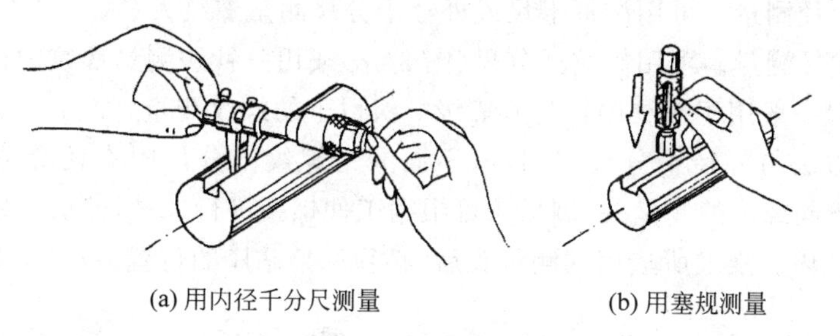

(a) 用内径千分尺测量　　(b) 用塞规测量

内径千分尺

图 3-45 键槽宽度测量

(2) 测量槽深。槽深即槽底至工件外圆的尺寸应在槽深公差范围内,键槽深度测量如图 3-46 所示。

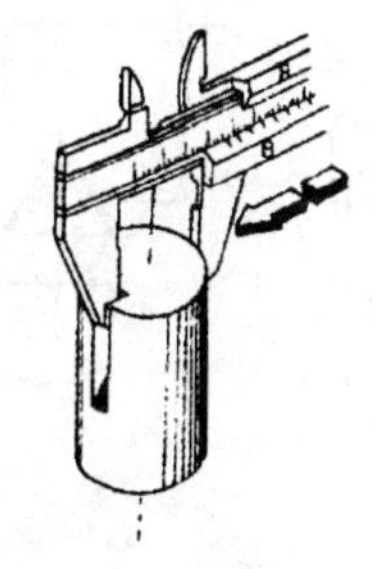

(a) 用游标卡尺直接测量

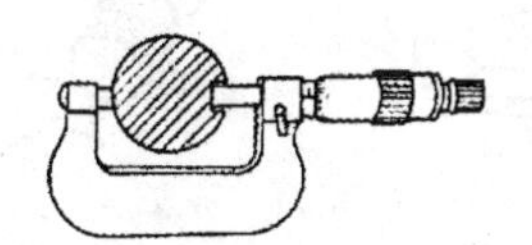

(b) 用千分尺测量

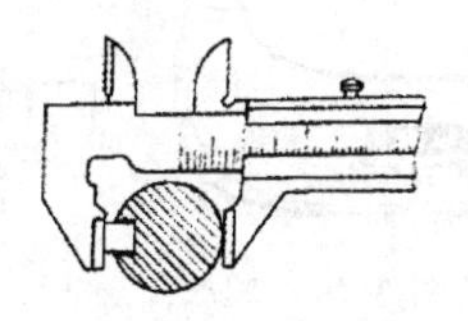

(c) 塞入键块直接测量

游标卡尺

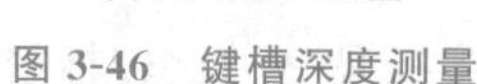

图 3-46 键槽深度测量

(3) 测量键槽对称度。将工件装夹在测量 V 形架上,用高度尺和百分表测量键槽对称度的偏差值,百分表的示值误差应在键槽对称度公差范围内。

5. 螺纹测量

1）单项测量

（1）螺距测量。螺距测量一般用钢直尺或螺距规。用钢直尺测量时，因为普通螺纹的螺距一般较小，所以最好度量 10 个螺距的长度，通过计算得出平均螺距的尺寸。如果螺距较大，则可以量出 2 个或 4 个螺距的长度，再计算它的螺距，如图 3-47(a)所示。当然，还可用螺距规进行测量，如图 3-47(b)所示，把标明螺距的螺距规平行于轴线方向嵌入牙型中，若牙型完全符合，则说明被测的螺距正确。

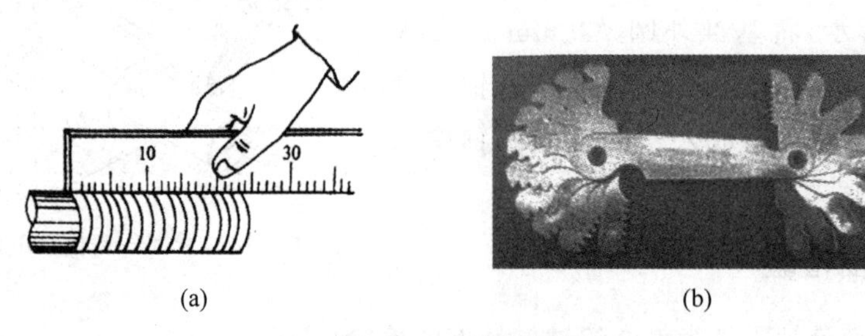

图 3-47　螺距的测量

（2）螺纹大径测量。可用游标卡尺或外径千分尺测量螺纹大径。

（3）螺纹中径测量。可用螺纹千分尺(图 3-48)或用三针法测量螺纹中径(图 3-49)。

螺纹千分尺一般用于螺纹中径公差等级 5 级以下的螺纹测量，如图 3-48 所示。它的刻线原理和读数方法与外径千分尺相同，所不同的是螺纹千分尺附有两套适用不同牙型角(60°和 55°)和不同螺距的测量头，测量头可根据工件螺距进行选择，然后分别插入千分尺的测杆和砧座的孔内。换上所选用的测量头后，必须调整砧座的位置，校对千分尺零位。

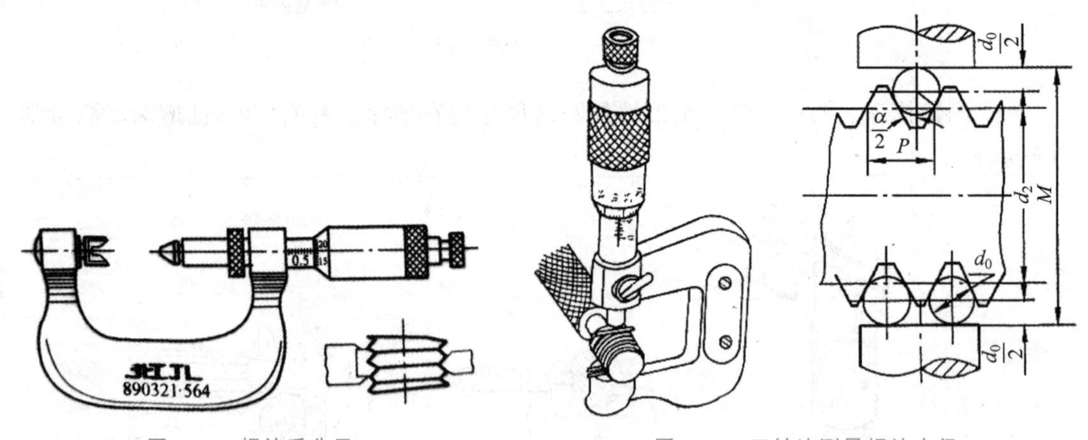

图 3-48　螺纹千分尺　　图 3-49　三针法测量螺纹中径

三针法。用三针法测量外螺纹中径是一种比较精密的测量方法。测量所用的三根圆柱形量针是由量具厂专门制造的。测量时，把三根量针放置在螺纹两侧相应的螺旋槽内，用外径千分尺量出两边量针顶点之间的距离 M，如图 3-50 所示。根据 M 值可以计算出螺纹中径的实际尺寸。

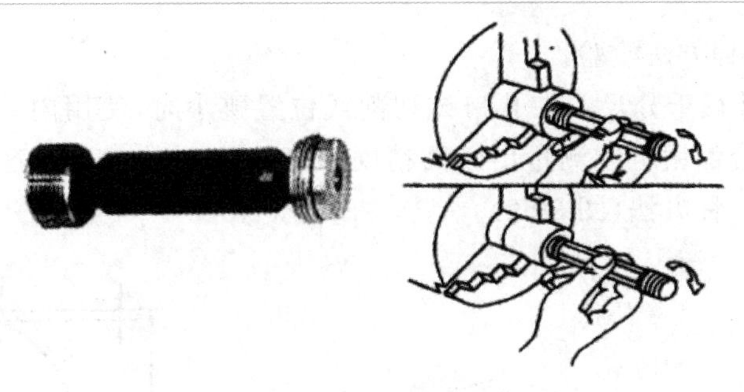

图 3-50　双头螺纹塞规

(4) 螺纹长度测量。可用游标卡尺测量螺纹长度。

2) 综合测量

使用螺纹量规检验是一种螺纹综合检验方法，一般用螺纹塞规检验内螺纹，用螺纹环规检验外螺纹。

(1) 螺纹塞规。图 3-50 所示是一种双头螺纹塞规（测量大尺寸的螺纹时，多用单头螺纹塞规），两端分别为通端螺纹塞规和止端螺纹塞规。通端螺纹塞规是综合检验螺纹的，它具有完整的外螺纹牙型和标准旋合长度，通端与工件顺利旋合通过表示通端检验合格。止端螺纹塞规用于检验螺纹中径的最大极限尺寸，做成截短牙型，止端不能通过工件。使用螺纹塞规测量工件，只有当通端能顺利旋合通过，而止端又不能通过工件时，才表明此螺纹合格。

(2) 螺纹环规。螺纹环规是对外螺纹各项精度要求进行一次性测量的综合性量具。图 3-51 所示是一种常用的螺纹环规，通端螺纹环规和止端螺纹环规是分开的。螺纹环规与螺纹塞规相仿，通端有完整牙型和标准旋合长度，而止端是截短牙型，去除两端不完整牙型，其长度不小于 4 牙。

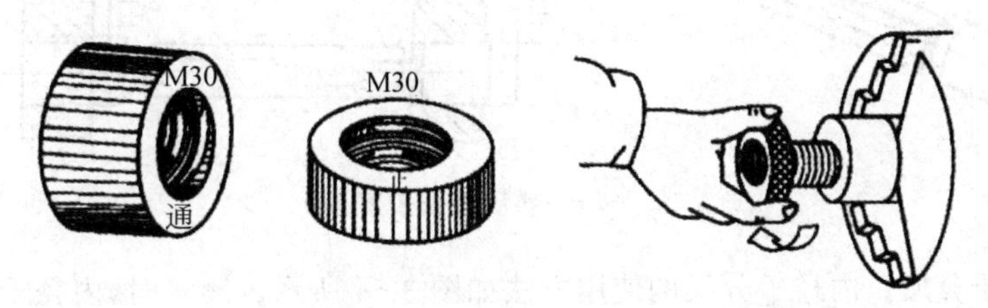

图 3-51　螺纹环规

使用螺纹环规测量工件，分别用通规、止规旋入螺纹，若通规顺利通过，止规旋不进，且表面粗糙度 $Ra\leqslant3.2\mu m$，则说明此螺纹合格。用螺纹量规虽然不能测量出工件的实际尺寸，但能够直观地判断被测螺纹是否合格（螺纹合格时表明螺纹的基本参数中径、螺距、牙型半角等均合格）。由于采用螺纹量规检验的方法简便、工作效率高，装配时螺纹的互换性得到了可靠的保证，因此螺纹量规在大批量生产中得到广泛应用。

3.6.2　套筒类零件加工精度的检验

1. 套筒圆柱孔的尺寸、形状精度检验

1) 尺寸精度的检验

孔的尺寸精度要求较低时，可采用钢直尺、内卡钳或游标卡尺测量。孔的尺寸精度要求

较高时,可用以下几种方法检验。

(1) 内卡钳与外径千分尺。在孔口试切削或位置狭小时,使用内卡钳灵活方便。内卡钳与外径千分尺配合使用也能测量出较高精度(IT8~IT7)的内孔。这种检验孔径的方法是生产中最常用的一种方法(图 3-52)。

内外卡钳的使用

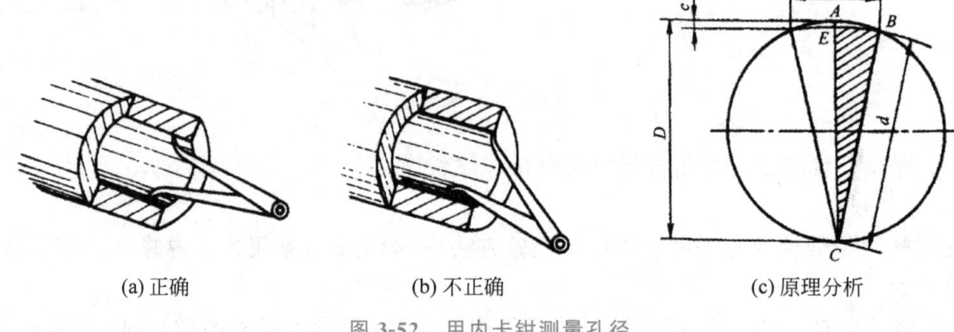

(a) 正确　(b) 不正确　(c) 原理分析

图 3-52　用内卡钳测量孔径

(2) 塞规。用塞规检验孔径(图 3-53),当塞规通端进入孔内,而止端无法进入孔内时,说明工件孔径合格。测量不通孔用的塞规,为了排除孔内的空气,在塞规的外圆上(轴向)开有排气槽。

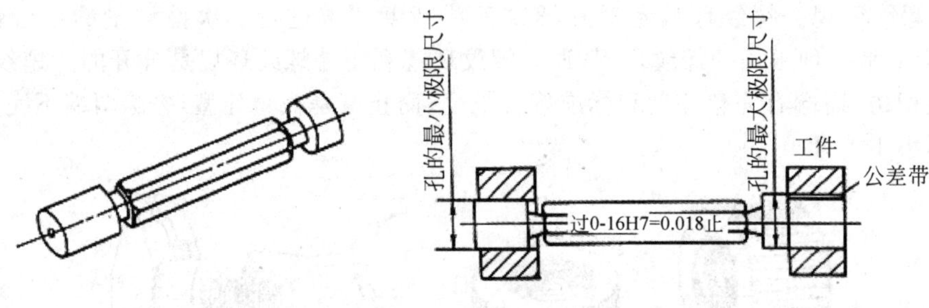

图 3-53　塞规的使用方法

(3) 内径千分尺。内径千分尺的使用方法如图 3-54 所示。测量时,内径千分尺应在孔内轻微摆动,在直径方向找出最大尺寸,在轴向找出最小尺寸,这两个重合尺寸就是孔的实际尺寸。

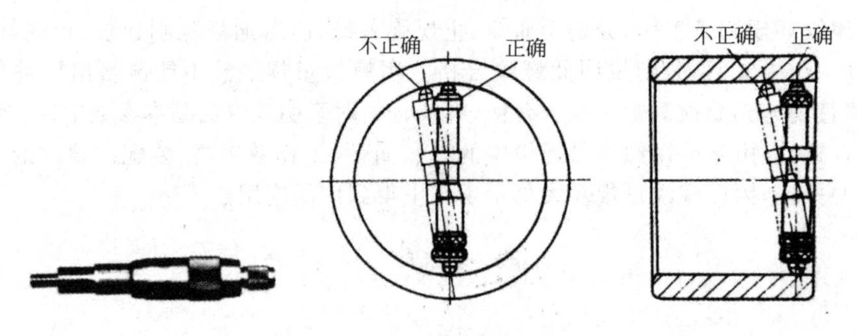

图 3-54　内径千分尺的使用方法

(4) 内径百分表。使用内径百分表测量属于比较测量法。测量时轻微摆动内径百分表,如图 3-55 所示,所得的最小尺寸是孔的实际尺寸。内径百分表与外径千分尺或标准套规配合使用,也可以比较出孔径的实际尺寸。

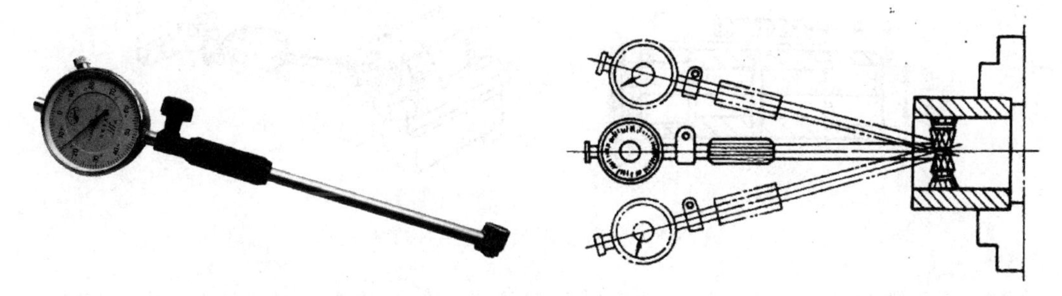

图 3-55　内径百分表的使用方法

2) 形状精度的检验

在车床上加工的圆柱孔,其形状精度一般仅测量孔的圆度和圆柱度(一般测量锥度)两项形状偏差。当孔的圆度要求不高时,在生产现场可用内径百分表(或千分表)在孔的圆周各个方向上测量,测量的最大值与最小值之差的一半即为圆度误差。

测量孔的圆柱度时,只要在孔的全长上取前、中、后几点,比较其测量值,其最大值与最小值之差的一半即为孔全长的圆柱度误差。

2. 套筒内沟槽的测量

如图 3-56 所示,槽深度尺寸较大的内沟槽一般用弹簧卡钳测量;内沟槽直径较大时,可用弯脚游标卡尺测量;内沟槽的轴向尺寸可用钩形游标深度卡尺测量;内沟槽的宽度可用样板或游标卡尺(当孔径较大时)测量。

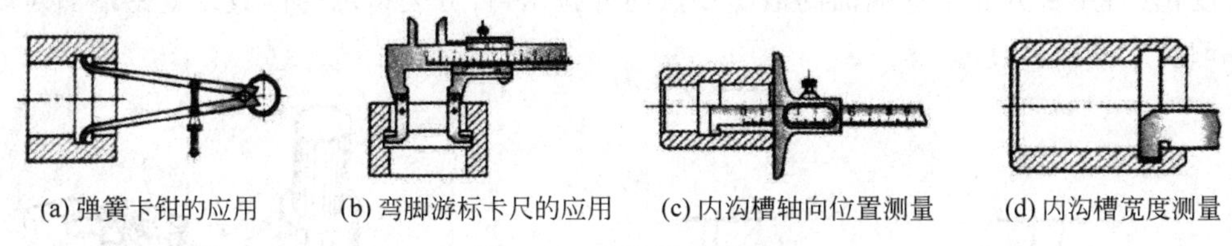

(a) 弹簧卡钳的应用　(b) 弯脚游标卡尺的应用　(c) 内沟槽轴向位置测量　(d) 内沟槽宽度测量

图 3-56　内沟槽的测量

3. 套筒的位置精度检验

(1) 径向圆跳动的检验方法。一般测量套筒类工件的径向圆跳动时,可以用内孔作为基准,把工件套在高精度心轴上,用百分表(或千分表)来检验(图 3-57)。百分表在工件转一周中的读数差即为工件的径向圆跳动误差。

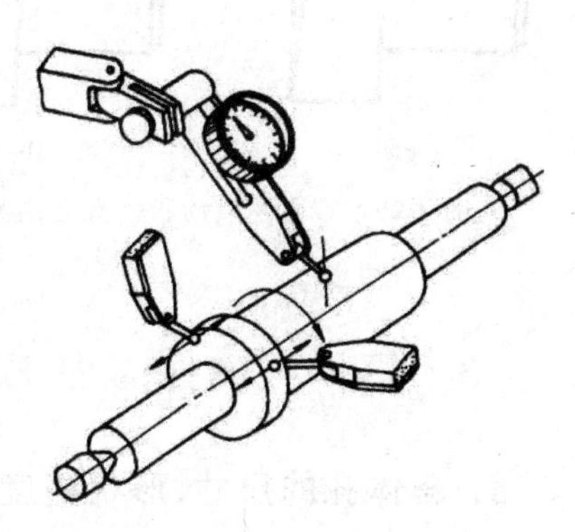

图 3-57　用百分表检验径向圆跳动

如图 3-58(a)所示,对于某些外形比较简单、内部形状复杂的套筒零件,径向圆随动不能安装在心轴上测量时,可把工件放在 V 形架上并轴向定位,如图 3-58(b)所示,以外圆为基准来检验。测量时,将杠杆式百分表的测杆插入孔内,使测杆圆头接触内孔表面,转动工件,观察百分表指动跳动情况,其在工件旋转一周中的读数差就是工件的径向圆跳动误差。

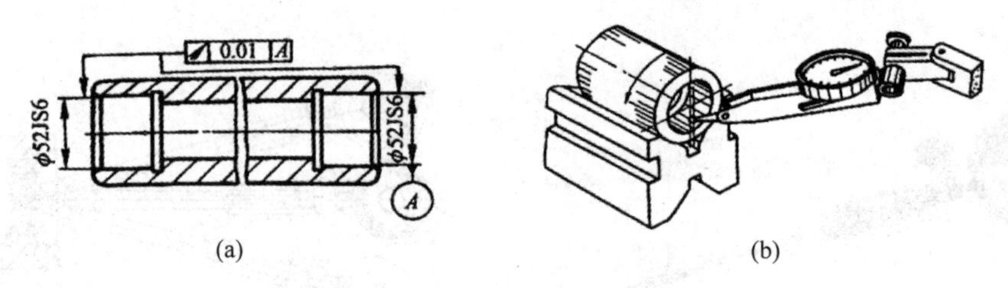

图 3-58　用 V 形架检验径向圆跳动

(2) 端面圆跳动的检验方法。端面圆跳动是当工件绕基准轴线回转时(无轴向移动),所要求的端面上任一测量直径处的轴向跳动 Δ(图 3-59)。检验套筒类工件端面圆跳动时,先把工件安装在高精度心轴上,利用心轴上极小的锥度使工件轴向定位,然后把杠杆式百分表的圆测头靠在所需要测量的端面上,转动心轴,测得百分表的读数差就是工件的端面圆跳动误差。

(3) 端面对轴线垂直度的检验方法。垂直度是整个端面对工件轴线的垂直误差。如图 3-59(a)所示,当工件端面是一个平面时,其端面圆跳动量为 Δ,垂直度也为 Δ,二者相等。如图 3-59(b)所示,若工件端面不是一个平面而是凹面时,虽然端面圆跳动量为零,但其垂直度误差为 ΔL,因此仅用端面圆跳动来评定端面垂直度是不准确的。

检验工件的端面垂直度,必经过两个步骤。首先要检查端面圆跳动是否合格,如果符合要求,用第二个方法检验端面的垂直度。对于精度要求低的工件,可用刀口直尺检查。检验工件端面垂直度的方法如图 3-60 所示,当端面圆跳动检查合格后,再把工件 2 安装在 V 形架 1 上的小锥度心轴 3 上,并放在高精度的平板上检验端面垂直度,校验时,先找正心轴的垂直度,然后用百分表 4 从端面的最里一点向外拉出,百分表指示的读数差就是端面对内孔轴线的垂直度误差。

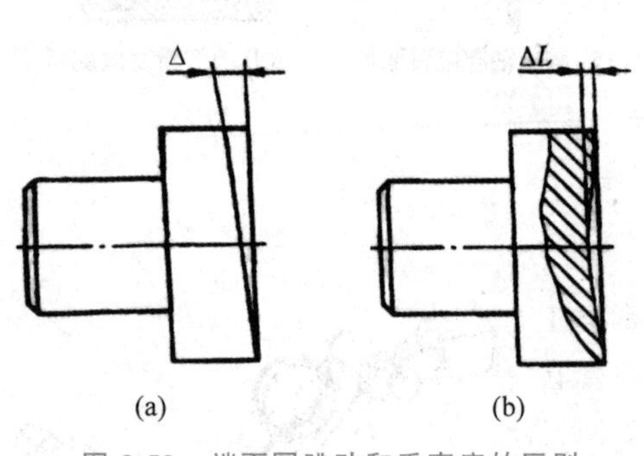

图 3-59　端面圆跳动和垂直度的区别

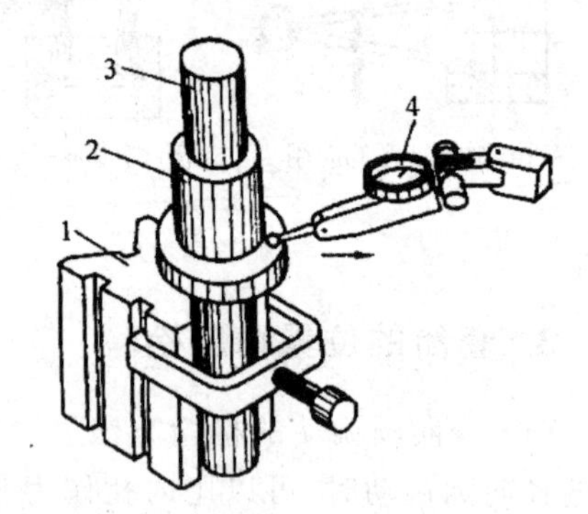

1—V 形架;2—工件;3—心轴;4—百分表

图 3-60　检查工件端面垂直度的方法

3.6.3　箱体类零件的加工精度的检验

1. 箱体孔的尺寸、形状精度检验

箱体孔的尺寸、形状精度检验可以参照 3.6.2 小节套筒类零件加工精度的检验。

成批检验情况下，箱体孔的尺寸精度一般用塞规检验；当需要确定误差的数值或单件小批生产时，可用内径千分尺或内径千分表检验；若精度要求很高，则可用气动测量仪检验（示值误差达 1.2～0.4μm）。

箱体零件上孔的几何形状精度检验主要是检验孔的圆度误差和圆柱度误差，检验方法可以用最小包容区域来度量，圆度误差的最小包容区域如图 3-61 所示。

2. 箱体平面的精度检验

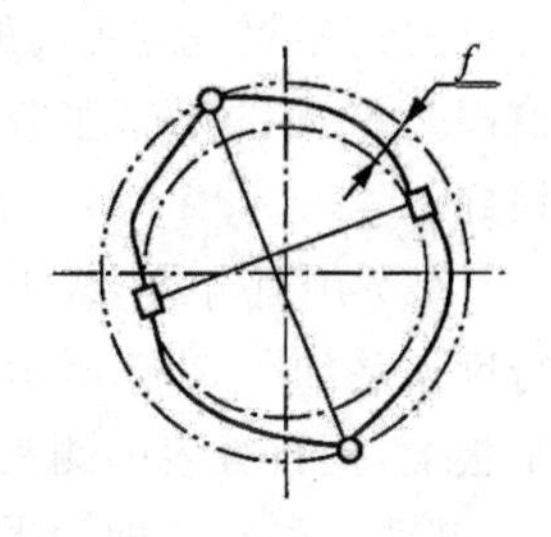

图 3-61　圆度误差的最小包容区域

箱体零件上平面的精度检验包括尺寸精度、形状精度和位置精度，而平面的形位精度主要有平面度、平行度、垂直度和角度等。

1）尺寸精度的检验

箱体各平面的尺寸精度检验可根据尺寸大小和精度要求，选择普通游标卡尺、千分尺、高度游标卡尺等测量工具，同时可配合平台、卡钳等进行测量。

2）平面度误差的检验

平面度误差的常用检验方法有以下几种。

（1）涂色法。在工件的平面上涂一层极薄的显示剂（红印油等），然后将工件放在精密平板上，使涂显示剂的平面与平板接触，双手扶住工件前后左右平稳地呈 8 字形移动几下，再取下工件仔细地观察摩擦痕迹分布情况，以确定工件的平面度误差。

（2）透光法。工件的平面度误差也可用样板平尺测量，样板平尺及其应用如图 3-61 所示。样板平尺有刀刃式、宽面式和楔式等，其中刀刃式也称为刀口形直尺，最为准确，应用最广。

测量时将样板平尺刃口垂直放在被检验平面上并且对着光源，观察刃口与工件平面之间缝隙透光是否均匀。若各处都不透光，表明工件平面度误差很小；若有个别段透光，则可凭操作者的经验，估计出平面度误差的大小。用刀口形直尺测量平面度误差如图 3-62 所示，各个方向的直线度均应在规定范围内，必要时可用相应规格的塞尺检查刀口形直尺与被测平面之间缝隙的大小。

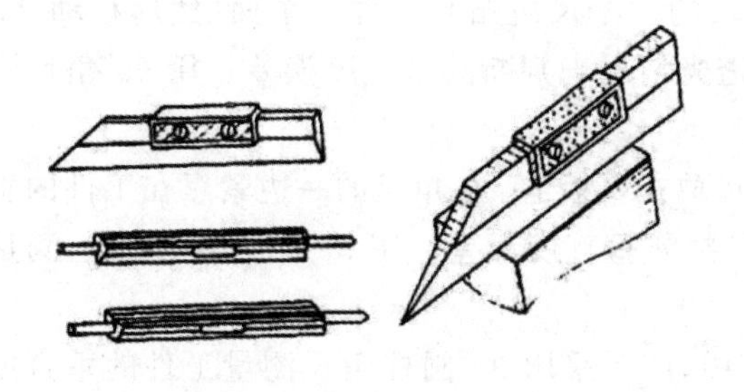

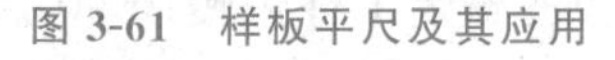

图 3-61　样板平尺及其应用

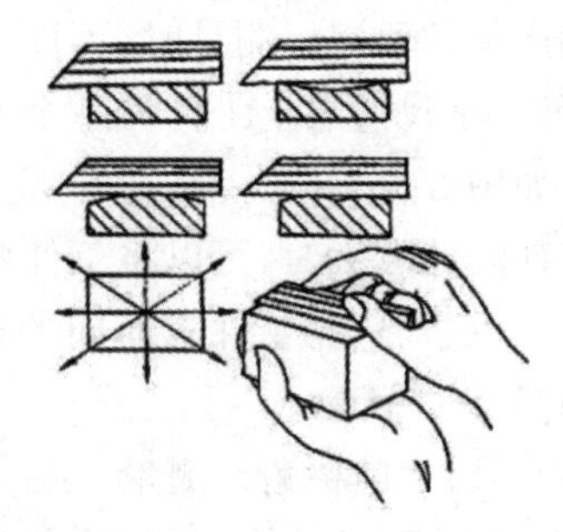

图 3-62　用刀口形直尺测量平面度误差

（3）千分表法。用千分表检验平面度误差如图 3-63 所示，在精密平板上用三个千斤顶顶住工件（千斤顶开距尽量大一些），通过调节千斤顶，用千分表把工件上表面的四个角点调至高度相等，误差不大于规定值的十分之一。然后以此高度为准测量整个平面，千分表上的读数差即为平面度误差值。测量时，平板和千分表底座要清洁，移动千分表时要平稳。这种方法测量精度较高,而且可以得到平面度误差值,但测量时需有一定的技能。

3）平行度误差的检验

平行度误差的常用检验方法有以下几种。

(1) 用外径千分尺(或杠杆千分尺)测量。用千分尺测量平行度误差如图 3-64 所示,在工件上用外径千分尺测量相隔一定距离的厚度,测出几点厚度值,其差值即为平面的平行度误差值,测量点越多,测量值越精确。

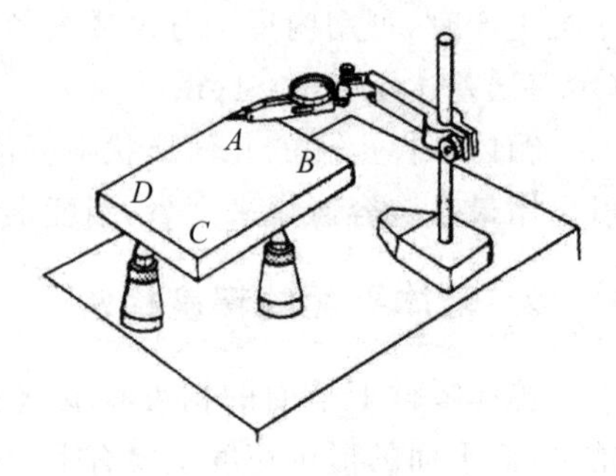

图 3-63 用千分表检验平面度

(2) 用百分表(或千分表)测量。用百分表检验平行度误差如图 3-65 所示,将工件和百分表支架都放在平板上,把百分表的测头顶在平面上,然后移动工件,让工件整个平面均匀地通过百分表测头,其读数的差值即为平行度的误差值。测量时,应将工件、平板擦拭干净,以免拉毛工件平面或影响平行度误差测量的准确性。

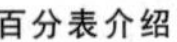
百分表介绍

图 3-64 用千分尺测量平行度

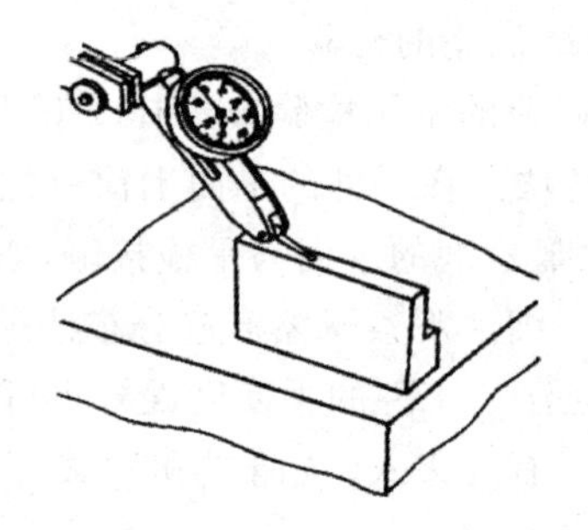
图 3-65 用百分表检验平行度

4）垂直度误差的检验

垂直度误差的常用检验方法有以下几种。

(1) 用 90°角尺测量。检验小型工件两平面的垂直度误差时,可以把 90°角尺的两个尺边接触工件的垂直平面,注意在平面的两端测量,以测得最大实际误差值,分析并找出垂直度误差产生的原因。测量时,可以把 90°角尺的一个尺边贴紧工件一个面,然后移动 90°角尺,让另一个尺边靠上工件另一个面,根据透光情况来判断其垂直度误差。用 90°角尺测量垂直度如图 3-66 所示。

工件尺寸较大时,可以将工件和 90°角尺放在平板上,90°角尺的一边紧靠在工件的垂直平面上,根据尺边与工件表面间的透光情况判断垂直度误差。用 90°角尺在平板上测量垂直度如图 3-67 所示。

(2) 用 90°圆柱角尺测量。在实际生产中,广泛采用 90°圆柱角尺测量工件的垂直度误差,如图 3-67 所示。将 90°圆柱角尺放在精密平板上,被测量工件慢慢向 90°圆柱角尺的素线靠拢,根据透光情况判断垂直度误差。这种方法基本上消除了由于测量不当而产生的误差。由于一般圆柱角尺的高度都要超过工件高度一至几倍,因此测量精度高,操作也方便。

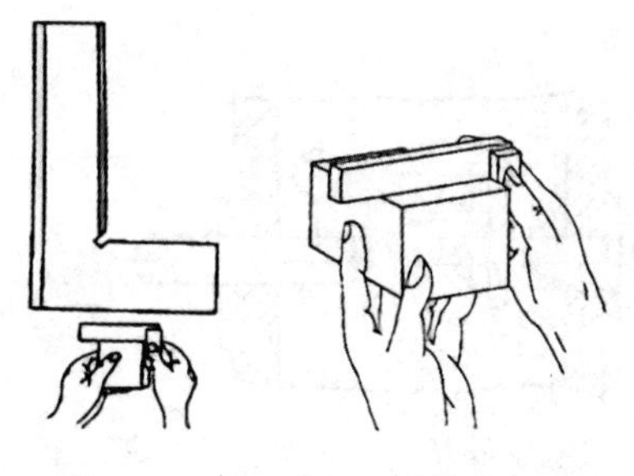

图 3-66　用 90°角尺测量垂直度

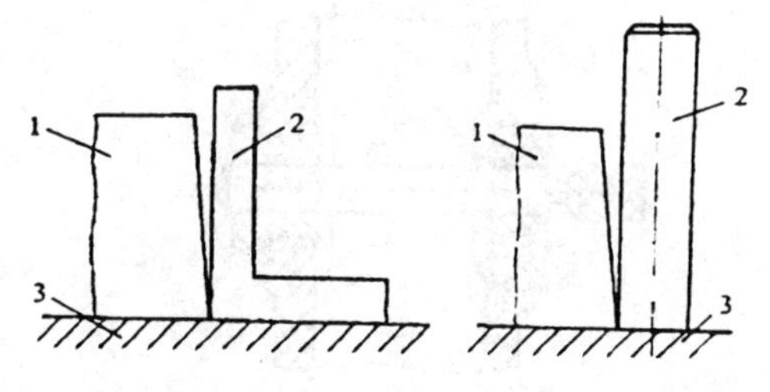

1—被测工件；2—90°(圆柱)角尺；3—精密平板

图 3-67　用 90°角尺在平板上测量垂直度

(3) 用百分表(或千分表)测量。为确定工件垂直度误差的具体数据。可采用百分表(或千分表)测量,如图 3-68(a)所示。测量时,应事先将工件的平行度误差测量好,将工件的平面轻轻向圆柱测量棒靠紧,此时可从百分表上读出数值;将工件转动 180°,将另一平面也轻轻靠上圆柱量棒,从百分表上又可读出数值(工件转向测量时,要保证百分表、圆柱的位置固定不变),两个读数差值的 1/2 即为底面与测量平面的垂直度误差,如图 3-68(b)所示。

两平面的垂直度误差也可以用百分表和精密角铁在平板上进行检验。测量时,将工件的一面紧贴在精密角铁的垂直平面上,然后使百分表测头沿着工件的一边向另一边移动,百分表在全长两点上的读数差就等于工件在此距离上的垂直度误差值。用精密角铁测量垂直度如图 3-69 所示。

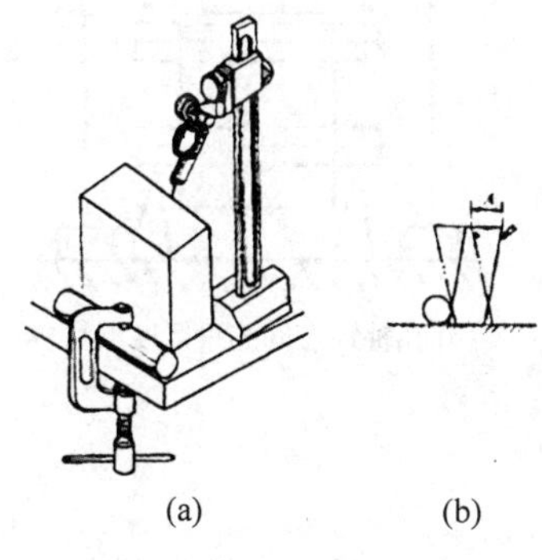

图 3-68　用百分表测量垂直度

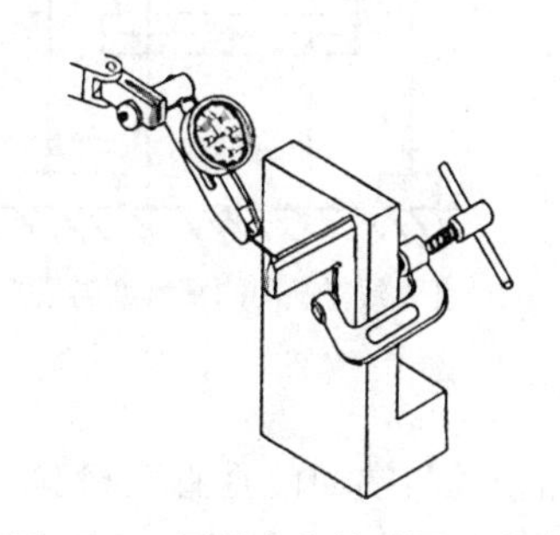

图 3-69　用精密角铁测量垂直度

3. 箱体零件孔系位置精度及孔距精度的检验

1) 孔系同轴度检验

一般工厂常用检验棒检验同轴度。当孔系同轴度精度要求不高时,可用通用的检验棒配上检验套进行检验,如图 3-70 所示,若检验棒能自由地推入同轴线上的孔内,即表明孔的同轴度符合要求。当孔系同轴度精度要求较高时,可采用专用检验棒检验。若要确定孔系之间同轴度的偏差数值,可利用图 3-71 所示的方法,用检验棒及百分表检验同轴度误差。

对于孔距、孔轴线间的平行度、孔轴线与端面的垂直度检验,也可利用检验棒、千分表、百分表、90°角尺及平台等相互组合进行测量。

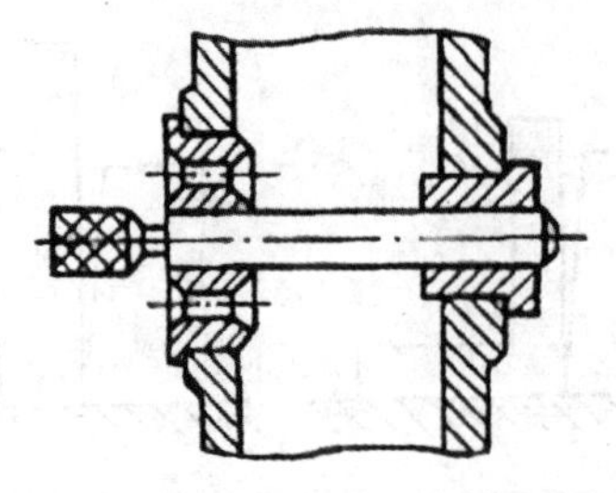

图 3-70 用检验棒与检验套检验同轴度

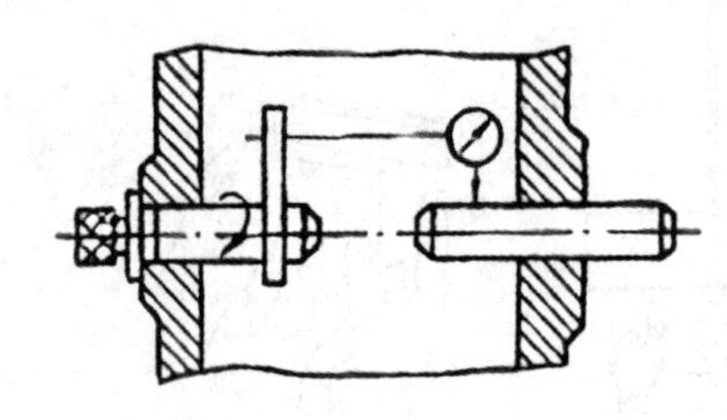

图 3-71 用检验棒及百分表检验同轴度误差

2）孔系的平行度检验

（1）孔的轴线对基面的平行度。可用图 3-72(a)所示方法检验，将被测零件直接放在平台上，被测轴线由心轴模拟，用百分表（或千分表）测量心轴两端外圆，其差值即为测量长度范围内的孔轴线对基面的平行度误差。

（2）孔轴线之间的平行度。常用图 3-72(b)所示方法进行检验，将被测箱体的基准轴线与被测轴线均用心轴模拟，用百分表（或千分表）在垂直于心轴轴线的方向上进行测量。首先调整基准轴线与平台平行，然后测量被测心轴两端的高度，测得的高度差值即为测量长度范围内的孔轴线之间的平行度误差。

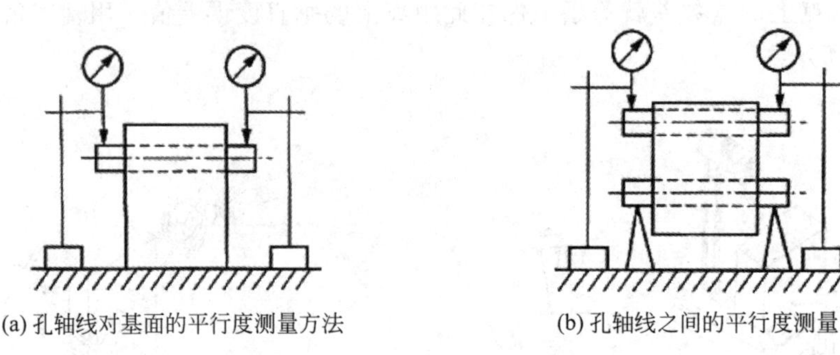

(a) 孔轴线对基面的平行度测量方法　(b) 孔轴线之间的平行度测量

图 3-72 孔系的平行度检验

3）孔轴线与端面的垂直度检验

（1）采用模拟心轴及百分表（或千分表）检验。可以在被测孔内装上模拟心轴，并在其一端装上百分表（或千分表），让表的测头垂直于端面并与端面接触，心轴旋转一周，即可测出检验范围内的孔轴线与端面的垂直度误差，如图 3-73(a)所示。

（2）着色法检验。如图 3-73(b)所示，将带有检验圆盘的心轴插入孔内，用着色法来检验圆盘与端面的接触情况；或者用塞尺检查圆盘与端面的间隙 Δ，也可确定孔轴线与端面的垂直度误差。

4）孔间距检验

当孔距精度要求不高时，可直接用游标卡尺检验，如图 3-74(a)所示。当孔距精度要求较高时，可用心轴与千分尺检验，如图 3-74(b)所示；还可以用心轴与量规检验、孔距的大小为 $A=L+(d_1+d_2)/2$。

4. 三坐标测量机

使用三坐标测量机可同时对零件的尺寸、形状和位置等进行高精度的综合测量。

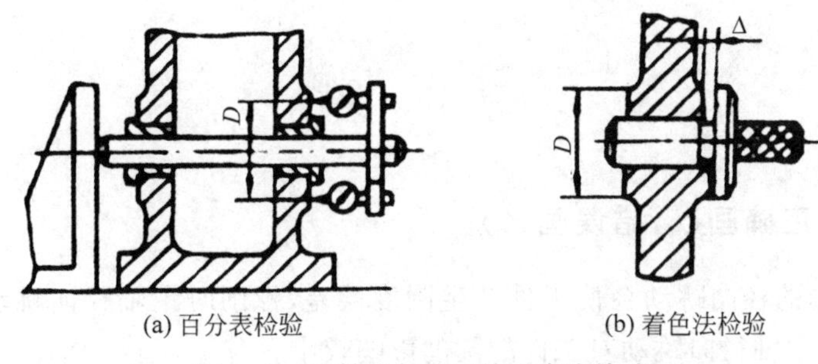

(a) 百分表检验　　(b) 着色法检验

图 3-73　孔轴线与端面的垂直度检验

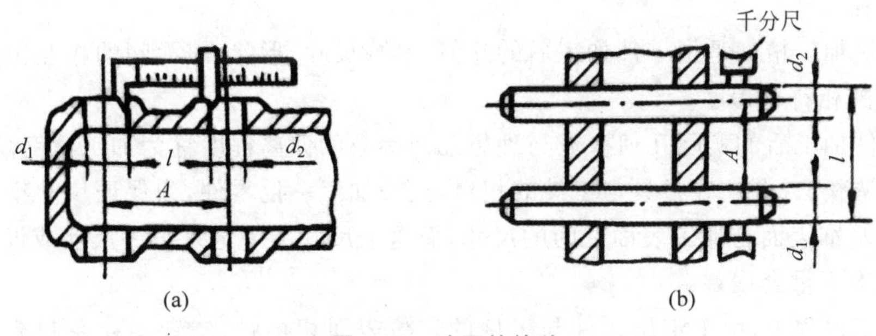

(a)　　(b)

图 3-74　孔距的检验

本章知识点梳理

1. 加工精度：尺寸精度、形状精度、位置精度

2. 获得加工精度的方法
   - 尺寸精度：试切法、调整法、定尺寸刀具法、自动控制法
   - 形状精度：轨迹法、成形法、展成法、仿形法、数控加工法
   - 位置精度：直接找正法、划线找正法、夹具定位法、机床控制法

3. 研究加工精度的方法：单因素分析法、统计分析法

4. 工艺系统几何误差对加工精度的影响：工件定位误差、夹具制造误差、夹具安装误差、机床误差(导轨误差、主轴回转误差)、刀具制造及安装误差、对刀误差

5. 工艺系统物理变形对加工精度的影响：受力变形：切削力作用点和大小变化、夹紧力、残余应力受热变形

6. 加工误差综合分析：实际分布曲线、理论分布曲线、分布图分析法、点图分析法

7. 保证和提高加工精度的主要途径：减小和消除原始误差、补偿或抵消原始误差、均分或均化原始误差、转移变形和转移误差、“就地加工”保证精度

8. 加工精度的检验：轴类零件加工精度的检验、套筒零件加工精度的检验、箱体零件加工精度的检验

习　题

1. 判断题(正确画√,错误画×)

(1) 机床主轴的径向跳动会使工件产生圆度误差,镗削时主轴径向跳动对工件的圆度影响较大,车削时主轴径向跳动对工件的圆度影响较小。 (　　)

(2) 加工精度是衡量机器零件加工质量的重要指标,它将直接影响整台机器的工作性能和使用寿命。 (　　)

(3) 机械加工精度是指零件加工后的几何参数(尺寸、形状、表面间的相互位置)的实际值与理论值的相符合程度。 (　　)

(4) 零件加工后的实际几何参数与理想几何参数的偏离程度称为加工精度。 (　　)

(5) 用调整法(调整好刀具与工件的相对位置)加工一批零件,为保证尺寸精度时,通常是保证定位基准表面与加工表面之间的尺寸,而这个尺寸不一定是工序尺寸或设计尺寸,因而会存在基准不重合误差。 (　　)

(6) 加工过程中,由于定位元件与工件的定位表面相接触,二者均存在制造误差,这些误差会引起本道工序的工序尺寸加工误差。 (　　)

(7) "公差"的字面释义略显晦涩,它的英文是 tolerance,意思是"允许误差",一般用字母 T 来表达,精度越低,公差越大;精度越高,公差越小;对应精度等级可以查阅机械加工工艺手册的公差表。 (　　)

(8) 车床主轴的轴向窜动对工件外圆柱面的加工精度没有影响,但在加工端面时会产生端面与轴线不垂直的情况。 (　　)

(9) 定尺寸刀具,如钻头、铰刀、孔拉刀、丝锥、板牙、槽铣刀等,加工工件时刀具的尺寸误差、形状误差不会直接影响工件的尺寸精度和形状精度。 (　　)

(10) 成形刀具,如成形车刀、成形铣刀、成形砂轮等形状误差,将直接影响工件表面的形状精度。 (　　)

(11) 定尺寸刀具和成形刀具的安装高度是否正确以及是否倾斜都会直接影响工件的加工精度。 (　　)

(12) 工艺系统刚度越高,误差复映系数越大。 (　　)

(13) 某道工序中,如果误差复映系数是一个小于 1 的数,则该工序具有一定的误差修复能力。减小背吃刀量,增加走刀次数不可以减小误差复映。 (　　)

(14) 加工过程中,工件由于切削摩擦,受热会产生热变形,若在热膨胀状态下加工到规定的尺寸精度,一旦冷却下来,工件尺寸会变小,严重的会超出公差范围,造成废品。(　　)

(15) 加工过程中,前刀面的磨损对加工精度影响较小,而后刀面的磨损对加工精度的影响比较大。 (　　)

2. 填空题

(1) 机床误差包括多个方面,其中的__________和__________对加工精度影响较大。

(2) 车削具有圆度误差的毛坯时，由于工艺系统受力变形，会使工件产生相应的圆度误差，这种现象称为__________。

(3) 车床加工薄壁套筒的内孔时，为防止夹持变形，可采用__________或__________夹紧。

(4) 将变形翘曲的薄板采用磁力吸附方式装夹，然后进行磨削加工，磨完松开断磁后，由于弹性恢复，已加工表面又会发生翘曲，改进的办法是在工件与磁力吸盘之间铺设__________。

(5) 引起工艺系统热变形的热源主要来自两方面，包括__________和__________。

(6) 实践经验证明，工艺系统的热变形问题重点在__________和__________上。

(7) 一般情况下，影响车床主轴倾斜的主要原因是__________的热变形，它约占总倾斜量的__________%，主轴前后轴承温差引起的倾斜量约占倾斜量的__________%。

(8) 根据加工误差大小和方向的变化是否有规律，一般分为__________和__________。

3. 单项选择题

(1) 工艺系统的受力变形通常是(　　)。

A. 弹性变形　　B. 塑性变形　　C. 瞬时变形　　D. 阶段变形

(2) 车削刚性较好的短粗光轴(没有台阶)时，采用双顶尖装夹，加工完的工件呈现(　　)形状。

A. 中间细、两端粗　　B. 中间粗、两端细

C. 主轴箱一侧粗、尾座一侧细　　D. 主轴箱一侧细、尾座一侧粗

(3) 车削刚性较差的细长光轴(没有台阶)时，采用双顶尖装夹，加工完的工件呈现(　　)形状。

A. 中间细、两端粗　　B. 中间粗、两端细

C. 主轴箱一侧粗、尾座一侧细　　D. 主轴箱一侧细、尾座一侧粗

(4) 在加工过程中，由于刀具的磨损，虽然在一定时间内工件尺寸实际分布曲线呈正态分布，但是随着刀具的磨损，尺寸分布中心均匀右移，形成(　　)分布。

A. 扣钟形　　B. 山峰形　　C. 平顶形　　D. 双峰形

(5) 对一批轴进行尺寸精度抽检时，通过计算抽检样本的标准差，可以判定这批轴整体是否合格，具体原则是(　　)。

A. 6 倍标准差大于等于公差　　B. 6 倍标准差小于等于公差

C. 6 倍标准差等于公差　　D. 6 倍标准差大于等于上偏差

4. 多项选择题

(1) 机械加工精度包括(　　)。

A. 尺寸精度　　B. 形状精度　　C. 距离精度　　D. 位置精度

(2) 对于机床而言，对加工精度有影响的多种热变形中，最重要的是(　　)。

A. 主轴部件的热变形

B. 床身导轨的热变形

C. 主轴与床身导轨相对位置(受热引起)的变形

D. 刀架或刀柄的热变形

(3) 机床主轴上装夹刀具或工件做切削主运动，它的回转精度直接影响被加工工件的加工精度，主轴的回转误差包括(　　)。

A. 径向跳动　　B. 轴向窜动　　C. 倾角摆动　　D. 整体晃动

(4) 机床导轨误差共有3个项目，分别是(　　)。

A. 水平面内的直线度　　B. 垂直面内的直线度

C. 前后导轨的平行度　　D. 前后导轨的光洁度

(5) 工艺系统由机床、(　　)组成。

A. 刀具　　B. 夹具　　C. 量具　　D. 工件

(6) 工艺系统在切削加工中产生的变形是各个组成部分的变形的叠加，具体包括(　　)。

A. 机床变形　　B. 夹具变形　　C. 刀具变形　　D. 工件变形

(7) 为了减小残余应力对加工精度的影响，可在毛坯制造之后或者零件粗加工之后进行时效处理，常用的方法包括(　　)。

A. 人工时效　　B. 振动时效　　C. 自然时效　　D. 常规时效

(8) 加工细长轴时，为保证加工精度，需采取(　　)。

A. 反向走刀　　B. 尾座安装可伸缩弹性顶尖

C. 采用大进给量　　D. 采用大主偏角车刀

(9) 保证和提高加工精度的主要途径，除减小和消除原始误差外，还包括(　　)。

A. 补偿和抵消原始误差　　B. 均分和均化原始误差

C. 转移变形和转移误差　　D. 就地加工，保证精度

5. 简答题

(1) 试说明加工误差、加工精度的概念以及它们之间的区别。

(2) 在车床上加工一批工件的孔，经测量，实际尺寸小于要求的尺寸而需返修的工件占22.4%，大于要求的尺寸而不能返修的工件占1.4%。若孔的直径公差$T=0.2$mm，整批工件尺寸服从正态分布，试确定该工序的标准偏差，并判断车刀的调整误差。

(3) 举例说明工艺系统受力变形对加工精度产生的影响。

(4) 试分析在车床上镗圆锥孔或车外圆锥体时，若安装刀具时刀尖高于或低于工件轴线，将会产生怎样的误差。

机械加工表面质量

学习目标

本章主要介绍机械加工表面质量概述；影响加工表面质量的因素；影响表面层物理力学性能的主要因素及其改善措施；机械加工振动对表面质量的影响及其控制；控制加工表面质量的途径以及表面质量检验。

本章重点是影响加工表面质量的因素，影响表面层物理力学性能的主要因素及其改善措施，控制加工表面质量的途径。

通过本章的学习，要求掌握机械加工表面质量概念及其影响；分析影响表面质量的各种因素，掌握控制加工表面质量的途径。

重点与难点

◇ 机械加工表面质量概述
◇ 影响加工表面质量的因素
◇ 影响表面层物理力学性能的主要因素及其改善措施
◇ 机械加工振动对表面质量的影响及其控制
◇ 控制加工表面质量的途径

教学资源

微课视频、实操视频、拓展知识视频、MOOC学习平台。

课程导入　大国工匠李凯军：金属上打磨自己的“别样人生”

李凯军是一汽集团钳工班班长，他坚守五尺钳台三十载，用精湛技艺为企业创造品牌、赢得声誉、创造价值；他曾获得“中华技能大奖”“全国高技能人才十大楷模”“全国五一劳动奖章”“全国劳动模范”等众多荣誉；他曾作为中国产业工人的唯一代表，向国务院总理建言并被当场采纳；他言传身教，在一百多个徒弟心中德艺双馨、亦师亦友；他凭借对工作近乎痴迷的热爱、对完美始终如一的追求，还有远远超出常人的艰苦付出，练出一身精湛的技艺，不仅在中国一汽集团家喻户晓，并且蜚声行业内外，成为技术工人的杰出代表（图4-Ⅰ）。

图 4-Ⅰ 大国工匠李凯军

近年来，李凯军完成国内外各种复杂模具二百余套，总产值达 8000 多万元，其中改进创新百余项，做到了件件产品有改进、套套模具有创新，填补了多项国内制造技术的空白。2006 年的一天，一位加拿大客商找到一汽集团，要定制一套 22t 的汽车油底壳模具，并说这是他在中国寻找的最后一家模具制造厂，如果达不到要求，就放弃在中国生产。李凯军听完这句话后，一下子被激起了斗志，这种压力不仅仅是为公司争得这一份订单，更是为国家争取荣誉，要让外方看看中国的制造水平。他带领徒弟们起早贪黑干了 4 个月，为了达到规定的表面质量，仅抛光这一个工序，就用了 30 天。交货的前一天下午，检测发现，两个模具合拢不平行，误差达到 0.16mm。此时，距离客户验收时间只有 16 个小时，李凯军一边拆一边排查，最后找出一个模块，有肉眼无法看到的凸起面，一点一点打平、抛光，终于在规定的时间内完成了任务。李凯军做的模具平面度达到了 0.02mm 误差范围以内，加拿大客商当即追加了 800 万元订单。

实践证明，机械零件的破坏一般是从表面层开始的，它对产品的使用性能有很大影响。评价零件是否合格的质量指标除了机械加工精度外，还有机械加工表面质量。机械加工表面质量是指零件经过机械加工后的表面层状态。探讨和研究机械加工表面，掌握机械加工过程中各种工艺因素对表面质量的影响规律，对于保证和提高产品的质量具有十分重要的意义。

4.1 机械加工表面质量概述

4.1.1 机械加工表面质量的含义

机械加工表面质量又称表面完整性，其含义包括以下两个方面的内容。

1. 表面层的几何形状特征

表面层的几何形状特征如图 4-1 所示，主要由以下几部分组成。

(1) 表面粗糙度。表面粗糙度是指加工表面具有的较小间距和微小峰谷的不平度。其两波峰或两波谷之间的距离（波距）很小（在 1mm 以下），属于微观几何形状误差，表面粗糙度越小，则表面越光滑。其评定参数主要有轮廓算术平均偏差 Ra 或轮廓最大高度 Rz（也称轮廓微观不平度十点平均高度）。

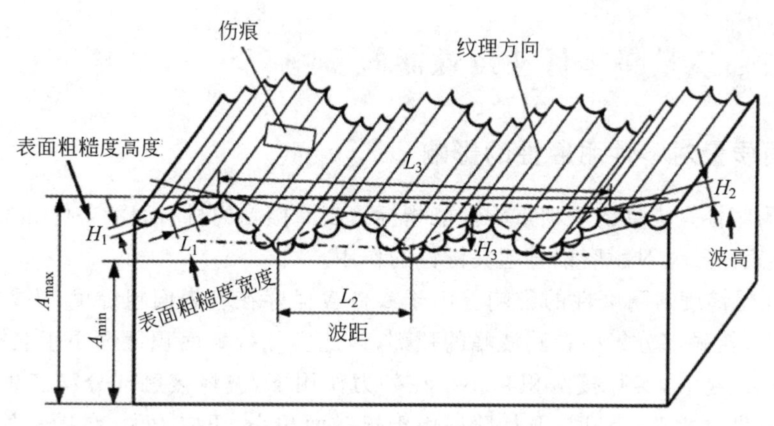

图 4-1　表面几何特征的组成

轮廓算术平均偏差 Ra 是在取样长度内轮廓偏距绝对值的算术平均值，即沿测量方向的轮廓线上的点与基准线之间距离绝对值的算术平均值。在实际测量中，测量点的数目越多，Ra 越准确。轮廓最大高度 Rz 是轮廓峰顶线和谷底线之间的距离。Ra 是最主要的评定参数，Rz 一般只用来表示比较短小的表面。

表面粗糙度一般是由所采用的加工方法和其他因素所形成的，例如，加工过程中刀具与零件表面间的摩擦、切屑分离时表面层金属的塑性变形以及工艺系统中的高频振动等。由于加工方法和工件材料的不同，被加工表面留下痕迹的深浅、疏密、形状和纹理都有差别。

(2) 表面波度。它是介于宏观几何形状误差(形状和位置误差)与微观几何形状误差(表面粗糙度)之间的周期性几何形状误差，主要由切削刀具的低频振动和位移引起，应作为工艺缺陷设法消除。

(3) 表面加工纹理。它是指表面切削加工刀纹的形状和方向，取决于表面形成过程中所采用的机加工方法及其切削运动的规律。

(4) 伤痕。它是指在加工表面个别位置上出现的缺陷，如砂眼、气孔、裂痕、划痕等，它们大多随机分布。

2. 表面层的物理力学性能

由于机械加工中力因素和热因素的综合作用，加工表面层的物理力学性能将发生一定的变化，主要反映在以下几个方面。

(1) 表面层的加工冷作硬化。表面层金属硬度的变化用硬化程度和深度两个指标来衡量。在机械加工过程中，工件表面层金属都会有一定程度的加工硬化，使表面层金属的显微硬度有所提高。一般情况中，硬化层的深度可达 0.05～0.30mm；若采用滚压加工，硬化层的深度可达几毫米。

(2) 表面层金相组织的变化。机械加工过程中，切削热会引起表面层金属的金相组织发生变化。在磨削淬火钢时，由于磨削热的影响会引起淬火钢马氏体分解，或出现回火组织。

(3) 表面层的残余应力。由于切削力和切削热的综合作用，表面层金属晶格会发生不同程度的塑性变形或产生金相组织的变化，使表层金属产生残余应力。

4.1.2 表面质量对零件使用性能的影响

1. 表面质量对零件耐磨性的影响

零件的耐磨性是零件的一项重要性能指标。当摩擦副的材料润滑条件和加工精度确定之后,零件的表面质量对耐磨性将起关键性的作用。

(1) 表面粗糙度对耐磨性的影响。由于零件表面存在着表面粗糙度,当两个零件的表面开始接触时,接触部分集中在其波峰的顶部,因此实际接触面积远远小于名义接触面积,并且表面粗糙度越大,实际接触积越小。在外力作用下,波峰接触部分将产生很大的压应力。当两个零件做相对运动时,开始阶段由于接触面积小、压应力大,在接触处的波峰会产生较大的弹性变形、塑性变形及剪切变形,波峰很快被磨平,即使有润滑油存在,也会因为接触点处压应力过大、油膜被破坏而形成干摩擦,导致零件接触表面的磨损加剧。当然,并非表面粗糙度越小越好,如果表面粗糙度过小,接触表面间储存润滑油的能力变差,接触表面容易发生分子胶合、咬焊,同样也会造成磨损加剧。

(2) 表面纹理对耐磨性的影响。表面纹理的形状及刀纹方向将影响有效接触面积与润滑油的存留,从而对耐磨性也有一定影响。一般来说,圆弧状、凹坑状表面纹理的耐磨性较好;尖峰状的表面纹理由于摩擦副接触面积小造成压应力过大,耐磨性较差。在运动副中,两相对运动零件表面的刀纹方向与运动方向相同时,耐磨性较好;两者的刀纹方向均与运动方向垂直时,耐磨性最差;其余情况处于上述两种状态之间。

(3) 冷作硬化对耐磨性的影响。表面层的冷作硬化可使表面层的硬度提高,增强表面层的接触刚度,从而降低接触处的弹性、塑性变形,使耐磨性有所提高。但如果硬化程度过大,表面层金属组织会变脆出现微观裂纹,甚至会使金属表面组织剥落而加剧零件的磨损。

(4) 金相组织变化对耐磨性的影响。表面层的金相组织变化也会改变零件材料的原有硬度,影响其耐磨性。

(5) 表面层残余应力对耐磨性的影响。适度的残留压应力一般使零件表面结构紧密,有助于提高耐磨性。

2. 表面质量对零件疲劳强度的影响

(1) 表面粗糙度对疲劳强度的影响。表面粗糙度对承受交变载荷的零件的疲劳强度影响很大。在交变载荷作用下,表面粗糙度波谷处容易引起应力集中,产生疲劳裂纹。表面粗糙度越大,表面划痕越深,其抗疲劳破坏能力越差。

(2) 表面层残余应力对疲劳强度的影响。当表面层存在残余压应力时,能延缓疲劳裂纹的产生、扩展,提高零件的疲劳强度;当表面层存在残余拉应力时,零件则容易引起晶间破坏,产生表面裂纹而降低其疲劳强度。

(3) 表面层的加工硬化对零件疲劳强度的影响。适度的加工硬化能阻止已有裂纹的扩展和新裂纹的产生,提高零件的疲劳强度;但加工硬化过于严重,会使零件表面组织变脆,容易出现裂纹,从而使疲劳强度降低。

3. 表面质量对零件耐腐蚀性能的影响

(1) 表面粗糙度对零件耐腐蚀性能的影响。零件表面粗糙度越大，在波谷处越容易积聚腐蚀性介质，从而使零件发生化学腐蚀和电化学腐蚀。

(2) 表面层残余应力对零件的耐腐蚀性能的影响。表面层残余压应力使表面组织致密，腐蚀性介质不易侵入，有助于提高表面的耐腐蚀能力；残余拉应力对零件耐腐蚀性能的影响则相反。

4. 表面质量对零件间配合性质的影响

(1) 表面粗糙度对零件配合性质的影响。相配零件间的配合性质是由过盈量或间隙量来决定的。在间隙配合中，如果零件配合表面的粗糙度大，则会因磨损迅速使得配合间隙增大，从而降低配合质量，影响配合的稳定性；在过盈配合中，如果表面粗糙度大，则装配时表面波峰被挤平，使得实际有效过盈量减少，降低配合件的联接强度，影响配合的可靠性。因此，对有配合要求的表面应规定较小的表面粗糙度值。

(2) 表面层加工硬化对配合性质的影响。在过盈配合中，如果表面硬化严重，将可能造成表面层金属与内部金属脱落的现象，从而破坏配合性质和配合精度。

(3) 表面层残余应力对配合性质的影响。表面层残余应力会引起零件变形，使零件的形状、尺寸发生改变，因此它也将影响配合性质和配合精度。

5. 表面质量对零件其他性能的影响

表面质量对零件的使用性能还有一些其他影响。如对间隙密封的液压缸、滑阀来说，减小表面粗糙度 Ra 可以减少泄漏，提高密封性能；较小的表面粗糙度可使零件具有较高的接触刚度；对于滑动零件，减小表面粗糙度 Ra 能使摩擦系数降低，运动灵活性增高，减少发热和功率损失；表面层的残余应力会使零件在使用过程中继续变形，失去原有的精度，机器工作性能恶化等。

总之，提高加工表面质量，对于保证零件的性能、提高零件的使用寿命是十分重要的。

4.2　影响表面粗糙度的因素

4.2.1　影响切削加工表面粗糙度的因素

在用金属切削刀具对零件表面进行加工时，造成加工表面粗糙度的因素有几何因素、物理因素和工艺因素三个方面。

1. 几何因素

(1) 产生机理。刀具相对于工件做进给运动时，在加工表面留下了切削层残留面积，从而产生表面粗糙度。残留面积的形状是刀刃几何形状的复映，如图 4-2 所示，车削残留面积的高度 H 受刀具的几何角度(主偏角 κ_r 和副偏角 κ_r')、刀具形状(刀尖圆弧半径 r_ε)和切削用

量(进给量 f)的影响。图 4-2(a)为车削中的尖刀切削的情况,其残留面积高度的计算公式为

$$H=\frac{f}{\cot\kappa_r+\cot\kappa'_r} \tag{4-1}$$

图 4-2(b)为车削中的圆弧刀刃切削示意图,此时残留面积高度 H 为

$$H\approx\frac{f}{8r_\varepsilon} \tag{4-2}$$

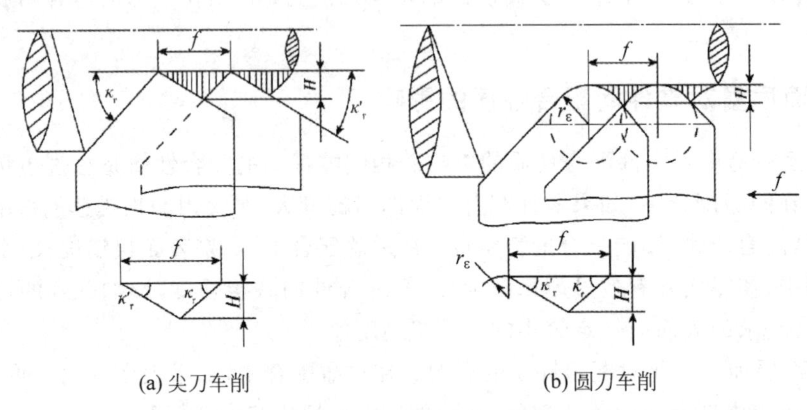

(a) 尖刀车削　　(b) 圆刀车削

图 4-2　切削层残留面积

(2) 改善措施。从式(4-1)和式(4-2)可知,进给量 f、主偏角 κ_r、副偏角 κ'_r 和刀尖圆弧半径 r_ε 对切削加工表面粗糙度的影响较大。减小进给量、主偏角 κ_r 和副偏角 κ'_r,增大刀尖圆弧半径 r_ε,都能减小残留面积的高度 H,也就减小了零件的表面粗糙度。

2. 物理因素

由于存在着与被加工材料的性能及切削机理有关的物理因素,切削加工后的实际表面粗糙度与理论表面粗糙度往往有较大区别。

(1) 被加工材料性能的影响。与工件材质相关的因素包括材料的塑性、金相组织等。一般地讲,韧性较大的塑性材料易于产生塑性变形,与刀具的黏结作用也较大,加工后表面粗糙度值大;相反,脆性材料则易于得到较小的表面粗糙度值。

例如,加工件一般为塑性材料,在一定切削速度下,会在刀面上形成很高的积屑瘤,代替切削刃进行切削,从而改变刀具的几何角度和切削厚度。切屑在前刀面上的摩擦和冷焊作用,可能使切屑周期性停留,代替刀具推挤切屑层,造成切屑层和工件间出现撕裂现象,形成鳞刺,而且积屑瘤和切屑的停留周期都不是稳定的,显然会大大增加表面粗糙度值。

另外,对于同样的材料,晶粒组织越是粗大,加工后的表面粗糙度值也越大,利用调质或正火等热处理方法,可以提高材料的力学性能,细化晶粒,改善切削性能,减小表面粗糙度值。

(2) 切削机理的影响。在切削过程中,刀具的刃口圆角及后刀面的挤压和摩擦会使金属材料产生塑性变形,理论残留断面歪曲,使表面粗糙度值增大。

3. 工艺因素

1) 刀具几何形状、刀具材料以及刃磨质量的影响

(1) 刀具几何形状。前角 γ 增加有利于减小切削力,使塑性变形减小,从而减小表面粗

糙度值；但 γ 过大时，切削刃有切入工件的趋势，较容易产生振动，故表面粗糙度值反而增加。刀尖圆弧半径 γ_ε 增大，从几何角度看可以减小表面粗糙度值，但也会增加切削过程中的挤压和塑性变形，因此只是在一定范围内，γ_ε 的增加才有利于降低表面粗糙度值。增大刃倾角 λ_s，对降低表面粗糙度有利。因为 λ_s 增大，实际工作前角也随之增大，切削过程中的金属塑性变形程度随之下降，从而使加工表面粗糙度降低。

(2) 刀具材料。刀具材料主要考虑其热硬性、摩擦系数以及与被加工材料的亲和力。热硬性高，则耐磨性好；摩擦系数小，则有利于排屑；与被加工材料的亲和力小，则不易于产生积屑瘤和鳞刺。实验证明，在相同的切削条件下，用硬质合金刀具加工所获得的表面粗糙度要比用高速钢刀具所获得的表面粗糙度低。

(3) 刀具刃磨质量。刀具刃磨质量集中反映在刃口上。刃口锋利，则切削性能好；刃口表面粗糙度值小，则有利于减小刀具表面粗糙度在工件上的复映。

2) 加工条件的影响

(1) 切削速度。切削速度对表面粗糙度的影响比较复杂。一般情况下低速或高速切削时，因不会产生积屑瘤，故加工表面粗糙值较小。但在中等速度下，塑性材料由于容易产生积屑瘤与鳞刺，且塑性变形较大，因此表面粗糙度值会变大。图 4-3、图 4-4 分别给出了加工不同材料时切削速度对表面粗糙度的影响。

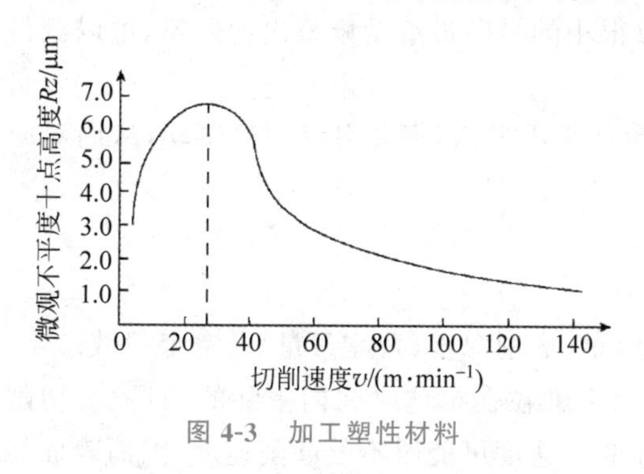

图 4-3　加工塑性材料

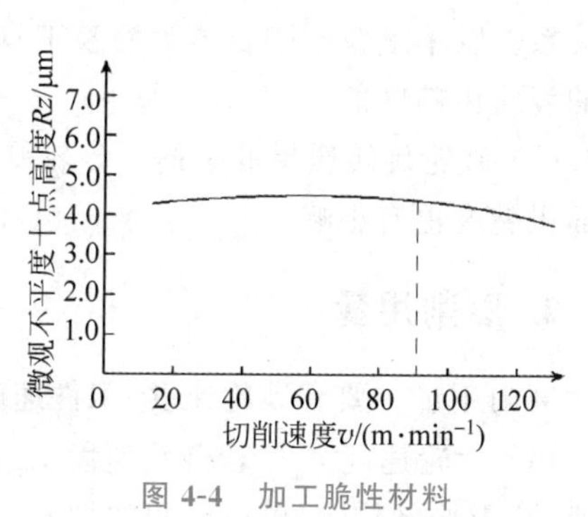

图 4-4　加工脆性材料

(2) 进给量。减小进给量可以减少切削残留面积高度、减小切削塑性变形，从而使表面粗糙度值减小。但进给量太小时，刀刃不能切削而形成挤压，使工件的塑性变形增大，反而导致表面粗糙度值变大。

(3) 背吃刀量。背吃刀量对表面粗糙度影响不明显，一般可忽略。但当 $a_p < 0.03\text{mm}$ 时，由于刀刃不是绝对尖锐，而是有一定的圆弧半径，使正常切削不能维持，经常与工件发生挤压与摩擦，从而使表面粗糙度恶化，因此加工时不能选用过小的背吃刀量。

(4) 冷却条件。合理选择冷却润滑液，提高冷却润滑效果，能抑制刀瘤与鳞刺的生成，减小切削时的塑性变形，有利于减小表面粗糙度值。当冷却润滑液中含有表面活性物质如硫、氯等的化合物时，润滑性能增强，作用更为显著。

4.2.2　影响磨削加工表面粗糙度的因素

磨削加工比较特殊，磨削加工表面粗糙度的形成是由砂轮性质和磨削用量决定的，而且磨削加工过程要比切削加工过程复杂得多。

砂轮横向进给磨削外圆

1. 砂轮

影响磨削加工后表面粗糙度的因素主要有砂轮的粒度、硬度、组织、材料、修整及旋转质量的平衡等因素。

(1) 砂轮粒度。砂轮粒度细,则单位面积上的磨粒数多,因此加工表面上的刻痕细密均匀,表面粗糙度值小。当然此时相应的背吃刀量也要小,否则可能会堵死砂轮,产生烧伤。

(2) 砂轮硬度。砂轮硬度是指磨粒从砂轮上脱落的难易程度,它的选择与工件材料、加工要求有关。砂轮硬度过硬,则磨粒钝化后仍不脱落,过软则太易脱落,这两种情况都会减弱磨粒的切削作用,难以得到较小的表面粗糙度值。

(3) 砂轮的组织。砂轮的组织是指磨粒、结合剂和气孔的比例关系。紧密组织能获得高精度和小的表面粗糙度值。疏松组织不易堵塞,适合加工较软的材料。

(4) 砂轮的材料。砂轮的材料是指磨料。选择磨料时,要综合考虑加工质量和成本,如金刚石砂轮可得到极小的表面粗糙度值,但加工成本比较高。

(5) 砂轮修整。砂轮修整对磨削表面粗糙度影响很大,通过修整可以使砂轮具有正确的几何形状和锋利的微刃。砂轮的修整质量与所用修整工具、修整砂轮纵向进给量等有密切关系。以单颗粒金刚石笔为修整工具,并取很小的纵向进给量修整出的砂轮,可以获得很小的表面粗糙度值。

(6) 砂轮旋转质量的平衡。砂轮旋转质量如果不平衡,将会引起砂轮振动,从而对磨削表面粗糙度也有影响。

2. 磨削用量

磨削用量主要有砂轮速度、工件速度、进给量、磨削深度(背吃刀量)及空走刀数。

(1) 砂轮速度 v_s。若砂轮速度 v_s 高,则每个磨粒在单位时间内去除的切屑少,切削力减小,热影响区较浅,单位面积的划痕多,塑性变形速度可能跟不上磨削速度,因而表面粗糙度值小。v_s 高时生产率也高,故目前高速磨削发展得很快。图 4-5 所示为砂轮速度对工件表面粗糙度影响的实验结果。

(2) 工件速度 v_w。工件速度 v_w 对表面粗糙度的影响与 v_s 相反,v_w 高时会使表面粗糙度值变大。图 4-6 为工件速度对表面粗糙度的影响。

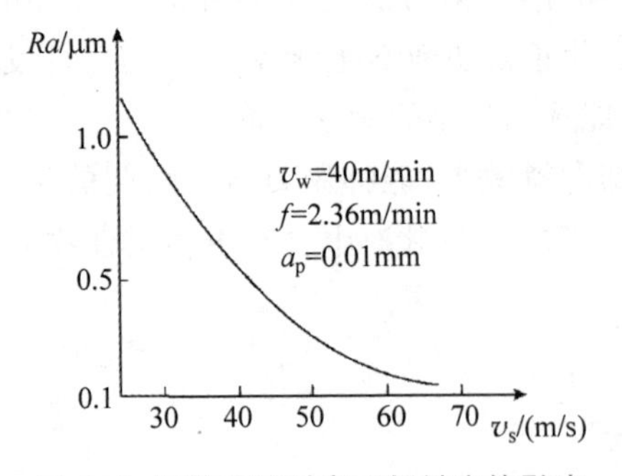

图 4-5 砂轮速度对表面粗糙度的影响

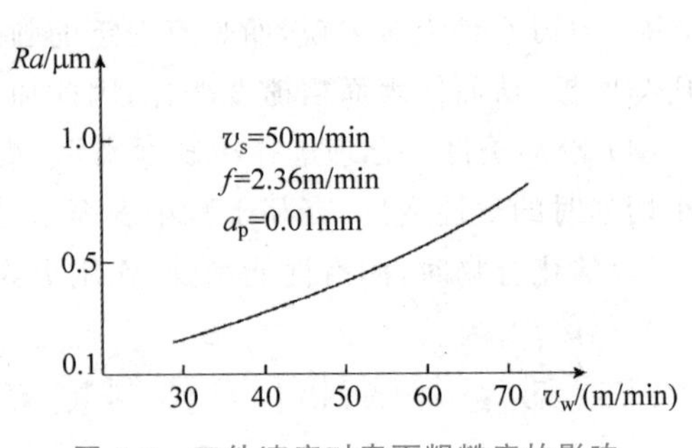

图 4-6 工件速度对表面粗糙度的影响

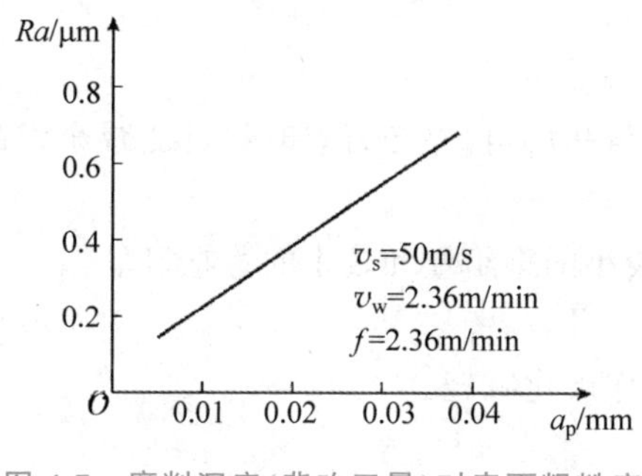

图 4-7　磨削深度(背吃刀量)对表面粗糙度的影响

(3) 轴向进给量 f。若轴向进给量 f 小,则单位时间内加工的长度短,故表面粗糙度值小。

(4) 背吃刀量 a_p。背吃刀量 a_p 对表面粗糙度的影响很大。减小 a_p,将减小工件材料的塑性变形,从而减小表面粗糙度值,但同时也会降低生产率。为此,在磨削过程中可以先采用较大的 a_p,然后采用较小的 a_p,最后进行几次只有轴向进给、没有横向进给的空走刀。图 4-7 为磨削深度(背吃刀量)对表面粗糙度的影响。

此外,工件材料的性质、切削液的选择和使用等对磨削表面粗糙度也有明显影响。对于磨削加工来说,由于磨削温度很高,热因素的影响往往占主导地位,因此必须采取切实可行的措施,将磨削液送入磨削区。

4.3　影响表面层物理力学性能的主要因素及其改善措施

4.3.1　表面层的加工硬化

机械加工过程中,工件表层金属在切削力的作用下产生强烈的塑性变形,金属的晶格扭曲,晶粒被拉长、纤维化甚至破碎而引起表层金属的强度和硬度增加、塑性降低,这种现象称为冷作硬化。另外,加工过程中产生的切削热会使工件表层金属温度升高,当温度升高到一定程度时,会使已强化的金属回复到正常状态,失去其在加工硬化中得到的物理力学性能,这种现象称为软化。因此,金属的加工硬化实际取决于硬化速度和软化速度的比率。评定加工硬化的指标有表面层的显微硬度 HV、硬化层深度 h 和硬化程度 N 三项,且

$$N=\frac{HV-HV_0}{HV_0} \tag{4-3}$$

式中：HV_0 为金属原来的显微硬度。

影响表面层加工硬化的因素可以从以下三个方面分析。

(1) 切削用量的影响。切削用量中进给量和切削速度对加工硬化的影响较大。增大进给量,切削力随之增大,表层金属的塑性变形程度增大,加工硬化程度增大。增大切削速度,刀具对工件的作用时间减少,塑性变形的扩展深度减小,故而硬化层深度减小；增大切削速度还会使切削区温度升高,有利于减少加工硬化。另外,增大背吃刀量会增大切削力,使冷作硬化严重。

(2) 刀具几何形状的影响。减小刀具前角和后角会增大切削力,使冷作硬化严重。实验证明,刀刃钝圆半径对加工硬化的影响最大,已加工表面的显微硬度随着刀刃钝圆半径的加大而增大,这是因为径向切削分力会随着刀刃钝圆半径的增大而增大,使表层金属的塑性变形程度加剧,导致加工硬化增大。此外,刀具磨损会使后刀面与工件间的摩擦加剧、表层的塑性变形增加,导致表面冷作硬化加大。

(3) 加工材料性能的影响。工件的硬度越低、塑性越好,加工时塑性变形越大,冷作硬

化越严重。

减小表面层冷作硬化的措施如下。

(1) 合理选择刀具几何参数，尽量采用较大的前角和后角，并在刃磨时尽可能减小切削刃口圆角半径。

(2) 合理选择切削用量，采用较高的切削速度、较小的进给量和较小的背吃刀量。

(3) 使用刀具时，应合理限制其后面的磨损程度。

(4) 合理使用切削液，良好的冷却润滑可以使冷作硬化减轻。

4.3.2 表面层的金相组织变化

机械加工过程中，在工件的加工区及其附近的区域，温度会急剧升高，当温度升高到超过工件材料金相组织变化的临界点时，就会发生金相组织变化。对于一般的切削加工方法来说，倒不至于严重到如此程度。但磨削加工速度特别高，金属切除功率大，所消耗能量的绝大部分都要转化为热，这些热量中的大部分(70%～80%)将传给加工表面，磨削区温度可达1500～1600℃，已超过钢的熔点；工件表面温度可达900℃，超过相变温度A_{C_3}。结合不同的冷却条件，表层的金相组织可发生相当复杂的变化。

1. 磨削烧伤的主要类型

对于已淬火的钢件，很高的磨削温度往往会使表层金属的金相组织产生变化，使表层金属硬度下降，使工件表面呈现氧化膜颜色，这种现象称为磨削烧伤，主要有以下3种金相组织变化。

(1) 回火烧伤。如果磨削区的温度未超过淬火钢的相变温度(碳钢的相变温度为720℃)，但已超过马氏体的转变温度(中碳钢为300℃)，工件表面金属的马氏体将转化为硬度较低的回火组织(索氏体或托氏体)，这称为回火烧伤。

(2) 淬火烧伤。如果磨削区温度超过了相变温度，表层转为奥氏体，再加上冷却液的急冷作用，表层金属会出现很薄的二次淬火马氏体组织，硬度比原来的回火马氏体高；在它的下层，因冷却较慢，会出现硬度比原来的马氏体低的回火组织(索氏体或托氏体)，此时表层的总体硬度下降，这称为淬火烧伤。

(3) 退火烧伤。如果磨削区温度超过了相变温度而磨削过程又没有冷却液，表层金属将产生退火组织，表层金属的硬度将急剧下降，这称为退火烧伤。

2. 影响磨削烧伤的主要因素及防止措施

无论是何种烧伤，都将严重影响零件的使用性能，因此磨削时要避免烧伤。产生磨削烧伤的根源是磨削区的温度过高，因此要减少磨削热的产生，加速磨削热的传出，以避免磨削烧伤，具体措施如下。

1) 合理选择磨削用量

(1) 背吃刀量。背吃刀量a_p(磨削深度)对磨削温度升高的影响最大，故磨削深度不能选得太大，一般在生产中常在精磨时逐渐减少磨深，以便逐渐减小热变质层，并能逐步去除前一次磨削行程的热变质层，最后进行若干次无进给磨削，这样可有效地避免表面层的热烧伤。

(2) 轴向进给量。随着工件轴向进给量 f 的增大,会使砂轮与工件的表面接触时间相对减少,致使磨削热的作用时间减少、散热条件得到改善、磨削烧伤越少。为了弥补轴向进给量增大而导致的表面粗糙的缺陷,可采用宽砂轮磨削的方法。

(3) 砂轮速度。增加砂轮速度 v_s,将使砂轮与接触区接触时间减少,传到工件上的热量相对减少,从而减少产生磨削烧伤的可能性。生产中采用高速磨削的原因即在于此。

(4) 工件速度。加大工件速度 v_w,磨削表面的温度升高,但其增长速度与磨削深度 a_p 影响相比小得多;且 v_w 越大,热量越不容易传入工件内层,具有减小烧伤层深度的作用。但增大工件速度 v_w 会增加表面粗糙度,为了弥补这一缺陷可以相应地提高砂轮速度 v_s。实践证明,按一定比例同时提高砂轮速度 v_s 和工件速度 v_w 不仅可以避免烧伤,而且工件表面粗糙度也不会增大。

2) 合理选择砂轮

(1) 磨料。磨料硬度太高的砂轮,钝化后不易脱落,使磨削力增大,容易产生烧伤。为避免产生烧伤,应选择较软的砂轮。立方氮化硼砂轮磨粒的硬度和强度虽然低于金刚石,但其热稳定性好,且与铁元素的化学惰性高,磨削钢件时不易产生粘屑,磨削力小,磨削热也较低,能磨出较高的表面质量。因此,立方氮化硼是一种很好的磨料,适用范围也很广。

(2) 砂轮的结合剂。砂轮的结合剂也会影响磨削表面质量。选用具有一定弹性的橡胶结合剂或树脂结合剂砂轮磨削工件时,当个别磨粒由于某种原因导致磨削力增大时,结合剂的弹性能够做一定的径向退让,使磨深减小,以缓和磨削力突增而引起的烧伤。

(3) 砂轮的粒度。还要注意,砂轮的粒度越小,磨屑越容易堵塞砂轮,工件也越容易烧伤,因此要选较大粒度砂轮为宜。

(4) 砂轮浸润。为了减少砂轮与工件之间的摩擦热,将砂轮的气孔内浸某种润滑物质,如石醋、锡等,这样可降低磨削区的温度,在防止工件烧伤方面也能收到良好的效果。

3) 改善冷却条件

磨削时磨削液若能直接进入磨削区,对磨削区进行充分冷却能有效地防止烧伤现象的产生。然而,目前通用的冷却方法效果很差,如图 4-8 所示,由于砂轮高速回转,表面产生强大气流(速度为 v_k),切削液很难进入磨削区,常常只是大量地喷注在远离磨削区的加工表面上,冷却效果较差。一般采用以下改进措施。

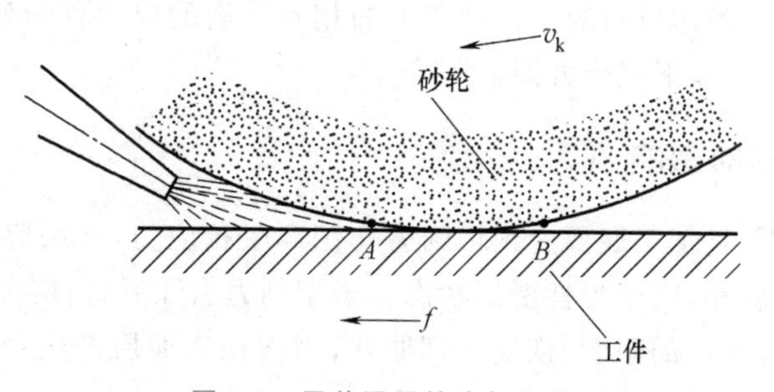

图 4-8　目前通用的冷却方法

(1) 高压强冷。采用高压大流量冷却,可以增强冷却作用,并对砂轮表面进行冲洗,但机床必须配防护罩,以防止切削液飞溅。

(2) 内冷却。如图 4-9 所示,采用内冷却方式,也可以增强冷却作用。内冷却工作原理是:经过严格过滤的冷却液通过中空主轴法兰套引入砂轮的中心腔 3 内,由于离心力的作用,这些冷却液就会通过砂轮内部的孔隙向砂轮四周的边缘洒出,因此冷却水就有可能直接注入磨削区。目前,内冷却装置尚未得到广泛应用,其主要原因是使用内冷却装置时磨床附近有大量水雾,操作工人劳动条件差,且精磨加工时无法通过观察火花试磨对刀。

(3) 加装空气挡板。如图 4-10 所示,喷嘴上方的挡板紧贴在砂轮表面,减轻高速旋转的砂轮表面的高压附着气流,切削液以适当的角度喷注到磨削区,这种方法对高速磨削非常有效。

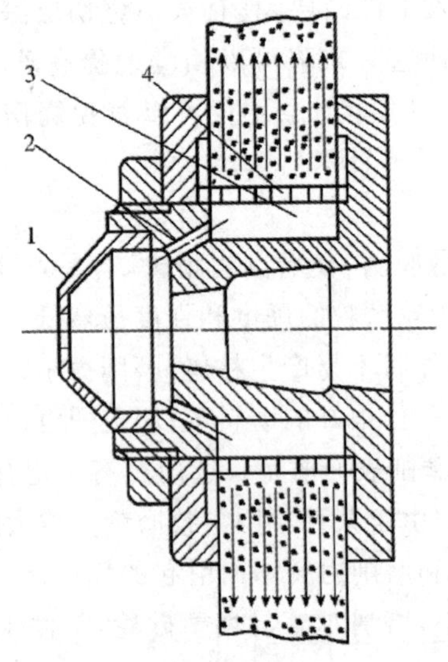

1—锥形盖;2—切削液通孔;3—砂轮中心腔;
4—有径向小孔的薄壁套

图 4-9 改善冷却条件

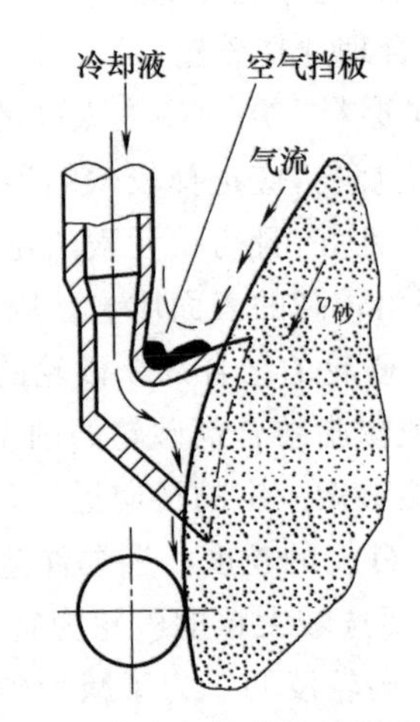

图 4-10 带空气挡板的切削液喷嘴

4.3.3 表面层的残余应力

切削及磨削加工过程中,加工表面层相对基体材料发生形状、体积变化或金相组织变化时,工件表面层及其与基体材料的交界处产生的相互平衡的应力称为残余应力。产生表面残余应力的原因主要有以下三个方面。

1. 冷塑性变形的影响

在切削力作用下,被加工表面受到切削力作用产生拉应力,外层应力较大,伸长后发生塑性变形,内层应力较小,处于弹性变形状态。当切削力去除后,内层金属趋向复原,但受到已产生塑性变形的表面层的限制,恢复不到原状,因而在表面层产生残余压应力,次外层则产生残余拉应力与之相平衡。

2. 热塑性变形的影响

切削加工时,大量的切削热会使加工表面产生热膨胀,此时由于基体金属的温度较低,会对表层金属的膨胀产生阻碍作用,因此表层产生热态压应力。当表面层的温度超过材料的弹性变形范围时,在压应力作用下就会产生相对缩短的热塑性变形。当加工结束后,表层温度下降要进行冷却收缩,但受到基体金属阻止,从而在表层产生残余拉应力,里层产生残余压应力。

3. 金相组织变化的影响

切削时产生的高温会引起表面层的金相组织变化。由于不同的金相组织有不同的密度,表面层金相组织变化的结果造成了体积的变化。表面层体积膨胀时,因为受到基体的限制,产生了压应力。反之,表面层体积缩小,则产生拉力。以磨削淬火钢为例,磨削加工后,表面层产生回火现象,马氏体转化成接近珠光体的屈氏体或索氏体,密度增大而体积减小,表面层产生残余拉应力,基体产生残余压应力。如果表面层温度超过相变温度,冷却又充分,则表面层产生二次淬火现象,表面层组织变为二次淬火马氏体,体积膨胀受到基体材料限制,因而表面层产生残余压应力,基体产生残余拉应力(各种常见金相组织的密度值:$\rho_{马} \approx 7.75\mathrm{g/cm^3}$,珠光体 $\rho_{珠} \approx 7.78\mathrm{g/cm^3}$,铁素体 $\rho_{铁} \approx 7.88\mathrm{g/cm^3}$,奥氏体 $\rho_{奥} \approx 7.96\mathrm{g/cm^3}$)。

4.4 机械加工振动对表面质量的影响及其控制

4.4.1 概述

机械加工中产生的振动一般来说是一种破坏正常切削过程的有害现象。各种切削和磨削过程都可能发生振动,当速度高、切削金属量大时会产生较强烈振动。

1. 振动对机械加工过程的影响

加工过程中的振动是十分有害的,会使刀具与工件之间产生相对位移,使加工表面产生振痕,将严重影响零件的表面质量和使用性能。动态交变载荷使刀具极易磨损(甚至崩刃),机床连接特性受到破坏,缩短了刀具和机床的使用寿命,而且振动严重时,会使加工无法进行。为了减少振动,有时不得不降低切削用量,从而降低了生产率。

此外,振动的噪声破坏了工作环境,危害工人的身心健康,因此研究机械加工中的振动,掌握其发生、发展规律,并注意限制或消除振动,以保证机械加工的高质高效,是机械制造工艺学的重要任务之一。

2. 机械振动的分类

1) 按工艺系统振动的性质进行分类

(1) 自由振动。由于偶然干扰力引起的振动称为自由振动。在切削过程中,由于材料硬度不均或工件表面有缺陷,工艺系统就会发生自由振动,仅靠弹性恢复力来维持,但由于阻尼作用,振动将迅速减弱,因而对机械加工的影响不大。

(2) 强迫振动。由外界周期性干扰力所支持的不衰减振动称为强迫振动。支持系统振动的激振力由外界维持,系统振动的频率由激振力的频率决定。外界可以指工艺系统以外,如从地基传来的周期性干扰力，也可以指工艺系统内部，如机床各部件的旋转不平衡、磨削花键轴时形成的周期性断续切削等，但都是指振动系统以外的因素。

(3) 自激振动。自激振动是在外界偶然因素激励下产生的振动，但维持振动的能量来自振动系统本身，并与切削过程密切相关。这种在切削过程中产生的自激振动也成为颤振。切削停止后，振动即消失，维持振动的激振力也消失。有多种解释自激振动的理论，一般或多或少能从某些方面说明自激振动的机理，但不能给出全面地解释。

工艺系统的振动大部分是强迫振动和自激振动。一般认为，在精密切削和磨削时工艺系统的振动主要是强迫振动，而在一般切削条件下，特别是切削宽度很大时，会出现自激振动。

2) 按工艺系统振动的自由度数量进行分类

(1) 单自由度系统的振动。用一个独立坐标就可确定系统的振动。

(2) 多自由度系统的振动。用多个独立坐标才能确定系统的振动，两个自由度系统是多自由度系统的最简单形式。

4.4.2 强迫振动及其控制

1. 强迫振动的产生原因

强迫振动的振源来自机床内部的称为机内振源；来自机床外部的，称为机外振源。

1) 机内振源

机内振源可从机床、刀具和工件三方面去分析。

(1) 机床方面。机床中某些传动零件(尤其是各种旋转零件)的制造精度不高，会使机床产生不均匀运动而引起振动。例如，齿轮的周节误差和周节累积误差，会使齿轮传动的运动不均匀，从而使整个部件产生振动。主轴与轴承之间的间隙过大，主轴轴颈的椭圆度、轴承制造精度不够，也会引起主轴箱以及整个机床的振动。

(2) 刀具方面。多刃、多齿刀具如铣刀、拉刀和滚刀等，切削时由于刃口高度存在误差或因断续切削会引起冲击，故容易产生振动。

(3) 工件方面。被切削的工件表面上有断续表面或表面余量不均、硬度不一致都会在加工中产生振动。例如，车削或磨削有键槽的外圆表面时就会产生强迫振动。

2) 机外振源

机外振源很多，它们都是通过地基传给机床的。例如，若一台精密磨床和一台重型机床相邻，则这台磨床就有可能受重型机床工作的影响而产生振动，从而影响其加工表面的粗糙度，可以通过加设隔振地基加以消除。

2. 强迫振动的特征

强迫振动的最本质特征是其频率等于激振力(干扰力)的频率，或是激振力频率的整数倍。此种频率对应关系是诊断机械加工中所产生的振动是否是强迫振动的主要依据，并可利用上述频率特征分析、查找强迫振动的振源。

查找振动的基本途径是测量和分析振动频率，并与可能成为振源的环节所产生的干扰力的频率相比较。必要时,可针对具体环节进行测试和验证。

测定振动频率最简单的方法是数出工件表面的波纹数,然后根据切削速度计算出振动频率 f。测量振动频率较常用的方法是在机床上适当部位,如靠近刀具或工件处安装加速度计测定其振动信号,然后计算所测信号的功率谱,检测出可能淹没于随机信号中的周期信号。

3. 强迫振动的控制

可根据上述强迫振动的产生原因、运动规律及特性来寻求控制它的途径。一般首先通过测振试验,并且进行频谱分析,从而在工艺系统内部或外界寻找相同频率(或整倍数的频率)振源来确定干扰源,然后根据不同的干扰振源采用不同的措施加以控制。

1) 减小激振力

(1) 消除工艺系统中回转零件的不平衡。回转零件不平衡形成一个周期性的干扰振源,其圆频率即回转零件的角速度,其力幅即不平衡质量引起的离心力。对于转速在600r/min以上的回转零件,进行动、静平衡是减少或削除激振力的主要方法。例如,在外圆磨削特别是精密、高速磨削时,砂轮不平衡容易引起振动,所以新装砂轮应进行两次平衡,即在粗修整前后进行两次静平衡,然后进行精修整砂轮,或采用附加装置的办法进行砂轮在线自动平衡。

机床上电动机不平衡也是工艺系统的主要干扰源之一。如果电动机转子不平衡,应该对转子(包括其上的皮带轮等)进行动平衡。如果振动是由于电动机中电磁力不平衡引起的,那么减少振动的一般方法是在电动机与机床的连接处用橡皮或其他柔性块来隔离振动。

(2) 提高机床传动件的制造精度。对齿轮传动,齿轮精度不高以及安装时的几何偏心,导致啮合时产生冲击,并带来噪声。提高齿轮的制造精度和装配质量,采用对振动冲击不敏感的材料以及镶嵌阻尼材料等是减少齿轮啮合振动的主要措施。

主轴滚动轴承振动将引起主轴系统的振动,严重影响加工精度及表面质量。振动的大小主要取决于装配质量和轴承本身的制造精度。

皮带不能调整得过紧。最好采用无接头平皮带。采用多根三角皮带时,三角皮带的质量(如长短、薄厚、宽窄、挠性等)应尽量一致。

2) 调节振源频率

在选择转速时,尽可能使旋转件的频率远离机床有关零件的固有频率,也就是避开共振区,使工艺系统各部件在准静态区或惯性区运行,以免共振。

3) 提高工艺系统的抗振性

提高工艺系统刚度及增加阻尼可显著提高工艺系统抗振性。适当调节零件间某些配合处的间隙、采用内阻尼较大的材料等,可以增大阻尼。

4) 减振与隔振

为了防止液压驱动引起的振动,最好将油泵与机床分离开,并用软管连接。在精密机床上最好将齿轮泵改为叶片泵或螺旋泵。由往复运动所产生惯性力引起的振动,一般采用液压缓冲结构或装置来减小工作台换向时的冲击。

另外,做回转运动的工件本身不平衡、加工表面不连续、加工余量不均匀以及工件材质不均匀,都会引起切削力周期性的变动;在刀具做回转运动的场合下(如铣削时),刀齿的不连续切削会引起周期性的切削冲击振动。对于这类干扰振动的减小措施，一般采用减振装置达到。

对于在工艺系统外部由基地传来的干扰振源，主要采用隔振措施。

4.4.3 自激振动及其控制

1. 概述

机械加工过程中，在没有周期性外力（相对于切削过程而言）作用下，由系统内部激发反馈产生的周期性振动，称为自激振动，简称颤振。

既然没有周期性外力的作用，那么激发自激振动的交变力是怎样产生的呢？用传递函数的概念来分析，机床加工系统是一个由振动系统和调节系统组成的闭环系统，如图 4-11 所示。激励机床系统产生振动运动的交变力是由切削过程产生的，而切削过程同时又受机床系统振动的控制，机床系统的振动运动一旦停止，动态切削力也就随之消失。如果切削过程很平稳，即使系统存在产生自激振动的条件，也因切削过程没有交变的动态切削力，使自激振动不可能产生。但是，在实际加工过程中，偶然性的外界干扰（如工件材料硬度不均、加工余量有变化等）总是存在的，这种偶然性外界干扰所产生的切削力的变化作用在机床系统上会使系统产生振动运动。系统的振动运动将引起工件、刀具间的位置发生周期性变化，使切削过程产生维持振动运动的动态切削力。如果工艺系统不存在自激振动的条件，这种偶然性的外界干扰将因工艺系统存在阻尼而使振动逐渐衰减；如果工艺系统存在产生自激振动的条件，就会使机床加工系统产生持续的振动。

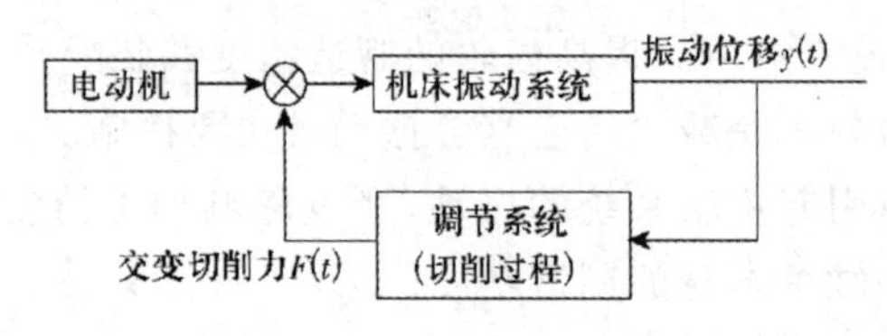

图 4-11 自激振动闭环系统

维持自激振动的能量来自电动机，电动机通过动态切削过程把能量输给振动系统，以维持振动运动。

2. 自激振动的特性

（1）自激振动是一种不衰减振动，且必须以能量输入为前提。偶然干扰力作用后，动态切削力 F_y 使刀架做振出运动，F_y 对振动系统做功，振动系统则从切削过程中吸收一部分能量，贮存在振动系统中，系统的弹性恢复力 $F_{弹}$ 使刀架做振入运动，即振动系统要消耗能量。产生自激振动的条件可用图 4-12 表示，即对于振动轨迹的任一指定位置 y_i 而言，振动系统在振出阶段通过 y_i 的力

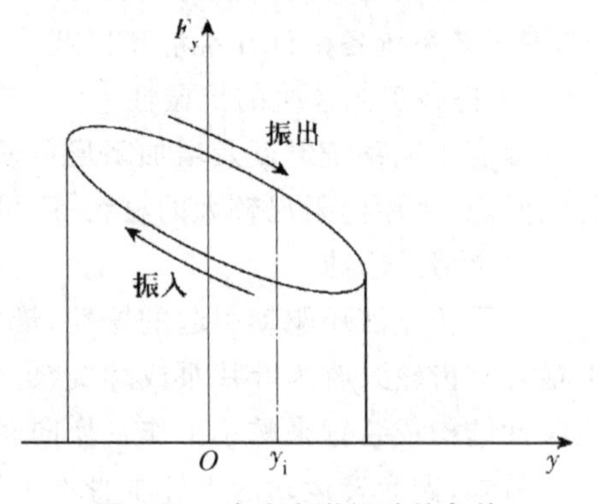

图 4-12 产生自激振动的条件

$F_{振出(y_i)}$应大于在振入阶段通过同一点 y_i 的力 $F_{振入(y_i)}$。因此，产生自激振动的条件可归结为 $F_{振出(y_i)}>F_{振入(y_i)}$。

（2）自激振动是由系统内部激振力引起的。

（3）自激振动的频率接近或等于系统的固有频率，完全由系统本身的参数决定。

3. 自激振动的控制

研究表明，自激振动与切削过程本身有关，与工艺系统的结构性能也有关，所以消除自激振动的措施也是多方面的。下面从工艺角度出发介绍一些基本措施。

1）合理选择刀具几何参数

（1）前角 γ。前角对振动的影响如图 4-13 中的试验结果曲线所示。从图 4-13 中可以看出，采用中速切削时，前角大小不同，振幅明显不同，前角越大，振幅越小，而负前角会使振幅大幅度增加。但是低速切削或高速切削时，前角对振动影响不大，故在高速切削下即使用负前角切削，也不会产生强烈振动。

（2）主偏角 κ_r。图 4-14 所示为主偏角对振动的影响。随着 κ_r 增大，径向切削力 F_y 减小，实际切削宽度 a 也减小，振幅将减小。在外圆切削时，采用 $\kappa_r=90°$车刀，有明显的减振作用。

（3）后角 α。后角一般对振动影响不大，可取较小值。但当 α 过小时，可能因为刀具后面与加工表面间摩擦过大而引起振动。

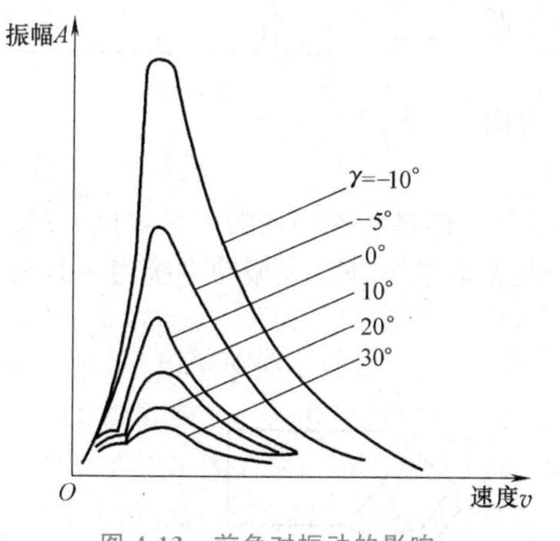

图 4-13　前角对振动的影响

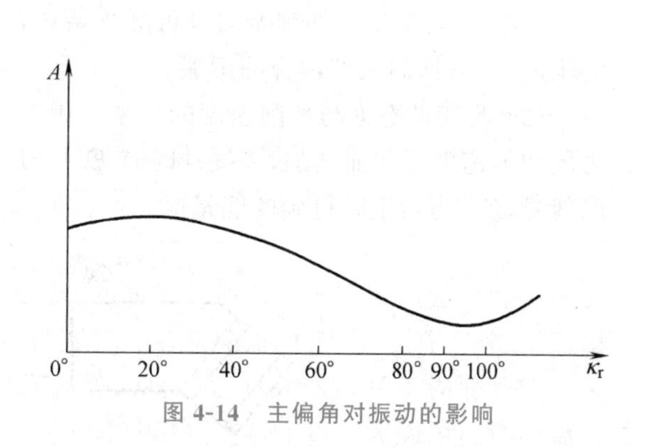

图 4-14　主偏角对振动的影响

2）合理选择切削用量

（1）切削速度 v。图 4-15 所示为车削试验中测定的切削速度与再生颤振振动强度及稳定性的关系曲线。由图 4-15 可见，车削时一般在 $v=30\sim70\text{m/min}$ 的速度范围内容易产生振动，高于或低于这个范围，振动呈减弱趋势。特别是在高速范围内切削，既可提高生产率，又可避免切削颤振，是值得采用的方法。

（2）进给量 f。如图 4-16 所示，振动强度随 f 增大而减小。进给量大，则由于重叠系数小，所以有利于抑制再生颤振。在机床参数和其他方面要求（如表面粗糙度）许可时，可取较大进给量。

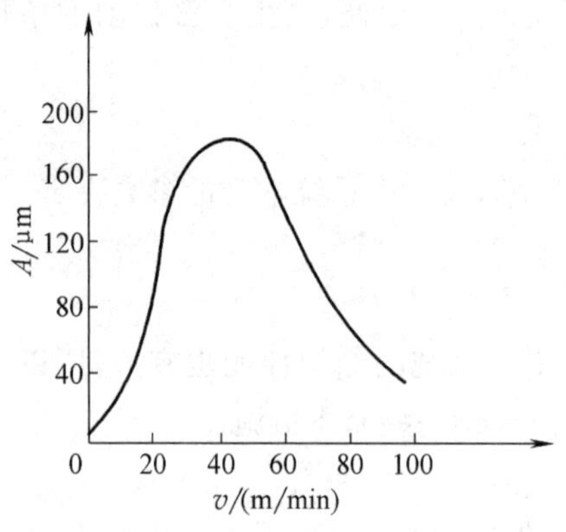

图 4-15 切削速度与再生颤振振动强度及稳定性的关系

图 4-16 进给量与振幅的关系

(3) 背吃刀量 a_p。背吃刀量越大，则切削力越大，容易产生颤振，且车削时切削宽度 $b_D=a_p/\sin\kappa_r$（κ_r 为刀具主偏角），可见 a_p 增大会引起 b_D 增大。因此，如果加大 a_p，要加大 f 才能保证系统稳定性。

3) 合理选择刀具结构及安装方法

弹簧刀杆

(1) 改变系统的刚度比。根据振型耦合原理，在一定条件下刀杆及刀具系统在某个方向的刚度稍低反而可以抑制颤振。改变刚度比的实例有削扁镗杆，即两边被削去一部分的圆形截面镗杆。镗刀相对镗杆在圆周方向的位置可以调整，调好后用螺钉紧固。

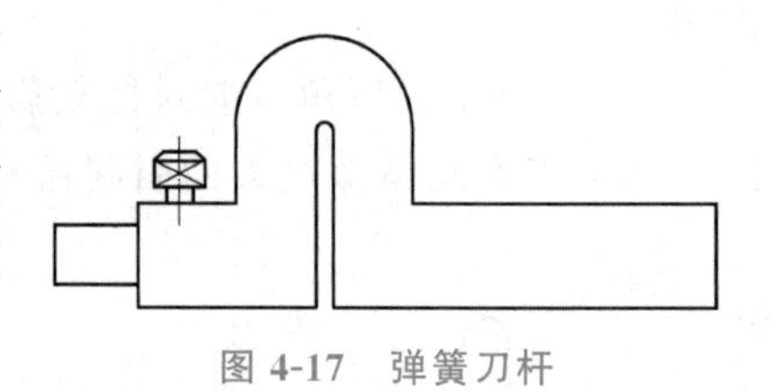

图 4-17 弹簧刀杆

采用图 4-17 所示的弹簧刀杆可减小系统在 Y 方向的刚度，也可抑制振型耦合的颤振。

(2) 改变动态力与切削速度的关系。用图 4-18 所示的带防振倒棱的刀具，可以使切削力随切削速度增加而增加，在振动时有 $E^{-}>E^{+}$，使振动减小，E^{-} 为振动系统切入时消耗的能量，E^{+} 为切出时得到的能量。

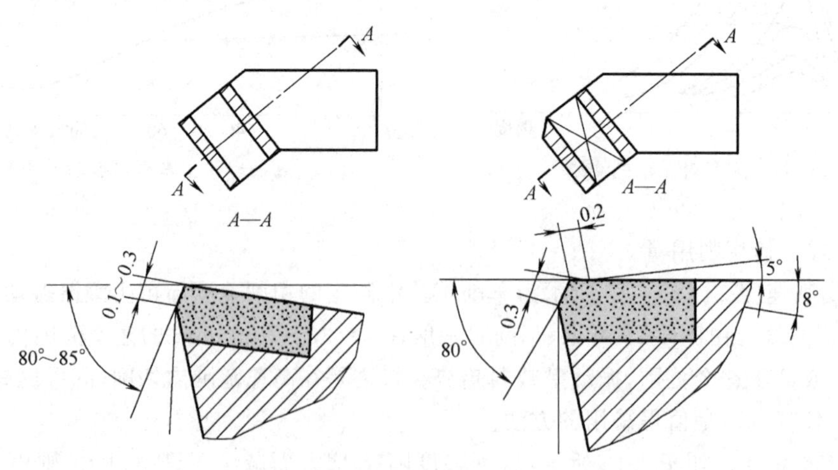

图 4-18 防振车刀

(3) 改变动态力对变形的影响。使用图 4-19(a)所示的安装面与刃口在同一平面的刨刀,或图 4-19(b)所示的切削刃通过刀杆中心的镗刀,当切削力增大时,刀杆的变形会减小背吃刀量,使切削力减小,从而减小振动。

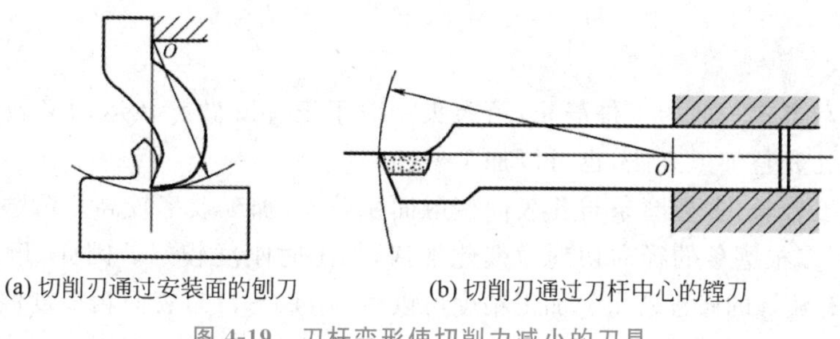

(a) 切削刃通过安装面的刨刀　(b) 切削刃通过刀杆中心的镗刀

图 4-19　刀杆变形使切削力减小的刀具

(4) 提高抗振性能或采用减振装置。首先是提高机床的抗振性能,例如外圆磨床的主轴系统要适当地减小轴承的间隙,滚动轴承要加适当的预应力,以增强接触刚度。当工件与刀具的抗振性能为系统薄弱环节时,应采取相应的技术措施,如加工细长轴时,可用中心架或跟刀架来提高工件的抗振性能等。

在采用上述措施后仍然不能达到减振目的时,就要考虑使用减振装置了。图 4-20 所示为冲击减振器,它是由一个与振动系统刚性相连的壳体和一个在壳体内自由冲击的质量块组成的。当系统振动时,自由质量块反复冲击振动系统而消耗振动的能量,达到减振效果。这种减振器常用于镗杆减振。

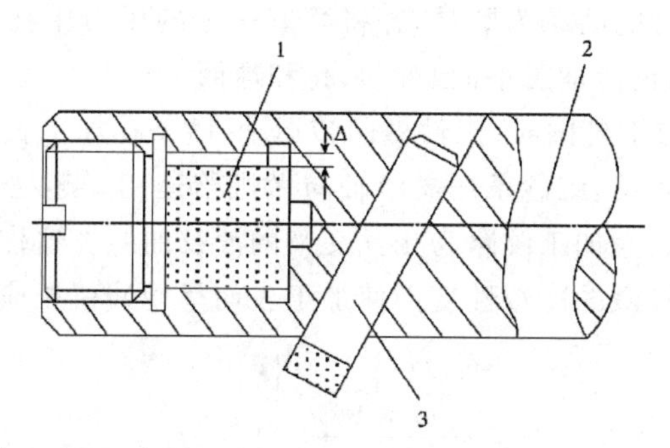

1—自由冲击的质量块；2—与振动系统刚性相连的壳体；3—镗刀

图 4-20　冲击减振器

4.5　控制加工表面质量的途径

4.5.1　减小表面粗糙度值的加工方法

减小表面粗糙度值的加工方法很多,其共同特征在于保证微薄的金属切削层。

1. 研磨

研磨是用研磨工具和研磨剂从工件上研去一层极薄表面层的精加工方法。研磨剂一般由极细粒度的磨料、研磨液和辅助材料组成。研具和工件在一定压力下做复杂的相对运动，磨粒以复杂的轨迹滚动或滑动，对工件表面起切削、刮擦和挤压作用，也可能兼有物理、化学作用，去除加工面上极薄的一层金属。

珩磨

2. 珩磨

珩磨的运动方式一般为工件静止，珩磨头相对于工件既做旋转运动又做往复运动。珩磨是最常用的孔光整加工方法，也可以加工外圆。

珩磨条一般较长，多根磨条与孔表面接触面积较大，加工效率较高。珩磨头本身制造精度较高，珩磨时多根磨条的径向切削力彼此平衡，加工时刚度较好。因此，珩磨对尺寸精度和形状精度也有较好的修正效果。加工精度可以达到IT6～IT5，表面粗糙度值 Ra 为0.16～0.01μm，孔的圆度和锥度修正到3～5μm。磨头与机床浮动连接，故不能提高位置精度。

3. 抛光

抛光是在毡轮、布轮和带轮等软研具上涂上抛光膏，利用抛光膏的机械作用和化学作用，去掉工件表面粗糙度峰顶，使表面达到光泽镜面的加工方法。

抛光过程去除的余量很小，不容易保证均匀地去除余量，因此，只能减小表面粗糙度值，不能改善零件的精度。抛光轮弹性较大，故可抛光形状较复杂的表面。

4. 超精加工

超精加工是用细粒度的磨条为磨具，并将其以一定的压力压在工件表面上。这种加工方法可以加工轴类零件，也能加工平面、锥面、孔和球面。

如图4-21所示，当加工外圆时，工件做回转运动，砂条在加工表面上沿工件轴向做低频往复运动。若工件比砂条长，则砂条还需沿轴向做进给运动。超精加工后可使表面粗糙度值 Ra 不大于0.08μm，表面加工纹路为相互交叉的波纹曲线。这样的表面纹路有利于形成油膜，提高润滑效果，且轻微的冷塑性变形使加工表面呈现残留压应力，提高了抗磨损能力。

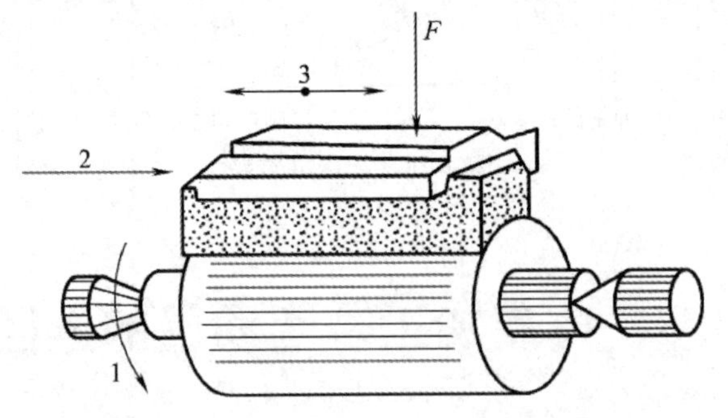

1—工件旋转运动；2—磨具的进给运动；3—磨料的低频往复运动

图4-21 超精加工外圆

超精加工外圆

4.5.2 改善表面层物理力学性能的加工方法

表面强化工艺可以使材料表面层的硬度、组织和残留应力得到改善，有效提高零件的物理力学性能。常用的方法有表面机械强化、化学热处理及加镀金属等，其中机械强化方法还可以同时降低表面粗糙度值。

1. 机械强化

机械强化是通过机械冲击和冷压等方法，使表面层产生冷塑性变形，以提高硬度，减小表面粗糙度值，消除残留拉应力并产生残留压应力。

1）滚压加工

用自由旋转的滚子对加工表面施加压力，使表层塑性变形，并可使表面粗糙度的波峰在一定程度上填充波谷(图 4-22)。

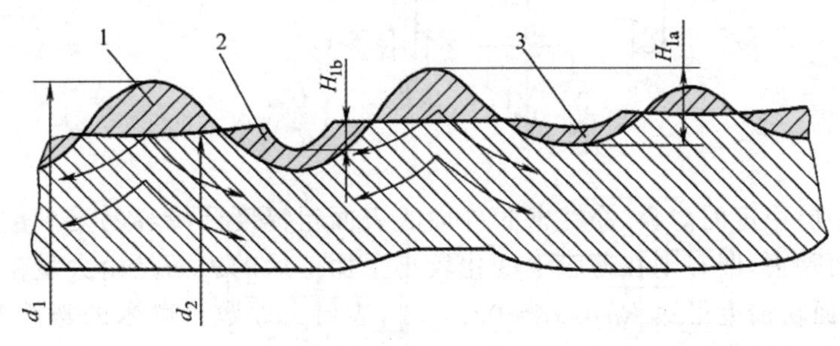

1—峰；2—谷；3—填充层

d_1、d_2—滚压前、后的直径；H_{1a}、H_{1b}—滚压前、后的表面粗糙度

图 4-22　滚压时表面粗糙度变化情况

滚压在精车或精磨后进行，适用于加工外圆、平面及直径大于 ϕ30mm 的孔。滚压加工可使表面粗糙度从 Ra10～1.25μm 降到 Ra0.63～0.08μm，表面硬化层深度可达 0.2～1.5mm，硬化程度达 10%～40%。

2）金刚石压光

用金刚石工具挤压加工表面。其运动关系与滚压不同的是，工具与加工面之间不是滚动。

图 4-23 所示为金刚石压光内孔、外圆、端面的示意图。金刚石压光头修整成半径为 1～3mm，表面粗糙度小于 Ra0.02μm 的球面或圆柱，由压光器内的弹簧压力压在工件表面上，可利用弹簧调节压力。金刚石压光头消耗的功率和能量小，生产率高。压光后表面粗糙度可达 Ra0.32～0.02μm。一般压光前、后尺寸差别极小，约在 1μm 以内，表面波纹度可能略有增加，物理力学性能显著提高。

3）喷丸强化

利用压缩空气或离心力将大量直径为 0.4～2mm 的钢丸或玻璃丸以 35～50m/s 的高速向零件表面喷射，使表面层产生很大的塑性变形，改变表层金属结晶颗粒的形状和方向，从而引起表层冷作硬化，产生残留压应力。

喷丸强化可以加工复杂形状的零件。硬化深度达 0.7mm，表面度可从 Ra5～2.5μm 减小到 Ra0.63～0.32μm。若要求更小的表面粗糙度值，则可以在喷丸后再进行小余量磨削，但要注意磨削温度，以免影响喷丸的强化效果。

4）液体磨料喷射加工

利用液体和磨料的混合物来强化零件表面。工作时，将磨料在液体中形成的磨料悬浮液用泵或喷射器的负压吸入喷头，与压缩空气混合并经喷嘴高速喷向工件表面。液体在工

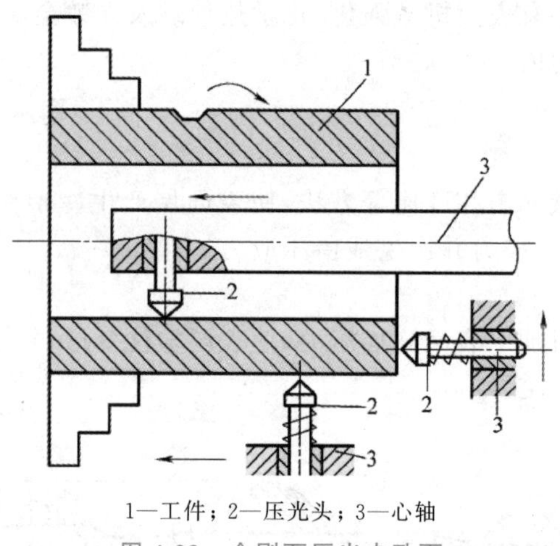

1—工件；2—压光头；3—心轴

图 4-23 金刚石压光内孔面

件表面上形成一层稳定的薄膜，露在薄膜外面的表面粗糙度凸峰容易受到磨料的冲击和微小的切削作用而除去，凹谷则在薄膜下变化较小。加工后的表面是由大量微小凹坑组成的无光泽表面，表面粗糙度可达 Ra0.02～0.01μm，表层有厚数十微米的塑性变形层，具有残留压应力，可提高零件的使用性能。

2. 表面热处理

1）表面浸渗强化

常用表面渗碳、渗氮或渗铬等方法，使表层变为密度较小，即比体积较大的金相组织，从而产生残留压应力。其中渗铬后，工件表层出现较大的残留压应力时，一般大于 300MPa；表层下一定深度出现残留拉应力时，通常不超过 50MPa。渗铬表面强化性能好，是目前用途最为广泛的一种化学强化工艺方法。

2）表面化学氧化

表面热处理方法还有“发蓝”或“发黑”，是指钢铁的化学氧化。钢铁在含有氧化剂的溶液中进行处理，使其表面生成一层均匀的蓝黑到黑色氧化膜的过程。根据处理温度的高低，钢铁的化学氧化可分为高温化学氧化和常温化学氧化。这里主要以高温碱性氧化为主。

4.6 实践项目——表面质量的检验

表面质量的检验包括硬度检验和表面粗糙度检验。

1. 硬度检验

硬度一般在热处理之后，根据技术要求用相应的硬度计进行抽样检验。

2. 表面粗糙度检验

1）干涉法（干涉显微镜）

对于精密零件，可采用干涉显微镜进行测量。干涉显微镜是利用光波的干涉原理精确测量试样表面高度微小差别的计量仪器，采用通过样品内和样品外的相干光束产生干涉的方法，把相位差（或光程差）转换为振幅（光强度）变化的显微镜，根据干涉图形可分辨出样品中的结构。

2）针描法（表面粗糙度仪）

针描法是利用触针直接在被测表面上轻轻划过，从而测出表面粗糙度的 Ra 值。其原理是当触针直接在工件被测表面上轻轻划过时，由于被测表面轮廓峰谷起伏，触针将在垂直于被测轮廓表面方向上产生上下移动，把这种移动通过电子装置将信号加以放大，然后通过指零表或其他输出装置将有关粗糙度的数据或图形输出来。

3）比较法（粗糙度样板）

比较法是车间常用的方法。将被测表面对照粗糙度样板，用肉眼判断或借助于放大镜、比较显微镜比较；也可用手摸、指甲划动的感觉来判断被加工表面的粗糙度。此法一般用于粗糙度参数较大的近似评定。

4）光切法（光切显微镜）

光切法是用光切显微镜来测量表面粗糙度。将一束平行光带以一定角度投射于被测表面上，光带与表面轮廓相交的曲线影像即反映了被测表面的微观几何形状，解决了工件表面微小峰谷深度的测量问题，避免了与被测表面的接触。该方法成本低、易于操作，所以被广泛应用，适于测量用车、铣、刨等加工方法所加工的金属零件的平面或外圆表面。但是不适于检验用磨削或是抛光的方法加工的零件表面。

为了使测得的表面粗糙度值能比较客观地反映整个被测表面，应选择几个有代表性的部位进行测量。

本章知识点梳理

1. 表面质量
   - 表面层的几何形状特征：表面粗糙度、表面波度、表面加工纹理、伤痕
   - 表面层的物理力学性能：表面层的加工冷作硬化、表面层的金相组织变化、表面层的残余应力
2. 表面质量对零件使用性能的影响
   - 对耐磨性的影响、对疲劳性能的影响、对耐腐蚀性能的影响、对零件配合性质的影响、对零件密封及接触刚度的影响
3. 影响切削加工后表面粗糙度的因素
   - 几何因素（刀尖圆弧半径）、物理因素（被加工材料、塑性变形）、工艺因素（刀具角度参数及材料、刃磨质量、切削用量、冷却条件）
4. 影响磨削加工后表面粗糙度的因素
   - 砂轮：砂轮的粒度及硬度、砂轮的组织及材料、砂轮的修正及动平衡
   - 磨削用量：砂轮速度、工件速度、进给量、背吃刀量
5. 影响表面层物理力学性能的主要因素
   - 影响表面层加工硬化的因素：切削用量、刀具几何形状、加工材料
   - 表层金相组织变化（磨削烧伤）：回火烧伤、淬火烧伤、退火烧伤
   - 表面层残余应力的因素：冷塑变形、热塑变形、金相组织变化

6. 机械振动：自由振动、强迫振动、自激振动

7. 消除强迫振动的基本途径
- 减小激振力：消除工艺系统回转零件不平衡、提高机床传动件制造精度
- 调节振源频率
- 调高工艺系统的抗振性
- 减振与隔振

8. 自激振动的控制：合理选择刀具的几何参数、合理选择切削用量、合理选择刀具结构及安装方法

9. 减小表面粗糙度的加工方法：研磨、珩磨、抛光、超精加工

10. 改善表面层物理力学性能的加工方法
- 机械强化：滚压、金刚石压光、喷丸、液体磨料
- 表面热处理

习　题

1. 判断题(正确画√,错误画×)

(1) 机械加工表面质量是指零件经过机械加工后的表面层状态。 (　　)

(2) 机械加工表面质量包含两方面的内容,分别是表面层的几何形状特征和表面层的物理力学性能。 (　　)

(3) 表面粗糙度是指加工表面的微观几何形状误差,其评定参数包括轮廓算数平均偏差 Ra 或轮廓微观不平度十点平均高度 Rz。 (　　)

(4) 刀具前角和后角与加工表面粗糙度有直接的几何关系,从而直接影响加工表面的粗糙度。增大刃倾角不会降低表面粗糙度。 (　　)

(5) 刀具材料与工件材料的亲和度越近,越容易产生粘连,相同的切削条件下,用硬质合金刀具加工所获得的表面粗糙度要比高速钢刀具获得的低。 (　　)

(6) 塑性好的工件材料容易与刀具产生粘连,造成加工后的表面粗糙度值大,利用调质或正火等热处理方法,可以细化晶粒,改善切削性能,减小表面粗糙度值。 (　　)

(7) 一般情况下,低速或高速切削时,因不会产生积屑瘤,所以表面粗糙度值较小,但在中等速度下,塑性材料容易产生积屑瘤与鳞刺,塑性变形大,造成表面粗糙度值会变大。 (　　)

(8) 一般情况下,减小进给量可以减小表面粗糙度值,但进给量太小时,刀刃不能切削而变成挤压,致使工件的塑性变形增大,从而导致表面粗糙度值变大。 (　　)

(9) 虽然背吃刀量对表面粗糙度影响不明显,但当背吃刀量小于 0.03mm 时,刀刃不能正常切削,变成与工件挤压和摩擦,使表面恶化,表面粗糙度值增大。 (　　)

(10) 合理选择冷却润滑液,不能抑制刀瘤和鳞刺的生成,减小塑性变形,有利于减小表面粗糙度值。 (　　)

(11) 增大磨削深度将会增加塑性变形程度,从而增大粗糙度。 (　　)

(12) 由于磨削时温度非常高,热因素对表面粗糙度的影响占主导地位,必须进行及时

有效的冷却(将磨削液送入磨削区)。（　）

(13) 一般切削加工方法所造成的温升,不至于使工件材料发生相变,但是磨削加工速度极高,产生大量的热,这些热量大部分传给工件表面,会使工件表面层金属发生相变。（　）

(14) 维持自激振动的能量来自电动机,由于切削过程存在交变动态的切削力,从而通过切削运动把能量输给振动系统,维持振动运动。（　）

2. 填空题

(1) 评价零件是否合格的质量指标除了机械加工精度外,还有机械加工__________。

(2) 表面波度是介于宏观形状误差与微观表面粗糙度之间的周期性形状误差,主要是由机械加工过程中__________引起的,应设法消除。

(3) 磨削轴类工件时,砂轮与工件都做旋转运动,砂轮的速度越高,工件表面粗糙度值越__________,工件速度越高,表面粗糙度值越__________。

(4) 磨削轴类工件时,砂轮的轴向进给量减小,工件表面每个部位被砂轮重复磨削的次数__________,则表面粗糙度值会__________。

(5) 增大进给量,切削力会__________,表层金属的塑性变形程度会__________,加工硬化程度会__________。

(6) 增大切削速度,刀具对工件的作用时间会__________,塑性变形扩展深度会__________,硬化层深度会__________。

(7) 工件的塑性越好,加工时塑性变形越__________,冷作硬化越__________。

(8) 如果磨削区的温度未超过淬火钢的相变温度,但已超过马氏体转变温度,工件表面金属的马氏体将转化为硬度较低的回火索氏体或托氏体,这称为__________。

(9) 如果磨削区的温度超过了淬火钢的相变温度,再加上冷却液的急冷作用,工件表面金属出现二次淬火马氏体,在它的下层会出现硬度较低的回火索氏体或托氏体,这称为__________。

(10) 如果磨削区的温度超过了淬火钢的相变温度,但磨削过程没有冷却液,工件表面金属将产生退火组织(珠光体等),表层金属硬度急剧下降,这称为__________。

(11) 在切削力作用下,已加工表面产生塑性变形,内部的基体组织产生弹性变形,去除切削力后,塑性变形不能恢复,而弹性变形能恢复,造成表面层产生残余__________应力,而基体产生残余__________应力与之平衡。

(12) 机械加工过程中,在没有周期性外力作用下,由系统内部激发反馈产生的周期性振动,称为__________。

(13) 自激振动的频率接近或等于系统的__________,完全由系统本身的参数决定。

(14) 切削加工时,由于冷却不及时或不充分,切削温度急剧升高,当表层的温度超过材料的弹性变形范围时,将产生热塑性变形,加工结束后,表层因温度快速下降而进行冷却收缩,但受到基体金属阻止(内部基体冷却较慢,仍处于膨胀状态),从而在表层产生残余__________应力,在里层产生残余__________应力。

3. 多项选择题

(1) 零件的表面层几何形状特征主要由(　　)组成。

A. 表面粗糙度　　B. 表面波度　　C. 表面加工纹理　　D. 伤痕

(2) 表面层的物理力学性能主要反映在(　　)。

A. 表面层的加工冷作硬化　　B. 表面层的金相组织变化

C. 表面层的残余应力　　D. 表面层的裂纹

(3) 零件的表面质量对耐磨性至关重要,表面层的(　　)指标最为关键。

A. 表面粗糙度　　B. 加工纹理

C. 表面层的冷作硬化　　D. 表面层的残余应力

(4) 零件表面质量对零件的疲劳强度影响较大,表面层的(　　)指标较为关键。

A. 表面粗糙度　　B. 表面波度

C. 表面残余应力　　D. 表面层的加工硬化

(5) 车削加工时,调整刀具几何参数以及切削用量来降低表面粗糙度的是(　　)。

A. 减小主偏角 κ_r　　B. 减小副偏角 κ_r'

C. 增大刀尖圆弧半径　　D. 减小进给量 f

(6) 磨削加工时,若砂轮的粒度号越大,以下说法正确的是(　　)。

A. 砂轮的颗粒越细　　B. 磨削刻痕越细密均匀

C. 表面粗糙度值越小　　D. 表面越粗糙

(7) 表面层的加工硬化受(　　)因素较大。

A. 进给量　　B. 切削速度　　C. 刀刃钝圆半径　　D. 工件的塑性

(8) 机械振动分为三大类,分别是(　　)。

A. 自由振动　　B. 强迫振动　　C. 阻尼振动　　D. 自激振动

(9) 机械加工过程中产生的强迫振动,其原因可从(　　)方面分析。

A. 机床　　B. 夹具　　C. 刀具　　D. 工件

(10) 减小或消除强迫振动的基本途径是(　　)。

A. 减小激振力　　B. 调节振源频率,避开共振区

C. 提高工艺系统的抗振性　　D. 减振与隔振

(11) 合理选择切削用量可以减小或消除自激振动,具体包括(　　)。

A. 切削速度低于 30m/min 或高于 70m/min 的范围

B. 增大进给量

C. 减小背吃刀量(切深)

D. 减小进给量

(12) 合理选择刀具几何参数可以减小自激振动,具体包括(　　)。

A. 增大主偏角　　B. 减小主偏角　　C. 增大后角　　D. 减小后角

机械制造工艺规程的制定

学习目标

本章主要介绍机械加工工艺规程的基本概念；生产纲领和生产类型、机械加工工艺规程文件；原始资料的分析；工艺路线的拟定；工序内容的设计；工艺尺寸链的实践应用；机械加工生产率和技术经济分析。

本章重点是原始资料的分析、工艺路线的拟定和工序内容的设计。

通过本章的学习，要求掌握机械加工工艺规程的基本概念；学会零件图分析，掌握工艺路线的拟定及工艺尺寸链的实践应用。

重点与难点

◇ 机械加工工艺规程的基本概念
◇ 零件图分析
◇ 工艺路线的拟定
◇ 工序内容的设计
◇ 工艺尺寸链的实践应用

教学资源

微课视频、实操视频、拓展知识视频。

课程导入　工程案例：轴承套的机械加工工艺

编制图5-Ⅰ所示轴承套零件的机械加工工艺规程(表5-Ⅰ)。材料为锡青铜，每批数量500件。

表5-Ⅰ　轴承套机械加工工艺　　单位：mm

工序号	工序名称	工序内容	定位与夹紧
1	下料	棒料，按5件合一下料	
2	钻中心孔	车端面，钻中心孔 调头，车另一端面，钻中心孔	三爪卡盘夹外圆

续表

<table>
<tr><th>工序号</th><th>工序名称</th><th colspan="2">工 序 内 容</th><th>定位与夹紧</th></tr>
<tr><td rowspan="5">3</td><td rowspan="5">粗车</td><td>车外圆 ϕ42，长度≥45</td><td rowspan="5">5件同时加工，尺寸均相同</td><td rowspan="5">中心孔</td></tr>
<tr><td>车分割槽 ϕ20×3，总长 40.5</td></tr>
<tr><td>车外圆 34js7 至 ϕ35，保证 ϕ42 长 6.5</td></tr>
<tr><td>车退刀槽 2×0.5</td></tr>
<tr><td>两端倒角 C1.5</td></tr>
<tr><td>4</td><td>钻</td><td colspan="2">钻 ϕ22H7 至 ϕ20 成单件</td><td>软爪夹 ϕ42 外圆</td></tr>
<tr><td rowspan="5">5</td><td rowspan="5">车、铰</td><td colspan="2">车大端面，总长 40 至尺寸</td><td rowspan="5">软爪夹 ϕ35 外圆</td></tr>
<tr><td colspan="2">车内孔 ϕ22，留 0.2 的铰削余量</td></tr>
<tr><td colspan="2">车内槽 ϕ24×16 至尺寸</td></tr>
<tr><td colspan="2">粗、精铰孔 ϕ22H7 至尺寸</td></tr>
<tr><td colspan="2">倒角（孔两端）</td></tr>
<tr><td>6</td><td>精车</td><td colspan="2">精车 ϕ34js7 至尺寸，车台阶平面 6 至尺寸，倒角</td><td>ϕ22H7 小锥度心轴，两顶尖装夹</td></tr>
<tr><td>7</td><td>钻</td><td colspan="2">钻径向 ϕ4 油孔</td><td>ϕ22 内孔及大端面，钻夹具</td></tr>
<tr><td>8</td><td>检验</td><td colspan="2">检验入库</td><td></td></tr>
</table>

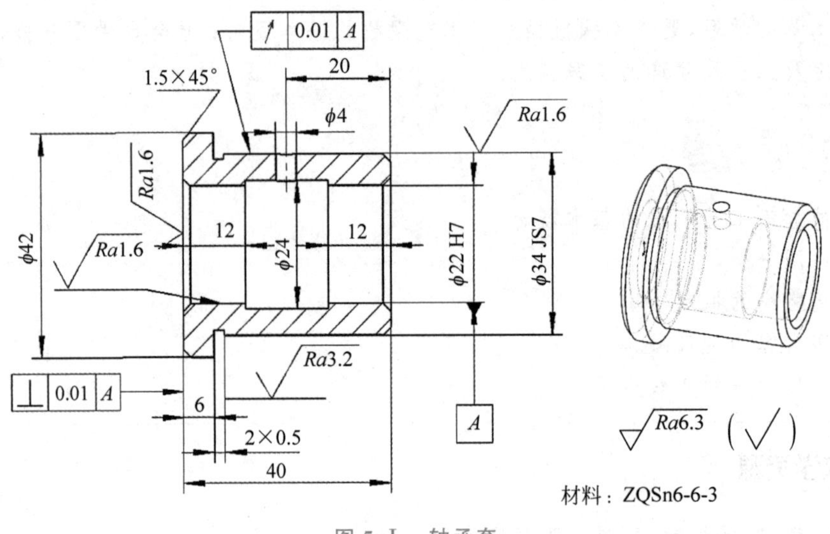

图 5-Ⅰ 轴承套

在机械制造过程中，常用各种机械加工方法将毛坯加工成零件。在实际生产中，由于零件的结构形状、几何精度、技术条件和生产数量等要求不同，一个零件往往要经过一定的加工过程才能将其由图样变为成品零件。

机械加工工艺人员必须从工厂现有的生产条件和零件的生产数量出发，根据零件的具体要求，在保证加工质量、提高生产效率和降低生产成本的前提下，对零件上的各加工表面选择适宜的加工方法，合理地安排加工顺序，科学拟定加工工艺过程，才能获得合格的机械零件。

5.1 基本概念

5.1.1 工艺过程

工艺过程是指改变生产对象的形状、尺寸、相对位置和性质等,使其成为半成品或成品的过程。工艺过程可分为毛坯的制造、零件的机械加工与热处理、产品的装配等。其中,采用机械加工的方法,直接改变毛坯的形状、尺寸和表面质量,使其成为零件的过程,称为机械加工工艺过程。它由按一定顺序排列的若干个工序组成,而每一个工序又由装夹工位、工步和走刀组成。

1. 工序

一个或一组工人,在一个工作地点对一个或同时对几个工件进行加工所连续完成的那部分工艺过程,称为工序。工序是工艺过程的基本组成单元。

生产规模不同,加工条件不同,其工艺过程及工序的划分也不同。图5-1所示的阶梯轴,根据加工是否连续和变换机床的情况,单件小批量生产时,可划分为表5-1所示的3道工序;大批量生产时,则可划分为表5-2所示的5道工序。

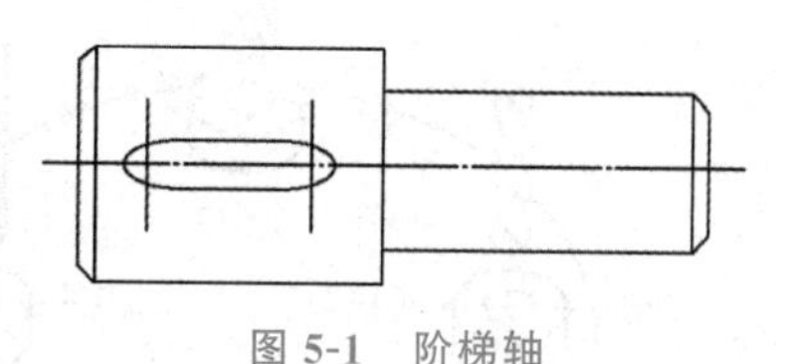

图5-1 阶梯轴

表5-1 单件小批量生产的工艺过程

工序号	工序内容	设备
1	车端面,钻中心孔;调头,车另一端面,钻中心孔	车床
2	车大端外圆及倒角;车小端外圆及倒角	车床
3	铣键槽;去毛刺	铣床

表5-2 大批量生产的工艺过程

工序号	工序内容	设备
1	铣端面,钻中心孔	中心孔机床
2	车大端外圆及倒角	车床
3	车小端外圆及倒角	车床
4	铣键槽	立式下铣床
5	去毛刺	钳工

2. 装夹

在加工前,应先使工件在机床上或夹具中占有正确的位置,这一过程称为定位。工件定位后,将其固定,使其在加工过程中保持定位位置不变的操作称为夹紧。将工件在机床或夹具中每定位、夹紧一次所完成的那一部分工序内容称为装夹,一道工序中工件可能被安装一次或多次。

3. 工位

一次装夹工件后，工件在机床上所占据的每一个待加工位置称为工位。

为了减少由于多次装夹带来的误差和时间损失，加工中常采用回转工作台、回转夹具或移动夹具，使工件在一次装夹中先后处于几个不同的位置进行加工，这称为多工位加工。图 5-2 为一利用回转工作台，在一次装夹中依次完成装卸工件、钻孔、扩孔、铰孔 4 个工位加工的例子。采用多工位加工方法，既可以减少装夹次数、提高加工精度、减轻工人的劳动强度，又可以使各工位的加工与工件的装卸同时进行，提高劳动生产率。

4. 工步

在加工表面不变、切削刀具不变、切削用量中的进给量和切削速度基本保持不变的情况下，所连续完成的那部分工序内容称为工步。

为了提高生产率，常将几个待加工表面用几把刀具同时加工，这种由刀具合并起来的工步称为复合工步，如图 5-3 所示。复合工步在工艺规程中也写作一个工步。

多工位加工

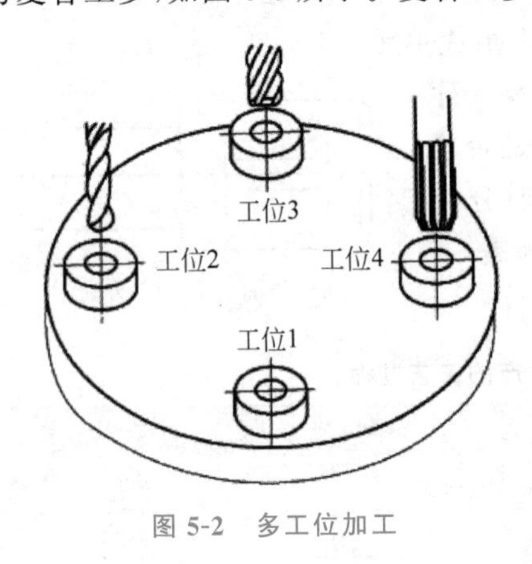

图 5-2 多工位加工

图 5-3 复合工步

5. 走刀

在一个工步中，若需切去的金属层较厚，则可以分为几次切削，其中每进行一次切削就是一次走刀。一个工步可以包括一次或几次走刀。

5.1.2 生产纲领和生产类型

不同的机械产品，其结构、技术要求不同，但它的制造工艺却存在着很多共同的特征。这些共同的特征由企业的生产纲领来决定，零件的机械加工工艺过程与生产类型密切相关，在制定机械加工工艺规程时，首先要确定生产类型，而生产类型主要与生产纲领有关。

1. 生产纲领

生产纲领是指企业在计划期内应当生产的产品产量。计划期通常为一年，所以生产纲领也称为年产量。

对于零件而言，产品的产量除了制造机器所需要的数量之外，还包括一定的备品和废品，因此零件的生产纲领应按下式计算：

$$N = Qn(1+a)(1+b) \tag{5-1}$$

式中：N 为零件的年产量，件/年；Q 为产品的年产量，台/年；n 为每台产品中该零件的数量，件/台；a 为该零件的备品率，%；b 为该零件的废品率，%。

2. 生产类型

生产类型是指企业生产专业化程度的分类。人们按照产品的生产纲领及其重量等因素，可将生产分为单件生产、批量生产和大量生产 3 种类型。

(1) 单件生产。单个生产不同结构和尺寸的产品，很少重复甚至不重复，这种生产称为单件生产。其特点是生产的产品种类较多，而同一产品的产量很小，工作地点的加工对象经常改变。

(2) 大量生产。同一产品的生产数量很大，大多数工作地点经常按一定节奏重复进行某一零件的某一工序的加工，这种生产称为大量生产。其特点是同一产品的产量大，工作地点较少改变，加工过程重复。

(3) 批量生产。一年中分批轮流制造几种不同的产品，每种产品均有一定的数量，工作地点的加工对象周期性地重复，这种生产称为批量生产。其特点是产品的种类较少，有一定的生产数量，加工对象周期性地改变，加工过程周期性地重复。

同一产品(或零件)每批投入生产的数量称为批量。根据批量的大小又可分为大批量生产、中批量生产和小批量生产。小批量生产的工艺特征接近单件生产，大批量生产的工艺特征接近大量生产。

根据式(5-1)计算的零件生产纲领，参考表 5-3 即可确定生产类型。

表 5-3　生产类型和生产纲领

生产类型		生产纲领/(件/年)或(台/年)		
		重型(>30kg)	中型(4～30kg)	轻型(<4kg)
单件生产		<5	<10	<100
批量生产	小批量生产	5～100	10～200	100～500
	中批量生产	100～300	200～500	500～5000
	大批量生产	300～1000	500～5000	5000～50000
大量生产		>1000	>5000	>50000

5.1.3　机械加工工艺规程与工艺文件概述

工艺文件是指用于指导工人操作和用于生产、工艺管理等的各种技术文件。用来规定零件机械加工工艺的过程和操作方法等的工艺文件被称为机械加工工艺规程。

1. 机械加工工艺规程的内容

机械加工工艺规程的内容主要包括各工序加工内容与要求、所用机床和工艺装备、工件的检验项目及检验方法、切削用量及工时定额等。

加工工艺路线是指产品或零部件在生产过程中由毛坯准备到成品包装入库，经过各有关部门或工序的先后加工顺序。

2. 机械加工工艺规程的格式

机械加工工艺规程主要有以下 3 种典型格式,如表 5-4、表 5-5 和表 5-6 所示。

表 5-4 机械加工工艺过程卡片

产品型号	零件号	零件名称	台件	材料牌号	备料规格	每毛坯重量	材料消耗定额	毛坯种类	共 页
									第 页
车间名称	工序号	工序名称及内容	一次加工数	机床名称编号	工具名称				单件工时定额/min
					刀具	夹具	量具		

				拟定者	日期	工人代表	日期	审核者	日期	批准者	日期
标记	更改原因及内容	更改者	日期								

表 5-5 机械加工工艺卡片

(工厂名)	机械加工工艺卡片	产品名称及型号				零件名称		零件图号			
		材料	名称		毛坯	种类		零件质量/kg	毛		第 页
			型号			尺寸			净		共 页
			性能			每料件数		每台件数		每批件数	

工序	安装	工步	工序内容	同时加工零件数	切削用量				设备名称及型号	工装名称及编号			技术等级	工时定额/min	
					背吃刀量/mm	切削速度/(m/min)	转速/(r/min)或(双行程数/min)	进给量/(mm/r)或(mm/min)		夹具	刀具	量具		单件	准备—终结
更改内容															
抄写			核对			审核			批准						

表 5-6　机械加工工序卡片

<table>
<tr><td colspan="2" rowspan="2">（工厂名）</td><td colspan="7" rowspan="2">机械加工工序卡片</td><td>产品型号</td><td>零件名称</td><td colspan="2">零件号</td></tr>
<tr><td></td><td></td><td colspan="2"></td></tr>
<tr><td>车间</td><td>工段</td><td colspan="2" rowspan="2">工序名称</td><td colspan="7" rowspan="2"></td><td colspan="2">工序号</td></tr>
<tr><td></td><td></td><td colspan="2"></td></tr>
<tr><td colspan="7" rowspan="10">（工序简图）</td><td colspan="2">材料</td><td colspan="4">机床</td></tr>
<tr><td>牌号</td><td>硬度</td><td>名称</td><td>型号</td><td colspan="2">编号</td></tr>
<tr><td></td><td></td><td></td><td></td><td colspan="2"></td></tr>
<tr><td></td><td></td><td></td><td></td><td colspan="2"></td></tr>
<tr><td></td><td></td><td></td><td></td><td colspan="2"></td></tr>
<tr><td></td><td></td><td></td><td></td><td colspan="2"></td></tr>
<tr><td colspan="2">夹具</td><td colspan="4">定额</td></tr>
<tr><td>代号</td><td>名称</td><td>准终时间</td><td>单件时间</td><td colspan="2">工人级别</td></tr>
<tr><td></td><td></td><td></td><td></td><td colspan="2"></td></tr>
<tr><td></td><td></td><td></td><td></td><td colspan="2"></td></tr>
<tr><td rowspan="2">工步号</td><td rowspan="2">工步名称</td><td rowspan="2">进给次数</td><td rowspan="2">每分钟转数或往复次数</td><td rowspan="2">进给量</td><td rowspan="2">机动时间</td><td rowspan="2">辅助时间</td><td colspan="2">刀具</td><td colspan="2">辅具</td><td colspan="2">量具</td></tr>
<tr><td>名称</td><td>编号</td><td>名称</td><td>编号</td><td>名称</td><td>编号</td></tr>
<tr><td></td><td></td><td></td><td></td><td></td><td></td><td></td><td></td><td></td><td></td><td></td><td></td><td></td></tr>
<tr><td></td><td></td><td></td><td></td><td></td><td></td><td></td><td></td><td></td><td></td><td></td><td></td><td></td></tr>
<tr><td></td><td></td><td></td><td></td><td></td><td></td><td></td><td></td><td></td><td></td><td></td><td></td><td></td></tr>
<tr><td></td><td></td><td></td><td></td><td></td><td></td><td></td><td></td><td></td><td></td><td></td><td></td><td></td></tr>
<tr><td></td><td></td><td></td><td></td><td></td><td></td><td></td><td></td><td></td><td></td><td></td><td></td><td></td></tr>
<tr><td></td><td></td><td></td><td></td><td></td><td></td><td></td><td></td><td></td><td></td><td></td><td></td><td></td></tr>
<tr><td></td><td></td><td></td><td></td><td></td><td></td><td></td><td></td><td></td><td></td><td></td><td></td><td></td></tr>
<tr><td>批准</td><td colspan="2"></td><td>审核</td><td colspan="3"></td><td>校对</td><td></td><td>编制</td><td colspan="3"></td></tr>
</table>

（1）机械加工工艺过程卡片。它是以工序为单位简要说明零、部件加工过程的一种工艺文件，见表 5-4。它的工序内容不够具体，只能用来了解零件的加工流程，作为生产管理使用，一般适用于单件小批量生产。

（2）机械加工工艺卡片。它是按产品或零、部件的某一加工工艺阶段而编制的一种工作文件。它以工序为单位详细说明产品(零、部件)某一工艺阶段的工序号、工序名称、工序内容、工序参数、操作要求以及采用的设备和工艺装备等，如表 5-5 所示，主要用于成批生产。

（3）机械加工工序卡片。它在机械加工工艺过程卡片的基础上以工序为单位详细说明每个工步的加工内容、工艺参数、操作要求以及所用的设备等，如表 5-6 所示，主要用于大批量生产或单件小批生产中的关键工序或成批生产中的重要零件。

3. 机械加工工艺规程的作用

机械加工工艺规程是机械制造企业最重要的技术文件之一。其作用主要有以下几个方面。

1）指导加工车间生产

生产的计划和调度工作、工人的操作以及质量检验都必须按照机械加工工艺规程来进行，这样才能达到优质、高产和低消耗的要求。

2）技术准备和生产准备工作的技术依据

机械加工工艺规程是技术准备和生产准备工作的技术依据，例如，原材料、毛坯及外购件的供应，刀具、夹具和量具的设计、制造和采购，机床的准备和调整以及有关热源的配备等。

3）新建、改扩建工厂或车间的技术依据

依据机械加工工艺规程确定所需设备的类型与数量、工厂或车间的生产面积及平面布置，人员的配备以及各辅助部门的安排。

4. 制定机械加工工艺规程的要求与步骤

1）机械加工工艺规程的基本要求

设计制定机械加工工艺规程，需要遵循和满足以下基本要求。

（1）要确保零件的加工质量，可靠地达到产品图样所提出的全部技术要求。

（2）要有合理的生产率，能够响应市场对产品投放的要求。

（3）节约原材料，减少工时消耗，降低成本。

（4）尽量减轻工人的劳动强度，保证安全及良好的工作条件。

（5）立足现有条件，积极采用成熟的先进制造工艺和技术手段，保证编制的工艺规程适用于现状，又可以在相当长的时期内保持先进。其中，保证加工质量是前提。而提高生产率和提高经济性，有时会出现矛盾。如先进高效的生产工艺装备可提高生产率，但会使投资增加。

2）制定机械加工工艺规程所需要的原始资料

在制定机械加工工艺规程时，需要下列原始资料。

（1）产品的零件图以及该零件所在部件或总成的装配图。

（2）产品质量的验收标准。

（3）产品的年产量计划。

（4）工厂现有生产条件，如毛坯的制造能力，现有加工设备、工艺装备及使用状况，设备、工装的制造能力及工人的技术水平等。

（5）有关手册、标准及指导性文件，如机械加工工艺手册、时间定额手册、机床夹具设计手册和公差技术标准等资料。

（6）国内外先进机械制造工艺、同类产品生产技术的发展状况等。

3）制定机械加工工艺规程的步骤

制定机械加工工艺规程，大致按以下步骤进行。

（1）分析产品的零件图及装配图，了解产品的工作原理和所加工零件在整个机器中的作用，分析零件图的加工要求、结构工艺性，检验图样的完整性。

（2）根据零件的生产纲领及零件的结构大小、复杂程度确定生产类型。

（3）选择和确定毛坯及其制造方式。

（4）拟定工艺方案是制定机械加工工艺规程时定性分析的核心内容。其中包括：

① 选择定位基准。

② 确定定位和夹紧方法。

③ 确定各个表面的加工方法，如孔、平面、外圆等表面的加工。

④ 确定工序的集中和分散。

⑤ 安排加工顺序。

一般需要提出几种方案进行分析比较，从中选出最优的方案。

(5) 确定各工序所采用的设备，包括通用机械和专用机械的选定。

(6) 选择工艺装备，即确定各个工序所需要的刀具、夹具、量具和辅具。

(7) 确定各主要工序的技术检验要求以及检验方法。

(8) 确定各工序的加工余量、工序尺寸及公差。

(9) 确定切削用量，制定工时定额。

(10) 评价各种工艺方案，最后选定最佳工艺路线。

(11) 填写工艺文件。

5.2　工艺规程的制定

前面概述了机械加工工艺规程及工艺文件，接下来详细介绍制定机械加工工艺规程的 3 个主要步骤：原始资料的分析、工艺路线的拟定和工序内容的设计。

5.2.1　原始资料的分析

1. 零件图分析

零件图是制定工艺规程最主要的原始资料。在制定零件的机械加工工艺规程之前，对零件进行工艺性分析以及对产品零件图提出修改意见是制定工艺规程的一项重要工作。

1) 零件图的内容分析

首先应熟悉零件在产品装配图中的作用、位置、装配关系和工作条件，搞清楚各项技术要求对零件装配质量和使用性能的影响，找出主要的和关键的技术要求，然后对零件图样进行分析。零件图的研究包括以下两项内容。

(1) 检查零件图的完整性和正确性(尺寸标注)。主要检查零件视图是否表达直观、清晰、准确、充分，尺寸、公差、技术要求是否合理、齐全。如有错误或遗漏，应提出修改意见。如图 5-4 所示，若已标注了孔距尺寸 $a\pm\delta_a$ 和角度 $\alpha\pm\delta_\alpha$，则 x、y 轴的坐标尺寸就不能随便标注。有时为了方便加工，可按尺寸链计算出来，并标注在圆括号内作为加工时的参考尺寸。

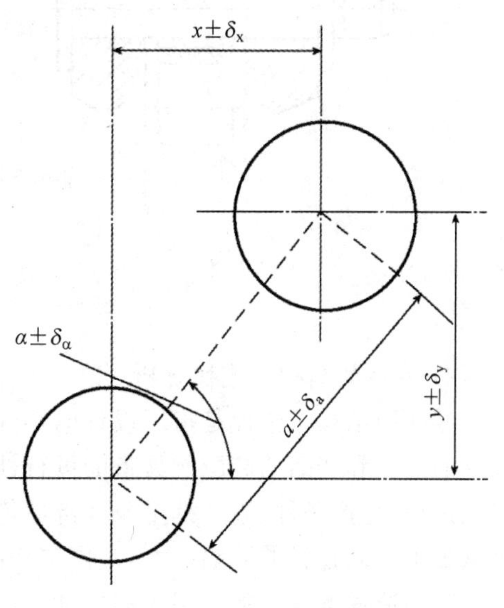

图 5-4　孔中心距的标注

尺寸标注是否合理，主要注意以下几点。

① 零件图上重要尺寸应直接标注,在加工时尽量使工艺基准与设计基准重合,符合尺寸链最短原则。

② 零件图上标注的尺寸应便于测量,不要从轴线、中心线、假想平面等难以测量的基准标注尺寸。

③ 零件图上的尺寸不应标注成封闭式,以免产生矛盾。

④ 零件的自由尺寸应按加工顺序尽量从工艺基准标注出。

⑤ 零件所有加工表面与非加工表面之间一般只标注一个联系尺寸。

(2) 分析零件的技术要求。包括零件加工表面的尺寸精度、形状精度、位置精度、表面粗糙度、表面微观质量以及热处理等要求。例如加工精度若定得过高,会增加工序,增加制造成本;若定得过低,会影响其使用性能。同时,为了保证零件的位置精度,最好使零件能在一次装夹下加工出所有相关表面,从而由机床的精度来保证所要求的位置精度。总之,分析零件的这些技术要求的目的是在保证使用性能的前提下看零件是否经济合理、能否在本企业现有生产条件下实现。

对于表面粗糙度分析,图 5-5 所示的汽车钢板弹簧的内侧面要求是不接触的,所以吊耳侧面的粗糙度可由原设计 $Ra=2.5\mu m$ 降低为 $Ra=10\mu m$,这样就可以在铣削时增大进给量,提高生产效率。

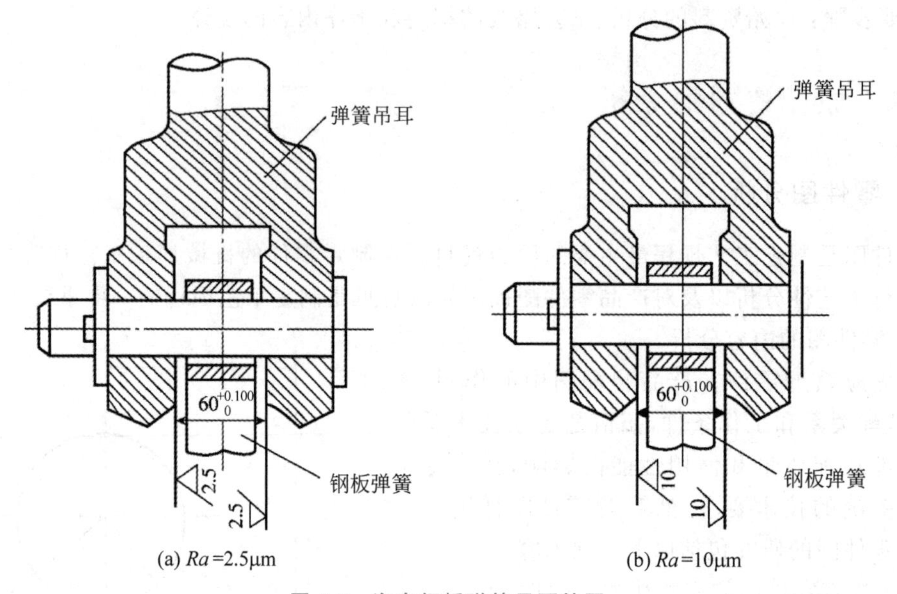

图 5-5 汽车钢板弹簧吊耳简图

2) 零件的结构工艺性分析

零件的结构工艺性是指所设计的零件在不同类型的具体生产条件下,零件毛坯的制造、零件的加工和产品的装配所具备的可行性和经济性。零件结构工艺性与材料的性能、制造工艺过程、生产条件、生产批量及经济性等因素有关,必须全面综合地分析。零件的结构对机械加工工艺过程的影响很大,不同结构的两个零件尽管都能满足使用要求,但它们的加工方法和制造成本却可能有很大的差别。所谓具有良好的结构工艺性,应是在不同生产类型的具体生产条件下,对零件毛坯的制造、零件的加工和产品的装配都能以较高的生产率和最低的成本、采用较经济的方法进行，并能满足使用性能的结构。在制定机械加工工艺规程时，主要对零件切削加工工艺性进行分析。

两个使用性能完全相同的零件，结构稍有不同，其制造成本就会有很大的差别，表 5-7 为常见零件的机械加工结构工艺性对比实例。

表 5-7　零件的机械加工结构工艺性对照表

序号	零件结构			
	工艺性不好		工艺性好	
1	孔离箱壁太近：钻头在圆角处易引偏；箱壁高度尺寸大，需加长钻头方能钻孔		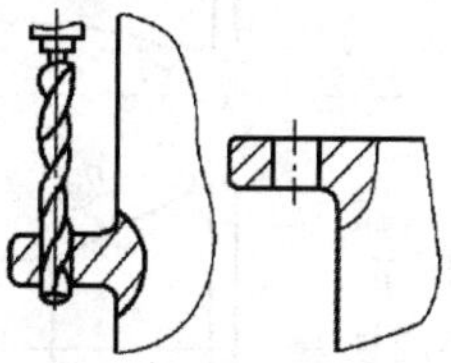	加长箱耳，不需加长钻头可钻孔；只要使用上允许，将箱耳设计在某一端，则不需加长箱耳，即可方便加工
2	车螺纹时，螺纹根部易打刀；工人操作紧张，且不能清根	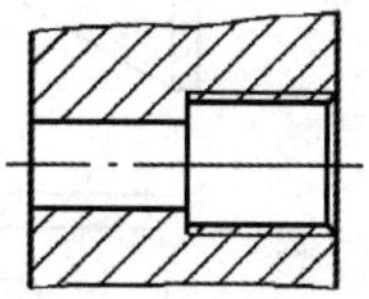	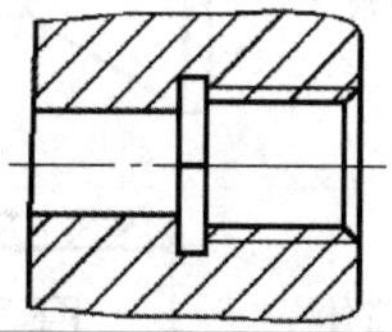	留有退刀槽，可使螺纹清根，操作相对容易，可避免打刀
3	插键槽时，底部无退刀空间，易打刀	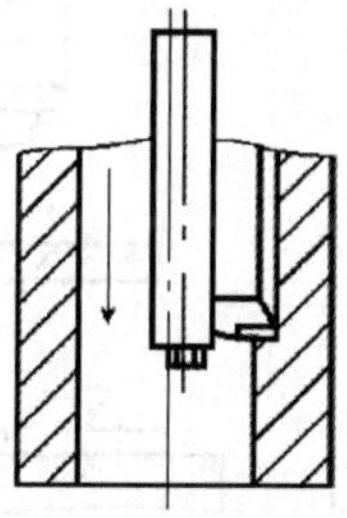	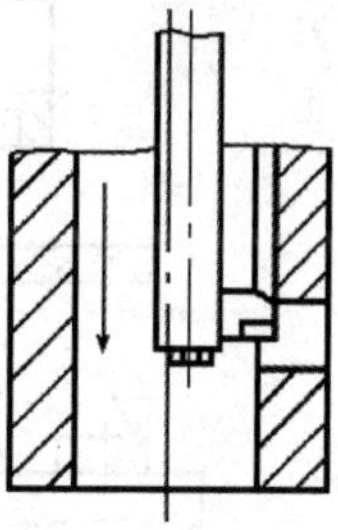	留有退刀空间，避免打刀
4	键槽底与左孔母线齐平，插键槽时易划伤左孔表面	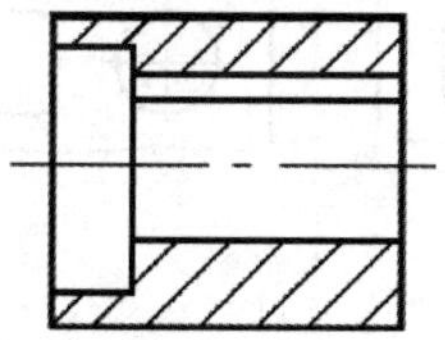	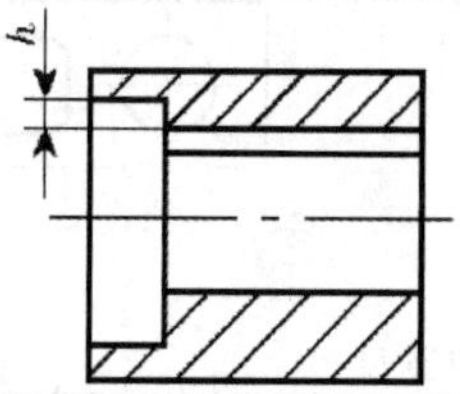 h	左孔尺寸稍大，可避免划伤左孔表面，操作方便
5	小齿轮无法加工，插齿无退刀槽	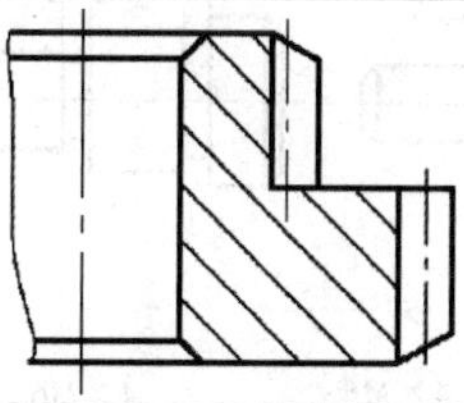	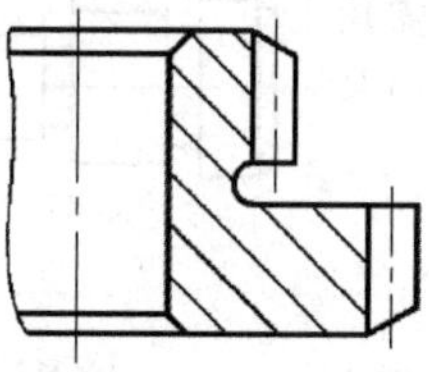	大齿轮可滚齿或插齿，小齿轮可插齿加工
6	两端轴径需磨削加工，因砂轮圆角而不能清根	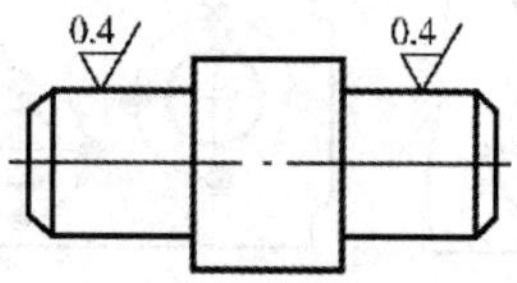 0.4　0.4	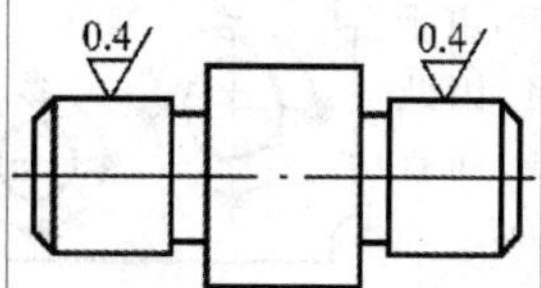 0.4　0.4	留有退刀槽，磨削时可以清根

续表

序号	零件结构			
	工艺性不好		工艺性好	
7	斜面钻孔，钻头易引偏	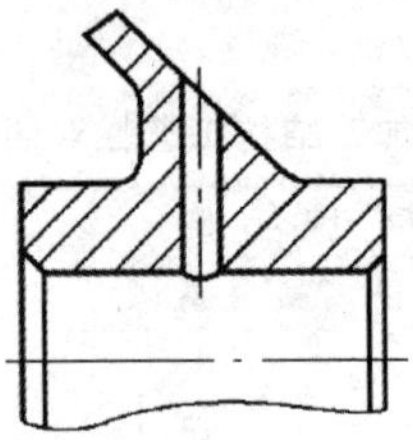	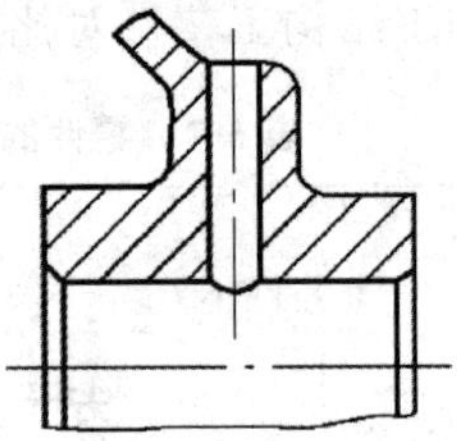	只要结构允许，留出平台，可直接钻孔
8	锥面需磨削加工，磨削时易碰伤圆柱面，并且不能清根	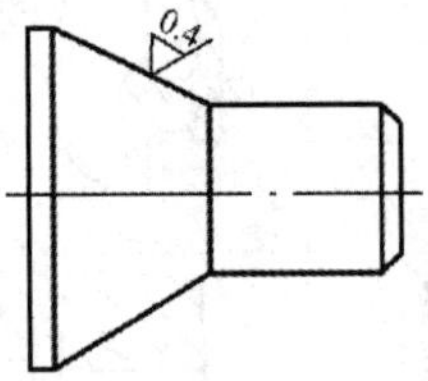 0.4	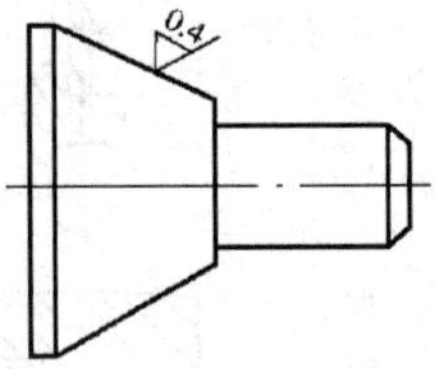 0.4	可方便地对锥面进行磨削加工
9	加工面设计在箱体内，加工时调整刀具不方便，观察也困难	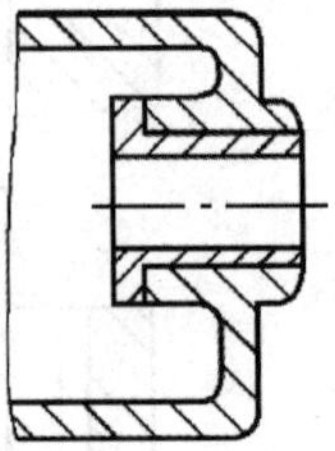	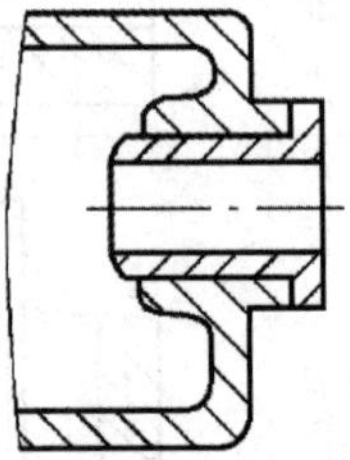	加工面设计在箱体外部，加工方便
10	加工面高度不同，需两次调整刀具加工，影响生产率	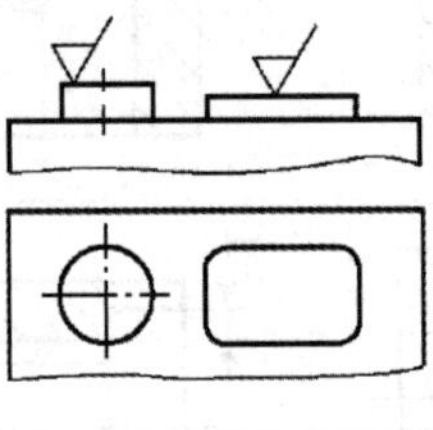	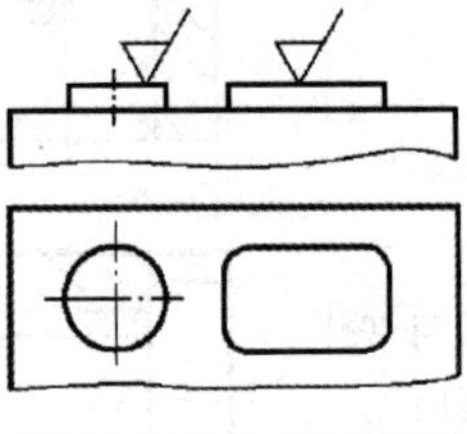	加工面在同一高度，一次调整刀具，可进行两个平面加工
11	3个空刀槽的宽度有3种尺寸，需用3把不同尺寸刀具加工	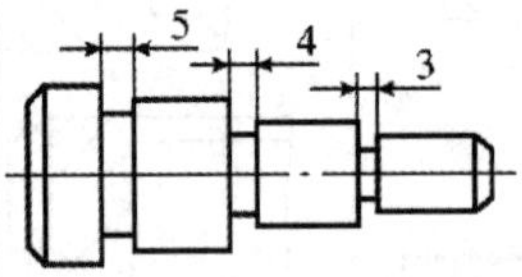 5 4 3	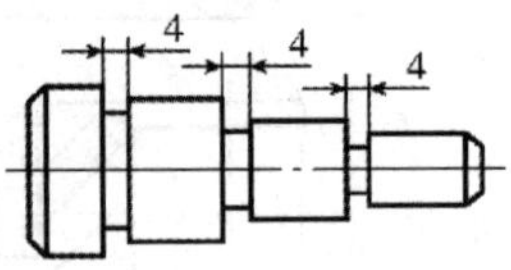 4 4 4	同一个宽度尺寸的空刀槽，使用一把刀具即可加工
12	同一端面上的螺纹孔，尺寸相近，由于需更换刀具，因此加工不方便，而且装配也不方便	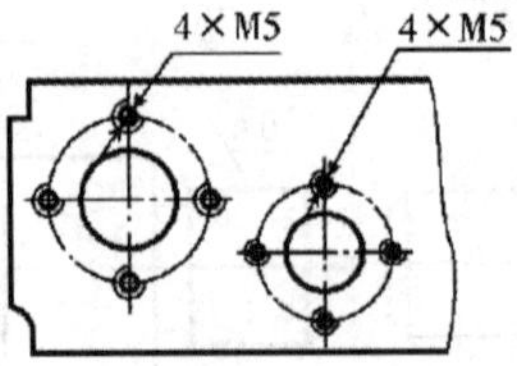 4×M5 4×M5	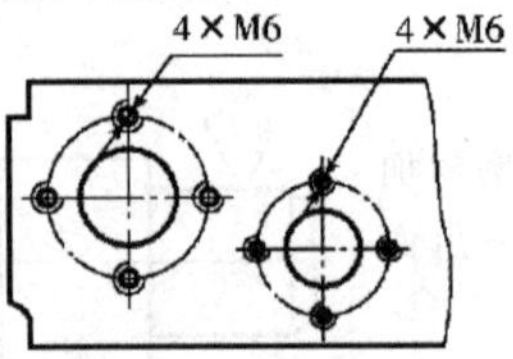 4×M6 4×M6	尺寸相近的螺纹孔，改为同一尺寸螺纹孔，方便加工和装配

续表

序号	零件结构			
	工艺性不好		工艺性好	
13	加工面加工时间长，并且零件尺寸越大平面度误差越大	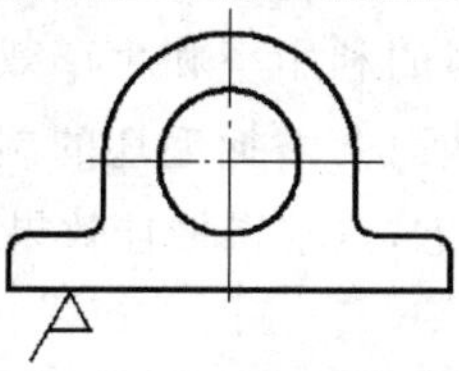	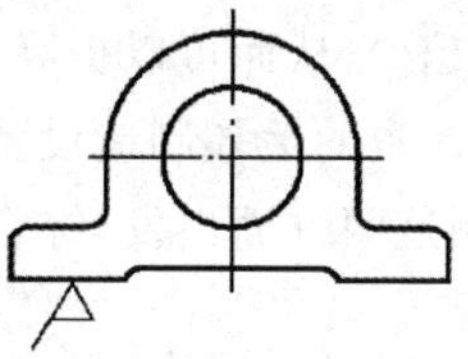	加工面减小，节省工时，减少刀具损耗，并且容易保证平面度要求
14	外圆和内孔有同轴度要求，由于外圆需在两次装夹下加工，同轴度不易保证	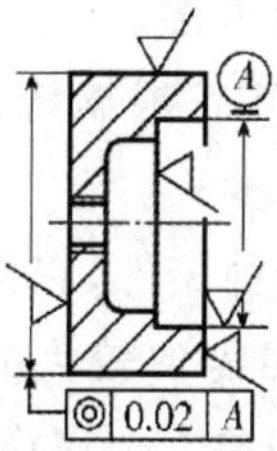	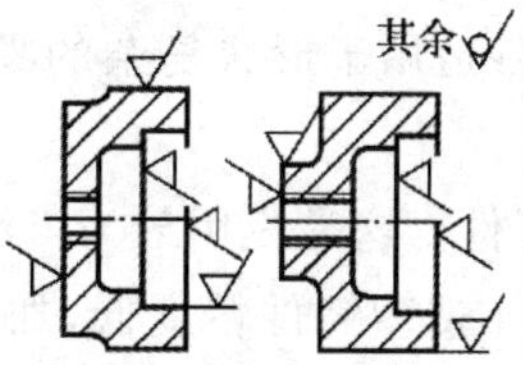	可在一次装夹下加工外圆和内孔，同轴度要求易得到保证
15	内壁孔出口处有阶梯面，钻孔时易钻偏或导致钻头折断	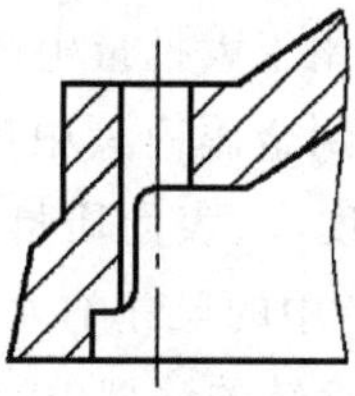	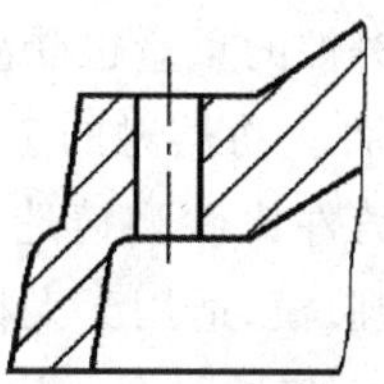	内壁孔出口处平整，钻孔方便，易保证孔中心位置度
16	加工 B 面时以 A 面为定位基准，由于 A 面较小，故定位不可靠	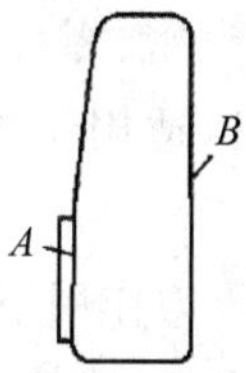	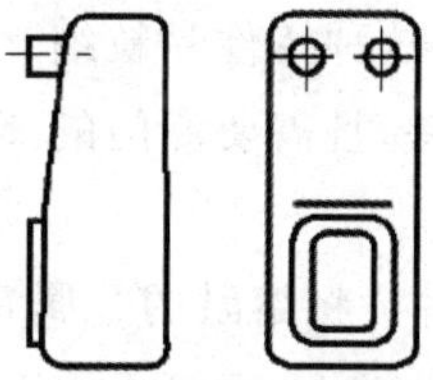	附加定位基准，加工时保证 A、B 面平行，加工后将附加定位基准去掉
17	键槽设置在阶梯轴 90°方向上，需两次装夹加工	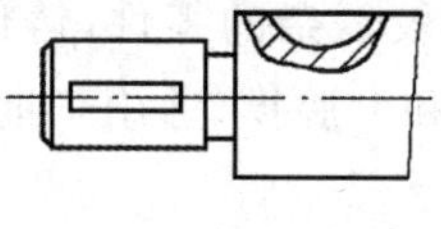	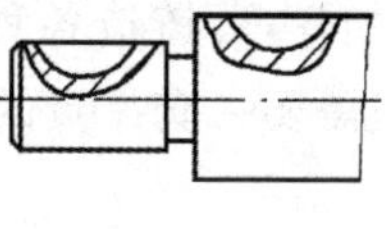	将阶梯轴的两个键槽设计在同一方向上，一次装夹即可对两个键槽加工
18	钻孔过深，加工时间长，钻头耗损大，并且钻头易偏斜	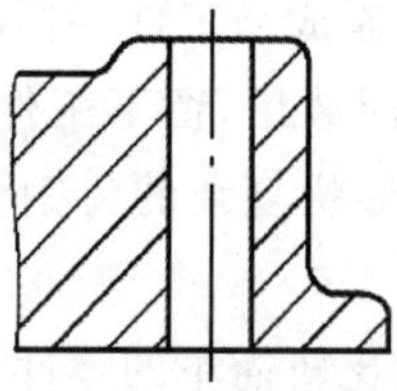	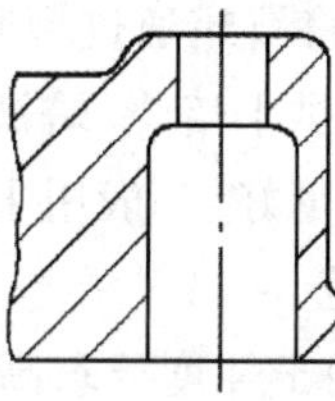	钻孔的一端留空，钻孔时间短，钻头寿命长，不易引偏
19	进、排气(油)通道设计在孔壁上，加工相对困难	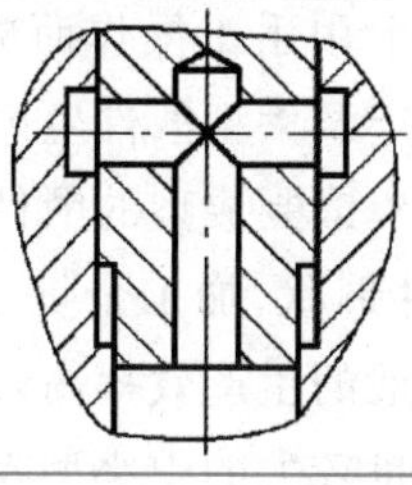	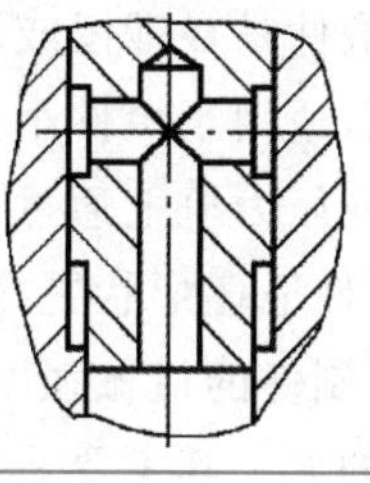	进、排气(油)通道设计在轴的外圆上，加工相对容易

2. 毛坯的选择

选择毛坯,主要是确定毛坯的种类、制造方法及其制造精度。毛坯的形状尺寸越接近成品,切削加工余量就越少,从而可以提高材料的利用率和生产效率,然而这样往往会使毛坯制造困难,需要采用昂贵的毛坯制造设备,从而会增加毛坯的制造成本,所以选择毛坯时应从机械加工和毛坯制造两方面出发,综合考虑,以求得最佳效果。

1) 毛坯的种类

毛坯的种类很多,同一种毛坯又有多种制造方法。

(1) 铸件。铸件适用于形状复杂的零件毛坯。根据铸造方法的不同,铸件又分为以下几种。

① 砂型铸造铸件。这是应用最为广泛的一种铸件,它又有木模手工造型和金属模机器造型之分。木模手工造型铸件精度低,加工表面需留较大的加工余量;木模手工造型生产效率低,适用于单件小批量生产或大型零件的铸造。金属模机器造型生产效率高、铸件精度也高,但设备费用高,铸件的重量也受限制,适用于大批量生产的中小型铸件。

② 金属型铸造铸件。将熔融的金属浇注到金属模具中依靠金属自重充满金属铸型腔而获得的铸件。这种铸件比砂型铸造铸件精度高、表面质量和力学性能好,生产效率也较高,但需专用的金属型腔模,适用于大批量生产中的尺寸不大的有色金属铸件。

③ 离心铸造铸件。将熔融金属注入高速旋转的铸型内,在离心力的作用下金属液充满型腔而形成的铸件。这种铸件晶粒细、金属组织致密、零件的力学性能好、外圆精度及表面质量高,但内孔精度差,且需要专门的离心浇注机,适用于批量较大的黑色金属和有色金属的旋转体铸件。

④ 压力铸造铸件。将熔融的金属在一定的压力作用下,以较高的速度注入金属型腔内获得的铸件。这种铸件精度高(可达 IT11~IT13),表面粗糙度值小(可达 Ra3.2~0.4μm),铸件力学性能好,可铸造各种结构较复杂的零件,铸件上各种孔眼、螺纹、文字及花纹图案均可铸出,但需要一套昂贵的设备和型腔模,适用于批量较大的、形状复杂、尺寸较小的有色金属铸件。

⑤ 精密铸造铸件。将石蜡通过型腔模压制成与工件一样的蜡制件,再在蜡制件周围粘上特殊型砂,凝固后将其烘干焙烧,蜡被蒸化而放出,留下工件形状的模壳用来浇铸。精密铸造铸件精度高、表面质量好,一般用来铸造形状复杂的铸钢件,可节省材料、降低成本,是一项先进的毛坯制造工艺。

(2) 锻件。锻件适用于强度要求高、形状比较简单的零件毛坯,其锻造方法有自由锻和模锻两种。自由锻造锻件是在锻锤或压力机上用手工操作而成型的锻件。它的精度低,加工余量大,生产率也低,适用于单件小批量生产及大型锻件生产。

模锻件是在锻锤或压力机上通过专用锻模锻制成型的锻件。它的精度和表面粗糙度均比自由锻造的好,可以使毛坯形状更接近工件形状,加工余量小。同时,由于模锻件的材料纤维组织分布好,故锻制件的机械强度高,模锻的生产效率高,但需要专用的模具,且锻锤的吨位也要比自由锻造的大。其主要适用于批量较大的中小型零件生产。

(3) 焊接件。焊接件是根据需要将型材或钢板焊接而成的毛坯件，它制作方便、简单，但需要经过热处理才能进行机械加工。适用于单件小批量生产中制造大型毛坯，其优点是制造简便、加工周期短、毛坯重量轻，缺点是焊接件抗振动性差、机械加工前需经过时效处理以消除内应力。

(4) 冲压件。冲压件是通过冲压设备对薄钢板进行冷冲压加工而得到的零件，它可以非常接近成品要求，冲压零件可以作为毛坯，有时还可以直接成为成品。冲压件的尺寸精度高，适用于批量较大而零件厚度较小的中小型零件。

(5) 型材。型材主要通过热轧或冷拉而成。热轧的精度低，价格较冷拉的便宜，用于制造一般零件的毛坯。冷拉的尺寸小，精度高，易于实现自动送料，但价格贵，多用于批量较大且在自动机床上进行加工的情形。按其截面形状，型材可分为圆钢、方钢、六角钢、扁钢、角钢、槽钢以及其他特殊截面的型材。

(6) 冷挤压件。冷挤压件是在压力机上通过挤压模挤压而成，其生产效率高。冷挤压毛坯精度高，表面粗糙度值小，可以不再进行机械加工，但要求材料塑性好，材料主要为有色金属和塑性好的钢材。其适用于大批量生产中形状简单的小型零件的制造。

(7) 粉末冶金件。粉末冶金件是以金属粉末为原料，在压力机上通过模具压制成型后经高温烧结而成。其生产效率高，零件的精度高，表面粗糙度值小，一般可不再进行精加工，但金属粉末成本较高，适用于大批量生产中形状较简单的小型零件的压制。

2) 确定毛坯时应考虑的因素

(1) 零件的材料及其力学性能。当零件的材料选定以后，毛坯的类型就大体确定了。例如，材料为铸铁的零件，自然应选择铸造毛坯；而对于重要的钢质零件，力学性能要求高时，可选择锻造毛坯。

(2) 零件的结构和尺寸。形状复杂的毛坯常采用铸件，但对于形状复杂的薄壁件，一般不能采用砂型铸造；对于一般用途的阶梯轴，如果各段直径相差不大、力学性能要求不高，可选择棒料做毛坯，倘若各段直径相差较大，为了节省材料，应选择锻件。

(3) 生产类型。当零件的生产批量较大时，采用精度和生产率都比较高的毛坯制造方法，这时毛坯制造增加的费用可由材料耗费减少的费用以及机械加工减少的费用来补偿。

(4) 现有生产条件。选择毛坯类型时，要结合本企业的具体生产条件，如现场毛坯制造的实际水平和能力、外协的可能性等。

(5) 充分考虑利用新技术、新工艺和新材料的可能性。为了节约材料和能源，减少机械加工余量，提高经济效益，只要有可能，就必须尽量采用精密铸造、精密锻造、冷挤压、粉末冶金和工程塑料等新工艺、新技术和新材料。

5.2.2　工艺路线的拟定

拟定加工工艺路线是工艺规划设计中的关键性工作，其不仅影响加工质量和加工效率，还影响工人的劳动强度、设备投资、车间面积和生产成本等。其主要任务是先进行定位基准的选择，然后是加工方法的选择、加工阶段的划分、加工顺序的安排以及确定整个工艺过程中工序的数量。

1. 定位基准的选择

定位基准的选择对于保证零件的尺寸精度和位置精度以及合理安排加工顺序都有很大影响，当使用夹具安装工件时，定位基准的选择还会影响夹具结构的复杂程度。因此，定位基准的选择是制定工艺规程时必须认真考虑的一个重要工艺问题。

定位基准可分为粗基准和精基准。若选择未经加工的表面作为定位基准，则这种基准就被称为粗基准。若选择已加工的表面作为定位基准，则这种定位基准就称为精基准。粗基准考虑的重点是如何保证各加工表面有足够的余量，而精基准考虑的重点是如何减少误差。在选择定位基准时，通常是从保证加工精度要求出发的，因而分析定位基准选择的顺序应从精基准到粗基准。

1）精基准的选择

（1）基准重合原则。应尽可能选择加工表面的设计基准作为定位基准，因为这样可以避免基准不重合引起的误差。在图 5-6 中，采用调整法加工 C 面时，则尺寸 c 的加工误差 T_c 不仅包括本工序的加工误差 Δ_j，而且包括基准不重合带来的设计基准与定位基准之间的尺寸误差 T_a。如果采用如图 5-7 所示的方式安装工件，则可消除基准不重合误差。

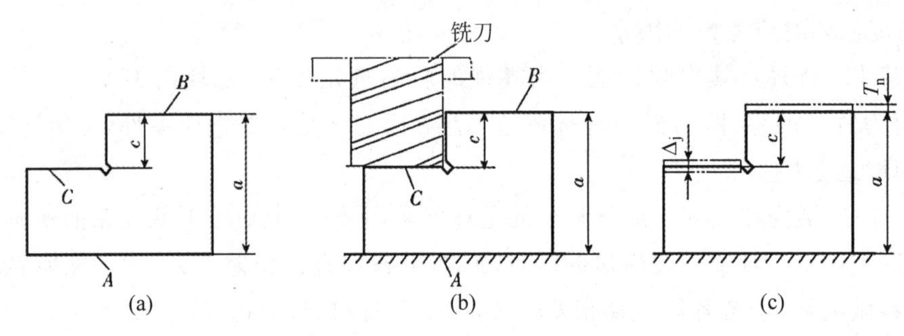

图 5-6　基准不重合误差示例

（2）基准统一原则。应尽可能采用同一个定位基准加工工件上的各个表面。采用基准统一原则，可以简化工艺规程的制定，减少夹具数量，节约夹具设计和制造费用；同时由于减少了基准的转换，更有利于保证各表面间的相互位置精度。如图 5-8 所示，在扇形工件上钻 3 个孔时，工件以内孔和端面为基准，在定位销 5 和分度盘 8 的平面上定位，还以一个侧面为基准在挡销 13 上作角向定位。用开口垫圈 3 和螺母 4 将工件压紧在分度盘上。当钻好一个孔后要变换工位时，可用手柄 9 松开分度盘，再拉动捏手 11 拔出分度销 1，然后转动分度盘到下一个工位，再插分度销 1 用手柄 9 把分度盘锁紧，依次钻出 3 个径向孔。

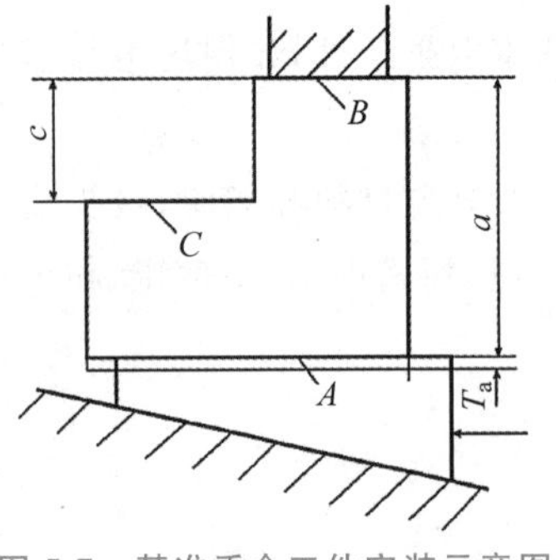

图 5-7　基准重合工件安装示意图

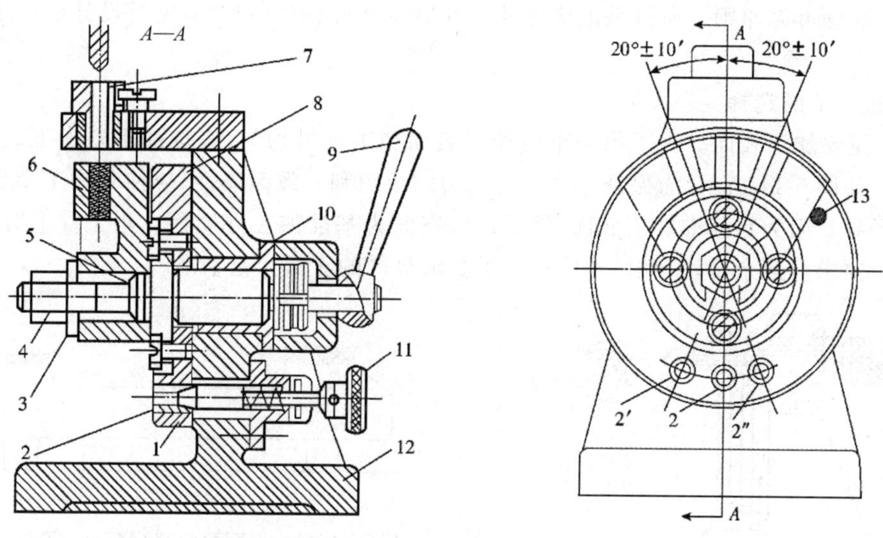

1—分度销；2—定位套；3—开口垫圈；4—螺母；5—定位销；6—工件；7—钻套；8—分度盘；9—手柄；10—封条；11—捏手；12—夹具体；13—挡销

图 5-8　扇形工件定位

(3) 互为基准原则。对工件上两个相互位置精度要求比较高的表面进行加工时，可以利用两个表面互相作为基准，反复进行加工，保证位置精度要求。如图 5-9 所示，在加工精密齿轮时，齿面高频淬火后需要进行磨齿，其淬硬层较薄，应使磨削余量小而均匀，所以要先以齿面为其基准磨内孔，再以孔为基准磨齿面，以保证齿面磨削余量均匀。

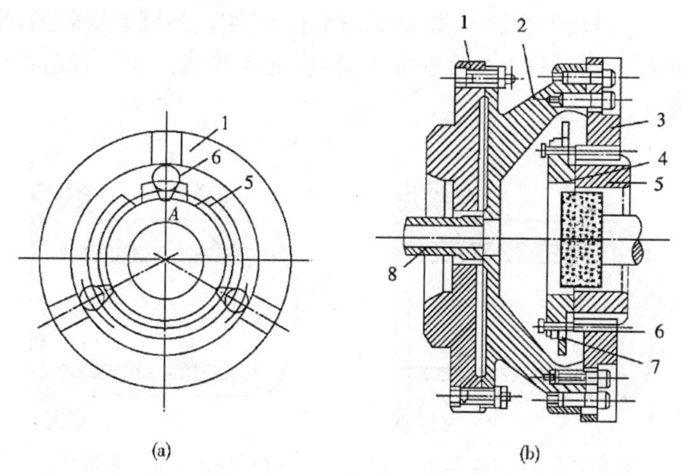

1—夹具体；2—弹性薄膜盘；3—卡爪；4—保持架；5—工件(齿轮)；6—定心柱；7—弹簧螺钉；8—推杆

图 5-9　齿轮表面定位

(4) 自为基准原则。某些加工表面加工余量小而均匀时，可选择加工表面本身作为定位基准。图 5-10 所示为镗连杆小头孔时，以加工表面小头孔作为定位基准的夹具。工件除以大头孔中心线和端面为定位基准外，以小头孔中心线为定位基准，用削边销定位，消除绕大头孔轴线转动自由度，并在小头孔两侧用浮动夹紧装置夹紧后，拔出定位销，伸入镗杆对小头孔进行加工，这样能保证加工余量小而均匀。

(5) 准确可靠原则。所选基准应保证工件定位准确、安装可靠；夹具设计应简单，操作方便。

2) 粗基准的选择

(1) 重要加工表面。为了保证重要加工表面加工余量均匀，应选择重要加工表面作为粗基准。如图5-11所示，为保证导轨面有均匀的组织和一致耐磨性，应使其加工余量均匀，因此选择导轨面为粗基准加工底面，然后再以底面为基准加工导轨面。当工件上有多个重要加工面要求保证余量均匀时，则应选余量要求最严的表面为粗基准。

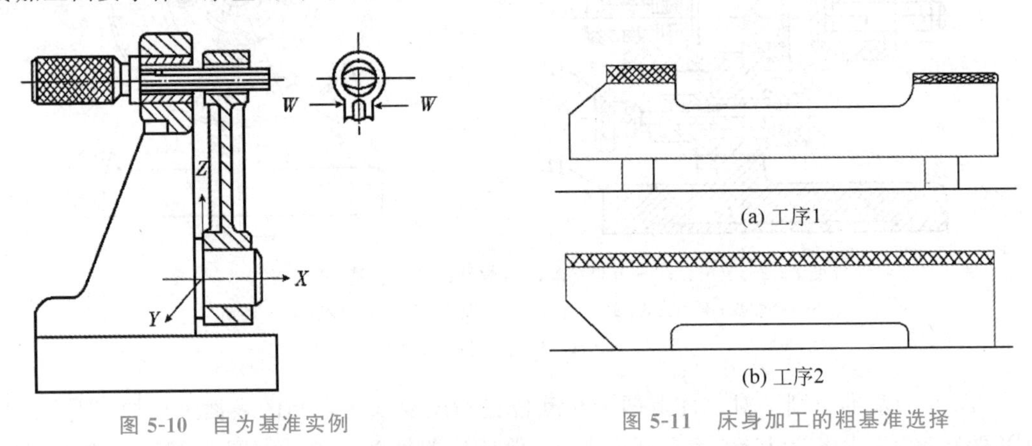

图5-10 自为基准实例

图5-11 床身加工的粗基准选择

(2) 有相互位置要求的非加工表面。为了保证非加工表面与加工表面之间的相对位置精度要求，一般选择非加工表面作为粗基准。如图5-12所示的毛坯，铸造时孔 B 和外圆 A 有偏心，若采用非加工表面外圆 A 为粗基准加工孔 B，则内外圆是同轴的，但孔 B 的加工余量不均匀。如果零件上同时具有多个非加工面，应选择与加工面位置精度要求最高的非加工表面作为粗基准。

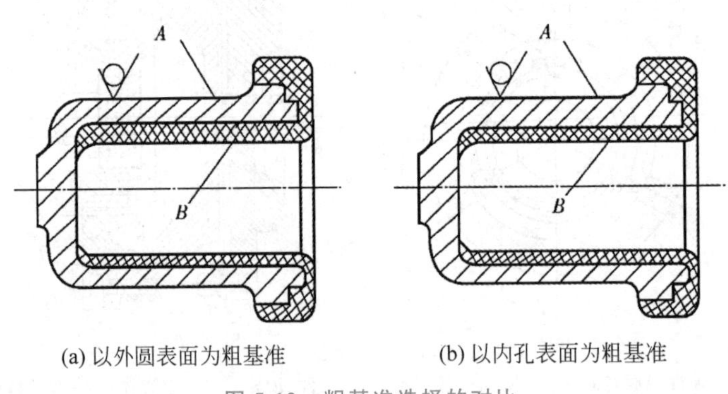

图5-12 粗基准选择的对比

(3) 不得重复使用原则。粗基准在同一尺寸方向上通常只允许使用一次。

(4) 便于装夹原则。选作粗基准的表面应平整光洁，有一定面积，无飞边浇口、冒口，以保证定位稳定、夹紧可靠。

无论是粗基准的选择还是精基准的选择，上述原则都不可能同时满足，有时甚至互相矛盾，因此选择基准时，必须具体情况具体分析，权衡利弊，保证零件的主要设计要求。在首先选择好定位基准后，紧接着需要考虑如下几方面的问题。

2. 加工方法的选择

表面加工方法的选择就是为零件上每一个有质量要求的表面选择一套合理的加工方法。在选择时，一般先根据表面的精度和粗糙度要求选择最终加工方法（精加工方法），然后再确定精加工前的前期工序的加工方法。

1）加工经济精度

同一种加工方法在不同的工作条件下所能达到的精度是不同的。例如，精车工序，一般能达到尺寸精度IT6～IT8级、表面粗糙度 Ra1.5～3.2μm；如果操作工人技术水平高，操作精细，选择的刀具和切削用量合适，也能达到IT5～IT7级精度、表面粗糙度 Ra0.7～1.6μm，但此时生产率降低、生产成本提高。大量统计资料表明，任何一种加工方法其加工误差与加工成本之间的关系都呈负指数函数曲线形状，如图5-13所示。由图可知，每种加工方法，如欲获得较高的精度，则成本就要加大；反之，精度降低，则成本下降。但是上述关系只是在一定范围内，即曲线 AB 段才比较明显在 A 点左侧，精度不易提高，且有一个极限值 $\Delta_{极}$；在 B 点右侧，成本不易降低，也有一个极限值 $C_{极}$。曲线 AB 段的精度区间属于经济精度范围。

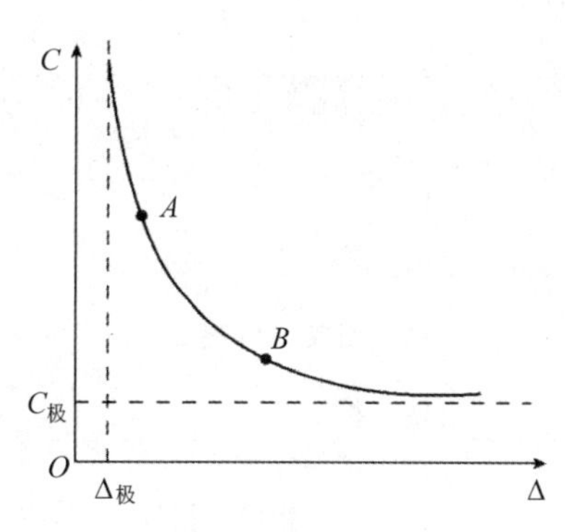

图 5-13　加工误差与成本的关系

加工经济精度是指在正常加工条件下（采用符合质量标准的设备、工艺装备和标准技术等级的工人，不延长加工时间），所能保证的加工精度和表面粗糙度。随着科学技术的发展以及新技术、新工艺、新材料的不断推广和应用，加工经济精度和表面粗糙度的等级不是一成不变的，其会逐渐提高。各种典型表面的加工方法及其所能达到的经济精度和表面粗糙度等级均已制成表格，在机械加工工艺手册中都能查到。现摘录部分内容，供设计时参考（表5-8～表5-10）。

表 5-8　外圆柱面加工方法

序号	加 工 方 法	经济精度（以公差等级表示）	经济表面粗糙度 Ra/μm	适 用 范 围
1	粗车	IT11～IT13	12.5～50	适用于淬火钢以外的各种金属
2	粗车—半精车	IT8～IT10	3.2～6.3	
3	粗车—半精车—精车	IT7～IT8	0.8～1.6	
4	粗车—半精车—精车—滚压（或抛光）	IT7～IT8	0.025～0.2	
5	粗车—半精车—磨削	IT7～IT8	0.4～0.8	主要用于淬火钢，也可用于未淬火钢，但不宜加工有色金属
6	粗车—半精车—粗磨—精磨	IT6～IT7	0.1～0.4	
7	粗车—半精车—粗磨—精磨—超精加工（或轮式超精磨）	IT5	0.012～0.1	
8	粗车—半精车—精车—精细车（金钢车）	IT6～IT7	0.025～0.4	主要用于要求较高的有色金属加工

续表

序号	加工方法	经济精度（以公差等级表示）	经济表面粗糙度 $Ra/\mu m$	适用范围
9	粗车—半精车—粗磨—精磨—超精磨（或镜面磨）	IT5以上	0.006～0.025	极高精度的外圆加工
10	粗车—半精车—粗磨—精磨—研磨	IT5以上	0.006～0.1	

表5-9 孔加工方法

序号	加工方法	经济精度（以公差等级表示）	经济表面粗糙度 $Ra/\mu m$	适用范围
1	钻	IT11～IT13	12.5	加工未淬火钢及铸铁的实心毛坯，也可用于加工有色金属。孔径小于15～20mm
2	钻—铰	IT8～IT10	1.6～6.3	
3	钻—粗铰—精铰	IT7～IT8	0.8～1.6	
4	钻—扩	IT10～IT11	6.3～12.5	加工未淬火钢及铸铁的实心毛坯，也可用于加工有色金属。孔径大于15～20mm
5	钻—扩—铰	IT8～IT9	1.6～3.2	
6	钻—扩—粗铰—精铰	IT7	0.8～1.6	
7	钻—扩—机铰—手铰	IT6～IT7	0.2～0.4	
8	钻—扩—拉	IT7～IT9	0.1～0.6	大批大量生产（精度由拉刀的精度而定）
9	粗镗（或扩孔）	IT11～IT13	6.3～12.5	除淬火钢外的各种材料，毛坯有铸出孔或锻出孔
10	粗镗（粗扩）—半精镗（精扩）	IT9～IT10	1.6～3.2	
11	粗镗（粗扩）—半精镗（精扩）—精镗（铰）	IT7～IT8	0.8～1.6	
12	粗镗（粗扩）—半精镗（精扩）—精镗—浮动镗刀精镗	IT6～IT7	0.4～0.8	
13	粗镗（扩）—半精镗—磨孔	IT7～IT8	0.2～0.8	主要用于淬火钢，也可用于未淬火钢，但不宜用于有色金属
14	粗镗（扩）—半精镗—粗磨—精磨	IT6～IT7	0.1～0.2	
15	粗镗—半精镗—精镗—精细镗（金刚镗）	IT6～IT7	0.05～0.4	主要用于精度要求高的有色金属加工
16	钻（扩）—粗铰—精铰—珩磨；钻—（扩）—拉—磨；粗镗—半精镗—精镗—珩磨	IT6～IT7	0.025～0.2	精度要求很高的孔
17	以研磨代替上述方法中的珩磨	IT5～IT6	0.006～0.1	

表5-10 平面加工方法

序号	加工方法	经济精度（以公差等级表示）	经济表面粗糙度 $Ra/\mu m$	适用范围
1	粗车	IT11～IT13	12.5～50	端面
2	粗车—半精车	IT8～IT10	3.2～6.3	
3	粗车—半粗车—精车	IT7～IT8	0.8～1.6	
4	粗车—半精车—磨削	IT6～IT8	0.2～0.8	

续表

序号	加 工 方 法	经济精度（以公差等级表示）	经济表面粗糙度 Ra/μm	适 用 范 围
5	粗刨（或粗铣）	IT11～IT13	6.3～25	一般不淬硬平面（端铣表面粗糙度 Ra 值较小）
6	粗刨（或粗铣）—精刨（或精铣）	IT8～IT10	1.6～6.3	
7	粗刨（或粗铣）—精刨（或精铣）—刮研	IT6～IT7	0.1～0.8	精度要求较高的不淬硬平面，批量较大时宜采用宽刃精刨方案
8	以宽刃精刨代替上述刮研	IT7	0.2～0.8	
9	粗刨（或粗铣）—精刨（或精铣）—磨削	IT7	0.2～0.8	精度要求高的淬硬平面或不淬硬平面
10	刨（或粗铣）—精刨（或精铣）—粗磨—精磨	IT6～IT7	0.025～0.4	
11	粗铣—拉	IT7～IT9	0.2～0.8	大量生产，较小的平面（精度视拉刀精度而定）
12	粗铣—精铣—磨削—研磨	IT5 以上	0.006～0.1	高精度平面

2）加工方法的选择

选择加工方法时应考虑以下因素。

（1）工件的技术要求。在分析研究零件图的基础上，根据被加工表面的加工精度、表面加工质量要求，选择与之相符合的加工经济精度对应的加工方法。

（2）工件材料的性质。工件材料是影响加工方法选择的重要因素。例如，有色金属精加工，因材料过软容易堵塞砂轮而不宜采用磨削，一般采用高速精车或金刚镗；而淬火钢的精加工，为了提高效率，则采用磨削。

（3）工件的结构形状和尺寸。例如，对于 IT7 级精度的孔，采用镗、铰拉和磨削等都可达到要求。但箱体上的孔一般不宜采用拉或磨削，大孔时宜选择镗削，小孔时则宜选择铰孔。

（4）工件的生产类型。大批大量生产时，应采用高效率设备和专用工艺装备，如平面和孔采用拉削加工。单件小批量生产时，则只能采用通用设备和工艺装备，如铣平面和钻、扩、铰孔。

（5）本企业现有的设备情况和技术条件。应充分利用企业的现有设备和工艺手段节约资源，发挥工人的创造性，挖掘企业潜力；同时应重视新技术、新工艺，设法提高企业的工艺水平。

3. 加工阶段的划分

1）加工阶段的种类

为了保证零件的加工质量和合理地使用设备、人力，零件往往不可能在一个工序内完成全部加工工作，而必须将整个加工过程划分为粗加工、半精加工和精加工三大阶段。对零件上精度和表面粗糙度要求特别高的表面，还应在精加工后增加光整加工，称为光整加工阶段。

(1) 粗加工阶段。在这一阶段中要切除大部分加工余量,使毛坯在形状和尺寸上接近成品,并做出精基准,其目的是尽量提高生产效率。

(2) 半精加工阶段。这一阶段的主要任务是消除粗加工留下的误差,为主要表面的精加工做准备(控制精度和适当余量),并完成一些次要表面的加工(钻孔、攻丝、铣键槽等)。

(3) 精加工阶段。这一阶段的任务是从工件上切除少量余量,保证各主要表面达到图纸规定的质量要求。

(4) 光整加工阶段。这一阶段的主要任务是提高表面本身的精度以及表面粗糙度,一般没有纠正位置误差的作用。常用的方法有金刚镗、研磨、珩磨、镜面磨和抛光。

2) 划分加工阶段的原因

(1) 保证零件加工质量。粗加工时切除的金属层较厚,会产生较大的切削力和切削热,所需的夹紧力也较大,因而工件会产生较大的弹性变形和热变形;另外,粗加工后由于内应力重新分布,也会使工件产生较大的变形。划分加工阶段后,粗加工造成的误差将通过半精加工和精加工予以纠正。

(2) 合理使用设备。粗加工时可使用功率大、刚度好而精度较低的高效率机床,以提高生产率。精加工则可使用高精度机床,以保证加工精度要求。这样既充分发挥了机床各自的性能特点,又避免了以粗干精,延长了高精度机床的使用寿命。

(3) 及时发现毛坯缺陷。由于粗加工切除了各表面的大部分余量,毛坯的缺陷(如气孔、砂眼、余量不足等)可及早被发现,及时修补或报废,从而避免因继续加工而造成的浪费。

(4) 避免损伤已加工表面。将精加工安排在最后,可以保护精加工表面在加工过程中少受损伤或不受损伤。

(5) 便于安排必要的热处理工序。划分阶段后,选择适当的时机在机械加工过程中插入热处理,可使冷、热工序配合得更好,避免因热处理带来的变形。

值得指出的是,加工阶段的划分不是绝对的。例如,对那些加工质量不高、刚性较好、毛坯精度较高、加工余量小的工件,也可不划分或少划分加工阶段;对于一些刚性好的重型零件,由于装夹、运输费时,也常在一次装夹中完成粗、精加工。为了弥补不划分加工阶段引起的缺陷,可在粗加工之后松开工件,让工件的变形得到恢复,稍留间隔后用较小的夹紧力重新夹紧工件再进行精加工。

4. 加工顺序的安排

复杂零件的机械加工要经过切削加工、热处理和辅助工序,在拟定工艺路线时必须将三者统筹考虑,合理安排顺序。

1) 切削加工工序顺序的安排原则

切削加工工序安排的总原则是:前期工序必须为后续工序创造条件,做好基准准备。具体原则如下。

(1) 基准先行。零件加工一开始,总是先加工精基准,然后再用精基准定位加工其他表面。例如,对于箱体零件,一般是以主要孔为粗基准加工平面,再以平面为精基准加工孔系;对于轴类零件,一般是以外圆为粗基准加工中心孔,再以中心孔为精基准加工外圆、端面等其他表面。如果有几个精基准,则应该按照基准转换的顺序和逐步提高加工精度的原则来安排基面和主要表面的加工。

(2) 先主后次。零件的主要表面一般都是加工精度或表面质量要求比较高的表面，它们的加工质量好坏对整个零件的质量影响很大，其加工工序往往也比较多，因此应先安排主要表面的加工，再将其他表面加工适当安排在它们中间穿插进行。通常将装配基面、工作表面等视为主要表面，而将键槽、紧固用的光孔和螺孔等视为次要表面。

(3) 先粗后精。一个零件通常由多个表面组成，各表面的加工一般都需要分阶段进行。在安排加工顺序时，应先集中安排各表面的粗加工，中间根据需要依次安排半精加工，最后安排精加工和光整加工。对于精度要求较高的工件，为了减小因粗加工引起的变形对精加工的影响，通常粗、精加工不应连续进行，而应分阶段、间隔适当时间进行。

(4) 先面后孔。对于箱体、支架和连杆等工件，应先加工平面后加工孔。因为平面的轮廓平整、面积大，先加工平面再以平面定位加工孔，既能保证加工时孔有稳定可靠的定位基准，又有利于保证孔与平面间的位置精度要求。此外，在毛坯面上钻孔或镗孔时，容易使钻头引偏或打刀，故此时也应先加工平面再加工孔，以避免上述情况发生。

2) 热处理工序的安排

热处理工序在工艺路线中的安排，主要取决于零件的材料和热处理的目的。根据热处理的目的，热处理工序一般可分为以下几种。

(1) 预备热处理。预备热处理的目的是改善金属材料的切削加工性能，消除毛坯制造过程中产生的内应力。属于预备热处理的有调质、退火、正火等。对于含碳量超过 0.5%的碳钢，一般采用退火，以降低硬度；含碳量不大于 0.5%的碳钢，一般采用正火，以提高材料的硬度，使切削时切屑不粘刀，表面较光滑。调质处理能得到组织细致、均匀的回火索氏体，能减小淬火和氮化时的变形。因此，调质有时也用作预备热处理。预备热处理一般安排在粗加工的前后，安排在粗加工前，可改善材料的切削加工性能；安排在粗加工后，有利于消除残余内应力。

(2) 最终热处理。最终热处理的目的是提高金属材料的力学性能，如提高零件的硬度和耐磨性等。属于最终热处理的有淬火—回火、渗碳淬火—回火、渗氮等，对于仅仅要求改善力学性能的工件，有时正火、调质等也作为最终热处理。最终热处理一般应安排在精加工的前后。变形较大的热处理，如渗碳淬火、调质等，应安排在精加工前进行，以便在精加工时纠正热处理的变形；变形较小的热处理，如渗氮等则可安排在精加工之后进行。

(3) 去应力处理。去应力处理包括时效处理、退火等，其目的是消除内应力减小工件变形。去应力处理一般安排在粗加工之后、精加工之前。一般精度的零件在粗加工之后可安排一次人工时效，消除制造毛坯和粗加工时产生的内应力，减小后续加工的变形；对于精度要求较高的零件，可在半精加工之后再安排一次时效处理；精度要求特别高的零件，在粗加工、半精加工过程中要经过多次去应力退火，在粗、精磨过程中还要安排多次人工时效处理。

(4) 表面处理。为了表面防腐或表面装饰，有时需要对表面进行涂镀或发蓝等处理。涂镀是指在金属、非金属基体上沉积一层所需的金属或合金的过程。发蓝处理是一种钢铁的氧化处理，是指将钢件放入一定温度的碱性溶液中，使零件表面生成 0.6～0.8μm 厚、致密而牢固的 Fe_3O_4 氧化膜的过程。依处理条件的不同，该氧化膜会呈现亮蓝色直至亮黑色，所以又称为发黑处理。这种表面处理通常安排在工艺过程的最后。

3) 辅助工序的安排

辅助工序包括工件的检验、去毛刺、清洗、去磁和防锈等。辅助工序也是机械加工的必要工序,安排不当或遗漏会给后续工序和装配带来困难,影响产品质量甚至机器的使用性能。例如,未去毛刺的零件装配到产品中会影响装配精度或危及工人安全,机器运行一段时间后,毛刺变成碎屑后混入润滑油中,将影响机器的使用寿命;用磁力夹紧过的零件如果不安排去磁,则可能将微细切屑带入产品中,也必然会严重影响机器的使用寿命,甚至还可能造成不必要的事故。因此,必须十分重视辅助工序的安排。

其中,检验是最主要的辅助工序,它对保证产品质量有重要的作用。检验工序应安排在以下阶段。

(1) 粗加工阶段结束后。

(2) 转换车间的前后,特别是进入热处理工序的前后。

(3) 重要工序之前或加工工时较长的工序前后。

(4) 特种性能检验,如磁力探伤、密封性检验等之前。

(5) 全部加工工序结束之后。

5. 工序的组合

安排了加工顺序后,就可以将各加工表面的各次加工按不同的加工阶段和先后顺序组合成若干工序。工序的组合可采用工序集中和工序分散两个原则。

1) 工序集中

工序集中就是将工件的加工集中在少数几道工序内完成。每道工序的加工内容较多。工序集中有以下特点。

(1) 有利于采用高效率的专用设备和工艺装备,生产效率高。

(2) 减少了装夹次数,易于保证各表面间的相互位置精度,还能缩短辅助时间。

(3) 减少了工序数目,机床数量、操作工人数量和生产面积相应减少,节省人力、物力,还可简化生产计划和组织工作。

(4) 工序集中通常需要采用专用设备和工艺装备,使得投资大,设备和工艺装备的调整、维修较为困难,生产准备工作量大,转换新产品较麻烦。

2) 工序分散

工序分散是指将工件的加工分散在较多的工序内完成。每道工序的加工内容很少,有时甚至每道工序只有一个工步。工序分散有以下特点。

(1) 机床设备和工艺装备简单,调整方便,工人便于掌握,容易适应产品的变换。

(2) 可以采用最合理的切削用量,减少基本时间。

(3) 机床设备和工艺装备数量多,操作工人多,生产占地面积大。

3) 工序集中与工序分散的选择

工序集中与工序分散各有利弊,应根据企业的生产规模、产品的生产类型、现有的生产条件、零件的结构特点和技术要求、各工序的生产节拍进行综合分析后再选定。

一般来说,单件小批量生产适于采用集中组织的原则,以便简化生产组织工作;大批量生产结构较复杂的零件,适于采用工序集中的原则;而对于结构简单的零件,也可采用工序分散的原则;成批生产应尽可能采用高效机床,使工序适当集中。对于重型零件,为了减少装卸运输工作量,工序应适当集中;而对于刚性较差且精度高的精密工件,则工序应适当分散。随着科学技术的进步和先进制造技术的发展,目前的发展趋势是倾向于工序集中。

5.2.3　工序内容的设计

1. 机床设备及工艺装备的选择

1）机床设备的选择

确定了工序集中或工序分散的原则后，基本上也就确定了机床设备的类型。如采用工序集中，则宜选用高效自动加工设备；若采用工序分散，则加工设备可较简单。此外，选择机床设备时还应考虑以下几点。

（1）机床精度与工件精度相适应。

（2）机床规格与工件的外形尺寸、本工序的切削用量相适应。

（3）机床的生产率与零件的生产类型相适应。

（4）选择的机床设备尽可能与工厂现有条件相适应。

如果没有现成机床设备供选用，经过方案的技术经济分析后，也可提出专用设备的设计任务书或改装旧设备。

2）工艺装备的选择

工艺装备是指刀具、夹具和量具，简称工装。工装选择得合理与否，将直接影响工件的加工精度、生产效率和经济效益，故应根据生产类型、具体加工条件、工件结构特点和技术要求等选择工艺装备。

（1）夹具的选择。单件小批量生产应首先采用各种通用夹具和机床附件，如卡盘、机床用平口虎钳、分度头等；对于大批量生产，为提高生产率，应采用专用高效夹具；多品种中小批量生产可采用可调夹具或成组夹具。

（2）刀具的选择。一般优先采用标准刀具，若采用工序集中，则可采用各种高效的专用刀具、复合刀具和多刃刀具等。刀具的类型规格和精度等级应符合加工要求。

（3）量具的选择。单件小批量生产应广泛采用通用量具，如游标卡尺、百分尺和千分表等；大批量生产应采用极限量块、高效的专用检验夹具和量具等。量具的精度必须与加工精度相适应。

2. 切削用量的确定

应当从保证工件加工表面的质量、生产率、刀具寿命以及机床功率等因素来考虑选择切削用量。

1）粗加工切削用量的选择

粗加工毛坯余量大，加工精度与表面粗糙度要求不高。因此，粗加工切削用量的选择应在保证必要的刀具寿命的前提下，尽可能提高生产率和降低成本。

通常生产率以单位时间内的金属切除率，用公式 $Z_W=1000vfa_p$ 来计算，单位为 mm^3/s。可见，提高切削速度 v、增大进给量 f 和背吃刀量 a_p 都能提高切削加工生产率。其中，v 对刀具寿命 T 影响最大，a_p 对刀具寿命 T 影响最小。在选择粗加工切削用量时，应首先选用尽可能大的背吃刀量 a_p，其次选用较大的进给量 f，最后根据合理的刀具寿命，用计算法或查表法确定合适的切削速度。

(1) 背吃刀量 a_p 的选择。粗加工时,背吃刀量由工件加工余量和工艺系统的刚度决定。在保留后续工序余量的前提下,尽可能将粗加工余量一次切除掉;若总余量太大,可分几次进给。

(2) 进给量 f 的选择。限制进给量的主要因素是切削力。在工艺系统的刚性和强度良好的情况下,可用较大的 f 值。具体可用查表法,根据工件材料和尺寸大小、刀杆尺寸和初选的背吃刀量 a_p 选取。

(3) 切削速度 v 的选择。切削速度主要受刀具寿命的限制,在 a_p 及 f 选定后,可按公式计算得到。切削用量 a_p、f 和 v 三者决定切削功率,确定时应考虑机床的额定功率。

2) 精加工切削用量的选择

在精加工时,加工精度和表面粗糙度的要求都较高,加工余量小而均匀。因此,在选择精加工的切削用量时,着重考虑保证加工质量,并在此基础上尽量提高生产率。

(1) 背吃刀量的选择。由粗加工后留下的余量决定,一般 a_p 不能太大,否则会影响加工质量。

(2) 进给量的选择。限制进给量的主要因素是表面粗糙度。应根据加工表面的粗糙度要求、刀尖圆弧半径、工件材料、主偏角及副偏角等选取 f。

(3) 切削速度的选择。切削速度的选择主要考虑表面粗糙度要求和工件的材料种类。当表面粗糙度要求较高时,切削速度也较大。

3. 加工余量的确定

1) 加工余量的基本概念

加工余量是指在加工中被切去的金属层厚度。加工余量有工序余量和总余量之分。

(1) 工序余量

工序余量是指某一表面在一道工序中被切除的金属层厚度。其大小等于相邻两道工序的工序尺寸之差。

① 非对称表面。对于非对称表面,若是属于外表面,如图 5-14(a)所示,则其工序余量为

$$Z_i = l_{i-1} - l_i \tag{5-2}$$

如果非对称表面为内表面,如图 5-14(b)所示,则其工序余量为

$$Z_i = l_i - l_{i-1} \tag{5-3}$$

式中:Z_i 为本道工序的工序余量(或金属层厚度);l_{i-1} 为上道工序的工序尺寸;l_i 为本道工序的工序尺寸。显然,非对称表面的工序余量是单边余量,它等于实际切除的金属层厚度。

② 对称表面。回转表面的工序余量则是双边余量,也就是说,实际切除的金属层厚度是加工余量的一半。

对于图 5-14(c)所示的被包容面,其工序余量为

$$2Z_i = d_{i-1} - d_i \tag{5-4}$$

式中:d_{i-1} 为上道工序的加工直径;d_i 为本道工序的加工直径。

对于图 5-14(d)所示的包容面,则工序余量为

$$2Z_i = D_i - D_{i-1} \tag{5-5}$$

式中：D_{i-1} 为上道工序的加工直径；D_i 为本道工序的加工直径。

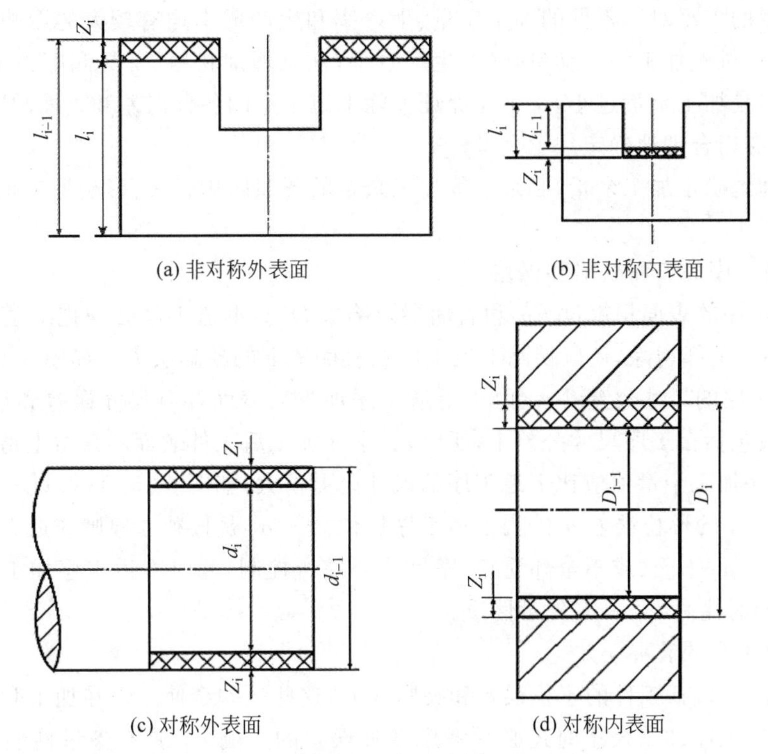

图 5-14　加工余量

结合图 5-14(a)和图 5-15，由于工序尺寸 l_{i-1} 和 l_i 存在公差，故实际切除的余量大小不等。因此，工序余量必然在某一公差范围内变化，并称之为余量公差 T_{Z_i}。当工序尺寸用基本尺寸计算时，所得的加工余量称为基本余量或公称余量。而工序余量的最小值、最大值则分别称为最小余量 Z_{imin} 和最大余量 Z_{imax}。根据式(5-2)可知，工序余量和工序尺寸及公差的关系式为

$$Z_i = Z_{imin} + T_{i-1} \tag{5-6}$$

$$Z_{imax} = Z_i + T_i = Z_{imin} + T_{i-1} + T_i \tag{5-7}$$

由此可知，余量公差 T_{Z_i} 可表示为

$$T_{Z_i} = Z_{imax} - Z_{imin} = (Z_{imin} + T_{i-1} + T_i) - Z_{imin} = T_{i-1} + T_i \tag{5-8}$$

式中：T_{Z_i} 为本道工序的余量公差；T_{i-1} 为上道工序的尺寸公差；T_i 为本道工序的尺寸公差。

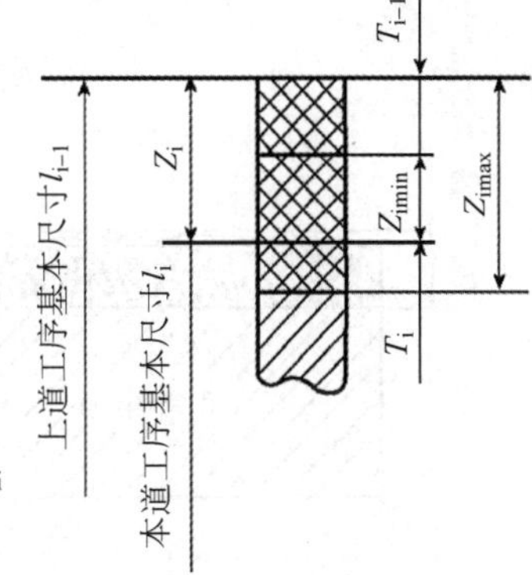

图 5-15　工序余量与工序尺寸及其公差的关系

(2) 总余量

工件由毛坯到成品的整个加工过程中，某一表面被切除金属层的总厚度，其值等于某一表面的毛坯尺寸与零件设计尺寸之差，也等于该表面各工序余量之和，即

$$Z = Z_1 + Z_2 + \cdots + Z_n \tag{5-9}$$

式中：Z 为加工总余量；$Z_1, Z_2, \cdots, Z_n$ 为各道工序余量。

2）加工余量的影响因素

加工余量的大小对于零件的加工质量、生产率和生产成本均有较大的影响。加工余量过大，不仅增加机械加工的劳动量，降低生产效率，而且增加材料、工具和电力的消耗，加工成本增高。但是加工余量过小，又不能保证消除上道工序的各种误差和表面缺陷，甚至产生废品。因此，应当合理地确定加工余量。

为了合理地确定加工余量，必须了解加工余量的各项影响因素，影响加工余量的因素主要有以下几点。

（1）上道工序的表面缺陷和误差

① 上道工序的表面粗糙度 Ra 和表面层缺陷层 D_a。本道工序必须把上道工序留下的表面粗糙度 Ra 全部切除，还应切除上道工序在表面留下的缺陷层 D_a，如图 5-16 所示。

② 上道工序的尺寸公差 T_a。由于上道工序加工后表面存有尺寸误差和形位误差，而这些误差一般包括在工序尺寸公差中，所以，为了使加工后工件表面不残留上道工序的这些误差，本道工序加工余量值应比上道工序的尺寸公差值大，如图 5-15 所示。

③ 上道工序的形位误差 ρ_a。当上道工序形位公差 ρ_a 是按独立原则或最大实体原则给出时，形位误差 ρ_a 不受（或不全部受）工序尺寸公差所控制，此时本道工序加工余量应考虑 ρ_a 的影响。同时注意，ρ_a 具有矢量性质。

（2）本道工序的装夹误差

装夹误差 ε_b 包括工件的定位误差和夹紧误差，这些误差会使工件在加工时的位置发生偏移，所以确定工序加工余量时还必须考虑装夹误差的影响，ε_b 具有矢量性质。如图 5-17 所示，用三爪卡盘装夹工件外圆磨内孔，由于三爪卡盘定心不准，使工件轴线偏离主轴轴线 e 值，造成孔的磨余量不均匀。为了确保加工质量，孔的直径余量应增加 $2e$。

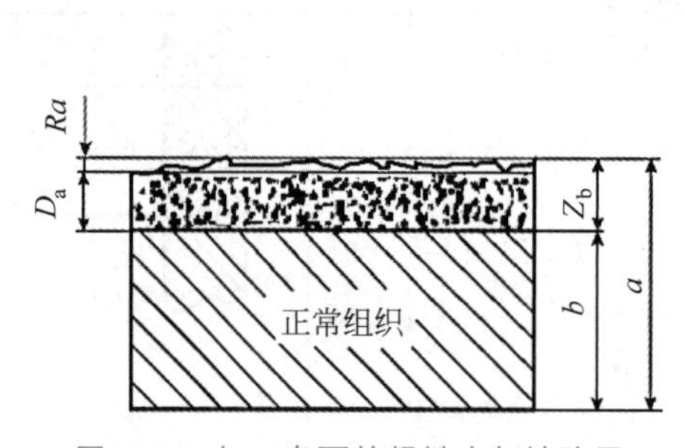

图 5-16 加工表面的粗糙度与缺陷层

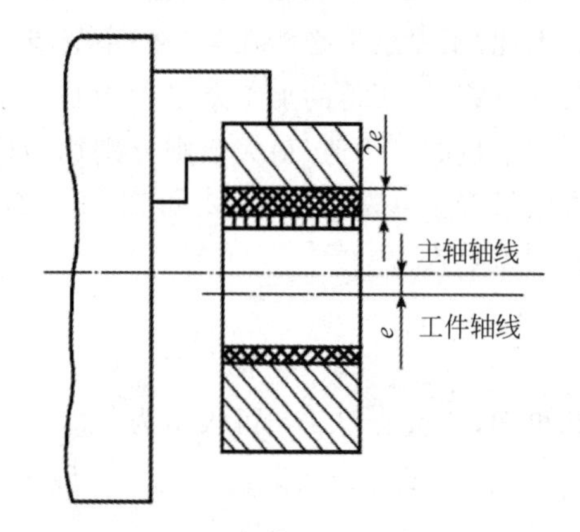

图 5-17 三爪卡盘上的装夹误差

3）加工余量的确定方法

（1）分析计算法

分析影响加工余量的各项因素，通过计算来确定加工余量。结合图 5-18 所示用小孔和端面定位镗削连杆大孔的情形，综上所述，建立以下加工余量计算式。

加工外圆和孔时加工余量必须满足条件：

$$Z \geqslant T_a + 2(D_a + Ra) + 2|\rho_a + \varepsilon_b| \tag{5-10}$$

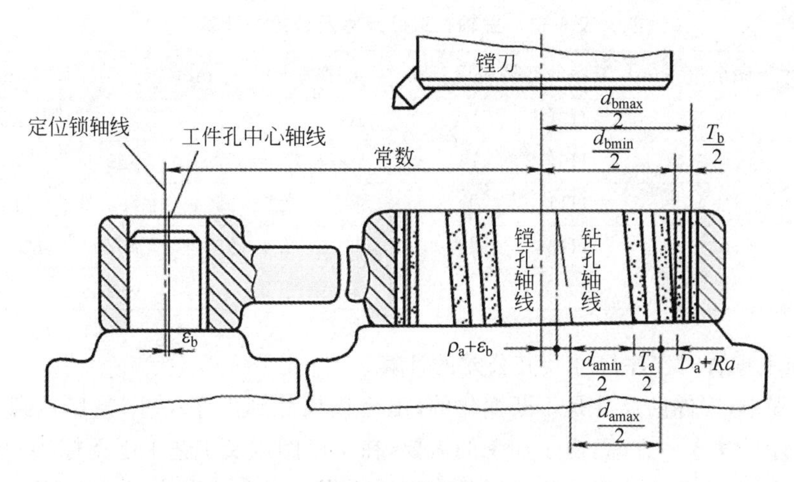

图 5-18　镗削连杆大孔工序

而加工平面时则满足条件：

$$Z \geqslant T_a + (D_a + Ra) + |\rho_a + \varepsilon_b| \tag{5-11}$$

这种方法较合理，但需要全面可靠的试验资料，计算也较复杂，一般只在材料十分贵重或少数大批量生产的工厂中采用。

(2) 查表法

根据有关手册提供的加工余量数据，结合本厂生产实际情况加以修正，然后确定加工余量。这是各工厂广泛采用的方法。

(3) 经验估计法

根据工艺人员本身积累的经验确定加工余量。一般为了防止余量过小而产生废品，所估计的余量总是偏大。该方法常用于单件、小批量生产。

4. 工序尺寸及其公差的确定

工件上的设计尺寸一般都要经过几道工序的加工才能得到，每道工序所应保证的尺寸称为工序尺寸。编制工艺规程的一个重要工作就是要确定每道工序的工序尺寸及公差。在确定工序尺寸及公差时，存在工艺基准与设计基准重合和不重合两种情况。

1) 基准重合时工序尺寸及其公差的计算

当工序基准、定位基准或测量基准与设计基准重合时，工序尺寸及其公差的计算相对来说比较简单。应先确定各工序中加工方法所要求的基本余量及其所能达到的加工经济精度，再由最后一道工序逐个向前推算，即由零件图上的设计尺寸开始，一直推算到毛坯图上的尺寸。工序尺寸的公差都按各工序的加工经济精度确定，并按"入体原则"确定上、下偏差。

【例 5-1】 某主轴箱体主轴孔的设计要求为 $\phi100\text{H7}$，$Ra=0.8\mu\text{m}$，毛坯为铸件，其加工工艺路线为毛坯—粗镗—半精镗—精镗—浮动镗，试确定各工序尺寸及其公差。

解 从机械工艺手册可查得各工序的加工余量和所能达到的精度，具体数值见表 5-11 中的第 2 列与第 3 列，计算结果见表 5-11 中的第 4 列与第 5 列。

表 5-11 主轴孔工序尺寸及公差的计算

工序名称	工序余量/mm	工序的经济精度/mm	工序基本尺寸/mm	工序尺寸/mm 及公差
浮动镗	0.1	H7$\left(^{+0.035}_{0}\right)$	100	$\phi 100^{+0.035}_{0}$,$Ra=0.8\mu m$
精镗	0.5	H9$\left(^{+0.087}_{0}\right)$	100−0.1=99.9	$\phi 99.9^{+0.087}_{0}$,$Ra=1.6\mu m$
半精镗	2.4	H11$\left(^{+0.22}_{0}\right)$	99.9−0.5=99.4	$\phi 99.4^{+0.22}_{0}$,$Ra=6.3\mu m$
粗镗	5	H13$\left(^{+0.54}_{0}\right)$	99.4−2.4=97	$\phi 97^{+0.54}_{0}$,$Ra=12.5\mu m$
毛坯孔	8	(±1.2)	97−5=92	$\phi 92\pm 1.2$

2）基准不重合时工序尺寸及其公差的计算

加工过程中,工件的尺寸是不断变化的,由毛坯尺寸到工序尺寸,最后达到满足零件性能要求的设计尺寸。一方面,由于加工的需要,在工序图以及工艺卡上要标注一些专供加工用的工艺尺寸,而这些工艺尺寸往往不是直接采用零件图上的尺寸,而是需要另行计算;另一方面,当零件加工时,有时需要多次转换基准,而引起工序基准、定位基准或测量基准与设计基准不重合。这时,需要利用工艺尺寸链原理进行工序尺寸及其公差的计算。

(1) 工艺尺寸链的基本概念

加工图 5-19 所示的零件,零件图上标注的设计尺寸为 A_1 和 A_0,当用零件的面 1 来定位加工面 2 时,得到尺寸 A_1,仍以面 1 定位加工面,保证尺寸 A_2,于是 A_1、A_2 和 A_0 就形成了一个封闭的图形。这种由相互联系的尺寸按一定顺序首尾相接排列成的尺寸封闭图形就称为尺寸链。由单个零件在工艺过程中的有关工艺尺寸所组成的尺寸链,称为工艺尺寸链。组成工艺尺寸链的各个尺寸被称为尺寸链的环。这些环可分为封闭环和组成环。

在尺寸链中,封闭环是加工过程中最终间接获得或间接保证精度的那个环,每个尺寸链中必有一个,且只有一个封闭环。除封闭环外的其他环都称为组成环,组成环又分为增环和减环。

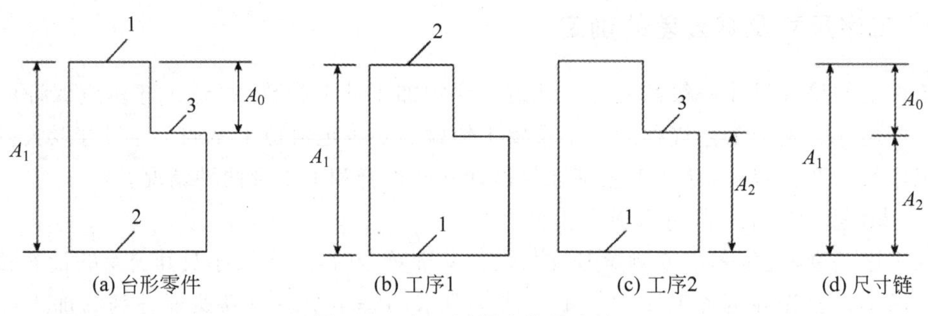

图 5-19 加工过程中的尺寸链

若其他组成环不变,某组成环的变动引起封闭环随之同向变动,则该环为增环。若其他组成环不变,某组成环的变动引起封闭环随之异向变动,则该环为减环。

工艺尺寸链一般都用工艺尺寸链图表示。建立工艺尺寸链时,应首先对工艺过程和工艺尺寸进行分析,确定间接保证精度的尺寸,并将其定为封闭环,然后再从封闭环出发,按照零件表面尺寸间的联系,用首尾相接的单向箭头顺序表示各组成环,这种尺寸图就是尺寸链图。根据上述定义,利用尺寸链图即可迅速判断组成环的性质:

凡与封闭环箭头方向相同的环即为减环,与封闭环箭头方向相反的环则为增环。

(2) 工艺尺寸链计算的基本公式

工艺尺寸链的计算方法有两种,即极值法和概率法,这里仅介绍生产中常用的极值法。图5-20是一个 n 环尺寸链。其中,A_0 为封闭环,$A_1,A_2,\cdots,A_m$ 为增环,$A_{m+1},A_{m+2},\cdots,A_{n-1}$ 为减环。

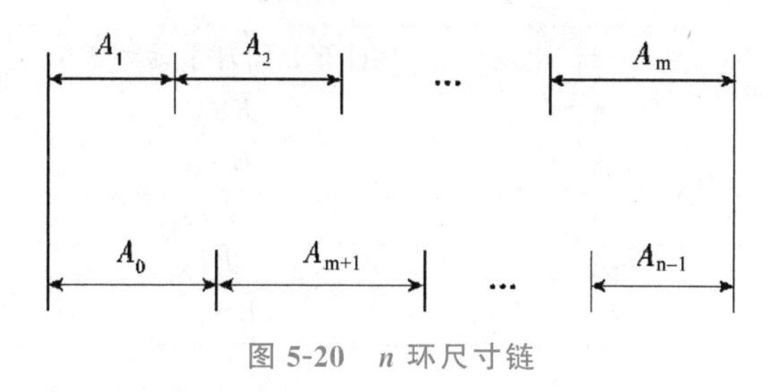

图5-20 n 环尺寸链

① 封闭环的基本尺寸。封闭环的基本尺寸等于所有增环基本尺寸之和减去所有减环基本尺寸之和。

$$A_0=\sum_{i=1}^{m}A_i-\sum_{j=m+1}^{n-1}A_j \tag{5-12}$$

式中:A_0 为封闭环尺寸;A_i 为第 i 个增环尺寸;A_j 为第 j 个减环尺寸;n 为尺寸链中包括封闭环在内的总环数;m 为增环的数目。

② 封闭环的极限尺寸。封闭环的最大极限尺寸等于所有增环的最大极限尺寸之和减去所有减环的最小极限尺寸之和;封闭环的最小极限尺寸等于所有增环的最小极限尺寸之和减去所有减环的最大极限尺寸之和。故极值法也称极大极小法。即

$$A_{0\max}=\sum_{i=1}^{m}A_{i\max}-\sum_{j=m+1}^{n-1}A_{j\min} \tag{5-13}$$

$$A_{0\min}=\sum_{i=1}^{m}A_{i\min}-\sum_{j=m+1}^{n-1}A_{j\max} \tag{5-14}$$

式中:$A_{0\max}$ 为封闭环最大极限尺寸;$A_{i\max}$ 为增环最大极限尺寸;$A_{j\min}$ 为减环最小极限尺寸;$A_{0\min}$ 为封闭环最小极限尺寸;$A_{i\min}$ 为增环最小极限尺寸;$A_{j\max}$ 为减环最大极限尺寸。

③ 封闭环的上偏差与下偏差。

封闭环的上偏差等于所有增环的上偏差之和减去所有减环的下偏差之和。

$$ES_0=\sum_{i=1}^{m}ES_i-\sum_{j=m+1}^{n-1}EI_j \tag{5-15}$$

封闭环的下偏差等于所有增环的下偏差之和减去所有减环的上偏差之和,即

$$EI_0=\sum_{i=1}^{m}EI_i-\sum_{j=m+1}^{n-1}ES_j \tag{5-16}$$

式中:ES_0 为封闭环的上偏差;ES_i 为第 i 个增环的上偏差;EI_j 为第 j 个减环的下偏差;EI_0 为封闭环的下偏差;EI_i 为第 i 个增环的下偏差;ES_j 为第 j 个减环的上偏差。

④ 封闭环的公差。封闭环的公差等于所有组成环公差之和,即

$$T_0=\sum_{i=1}^{n-1}T_i \tag{5-17}$$

式中：T_0 为封闭环的公差；T_i 为各组成环的公差。

⑤ 计算封闭环的竖式。计算封闭环时还可用竖式进行解算。解算时应用口诀：增环上下偏差照抄，减环上下偏差对调、反号，如表 5-12 所示。

表 5-12 应用口诀

环的类型		基本尺寸	计算封闭环上偏差 ES	计算封闭环下偏差 EI
增环	A_1	$+A_1$	ES_{A_1}	EI_{A_1}
	A_2	$+A_1$	ES_{A_2}	EI_{A_2}
减环	A_3	$-A_1$	$-EI_{A_3}$	$-ES_{A_3}$
	A_4	$-A_1$	$-EI_{A_4}$	$-ES_{A_4}$
封闭环 A_0		A_0	ES_{A_Σ}	EI_{A_Σ}

(3) 工艺尺寸链的计算形式

① 正计算形式。已知各组成环尺寸求封闭环尺寸。其计算结果是唯一的，产品设计的校验常用这种形式。

② 反计算形式。已知封闭环尺寸求各组成环。由于组成环通常有若干个，所以反计算形式需将封闭环的公差值按照尺寸大小和精度要求合理地分配给各组成环。产品设计常用此形式。

③ 中间计算形式。已知封闭环尺寸和部分组成环尺寸求某一组成环尺寸。该方法应用最广，常用于加工过程中基准不重合时计算工序尺寸。工艺尺寸链多属这种计算形式。

5.3 实践项目——工艺尺寸链的应用

应用工艺尺寸链计算工艺尺寸的关键是找出在加工过程中要保证的设计尺寸与有关的工艺尺寸之间的内在联系，确定封闭环及组成环并建立工艺尺寸链。在此基础上利用工艺尺寸链计算公式进行具体计算。

1. 测量基准与设计基准不重合

在工件加工过程中，有时会遇到一些表面加工之后，按设计尺寸不便测量的情况，因此需要在零件上另选一容易测量的表面作为测量基准进行测量，以间接保证设计尺寸的要求。这时就需要进行尺寸的换算。

【例 5-2】 加工图 5-21(a)所示轴承座，设计尺寸为 $50_{-0.1}^{\ 0}$mm 和 $10_{-0.05}^{\ 0}$mm。由于设计尺寸 $50_{-0.1}^{\ 0}$mm 在加工时无法直接测量，只好通过测量尺寸 x 来间接保证它。尺寸 $50_{-0.1}^{\ 0}$mm、$10_{-0.05}^{\ 0}$mm 和 x 就组成了一工艺尺寸链。分析该尺寸链可知，尺寸 $50_{-0.1}^{\ 0}$mm 为封闭环，尺寸 $10_{-0.05}^{\ 0}$mm 为减环，尺寸 x 为增环，尺寸链图如图 5-21(b)所示。

解 利用尺寸链的解算公式可知：

由封闭环基本尺寸公式 $\because 50=x-10$ $\therefore x=60$mm

由封闭环上偏差公式 $\because 0=ES_x-(-0.05)$ $\therefore ES_x=-0.05$mm

由封闭环下偏差公式 $\because -0.1=EI_x-0$ $\therefore EI_x=-0.1$mm

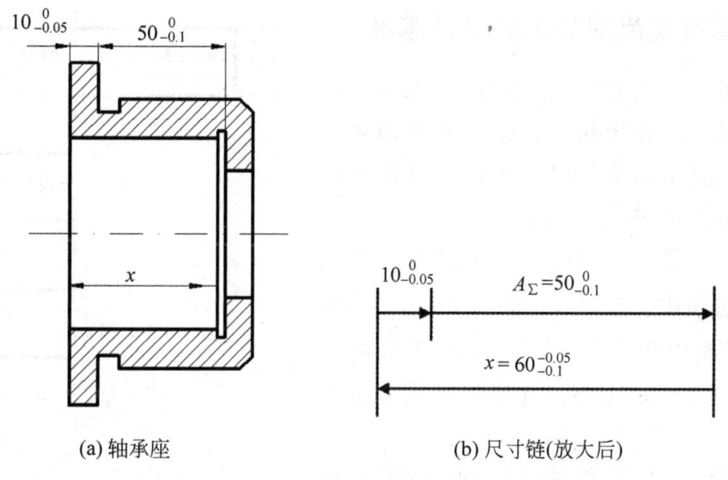

(a) 轴承座　　(b) 尺寸链(放大后)

图 5-21　测量基准与设计基准不重合

因此，$x=60_{-0.1}^{-0.05}$ mm。

2. 定位基准与设计基准不重合

【例 5-3】 如图 5-22 所示零件，A、B、C 面在镗孔前已经过加工，镗孔时，为方便工件装夹，选择 A 面为定位基准进行加工，而孔的设计基准为 C 面，显然，属于定位基准与设计基准不重合，加工时镗刀需按定位 A 面进行调整，故应先计算出工序尺寸 A_3。

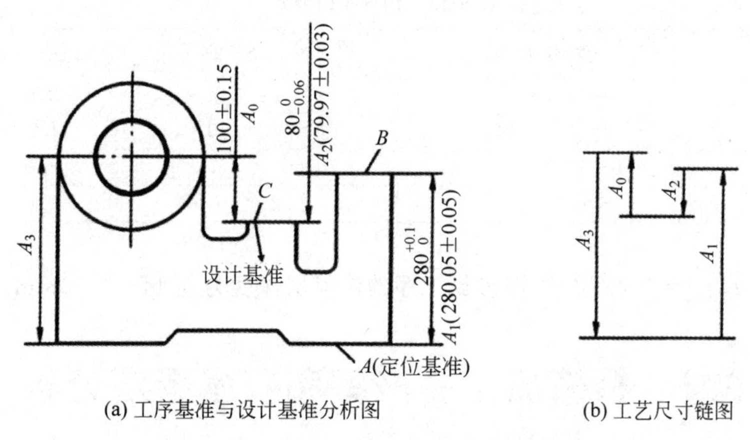

(a) 工序基准与设计基准分析图　　(b) 工艺尺寸链图

图 5-22　定位基准与设计基准不重合

解　根据题意作出工艺尺寸链图 5-22(b)。由于面 A、B、C 在镗孔前已加工，故 A_1、A_2 在本工序前就已被保证精度，A_3 为本道工序直接保证精度的尺寸，故三者均为组成环，而 A_0 为本工序加工后才能得到的尺寸，故 A_0 为封闭环。由工艺尺寸链简图可知，组成环 A_2 和 A_3 是增环，A_1 是减环。

由封闭环基本尺寸公式　$\because 100=x+80-280$　$\therefore x=300\text{mm}$

由封闭环上偏差公式　$\because 0.15=ES_3+0-0$　$\therefore ES_3=0.15\text{mm}$

由封闭环下偏差公式　$\because -0.15=EI_3-0.06-0.1$　$\therefore EI_3=0.01\text{mm}$

因此，$A_{3EI_3}^{ES_3}=300_{+0.01}^{+0.15}$ mm。

3. 工序基准是尚需加工的设计基准

从待加工的设计基准(一般为基面)标注工序尺寸,因为待加工的设计基准与设计基准两者差一个加工余量,因而仍然可以作为设计基准与定位基准不重合的问题进行解算。

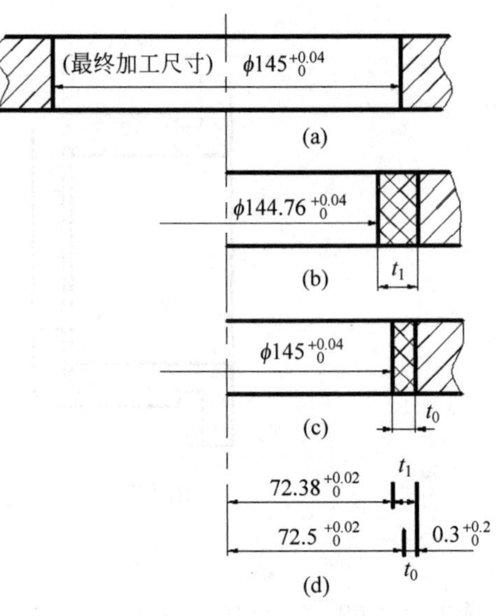

图 5-23 渗氮后磨内孔

【例 5-4】 如图 5-23 所示,某零件的磨内孔工艺过程为:①磨内孔至 $\phi144.76^{+0.04}_{0}$ mm;②渗氮,深度 t_1;③磨内孔至 $\phi145^{+0.04}_{0}$ mm,并保持渗氮层深度 $t_0=0.3\sim0.5$mm。计算工序尺寸渗氮层深度 t_1。

解 分析工艺过程可知,内孔加工到 $\phi144.76^{+0.04}_{0}$ mm 后,进行渗氮工艺,然后继续磨内孔,直到内孔最终尺寸磨至 $\phi145^{+0.04}_{0}$ mm 为止,剩余的渗氮层深度 t_0 就是封闭环,由于内孔属于轴对称,为便于建立尺寸链,沿半径方向建立工艺尺寸链(相应尺寸及公差均减半),如图 5-23(d)所示。经分析,$t_0=0.3^{+0.2}_{0}$ 是封闭环,$72.38^{+0.02}_{0}$ 和 t_1 是增环,$72.5^{+0.02}_{0}$ 是减环,列竖式如表 5-13 所示。

表 5-13 例 5-4 列竖式

环的类型	基本尺寸	ES	EI
增环	+72.38	+0.02	0.00
	$t_1=+0.42$	$ES_1=+0.18$	$EI_1=+0.02$
减环	−72.5	0.00	−0.02
封闭环	+0.30	+0.20	0.00

于是解得 $t_{1\,EI_1}^{\;\;ES_1}=0.42^{+0.18}_{+0.02}$,即渗氮工序的渗氮层深度为 0.44~0.60mm。

工艺案例:典型零件加工工艺过程实操视频

5.4 机械加工生产率和技术经济分析

制定工艺规程的根本任务在于保证产品质量的前提下,提高劳动生产率和降低成本,即做到高产、优质、低消耗,要达到这一目的,制定工艺规程时,还必须对工艺过程认真开展技术经济分析,有效地采取提高机械加工生产率的工艺措施。

5.4.1 时间定额与提高劳动生产率的工艺措施

确定劳动定额是工序设计中的内容之一。劳动定额是生产率的指标。劳动定额可用产量定额(在一定生产条件下,规定每个工人在单位时间内完成的合格品数量)或时间定额(在一定生产条件下,规定生产一件产品或完成一道工序所需消耗的时间)来表示。目前,工厂常用时间定额作为劳动定额指标。

1. 时间定额

时间定额是安排生产计划、核算生产成本的重要依据，也是设计、扩建工厂或车间时计算设备和工人数量的依据。时间定额由以下几部分组成。

(1) 基本时间 T_b。直接改变生产对象的尺寸、形状、相对位置与表面质量或材料性质等工艺过程所消耗的时间。对机械加工而言，就是切除金属所耗费的时间(包括刀具切入、切出的时间)。时间定额中的基本时间可以根据切削用量和行程长度来计算。

(2) 辅助时间 T_a。为实现工艺过程所必须进行的各种辅助动作消耗的时间。它包括装卸工件，开、停机床，改变切削用量，试切和测量工件，进刀和退刀具等所需的时间。

基本时间与辅助时间之和称为操作时间 T_g，它是直接用于制造产品或零部件所消耗的时间。

(3) 布置工作场地时间 T_{SW}。为使加工正常进行，工人管理工作场地和调整机床等(如更换、调整刀具，润滑机床，清理切屑，收拾工具等)所需的时间。一般按操作时间的 2%～7%(以百分率 α 表示)计算。

(4) 生理和自然需要时间 T_r。工人在工作班内为恢复体力和满足生理需要等消耗的时间。一般按操作时间的 2%～4%(以百分率 β 表示)计算。

基本时间、辅助时间、布置工作场地时间、生理和自然需要时间的总和称为单件时间 T_p，即

$$T_p = T_b + T_a + T_{SW} + T_r = T_B + T_{SW} + T_r = (1+\alpha+\beta)T_B \tag{5-18}$$

(5) 准备与终结时间 T_e。简称准终时间，是指工人在加工一批产品、零件时进行准备和结束工作所消耗的时间。加工开始前，通常要熟悉工艺文件，领取毛坯、材料、工艺装备，调整机床，安装工、刀具和夹具，选定切削用量等；加工结束后，需送交产品，拆下归还工艺装备等。准终时间对一批工件来说只消耗一次，零件批量 n 越大，分摊到每个工件上的准终时间 T_e/n 就越小。因此，单件或成批生产的单件计算时间 T_c 应为

$$T_c = T_p + T_e/n = T_b + T_a + T_{SW} + T_r + T_e/n \tag{5-19}$$

大批量生产中，由于 n 的数值很大，$T_e/n \approx 0$，即可忽略不计，所以大批量生产的单件计算时间 T_c 应为

$$T_c = T_p = T_b + T_a + T_{SW} + T_r \tag{5-20}$$

2. 提高机械加工生产率的工艺措施

劳动生产率是一个综合技术经济指标，它与产品设计生产组织、生产管理和工艺设计都有密切关系。现从工艺技术的角度，研究通过减少时间定额来提高生产率的工艺途径。

1) 缩短基本时间

(1) 提高切削用量

增大切削速度、进给量和背吃刀量都可以缩短基本时间，这是机械加工中广泛采用的提高生产率的有效方法。近年来，国外出现了聚晶金刚石和聚晶立方化硼等新型刀具材料，切削普通钢材的速度可达 900m/min；加工 HRC60 以上的淬火钢、高镍合金钢，在 980℃时仍

能保持其红硬性,切削速度可达 900m/min 以上。高速滚齿机的切削速度可达 65～75m/min,目前最高滚切速度已超过 300m/min。磨削方面,近年的发展趋势是在不影响加工精度的条件下,尽量采用强力磨削,提高金属切除率,磨削速度已超过 60m/s,高速磨削速度已达到 180m/s 以上。

(2) 减少切削行程长度

减少切削行程长度的工艺方法有很多,常用的是采用多刀加工、多件加工改变进给方法等措施。如图 5-24 所示,某箱体在 3 层箱壁上需直径为 ϕ80H7 孔,并有同轴度要求。若用一把镗刀加工,切削行程为 $3l$。若采用 3 把刀同时加工,切前行程为 l,此时不仅缩短了基本时间,而且可减小镗杆悬伸量。如图 5-25 所示,在车床上加工成形表面,若采用成形车刀代替通用车刀,并将纵向走刀改为横向走刀,可减少切削行程,缩短基本时间,并可保证成形面精度。

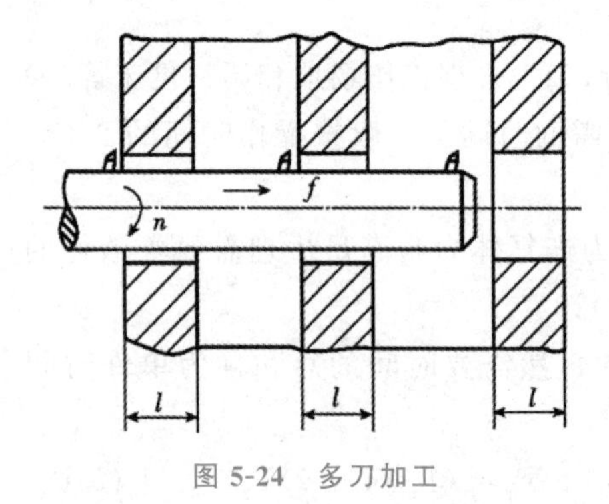

图 5-24 多刀加工

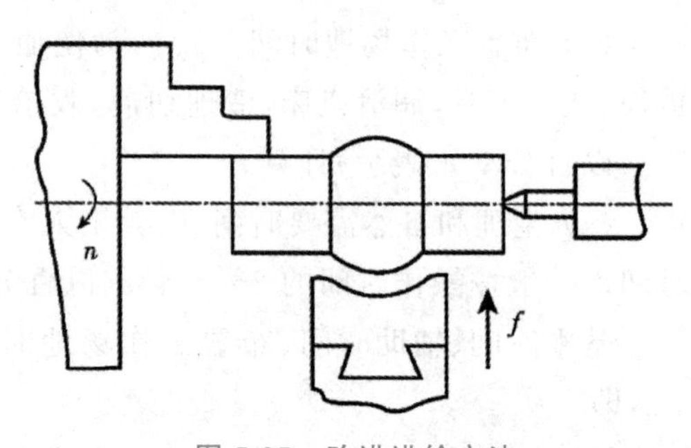

图 5-25 改进进给方法

多件加工可分顺序加工、平行加工和平行顺序加工 3 种形式。顺序加工是指工件按进给方向一个接一个地顺序装夹,减少了刀具的切入、切出时间,即减少了基本时间,如图 5-26(a)所示。平行加工是指工件平行排列,一次进给可同时加工几个工件,如图 5-26(b)所示。平行顺序加工是上述两种形式的综合,常用于工件较小、批量较大的情况,如图 5-26(c)所示。

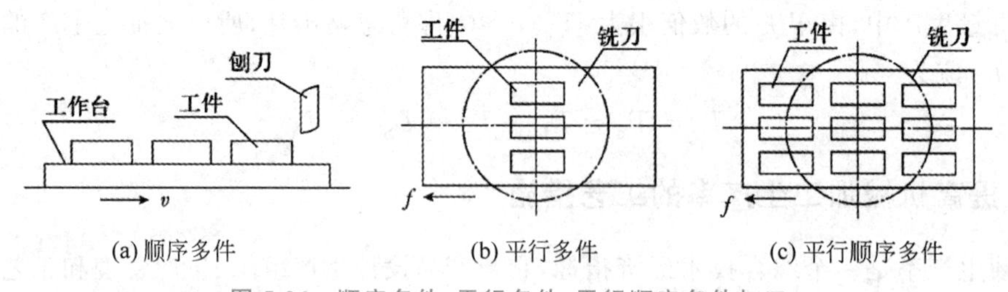

(a) 顺序多件　(b) 平行多件　(c) 平行顺序多件

图 5-26 顺序多件、平行多件、平行顺序多件加工

2) 缩短辅助时间

缩短辅助时间的方法通常是使辅助操作实现机械化和自动化,或使辅助时间与基本时间重合。具体措施有以下几种。

(1) 采用先进高效夹具。在大批量生产中,可采用高效的气动或液压夹具。在成批生产中,采用组合夹具或可调夹具。单件小批量生产常采用组合夹具。

(2) 提高机床的自动化程度。提高机床操作的机械化与自动化水平,实现集中控制、自动调速与变速,以缩短开、停机床和改变切削用量的时间。

(3) 使辅助时间与基本时间重叠。在机床和夹具上采取措施,使辅助时间与基本时间完全重合或部分重合。如图 5-27 所示,Ⅰ工位用于装夹工件,Ⅱ工位和Ⅲ工位用于加工工件的 4 个表面,Ⅳ工位用于拆卸工件。这样可以实现在加工的同时装卸工件,使装卸工件的时间与基本时间重合。

3) 缩短布置工作场地时间

布置工作场地时间主要消耗在更换刀具和调整刀具的工作上,因此,缩短布置工作场地时间主要是减少换刀次数、换刀时间和调整刀具的时间。减少换刀次数就是要提高刀具或砂轮的耐用度,为此推广应用新型刀具材料,如立方氮化硼刀片,耐用度可达到硬质合金的几十倍。减少换刀和调刀时间可采用各种机外对刀的快换刀夹具、专用对刀样板或样件以及自动换刀装置等,图 5-28 为多刀车床或自动车床快换刀夹和对刀装置,既能减少换刀次数,又减少了刀具的调整时间,从而大大提高了生产效率。

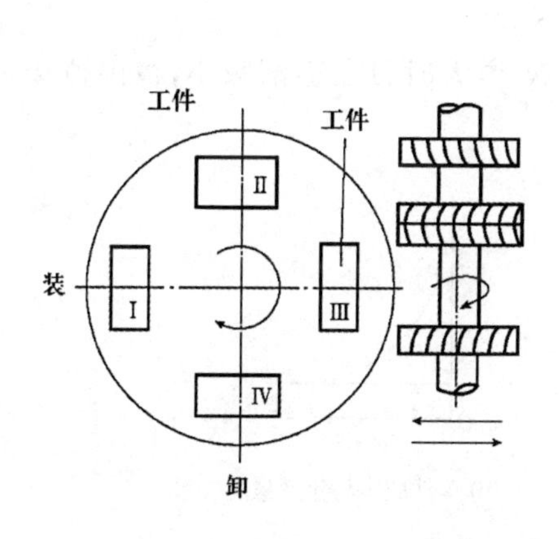

图 5-27　转位加工

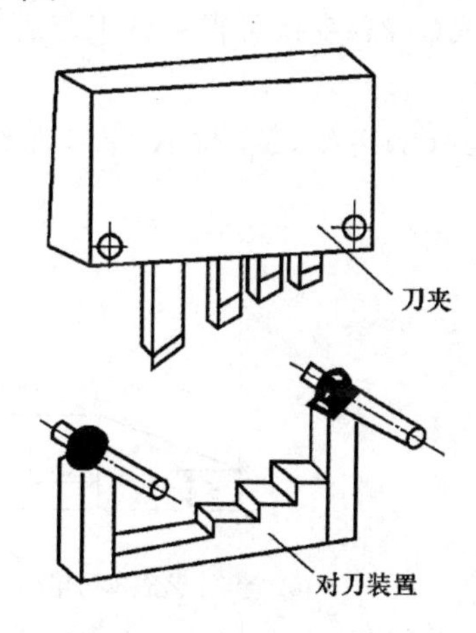

图 5-28　多刀对刀装置

4) 缩短准备与终结时间

缩短准备与终结时间的主要方法是扩大零件的批量,减少调整机床、刀具和夹具的时间。

5.4.2　工艺过程的技术经济分析

制定机械加工工艺规程时,通常应提出几种方案。这些方案应都能满足零件的设计要求,但成本则会有所不同。为了选取最佳方案,需要进行技术经济分析。

1. 生产成本和工艺成本

制造一个零件或一件产品所必需的一切费用的总和,称为该零件或产品的生产成本。生产成本实际上包括与工艺过程有关的费用和与工艺过程无关的费用两类。因此,对不同的工艺方案进行经济分析和评价时，只需分析评价与工艺过程直接相关的生产费用，即所谓的工艺成本。在进行经济分析时，应首先统计出每一方案的工艺成本，再对各方案的工艺成本进行比较，以其中成本最低、见效最快的为最佳方案。工艺成本由两部分构成，即可变成本(V)和不变成本(S)。

可变成本(V)是指与生产纲领 N 直接有关，随生产纲领成正比例变化的费用。它包括工件材料(或毛坯)费用、操作工人工资、机床电费、通用机床的折旧费和维修费、通用工艺装备的折旧费和维修费等。不变成本(S)是指与生产纲领 N 无直接关系，不随生产纲领的变化而变化的费用。它包括调整工人的工资、专用机床的折旧费和维修费、专用工艺装备的折旧费和维修费等。因此，零件加工的全年工艺成本(E)为

$$E=V\cdot N+S \tag{5-21}$$

式(5-21)为直线方程，其坐标关系如图 5-29(a)所示，可以看出，E 与 N 是线性关系，即全年工艺成本与生产纲领成正比，直线的斜率为工件的可变费用，直线的起点为工件的不变费用，当生产纲领产生 ΔN 的变化时，则年工艺成本的变化为 ΔE。

由式(5-21)变换可得单件工艺成本 E_d，即

$$E_d=V+S/N \tag{5-22}$$

由图 5-29(b)可知，E_d 与 N 呈双曲线关系，当 N 增大时，E_d 逐渐减小，极限值接近可变费用。

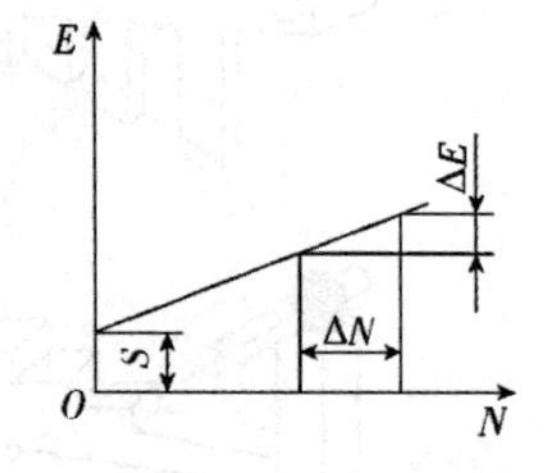

(a) 全年工艺成本与年产量的关系

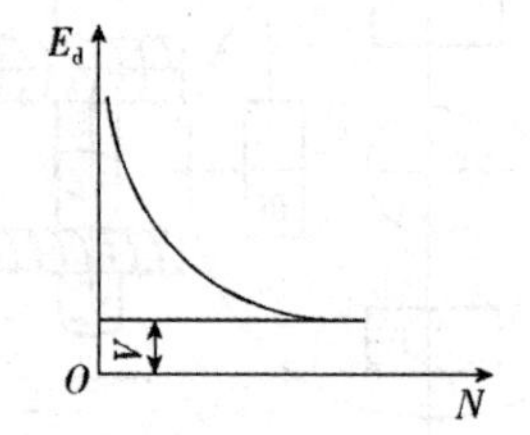

(b) 单件成本与年产量的关系

图 5-29 工艺成本的图解曲线

2. 不同工艺方案的经济性比较

在进行不同工艺方案的经济分析时，常对零件或产品的全年工艺成本进行比较，这是因为全年工艺成本与生产纲领呈线性关系，容易比较。设两种不同方案分别为Ⅰ和Ⅱ，它们的全年工艺成本分别为

$$E_{\mathrm{I}}=V_{\mathrm{I}}N+S_{\mathrm{I}} \tag{5-23}$$

$$E_{\mathrm{II}}=V_{\mathrm{II}}N+S_{\mathrm{II}} \tag{5-24}$$

现在同一坐标图上分别画出方案Ⅰ和Ⅱ全年的工艺成本与年产量的关系，如图 5-30 所示。由图可知，两条直线相交于 $N=N_K$ 处，称为临界产量，在此年产量时，两种工艺路线的全年工艺成本相等。由式(5-23)和式(5-24)可得

$$N_K=(S_{\mathrm{I}}-S_{\mathrm{II}})/(V_{\mathrm{II}}-V_{\mathrm{I}}) \tag{5-25}$$

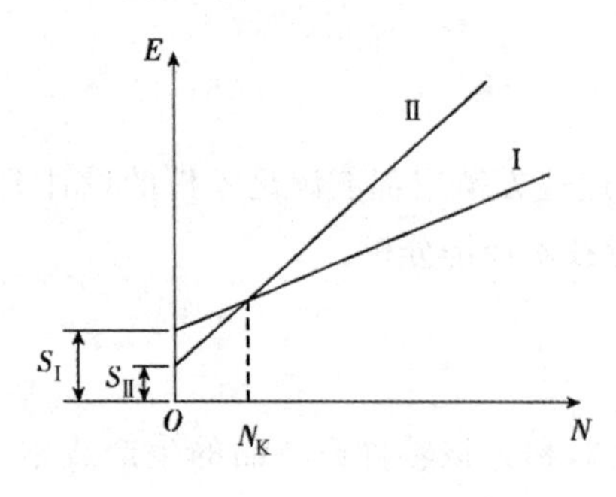

图 5-30 两种方案全年工艺成本的比较

若两种方案基本投资相近，或者以现有设备为条件，则工艺成本可以作为评价各方案经济性的依据。当 $N<N_K$ 时，宜采用方案Ⅱ，即年产量小时，宜采用不变费用较少的方案；当 $N>N_K$ 时，则宜采用方案Ⅰ，即年产量大时，宜采用可变费用较少的方案。

如果需要比较的工艺方案中基本投资差额较大，假定方案Ⅰ采用了生产率低但价格便宜的机床和工艺装备，所以基本投资 K_{I} 小，工艺成本 E_{I} 高；方案Ⅱ采用了生产率高且价格较贵的机床和工艺装备，则基本投资 K_{II} 大，但工艺成本 E_{II} 较小，也就是说工艺成本低是由于增加投资得到的。此时，单纯比较工艺成本难以评定其经济性，所以还应考虑不同方案的基本投资回收期。

投资回收期是指方案Ⅱ比方案Ⅰ多花费的投资，由工艺成本的降低而收回所用的时间。回收期 T 可用下式表示：

$$T=\frac{K_{\mathrm{II}}-K_{\mathrm{I}}}{E_{\mathrm{II}}-E_{\mathrm{I}}}=\frac{\Delta K}{\Delta E} \tag{5-26}$$

式中：ΔK 为基本投资差额；ΔE 为全年生产费用节约额。

本章知识点梳理

1. 工艺过程：工序、装夹、工位、工步、走刀
2. 生产类型：单件生产、大量生产、批量生产
3. 机械加工工艺规程文件：工艺过程卡、工艺卡、工序卡

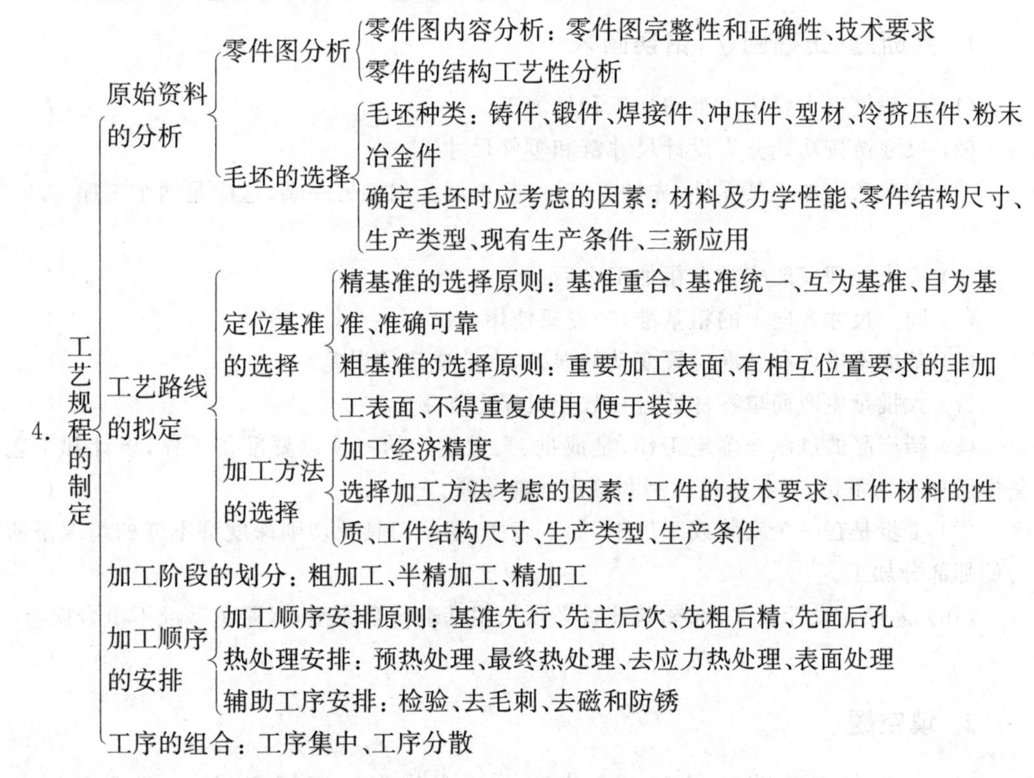

5. 工序内容的设计
- 设备及工装的选择：机床的选择、工艺装备(刀具、夹具、量具)的选择
- 切削用量的选择：粗加工切削用量的选择、精加工切削用量的选择
- 加工余量的确定
  - 概念：工序余量、总余量
  - 加工余量的影响因素：上道工序的表面缺陷和误差、本道工序安装误差
  - 加工余量的确定方法：分析计算法、查表法、经验估计法
- 工序尺寸及公差的确定
  - 基准重合时工序尺寸及其公差的计算(倒推法)
  - 基准不重合时工序尺寸及其公差的计算：工艺尺寸链(增环、减环、封闭环)、工艺尺寸链计算的基本公式(极值法)

6. 时间定额：基本时间、辅助时间、布置工作地时间、生理和自然需要时间、准备与终结时间

7. 提高机械加工生产率的工艺措施
- 缩短基本时间：提高切削用量、减少切削行程长度
- 缩短辅助时间：采用先进高效夹具、提高机床的自动化程度、使辅助时间与基本时间重叠
- 缩短布置工作地时间
- 缩短准备终结时间

8. 工艺过程的技术经济分析：生产成本、工艺成本

习 题

1. 判断题(正确画√,错误画×)

(1) 一般铣削主要用于半精加工和精加工。 ( )

(2) 尺寸链按功能分为设计尺寸链和零件尺寸链。 ( )

(3) 在车床上加工某零件,先加工其一端,再调头加工另一端,这应是两个工序 。 ( )

(4) 淬火处理一般安排在粗加工之后。 ( )

(5) 同一尺寸方向上的粗基准,一般只使用一次。 ( )

(6) 基准不重合和基准位置变动的误差,会造成定位误差。 ( )

(7) 大批量生产简单零件适合在数控机床上加工。 ( )

(8) 新产品的试制与鉴定工作,是成批、大量生产的一项重要准备工作,设计和工艺装备中所存在的不足,只有通过试制和鉴定才能暴露。 ( )

(9) 工步是在一个安装或工位中,加工表面、切削刀具及切削深度都不变的情况下所进行的那部分加工。 ( )

(10) 为保证设计尺寸,选择基准时必须采用基准重合原则,以避免基准不重合误差。 ( )

2. 填空题

(1) 机械加工工艺过程由一个或若干顺序排列的工序组成的,工序又可分为

＿＿＿＿＿、＿＿＿＿＿、＿＿＿＿＿、＿＿＿＿＿。

(2) 将工件在机床上或夹具中定位、夹紧的过程称为＿＿＿＿＿。

(3) 生产类型是指企业生产专业化程度的分类，一般分为＿＿＿＿＿、＿＿＿＿＿、＿＿＿＿＿。

(4) 确定加工余量的方法有＿＿＿＿＿、＿＿＿＿＿、＿＿＿＿＿三种。

(5) 为了正确地确定时间定额，通常把工序消耗的时间分为＿＿＿＿＿、＿＿＿＿＿、＿＿＿＿＿、＿＿＿＿＿、＿＿＿＿＿等。

(6) 工艺规程制定的原则是＿＿＿＿＿、＿＿＿＿＿、＿＿＿＿＿。

(7) 机械加工工艺过程加工阶段划分为＿＿＿＿＿、＿＿＿＿＿、＿＿＿＿＿、＿＿＿＿＿。

(8) 安排零件切削加工顺序的一般原则是＿＿＿＿＿、＿＿＿＿＿、＿＿＿＿＿、＿＿＿＿＿等。

(9) 机械加工的基本时间是指直接改变生产对象的＿＿＿＿＿、＿＿＿＿＿、＿＿＿＿＿、＿＿＿＿＿等工艺过程。

(10) 车外圆锥面的方法：＿＿＿＿＿、＿＿＿＿＿、＿＿＿＿＿、＿＿＿＿＿。

(11) 在选择定位基准时，首先应考虑选择＿＿＿＿＿基准，再选择＿＿＿＿＿基准。

(12) 铣斜面通常有三种方法：＿＿＿＿＿、＿＿＿＿＿、＿＿＿＿＿。

(13) 定位基准精基准的选择原则是：＿＿＿＿＿、＿＿＿＿＿、＿＿＿＿＿、＿＿＿＿＿所选用精基准，应保证工件装夹稳定可靠，夹具结构简单，操作方便。

3. 单项选择题

(1) 由一个工人在一台设备上对一个工件所连续完成的那部分工艺过程，称为(　　)。

A. 走刀　　B. 工步　　C. 工位　　D. 工序

(2) 按零件加工路线经过的加工车间、工段、工序等列出工序名称，使用的设备及主要的工艺装备和工时定额等形成的工艺文件称为(　　)。

A. 工艺卡　　B. 工序卡　　C. 工艺过程卡　　D. 工时卡

(3) (　　)项不属于生产成本。

A. 直接人工　　B. 燃料和动力　　C. 管理费用　　D. 制造费用

(4) 加工一轴，在锻造时的氧化皮属于(　　)。

A. 无谓消耗　　B. 有效消耗　　C. 工艺性消耗　　D. 非工艺性消耗

(5) 毛坯制造时，如果属于(　　)，应尽量利用精密制造、精锻、冷挤压等新工艺，使切削余量大大减少，从而可缩短加工的机动时间。

A. 属于维修件　　B. 批量较大　　C. 在研制阶段　　D. 要加工样品

(6) 在车床上加工某零件，先加工其一端，调头，再到另一台车床加工另一端，这应是(　　)。

A. 两个工序　　B. 两个工步　　C. 两次装夹　　D. 两个工位

(7) 为了减少零件的(　　)，应尽量选择设计基准为定位基准。

A. 尺寸误差　　B. 定位误差　　C. 测量误差　　D. 角度误差

(8) 测量基准是指工件在(　　)时所使用的基准。

A. 加工　　B. 装配　　C. 检验　　D. 维修

(9) 某圆柱零件，要在V形块上定位铣削加工其圆柱表面上的一个键槽，由于槽底尺寸的标注方法不同，其工序尺寸基准为圆柱体(　　)时，定位误差最小。

A. 上母线　B. 下母线　C. 中心线　D. 不能确定

(10) 图样上标注设计尺寸的起点、中心线、对称线、圆心等基准称为(　　)。

A. 设计基准　B. 装配基准　C. 定位基准　D. 测量基准

(11) 基准不重合误差由前后(　　)不同引起。

A. 设计基准　B. 环境温度　C. 工序基准　D. 形位误差

(12) 在审查产品图纸时，一般下列(　　)项应该优先考虑。

A. 产品的档次　B. 产品的数量　C. 图幅的大小　D. 本厂能否加工

(13) 对于高精度的零件，一般在粗加工后，精加工之前进行(　　)，减少或消除工件内应力。

A. 时效处理　B. 淬火处理　C. 回火处理　D. 高频淬火

(14) (　　)的大小直接影响零件的加工质量和生产成本，余量过大会使劳动量增加，生产率下降，生产成本提高；余量过小则不易保证产品质量，甚至出现废品。

A. 工序余量　B. 加工余量　C. 双边余量　D. 单边余量

(15) 当某组成环增大(其他组成环保持不变)时，封闭环减小，则该环称为(　　)。

A. 封闭环　B. 增环　C. 减环　D. 组成环

(16) 封闭环的基本尺寸之和等于各增环的基本尺寸(　　)各减环基本尺寸之和。

A. 之差乘以　B. 之和减去　C. 之和除以　D. 之差除以

(17) 轴的锻造毛坯在机械加工之前均进行(　　)热处理。

A. 正火或退火　B. 淬火　C. 人工时效　D. 回火

(18) 轴类零件的装配轴颈与齿轮配合时，对该轴颈尺寸精度要求可低一些，一般为(　　)。

A. IT10～IT11　B. IT6～IT9　C. IT5～IT7　D. IT8～IT9

(19) 轴类零件的支撑轴颈与轴承配合时，通常对该轴颈尺寸精度要求较高，一般为(　　)。

A. IT10～IT11　B. IT9～IT10　C. IT5～IT7　D. IT8～IT9

(20) 加工尺寸精度为IT8，表面光洁度中等的淬火钢件，应选用(　　)加工方案。

A. 粗车—精车　B. 粗车—精车—精磨

C. 粗车—精车—细车　D. 粗车—精车—粗磨—精磨

(21) 加工ϕ20mm以下未淬火的小孔，尺寸精度IT8，表面粗糙度Ra3.2～1.6，应选用(　　)加工方案。

A. 钻—镗—磨　B. 钻—粗镗—精镗

C. 钻—扩—机铰　D. 钻—镗—磨

(22) 机械加工安排工序时，应首先安排加工(　　)。

A. 主要加工表面　B. 质量要求最高的表面

C. 主要加工表面的精基准　D. 主要加工表面的粗基准

(23) 键槽的工作面是(　　)。

A. 底面　B. 侧面　C. 前面　D. 后面

(24) 在每一工序中确定加工表面的尺寸和位置所依据的基准，称为(　　)。

A. 设计基准　　B. 工序基准　　C. 定位基准　　D. 测量基准

(25) 加工精密齿轮时,用高频淬火把齿面淬硬后需进行磨齿,则较合理的加工方案是(　　)。

A. 以齿轮内孔为基准定位磨齿面

B. 以齿面为基准定位磨内孔,再以内孔为基准定位磨齿面

C. 以齿面定位磨齿面

D. 以齿轮外圆为基准定位磨齿面

(26) 轴类零件加工中,为了实现基准统一原则,常采用(　　)作为定位基准。

A. 选精度高的外圆

B. 选一个不加工的外圆

C. 两端中心孔

D. 选一个中心孔和一个不加工的外加工的外圆

(27) 在材料为45#的工件上加工一个ϕ40H7的孔(没有底孔)要求$Ra=0.4$,表面要求淬火处理,则合理的加工路线为(　　)。

A. 钻—扩—粗铰—精铰　　B. 钻—扩—精镗—金刚镗

C. 钻—扩—粗磨—精磨　　D. 钻—粗拉—精拉

(28) 有一铜棒外圆精度为IT6,表面粗糙度要求$Ra=0.8$,则合理的加工路线为(　　)。

A. 粗车—半精车—精车　　B. 粗车—半精车—粗磨—精磨

C. 粗车—半精车—精车—金刚石车　　D. 粗车—半精车—精车—磨—研磨

(29) 在安排工艺路线时,为消除毛坯工件内应力和改善切削加工性能,常进行的退火热处理工序应安排在(　　)进行。

A. 粗加工之前　　B. 精加工之前　　C. 精加工之后　　D. 都对

4. 简答题

(1) 如何划分生产类型?各种生产类型的工艺特征是什么?

(2) 在加工中可通过哪些方法保证工件的尺寸精度、形状精度及位置精度?

(3) 什么是零件的结构工艺性?

(4) 精基准、粗基准的选择原则有哪些?如何处理在选择时出现的矛盾?

(5) 如图5-31所示的零件,若按调整法加工时,试在图中指出:

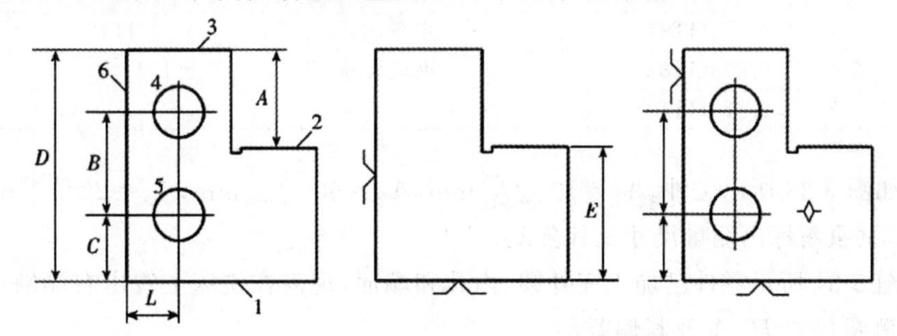

1,2,3,6—平面;4,5—孔

图5-31　调整法加工零件

① 加工平面 2 时的设计基准、定位基准、工序基准和测量基准。

② 加工孔 4 时的设计基准、定位基准、工序基准和测量基准。

(6) 试述零件在机械加工工艺过程中,安排热处理工序的目的、常用的热处理方法及其在工艺过程中安排的位置。

5. 分析与计算题

(1) 试分析图 5-32 所示零件的工艺过程的组成(内容包括工序、安装、工步、工位等),生产类型为单件小批量生产。

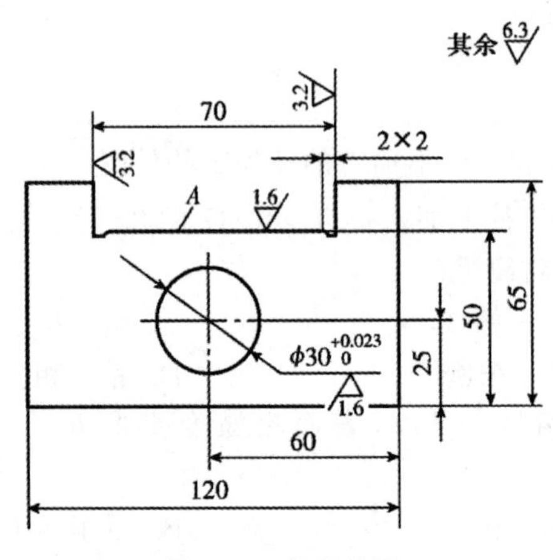

图 5-32 某零件图

在刨床上分别刨削 6 个表面,达到图样要求;粗刨导轨面 A,分两次切削;刨两越程槽;精刨导轨面 A;钻孔;扩孔;铰孔;去毛刺。

(2) 有一轴类零件,毛坯为热轧棒料,大量生产的工艺路线为粗车—精车—淬火—粗磨—精磨,外圆设计尺寸为 $\phi30_{-0.013}^{\ 0}$ mm。已知各工序的加工余量和经济精度,试确定各工序尺寸及其偏差、毛坯尺寸及粗车余量,并填入表 5-14。

表 5-14 各工序尺寸及其偏差、毛坯尺寸及粗车余量

工序名称	工序余量	经济精度	工序尺寸及偏差	工序名称	工序余量	经济精度	工序尺寸及偏差
精磨	0.1	0.013(IT6)		粗车	6	0.21(IT12)	
粗磨	0.4	0.033(IT8)		毛坯尺寸		±1.2	
精车	1.5	0.084(IT10)					

(3) 如图 5-33 所示工件,$A_1=70_{-0.070}^{-0.020}$ mm,$A_2=60_{-0.040}^{\ 0}$ mm,$A_3=20_{\ 0}^{+0.19}$ mm,因 A_3 不便测量,试重新标出测量尺寸及其公差。

(4) 图 5-34 所示零件已加工完外圆、内孔和端面,现需在铣床上铣出右端缺口,求调整刀具时的测量尺寸 H、A 及其偏差。

(5) 图 5-35(a)所示为轴套零件简图,其内孔、外圆和各端面均已加工完毕,试分别计算图 5-35(b)、图 5-35(c)与图 5-35(d)3 种定位方案的工序尺寸及偏差。

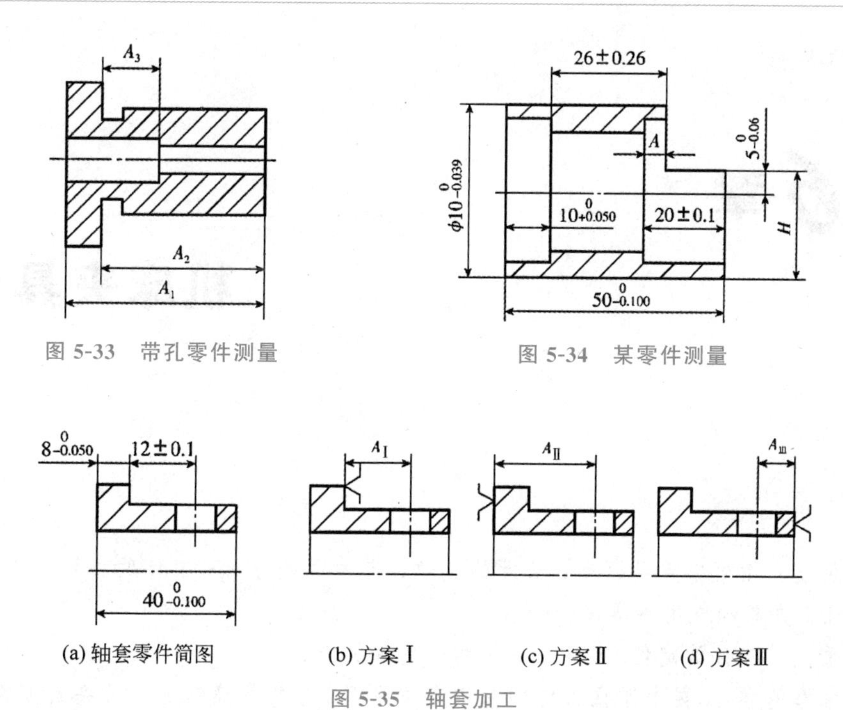

图 5-33 带孔零件测量

图 5-34 某零件测量

(a) 轴套零件简图 (b) 方案Ⅰ (c) 方案Ⅱ (d) 方案Ⅲ

图 5-35 轴套加工

(6) 图 5-36 中带键槽轴的工艺过程：车外圆至 $\phi30.5_{-0.100}^{\ 0}$ mm，铣键槽深度为 $H_{\ 0}^{+TH}$ mm，热处理，磨外圆至 $\phi30_{+0.016}^{+0.036}$ mm。设磨后外圆与车后外圆的同轴度公差为 $\phi0.05$mm，求保证键槽深度设计尺寸 $4_{\ 0}^{+0.200}$ mm 的键槽深度 $H_{\ 0}^{+TH}$。

(7) 如图 5-37 所示的衬套，材料为 20 钢，$\phi30_{\ 0}^{+0.021}$ mm 内孔表面要求磨削后保证渗碳层深度 $0.8_{\ 0}^{+0.300}$ mm，试求：

① 磨削前精工序的工序尺寸及偏差。

② 精镗后热处理时渗碳层的深度。

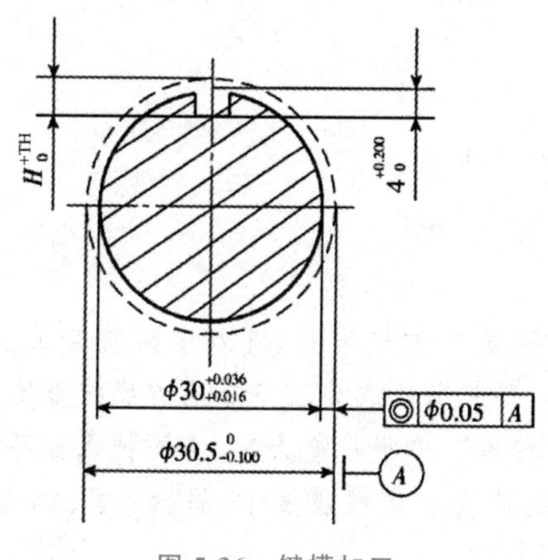

图 5-36 键槽加工

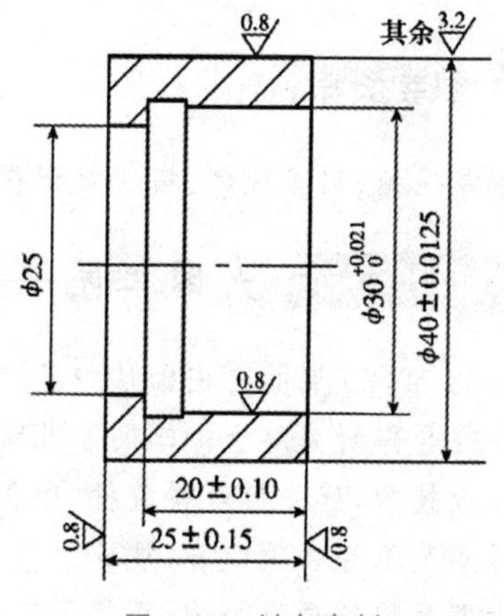

图 5-37 衬套磨削

第6章

第6章
微课视频

机床夹具设计

学习目标

本章主要介绍机床夹具概述；工件的定位；定位误差分析；工件的夹紧；各类机床夹具；现代机床夹具和专用夹具设计。

本章重点是工件的定位、工件的夹紧和专用夹具设计。

通过本章的学习，要求掌握工件的基本定位原理；分析并确定定位及夹紧方案，完成选定零件某工序的专用夹具设计。

重点与难点

◇ 工件的定位
◇ 定位误差分析
◇ 工件的夹紧
◇ 各类机床夹具
◇ 专用夹具设计

教学资源

微课视频、实操视频、拓展知识视频、MOOC学习平台。

课程导入 大国工匠——鲁宏勋

1983年，20岁的鲁宏勋从中国空空导弹研究院技工学校毕业，进入中国航空工业集团中国空空导弹研究院十一车间。几十年扎根一线，鲁宏勋已成为航空工业首席技能专家、导弹院高级技师，曾先后获得首批“中国高技能人才楷模”、中华技能大奖、全国技术能手、全国五一劳动奖章等多项荣誉，被评为中原大工匠。他带领队员蝉联第43届、44届、45届世界技能大赛数控铣项目金牌，获得了广泛赞誉(图6-Ⅰ)。

鲁宏勋善于学习和钻研，工作中解决了许多技术上的难题。他先后设计和制造了上百台(套)工装夹具，编制了数以千计的数控加工程序，适应了研究院多品种、小批量、科研新产品多、单件产品多的生产特点，提高了数控加工效率。如在加工万向支架外框时，鲁宏勋将

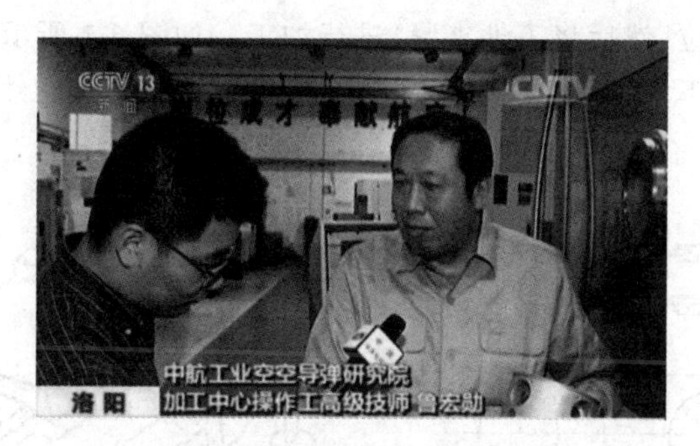

图 6-Ⅰ　大国工匠——鲁宏勋

外商设计的需要 11 道加工工序才能完成的工艺方法和工装夹具，改为 1 次装夹完成，不仅提高工效 3 倍多，而且大大提高了产品质量的一致性。在天线加工中，原有的工装夹具一次只能装夹 7 个零件，每个零件需要用 3 个螺丝钉固定，装夹一次需要十几分钟。鲁宏勋发挥数控机床多轴联动的特点，自行设计制作了一次装夹 20 个零件，且 4 个零件才用一个螺丝钉固定的新工装夹具。通过改进这两种加工工艺，不仅提高了工效，而且每年可为国家节约十几万元人民币。

2019 年，导弹院的任务量比往年增加超过 30%，生产压力巨大。面对实际情况，鲁宏勋充分发挥自己的技术技能优势，对生产现场的高速加工瓶颈任务进行梳理，从工艺路线、工装、程序多方面不断进行优化，设计零件专用的磁力吸盘、真空吸盘，减少零件生产换装及生产准备时间，缩短换刀和加工时间，使实际加工效率提升了 50%，不仅解决了重要任务的配套，还为其他任务争取了资源，满足了生产需求。

6.1　机床夹具概述

机床夹具是在机械制造过程中，用来固定加工对象使之占有正确位置，以接受加工或检测并保证加工要求的机床附加装置，简称为夹具。

6.1.1　机床夹具的主要功能

在机床上加工工件时，必须用夹具装好夹牢工件。将工件装好，就是在机床上确定工件相对于刀具的正确位置，这一过程称为定位。将工件夹牢，就是对工件施加作用力，使之在已经定好的位置上将工件可靠地夹紧，这一过程称为夹紧。从定位到夹紧的全过程称为装夹。机床夹具的主要功能就是完成工件的装夹工作。工件装夹情况的好坏将直接影响工件的加工精度。

工件的装夹方法有找正装夹法和夹具装夹法两种。

1. 找正装夹法

找正装夹法是以工件的有关表面或专门划出的线痕作为找正依据，用划针或指示表进行找正，将工件正确定位，然后将工件夹紧，进行加工。如图6-1所示，在铣削连杆状零件的上下两平面时，若批量不大，则可在机用虎钳中，按侧边划出的加工线痕，用划针找正。

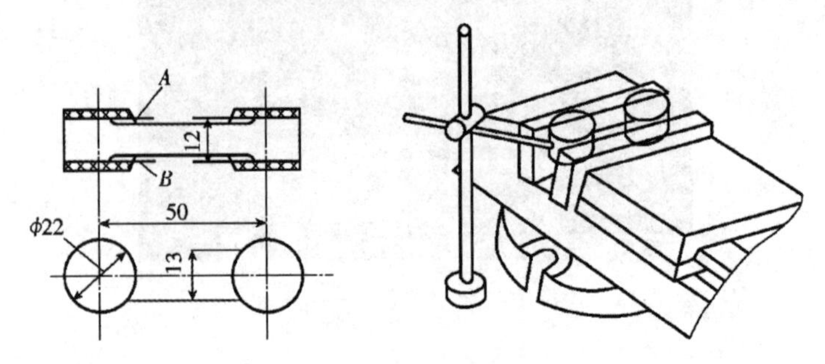

图6-1 在机用虎钳上找正和装夹连杆状零件

这种方法安装方法简单，不需专门设备，但精度不高，生产率低，因此多用于单件、小批量生产。

2. 夹具装夹法

夹具装夹法是靠夹具将工件定位、夹紧，以保证工件相对于刀具、机床的正确位置。在夹具图中的双点画线构件为待加工零件，图6-2所示为铣削连杆状零件的上下两平面所用的铣床夹具。这是一个双位置的专用铣床夹具。毛坯先放在Ⅰ位置上铣出第一端面（*A*面），然后将此工件翻过来放入Ⅱ位置，铣出第二端面（*B*面）。该夹具中可同时装夹两个工件。

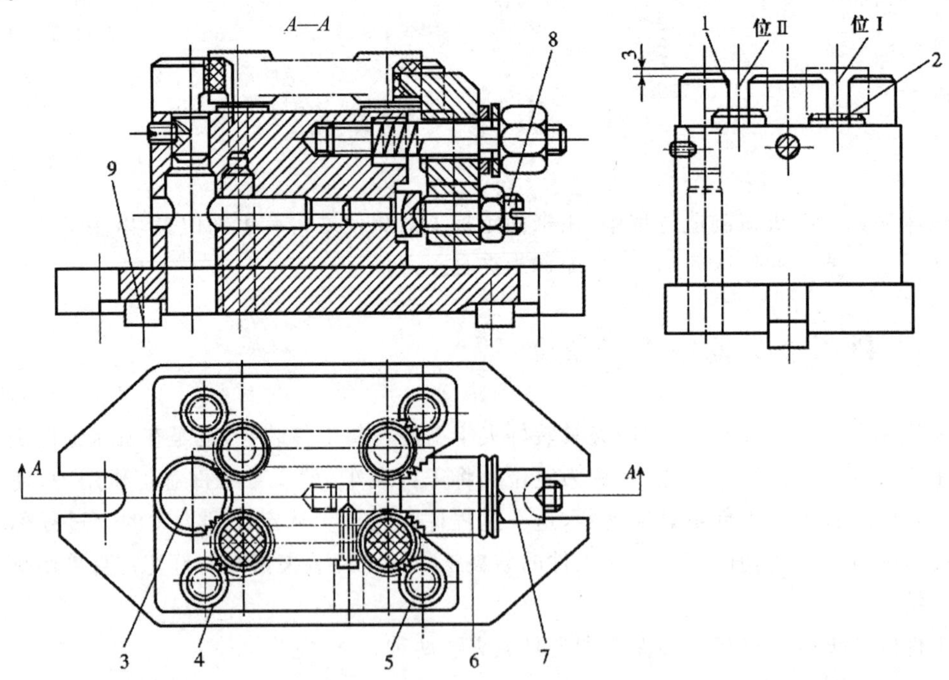

1—对刀块(兼挡销)；2—锯齿头支承钉；3、4、5—挡销；6—压板；7—螺母；8—压板支承钉；9—定位键

图6-2 铣连杆状零件两面双位置专用铣床夹具

图 6-3 所示为专供加工轴套零件上 ϕ6H9 径向孔的钻床夹具。工件以内孔及其端面作为定位基准，通过拧紧螺母将工件牢固地压在定位元件上。

钻床专用夹具

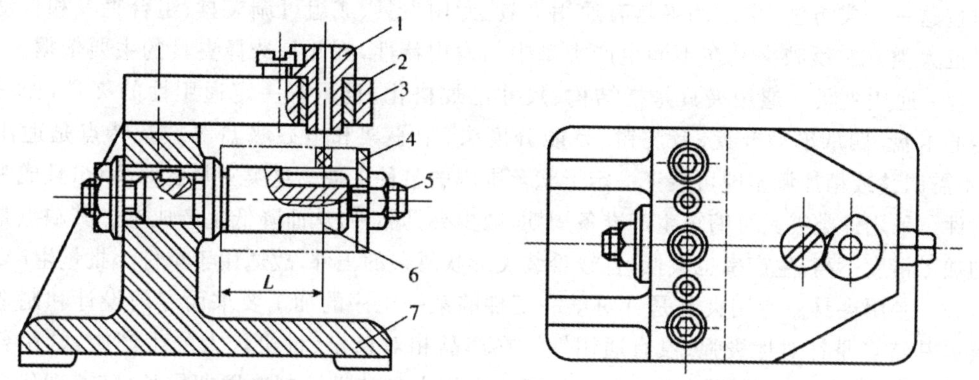

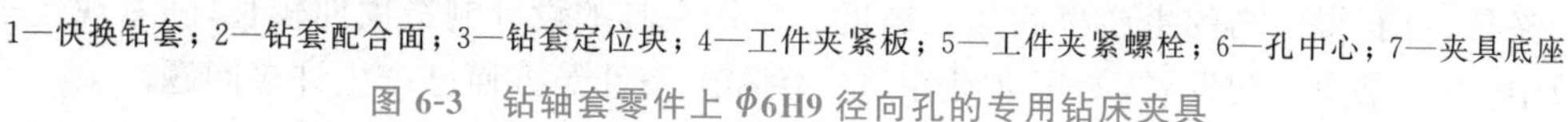
1—快换钻套；2—钻套配合面；3—钻套定位块；4—工件夹紧板；5—工件夹紧螺栓；6—孔中心；7—夹具底座

图 6-3　钻轴套零件上 ϕ6H9 径向孔的专用钻床夹具

通过以上实例分析，可知用夹具装夹工件的方法有以下几个特点。

(1) 工件在夹具中的正确定位是通过工件上的定位基准面与夹具上的定位元件相接触而实现的。因此，不再需要找正便可将工件夹紧。

(2) 由于夹具预先在机床上已调整好位置(也有在加工过程中再进行找正的)，因此，工件通过夹具对于机床也就占有了正确的位置。

(3) 通过夹具上的对刀装置，保证了工件加工表面相对于刀具的正确位置。

(4) 装夹基本上不受工人技术水平的影响，能比较容易和稳定地保证加工精度。

(5) 装夹迅速、方便，能减轻劳动强度，显著地减少辅助时间，提高劳动生产率。

(6) 能扩大机床的工艺范围。如要镗削图 6-4 所示机体上的阶梯孔，若没有卧式镗床和专用设备，可设计一夹具在车床上加工。

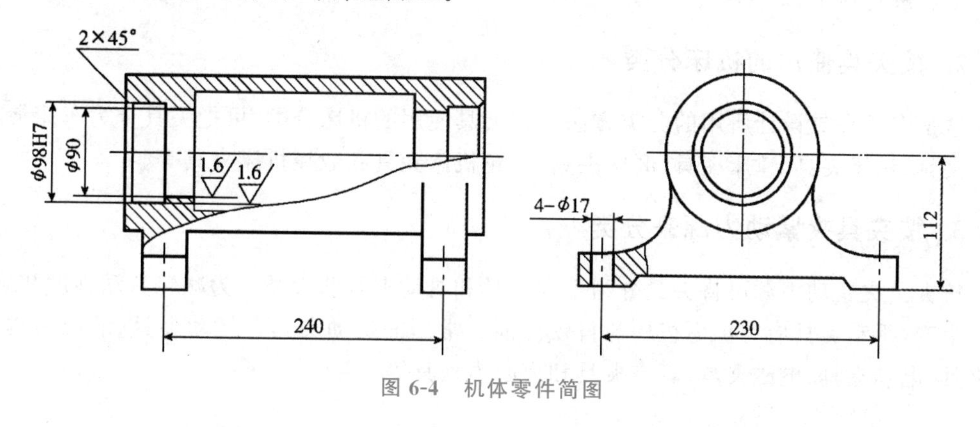

图 6-4　机体零件简图

6.1.2　机床夹具的分类

机床夹具的种类很多，形状千差万别。为了设计制造和管理的方便，往往按某一属性进行分类。

1. 按夹具的通用特性分类

按这一分类方法,常用的夹具有通用夹具、专用夹具、成组可调夹具、组合夹具和自动线夹具五大类。它反映夹具在不同生产类型中的通用特性,因此是选择夹具的主要依据。

(1) 通用夹具。通用夹具是指结构、尺寸已规格化,且具有一定通用性的夹具,如三爪自定心卡盘、四爪单动卡盘、台虎钳、万能分度头、中心架和电磁吸盘等。其特点是适用性强、不需调整或稍加调整即可装夹一定形状范围内的各种工件。这类夹具已商品化,且成为机床附件。采用这类夹具可缩短生产准备周期,减少夹具品种,从而降低生产成本。其缺点是夹具的加工精度不高,生产率也较低,且较难装夹形状复杂的工件,故适用于单件小批量生产。

(2) 专用夹具。专用夹具是针对某一工件的某一工序的加工要求而专门设计和制造的夹具。其特点是针对性极强,没有通用性。在产品相对稳定、批量较大的生产中,常用各种专用夹具,可获得较高的生产率和加工精度。专用夹具的设计制造周期较长,随着现代多品种及中、小批量生产的发展,专用夹具在适应性和经济性等方面已产生许多问题。

(3) 成组可调夹具。成组可调夹具是针对通用夹具和专用夹具的缺陷发展起来的一类新型夹具,是在成组加工技术基础上发展起来的一类夹具,是针对一组形状相近的零件专门设计的,对不同类型和尺寸的工件,只需调整或更换原来夹具上的个别定位元件和夹紧元件便可使用。成组可调夹具在多品种、小批量生产中得到广泛应用。

(4) 组合夹具。组合夹具是一种模块化的夹具,并已商品化。标准的模块元件具有较高精度和耐磨性,可组装成各种夹具,夹具用毕即可拆卸,留待组装新的夹具。由于使用组合夹具可缩短生产准备周期,元件能重复多次使用,并具有可减少专用夹具数量等优点,因此组合夹具在单件、中小批量多品种生产和数控加工中是一种较经济的夹具。

(5) 自动线夹具。自动线夹具一般分为两种:一种为固定式夹具,它与专用夹具相似;另一种为随行夹具,使用中夹具随着工件一起运动,并将工件沿着自动线从一个工位移至下一个工位进行加工。

2. 按夹具使用的机床分类

这是专用夹具设计所用的分类方法。按夹具使用的机床分类,可把夹具分为车床夹具、铣床夹具、钻床夹具、镗床夹具、磨床夹具、齿轮机床夹具和数控机床夹具等。

3. 按夹具夹紧动力源来分类

按夹具夹紧动力源可将夹具分为手动夹具和机动夹具两大类。为减轻劳动强度和确保安全生产,手动夹具应有扩力机构与自锁性能。常用的机动夹具有气动夹具、液压夹具、气液夹具、电动夹具、电磁夹具、真空夹具和离心力夹具等。

6.1.3 机床夹具的组成

虽然机床夹具的种类繁多,但它们的工作原理基本上是相同的。将各类夹具中作用相同的结构或元件加以概括,可得出夹具一般所共有的以下几个组成部分,这些组成部分既相互独立,又相互联系。

1. 定位支承元件

定位支承元件的作用是确定工件在夹具中的正确位置并支承工件，是夹具的主要功能元件之一。如图 6-2 所示的锯齿头支承钉 2 和挡销 3、4、5。定位支承元件的定位精度直接影响工件加工的精度。

2. 夹紧装置

夹紧元件的作用是将工件压紧夹牢，并保证在加工过程中工件的正确位置不变。如图 6-2 所示的压板 6。

3. 连接定向元件

这种元件用于将夹具与机床连接并确定夹具对机床主轴、工作台或导轨的相互位置。如图 6-2 所示的定位键 9。

4. 对刀元件或导向元件

这些元件的作用是保证工件加工表面与刀具之间的正确位置。用于确定刀具在加工前正确位置的元件称为对刀元件，如图 6-2 所示的对刀块 1。用于确定刀具位置并引导刀具进行加工的元件称为导向元件，如图 6-3 所示的快换钻套 1。

5. 其他装置或元件

根据加工需要，有些夹具上还设有分度装置、靠模装置、上下料装置、工件顶出机构、电动扳手和平衡块等，以及标准化了的其他联接元件。

6. 夹具体

夹具体是夹具的基体骨架，用来配置、安装各夹具元件，使之组成一整体。常用的夹具体为铸件结构、锻造结构、焊接结构和装配结构，形状有回转体形和底座形等。

上述各组成部分中，定位元件、夹紧装置、夹具体是夹具的基本组成部分。

6.1.4 机床夹具的现状及发展方向

夹具最早出现在 18 世纪后期。随着科学技术的不断进步，夹具已从一种辅助工具发展成为门类齐全的工艺装备。

1. 机床夹具的现状

国际生产研究协会的统计表明，目前中、小批量多品种生产的工件品种已占工件种类总数的 85%左右。现代生产要求企业所制造的产品品种经常更新换代，以适应市场的需求与竞争。然而，企业仍习惯于大量采用传统的专用夹具，一般在具有中等生产能力的工厂里，约拥有数千甚至近万套专用夹具；另一方面，在多品种生产的企业中，每隔 3～4 年就要更新 50%～80%左右的专用夹具，而夹具的实际磨损量仅为 10%～20%左右。特别是近年来,数控机床、加工中心、成组技术、柔性制造系统(FMS)等新加工技术的应用,对机床夹具提出了以下新要求。

(1) 能迅速而方便地装备新产品的投产,以缩短生产准备周期,降低生产成本。

(2) 能装夹一组具有相似性特征的工件。

(3) 能适用于精密加工的高精度机床夹具。

(4) 能适用于各种现代化制造技术的新型机床夹具。

(5) 采用以液压站等为动力源的高效夹紧装置,进一步减轻劳动强度和提高劳动生产率。

(6) 提高机床夹具的标准化程度。

2. 现代机床夹具的发展方向

现代机床夹具的发展方向主要表现为标准化、精密化、高效化和柔性化4个方面。

(1) 标准化。机床夹具的标准化与通用化是相互联系的两个方面。目前,我国已有夹具零件及部件的国家标准GB/T 2148—1991～GB/T 2258—1991以及各类通用夹具、组合夹具标准等。机床夹具的标准化有利于夹具的商品化生产,有利于缩短生产准备周期,降低生产总成本。

(2) 精密化。随着机械产品精度的日益提高,势必相应提高了对夹具的精度要求。精密化夹具的结构类型很多,例如,用于精密分度的多齿盘,其分度精度可达±0.1″;用于精密车削的高精度三爪自定心卡盘,其定心精度为5μm。

(3) 高效化。高效化夹具主要用来减少工件加工的基本时间和辅助时间,以提高劳动生产率,减轻工人的劳动强度。常见的高效化夹具有自动化夹具、高速化夹具和具有夹紧力装置的夹具等。例如,在铣床上使用电动虎钳装夹工件,效率可提高5倍左右;在车床上使用高速三爪自定心卡盘,可保证卡爪在试验转速为9000r/min的条件下仍能牢固地夹紧工件,从而使切削速度大幅度提高。目前,除了在生产流水线、自动线配置相应的高效、自动化夹具外,在数控机床上,尤其在加工中心上出现了各种自动装夹工件的夹具以及自动更换夹具的装置,充分发挥了数控机床的效率。

(4) 柔性化。机床夹具的柔性化与机床的柔性化相似,它是指机床夹具通过调整、组合等方式,以适应工艺可变因素的能力。工艺的可变因素主要有工序特征、生产批量、工件的形状和尺寸等。具有柔性化特征的新型夹具种类主要有组合夹具、成组可调夹具、模块化夹具和数控夹具等。为适应现代机械工业多品种、中小批量生产的需要,扩大夹具的柔性化程度,改变专用夹具的不可拆结构为可拆结构,发展可调夹具结构将是当前夹具发展的主要方向。

6.2 工件的定位

6.2.1 工件定位的基本原理

1. 自由度的概念

由刚体运动学可知,一个自由刚体在空间有且仅有6个自由度。如图6-5所示的工件,它在空间的位置是任意的，即它既能沿 Ox、Oy、Oz 三个坐标轴移动（移动自由度分别表示为 $\vec{x}$、$\vec{y}$、$\vec{z}$），又能绕 Ox、Oy、Oz 三个坐标轴转动（转动自由度分别表示为 $\widehat{x}$、$\widehat{y}$、$\widehat{z}$）。

工件的 6 个自由度

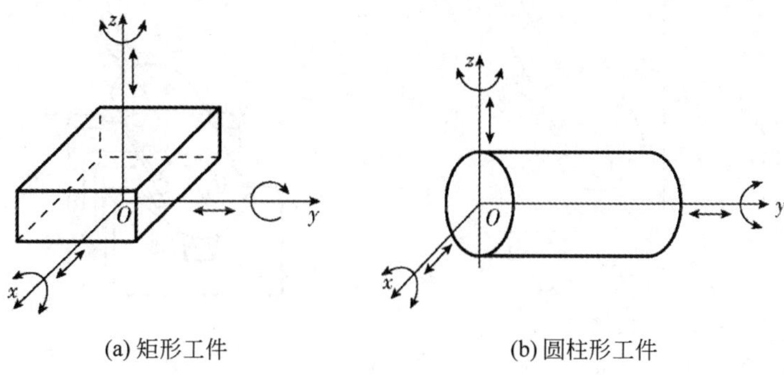

(a) 矩形工件　　(b) 圆柱形工件

图 6-5　工件的 6 个自由度

2. 六点定位原则

由自由度的概念可知，如果要使一个自由刚体在空间有一个确定的位置，就必须设置相应的 6 个约束，分别限制刚体的 6 个运动自由度。在讨论工件的定位时，工件就是我们所指的自由刚体。如果工件的 6 个自由度都加以限制了，工件在空间的位置也就完全被确定下来了。因此，定位实质上就是限制工件的自由度。

分析工件定位时，通常是用一个支承点限制工件的一个自由度。用合理设置的 6 个支承点限制工件的 6 个自由度，使工件在夹具中的位置完全确定，这就是六点定位原则。

例如，在如图 6-6(a)所示的矩形工件上铣削半封闭式矩形槽时，为保证加工尺寸 A，可在其底面设置 3 个不共线的支承点 1、2、3，如图 6-6(b)所示，限制工件的 3 个自由度：$\widehat{x}$、$\widehat{y}$、$\vec{z}$；为了保证 B 尺寸，侧面设置两个支承点 4、5，限制 $\vec{y}$、$\widehat{z}$ 两个自由度；为了保证 C 尺寸，端面设置一个支承点 6，限制 $\vec{x}$ 自由度。于是工件的 6 个自由度全部被限制了，实现了六点定位。在具体的夹具中，支承点是由定位元件来体现的。如图 6-6(c)所示，设置了 6 个支承钉。

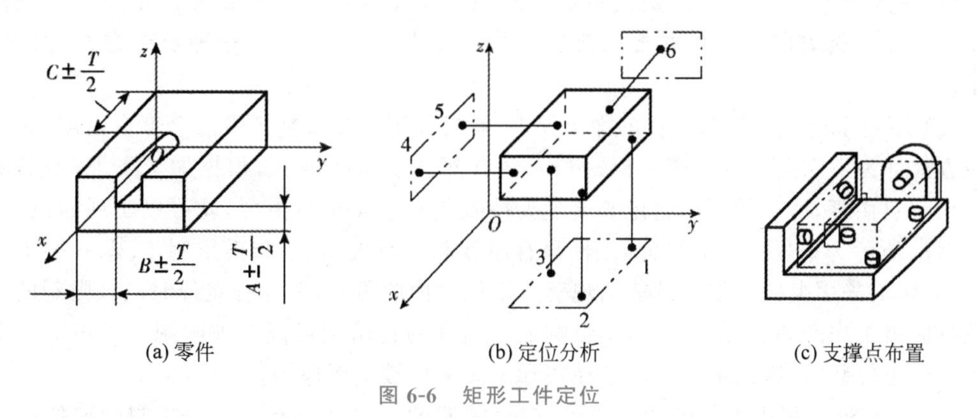

(a) 零件　　(b) 定位分析　　(c) 支撑点布置

图 6-6　矩形工件定位

对于圆柱形工件，如图 6-7(a)所示，可在外圆柱表面上（选两条母线），设置 4 个支承点 1、3、4、5 限制这 $\vec{y}$、$\vec{z}$、$\widehat{y}$、$\widehat{z}$ 4 个自由度；槽侧设置一个支承点 2，限制 $\widehat{x}$ 一个自由度；端面设置一个支承点 6，限制 $\vec{x}$ 一个自由度；工件实现完全定位。通常，为了在外圆柱面上设置

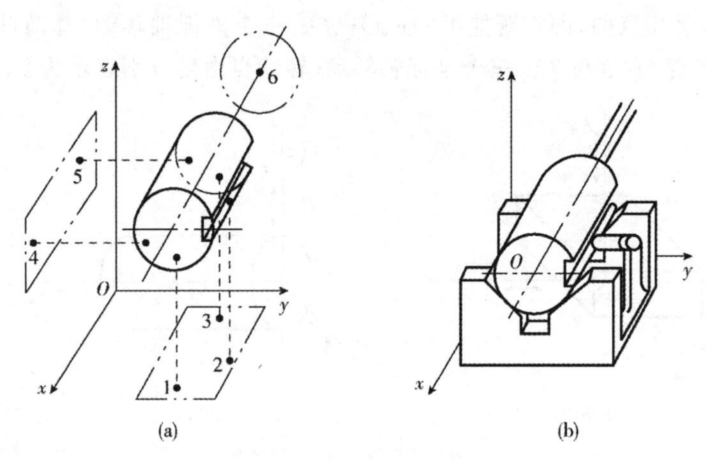

图 6-7 圆柱形工件定位

4 个支承点，一般采用 V 形架，如图 6-7(b)所示。

通过上述分析，说明了六点定位原则的几个主要问题如下。

(1) 定位支承点是由定位元件抽象而来的。在夹具的实际结构中，定位支承点是通过具体的定位元件体现的，即支承点不一定用点或销的顶端，而常用面或线来代替。根据数学概念可知，两个点决定一条直线，三个点决定一个平面，即一条直线可以代替两个支承点，一个平面可代替三个支承点。在具体应用时，还可用窄长的平面(条形支承)代替直线，用较小的平面替代点。

(2) 定位支承点与工件定位基准面始终保持接触，才能起到限制自由度的作用。

(3) 分析定位支承点的定位作用时，不考虑力的影响。工件的某一自由度被限制，是指工件在某个坐标方向有了确定的位置，并不是指工件在受到使其脱离定位支承点的外力时不能运动。若使工件在外力作用下不能运动，要靠夹紧装置来完成。

3. 工件定位中的几种情况

(1) 完全定位。完全定位是指不重复地限制了工件的 6 个自由度的定位。当工件在 x、y、z 三个坐标方向均有尺寸要求或位置精度要求时，一般采用这种定位方式，如图 6-6 所示。

(2) 不完全定位。根据工件的加工要求，有时并不需要限制工件的全部自由度，这样的定位方式称为不完全定位。图 6-8(a)所示为在车床上加工通孔，根据加工要求，不需限制 $\vec{y}$、$\widehat{y}$ 两个自由度，所以用三爪自定心卡盘夹持限制其余 4 个自由度，就可以实现四点定位。图 6-8(b)所示为平板工件磨平面，工件只有厚度和平行度要求，只需限制 $\vec{z}$、$\widehat{x}$、$\widehat{y}$ 三个自由度，在磨床上采用电磁工作台就能实现三点定位。由此可知，工作在定位时应该限制的自由度数目应由工序的加工要求而定，不影响加工精度的自由度可以不加限制。采用不完全定位可简化定位装置，因此不完全定位在实际生产中也被广泛应用。

(3) 欠定位。根据工件的加工要求，应该限制的自由度没有完全被限制的定位称为欠定位。欠定位无法保证加工要求，因此，在确定工件在夹具中的定位方案时，决不允许有欠定位的现象产生。如在图 6-6 所示中不设端面支承 6，则在一批工件上半封闭槽的长度就无法保证；若缺少侧面两个支承点 4、5 时，则工件上 B 的尺寸和槽与工件侧面的平行度均无

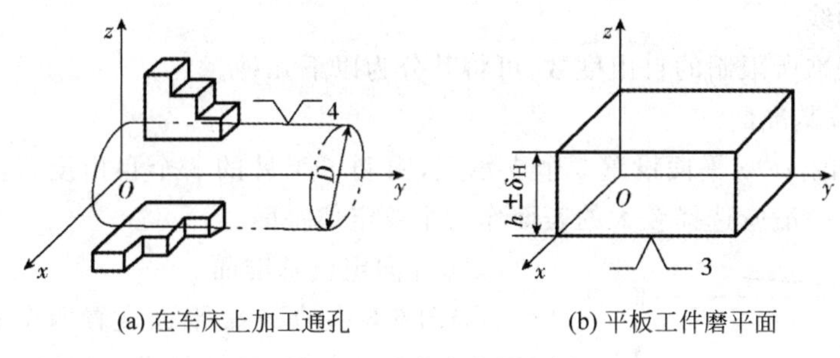

(a) 在车床上加工通孔　　(b) 平板工件磨平面

图 6-8　不完全定位示例

法保证。

(4) 过定位。夹具上的两个或两个以上的定位元件重复限制同一个自由度的现象称为过定位。如图 6-9(a)所示，要求加工平面对 A 面的垂直度公差为 0.04mm。若用夹具的两个大平面实现定位，那工件的 A 面被限制了 $\overrightarrow{y}$、$\widehat{x}$、$\widehat{z}$ 三个自由度，B 面被限制了 $\widehat{x}$、$\widehat{y}$、$\overrightarrow{z}$ 三个自由度，其中自由度 $\widehat{x}$ 被 A、B 面同时重复限制。由图可见，当工件处于加工位置Ⅰ时，可保证垂直度要求；而当工件处于加工位置Ⅱ时，不能保证此要求。这种随机的误差造成了定位的不稳定，严重时会引起定位干涉，因此应该尽量避免和消除过定位现象。消除或减少过定位引起的干涉，一般有以下两种方法：一是改变定位元件的结构，如缩小定位元件工作面的接触长度；或者减小定位元件的配合尺寸，增大配合间隙等；二是控制或者提高工件定位基准之间以及定位元件工作表面之间的位置精度。如图 6-9(b)所示，若把定位的面接触改为线接触，则消除了引起过定位的自由度 $\widehat{x}$。

4. 定位基准与定位基面

在研究和分析工件定位问题时，定位基准的选择是一个关键问题。定位基准就是在加工中用作定位的基准。一般来说，工件的定位基准一旦被选定，则工件的定位方案也基本上被确定。定位方案是否合理直接关系到工件的加工精度能否保证。如图 6-10 所示，轴承座是用底面 A 和侧面 B 来定位的。因为工件是一个整体，当表面 A 和 B 的位置一确定，ϕ20H7 内孔轴线的位置也确定了。表面 A 和 B 就是轴承座的定位基准。

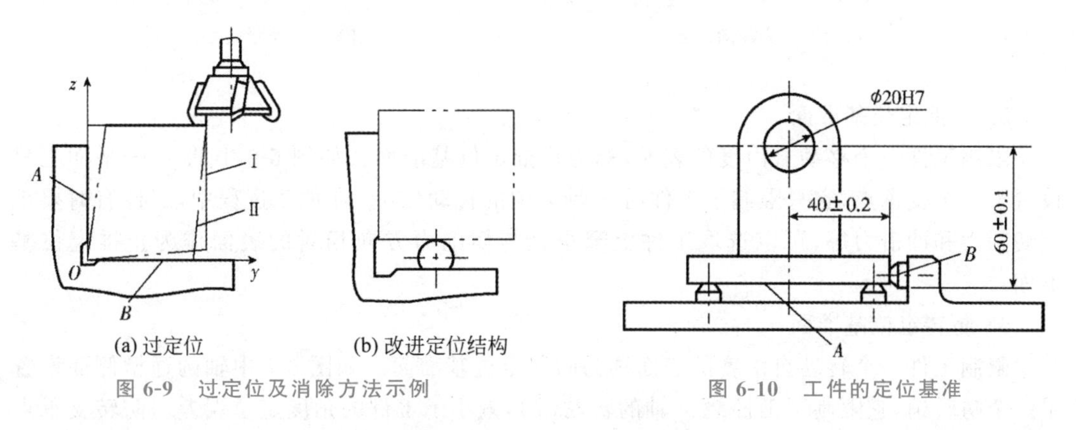

(a) 过定位　　(b) 改进定位结构

图 6-9　过定位及消除方法示例　　图 6-10　工件的定位基准

工件定位时，作为定位基准的点和线，往往由某些具体表面体现出来，这种表面称为定位基面。例如用两顶尖装夹车轴时，轴的两中心孔(圆锥面)就是定位基面，但它体现的定位基准则是轴的轴线。

根据定位基准所限制的自由度数,可将其分为以下几种。

1）主要定位基准面

如图 6-6 中的 xOy 平面设置 3 个支承点,限制了工件的 3 个自由度,这样的平面称为主要定位基面。一般应选择较大的表面作为主要定位基面。

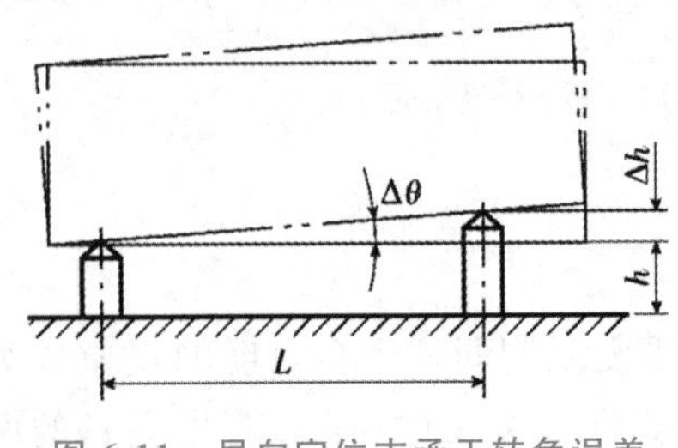

图 6-11 导向定位支承于转角误差的关系

2）导向定位基准面

如图 6-6 中的 xOz 平面设置两个支承点,限制了工件的两个自由度,这样的平面或圆柱面称为导向定位基面。该基准面应选取工件上窄长的表面,而且两支承点间的距离应尽量远些,以保证对 $\hat{z}$ 的限制精度。

由图 6-11 可知,由于支承销的高度误差 Δh,造成工件的转角误差 $\Delta\theta$,显然,L 越长,转角误差 $\Delta\theta$ 就越小。

3）双导向定位基准面

限制工件 4 个自由度的圆柱面称为双导向定位基准面,如图 6-12 所示。

4）双支承定位基准面

限制工件两个移动自由度的圆柱面称为双支承定位基准面,如图 6-13 所示。

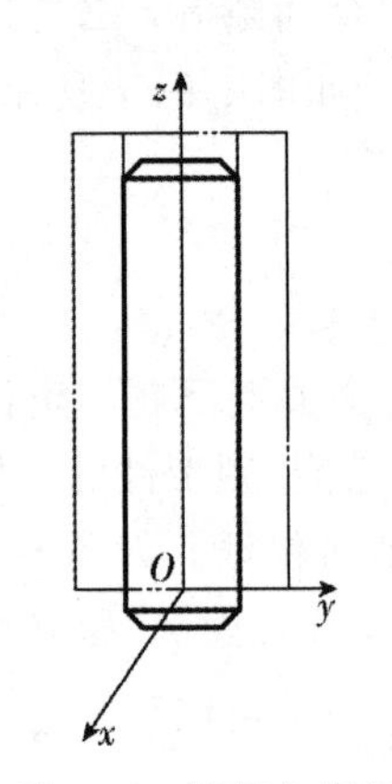

图 6-12 双导向定位

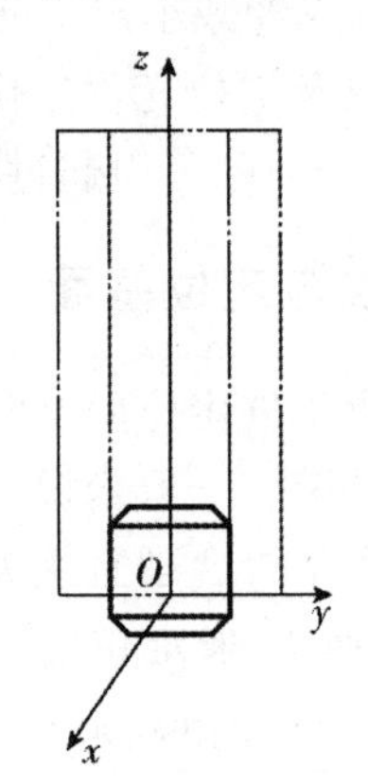

图 6-13 双支承定位

5）止推定位基准面

限制工件一个移动自由度的表面,称为止推定位基准面。如图 6-6 中的 yOz 平面上只设置了一个支承点,它只限制了工件沿 x 轴方向的移动($\vec{x}$)。在加工过程中,工件有时要承受切削力和冲击力等,可以选取工件上窄小且与切削力方向相对的表面作为止推定位基准面。

6）防转定位基准面

限制工件一个转动自由度的表面称为防转定位基准面。如图 6-7 中轴的通槽侧面设置了一个防转销,它限制了工件绕 x 轴的转动($\hat{x}$),减小了工件的角度定位误差。防转支承点距离工件安装后的回转轴线应尽量远些。

6.2.2　常用定位元件及选用

工件在夹具中要想获得正确定位，首先应正确选择定位基准，其次是选择合适的定位元件。工件定位时，工件定位基准和夹具的定位元件接触形成定位副，以实现工件的六点定位。

1. 对定位元件的基本要求

（1）限位基面应有足够的精度。定位元件具有足够的精度，才能保证工件的定位精度。

（2）限位基面应有较好的耐磨性。由于定位元件的工作表面经常与工件接触和摩擦，容易磨损，为此要求定位元件限位表面的耐磨性要好，以保持夹具的使用寿命和定位精度。

（3）支承元件应有足够的强度和刚度。定位元件在加工过程中，受工件重力、夹紧力和切削力的作用，因此要求定位元件应有足够的刚度和强度，避免在使用中变形或损坏。

（4）定位元件应有较好的工艺性。定位元件应力求结构简单、合理，便于制造、装配和更换。

（5）定位元件应便于清除切屑。定位元件的结构和工作表面形状应有利于清除切屑，以防切屑嵌入夹具内影响加工和定位精度。

2. 常用定位元件所能限制的自由度（表 6-1）

常用定位元件可按工件典型定位基准面分为以下几类。

（1）用于平面定位的定位元件。包括固定支承（钉支承和板支承）、自位支承、可调支承和辅助支承。

（2）用于外圆柱面定位的定位元件。包括 V 形架、定位套和半圆定位座等。

（3）用于孔定位的定位元件。包括定位销（圆柱定位销和圆锥定位销）、圆柱心轴和小锥度心轴。

表 6-1　常用定位元件所能限制的自由度（夹具设计核心要素）

定位名称	定位方式	限制的自由度
支承钉	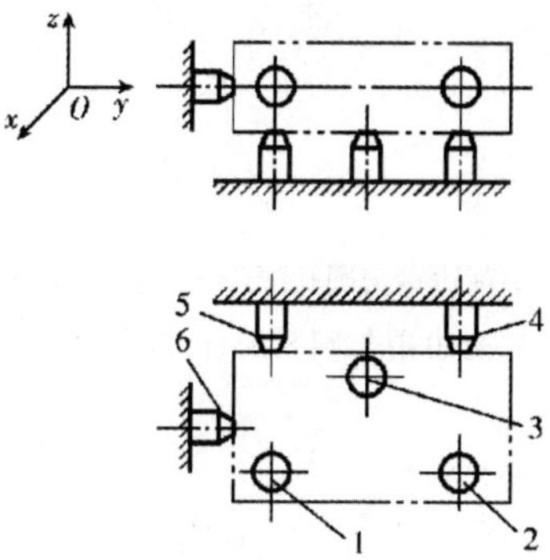 z　O　y　x　1　2　3　4　5　6	图中双点画线为待加工的工件。 每个支承钉限制一个自由度。其中， （1）支承钉 1、2、3 与工件底面接触，限制了 3 个自由度（$\vec{z}$、$\hat{x}$、$\hat{y}$）； （2）支承钉 4、5 与后侧面接触，限制了 2 个自由度（$\vec{x}$、$\hat{z}$）； （3）支承钉 6 与左端面接触，限制一个自由度（$\vec{y}$）

续表

定位名称	定 位 方 式	限制的自由度
支承板	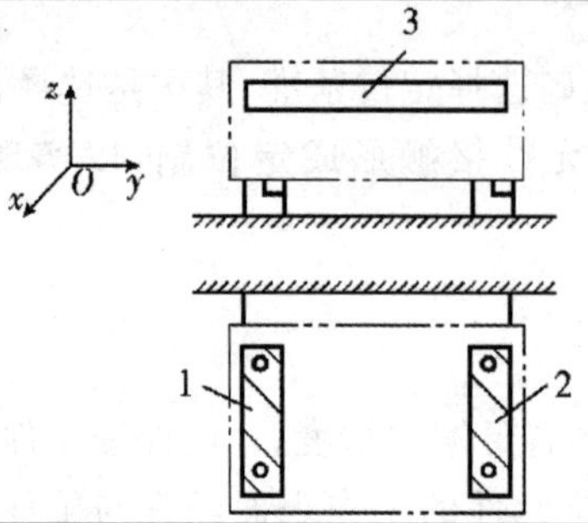	(1) 两个窄支承板 1、2 组成同一平面，与工件底面接触，限制了 3 个自由度($\vec{z}$、$\hat{x}$、$\hat{y}$)； (2) 一个窄支承板 3 与后侧面接触，限制了 2 个自由度($\vec{x}$、$\hat{z}$)
	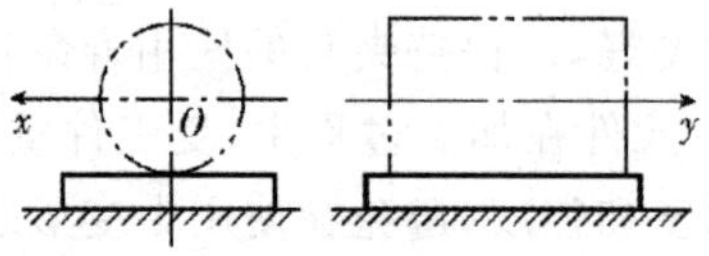	支承板与圆柱体素线接触，限制 2 个自由度($\vec{z}$、$\hat{x}$)
	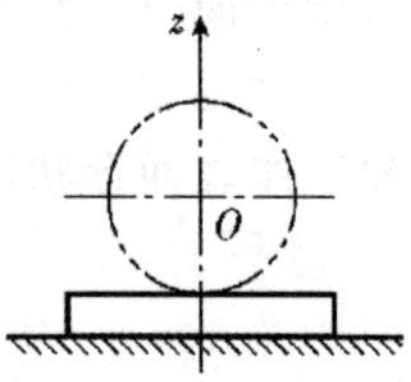	支承板与球面接触，限制了一个自由度($\hat{x}$)
定位销	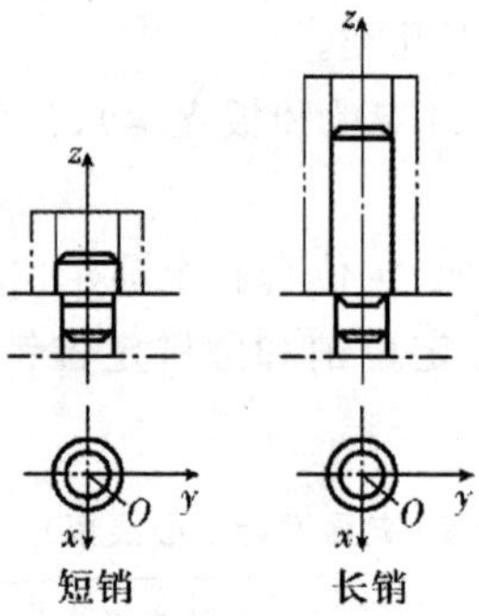 短销 长销	(1) 短销与圆孔配合，限制了 2 个自由度($\vec{x}$、$\vec{y}$)； (2) 长销与圆孔配合，限制了 4 个自由度($\vec{x}$、$\vec{y}$、$\hat{x}$、$\hat{y}$)
削边销	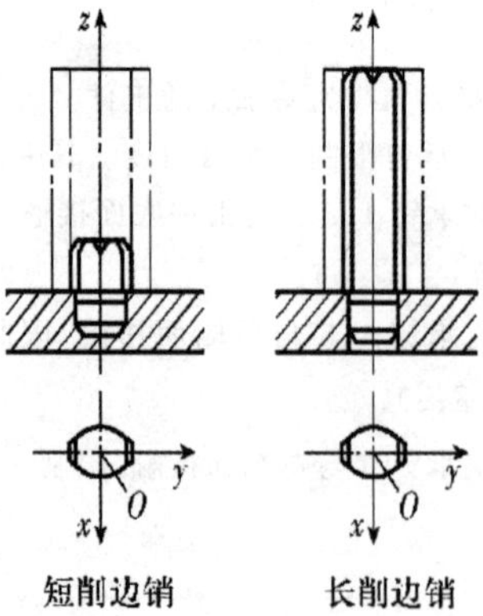 短削边销 长削边销	(1) 短削边销与圆孔配合，限制 1 个自由度($\vec{x}$)； (2) 长削边销与圆孔配合，限制 2 个自由度($\vec{x}$、$\hat{y}$)

续表

定位名称	定位方式	限制的自由度
锥销	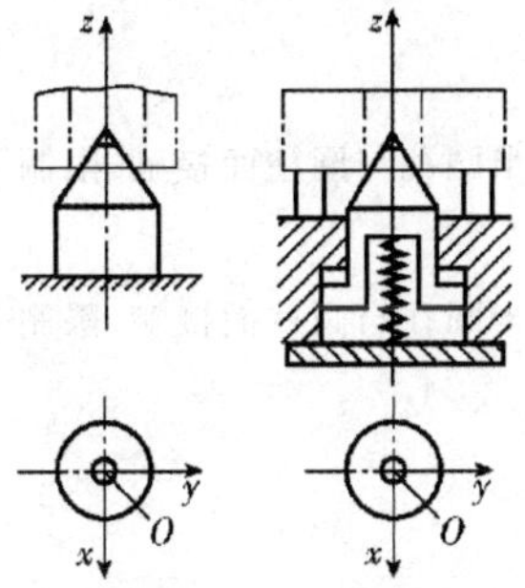 固定锥销　活动锥销	(1) 固定锥销与圆孔端圆周接触,限制了 3 个自由度($\vec{x}$、$\vec{y}$、$\vec{z}$); (2) 活动锥销与圆孔端圆周接触,限制了 2 个自由度($\vec{x}$、$\vec{y}$)
定位套	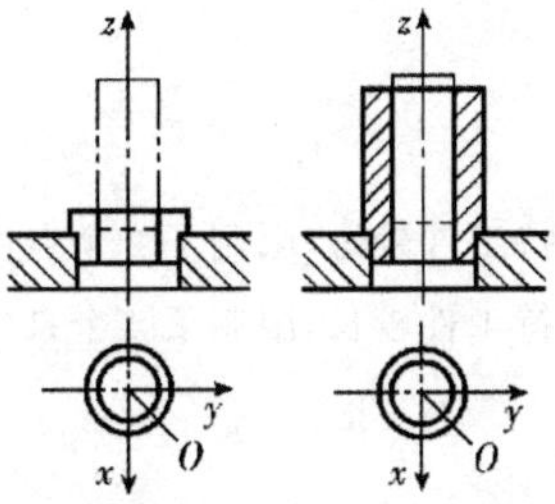 短套　长套	(1) 短套与轴配合,限制了 2 个自由度($\vec{x}$、$\vec{y}$); (2) 长套与轴配合,限制了 4 个自由度($\vec{x}$、$\vec{y}$、$\hat{x}$、$\hat{y}$)
锥套	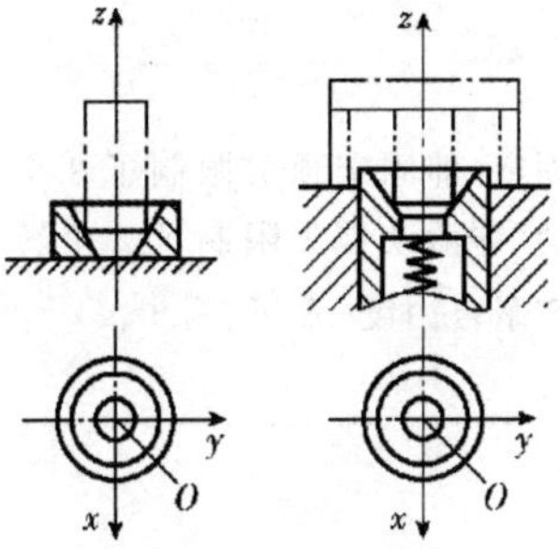 固定锥套　活动锥套	(1) 固定锥套与轴端面圆周接触,限制了 3 个自由度($\vec{x}$、$\vec{y}$、$\vec{z}$); (2) 活动锥套与轴端面圆周接触,限制了 2 个自由度($\vec{x}$、$\vec{y}$)
V 形架	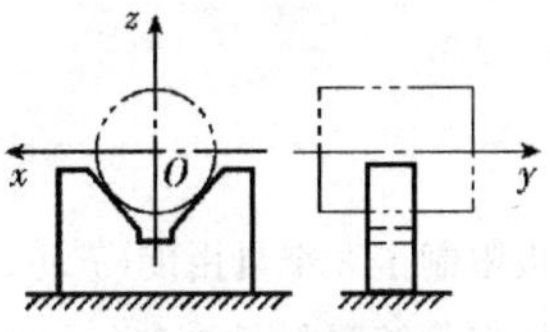 短V形架 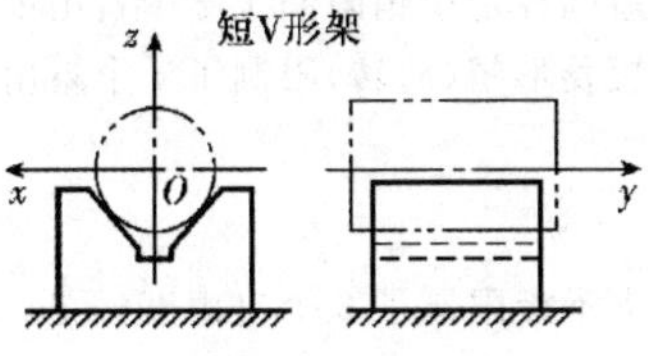　长V形架	(1) 短 V 形架与圆柱面接触,限制了 2 个自由度($\vec{x}$、$\vec{z}$); (2) 长 V 形架与圆柱面接触,限制了 4 个自由度($\vec{x}$、$\vec{z}$、$\hat{x}$、$\hat{z}$)

续表

定位名称	定位方式	限制的自由度
半圆孔	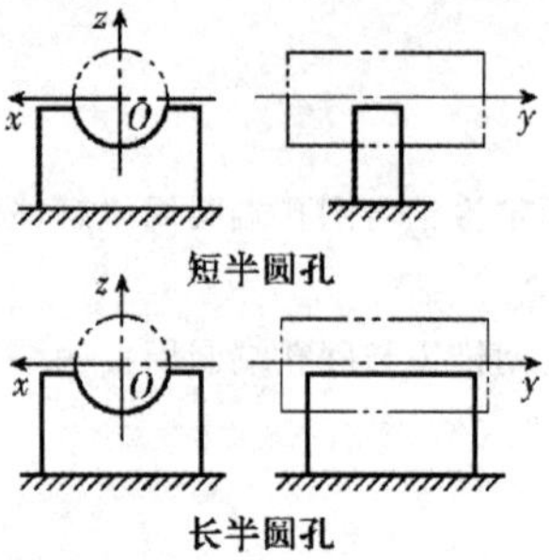 短半圆孔 长半圆孔	(1) 短半圆孔与圆柱面接触，限制了2个自由度($\vec{x}$、$\vec{z}$)； (2) 长半圆孔与圆柱面接触，限制了4个自由度($\vec{x}$、$\vec{z}$、$\overset{\frown}{x}$、$\overset{\frown}{z}$)
三爪卡盘	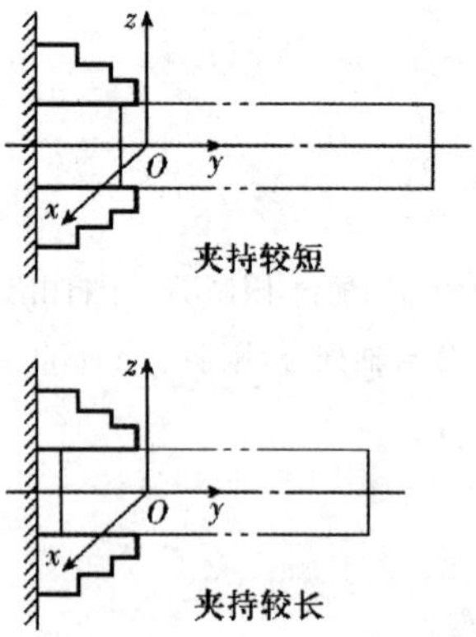 夹持较短 夹持较长	(1) 夹持工件较短，限制了2个自由度($\vec{x}$、$\vec{z}$)； (2) 夹持工件较长，限制了4个自由度($\vec{x}$、$\vec{z}$、$\overset{\frown}{x}$、$\overset{\frown}{z}$)
两顶尖	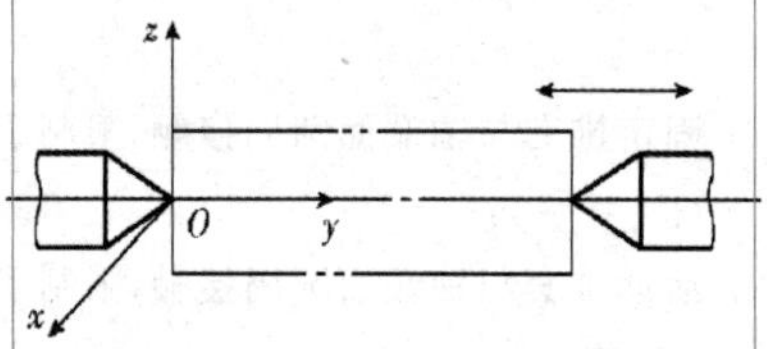	左端固定(即固定顶尖限制了3个移动自由度)、右端活动(即活动顶尖限制了2个转动自由度)，共限制了5个自由度($\vec{x}$、$\vec{y}$、$\vec{z}$、$\overset{\frown}{x}$、$\overset{\frown}{z}$)
一夹一顶 短外圆与中心孔	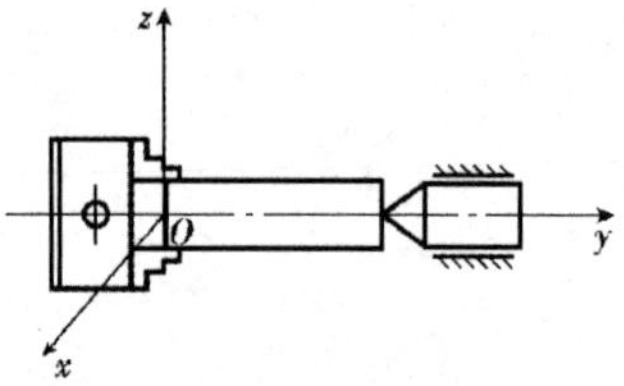	(1) 三爪自定心卡盘限制了2个自由度($\vec{x}$、$\vec{z}$)； (2) 活动顶尖限制了2个自由度($\overset{\frown}{x}$、$\overset{\frown}{z}$)
一面双销 大平面与两圆柱孔	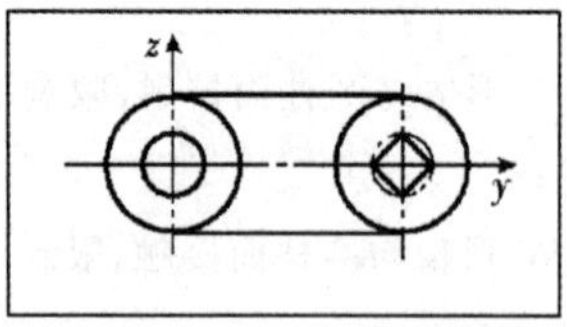	(1) 支承板限制了3个自由度($\vec{z}$、$\overset{\frown}{y}$、$\overset{\frown}{z}$)； (2) 短圆柱定位销限制了2个自由度($\vec{y}$、$\vec{z}$)； (3) 短菱形销(防转)限制了1个自由度($\overset{\frown}{x}$)
一面双V 大平面与两外圆弧面	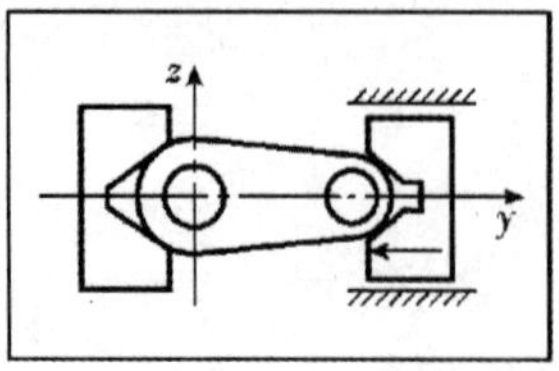	(1) 支承板限制了3个自由度($\vec{z}$、$\overset{\frown}{y}$、$\overset{\frown}{z}$)； (2) 短固定式V形块限制了2个自由度($\vec{y}$、$\vec{z}$)； (3) 短活动式V形块(防转)限制了1个自由度($\overset{\frown}{x}$)

续表

定位名称	定 位 方 式	限制的自由度
大平面与短锥孔		(1) 支承板限制了 3 个自由度($\vec{z}$、$\hat{x}$、$\hat{y}$)； (2) 活动锥销限制了 2 个自由度($\vec{x}$、$\vec{y}$)
长圆孔与其他		(1) 固定式心轴(长销)限制了 4 个自由度($\vec{y}$、$\vec{z}$、$\hat{y}$、$\hat{z}$)； (2) 挡销(防转)限制了 1 个自由度($\hat{x}$)

3. 常用定位元件的选用

常用定位元件选用时，应按工件定位基准面和定位元件的结构特点进行选择。

1) 工件以平面定位

(1) 以面积较小的已经加工的基准平面定位时，选用平头支承钉，如图 6-14(a)所示；以基准面粗糙不平或毛坯面定位时，选用圆头支承钉，如图 6-14(b)所示；侧面定位时，可选用网状支承钉，如图 6-14(c)所示。

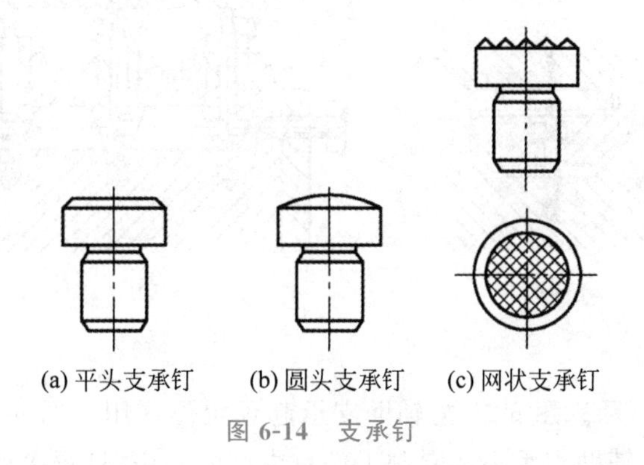

(a) 平头支承钉　(b) 圆头支承钉　(c) 网状支承钉

图 6-14　支承钉

(2) 以面积较大、平面度精度较高的基准平面定位时，选用支承板定位元件，如图 6-15 所示。用于侧面定位时，可选用不带斜槽的支承板，如图 6-15(a)所示；通常尽可能选用带斜槽的支承板，以利于清除切屑，如图 6-15(b)所示。

(3) 以毛坯面、阶梯平面和环形平面作为基准平面定位时，选用自位支承作定位元件，如图 6-16 所示。但须注意，自位支承虽有 2 个或 3 个支承点，但因自位和浮动作用，其只能作为一个支承点。

(4) 以毛坯面作为基准平面，调节时可按定位面质量和面积大小分别选用，如图 6-17 所示的可调支承作定位元件。

(5) 当工件定位基准面需要提高定位刚度、稳定性和可靠性时，可选用辅助支承作辅助

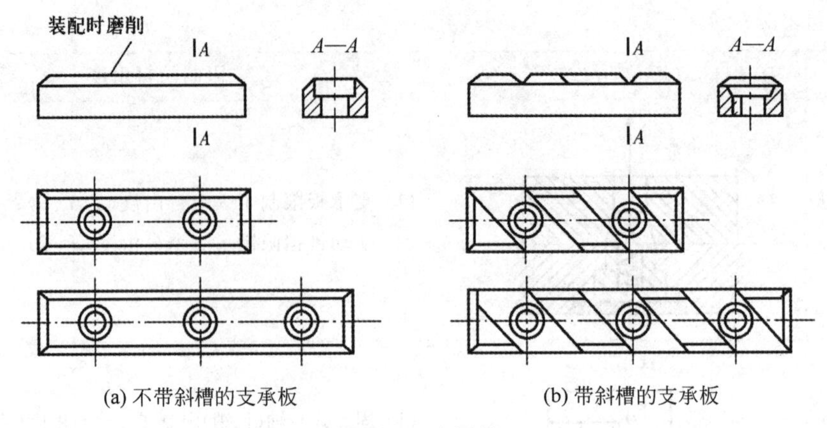

(a) 不带斜槽的支承板　　(b) 带斜槽的支承板

图 6-15　支承板

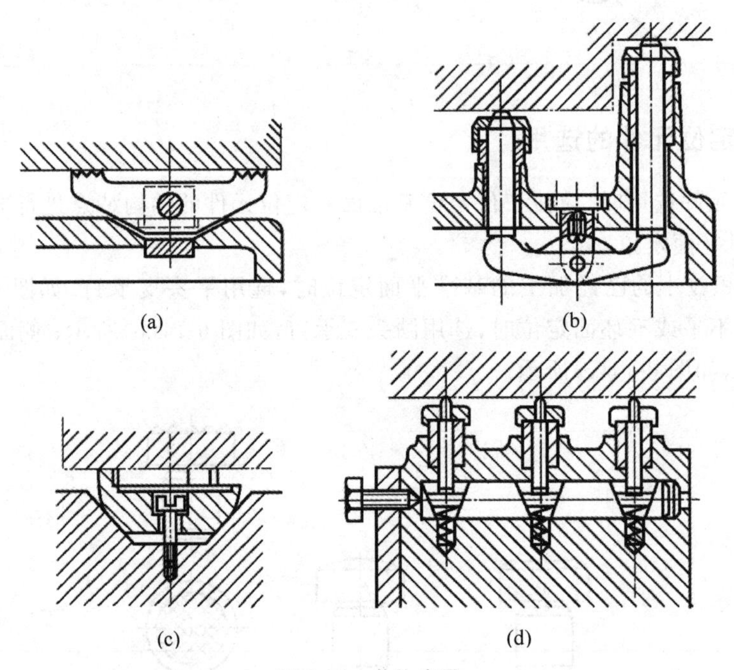

(a)　(b)　(c)　(d)

图 6-16　自位支承

定位元件，如图 6-18 所示。图 6-19 为辅助支承起预定位作用。图 6-20 为快速可调辅助支承的类型。但需注意，辅助支承不起限制工件自由度的作用，且每次加工均需重新调整支承点高度，支承位置应选在有利工件承受夹紧力和切削力的地方。

2）工件以外圆柱定位

（1）当工件的对称度要求较高时，可选用 V 形块定位。V 形块工作面间的夹角 α 常取 60°、90°、120°三种，其中应用最多的是 90° V 形块。90° V 形块的典型结构和尺寸已标准化，使用时可根据定位圆柱面的长度和直径进行选择。V 形块结构有多种形式，如图 6-21(a)所示的 V 形块适用于较长的、加工过的圆柱面定位；如图 6-21(b)所示的 V 形块适于较长的粗糙的圆柱面定位；如图 6-21(c)所示的 V 形块适用于尺寸较大的圆柱面定位，这种 V 形块底座采用铸件，V 形面采用淬火钢件，V 形块由两者镶合而成。

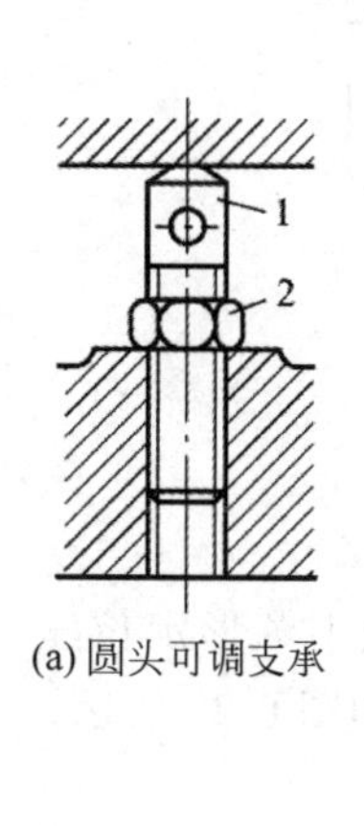

(a) 圆头可调支承

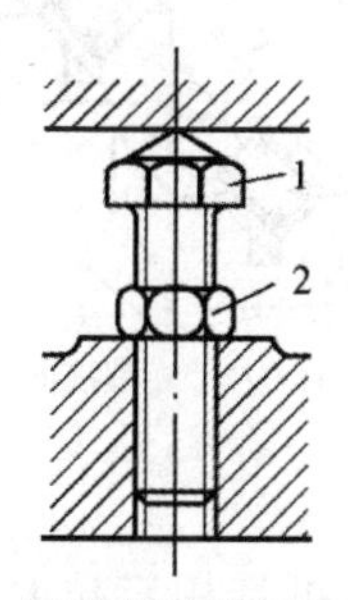

(b) 锥顶可调支承

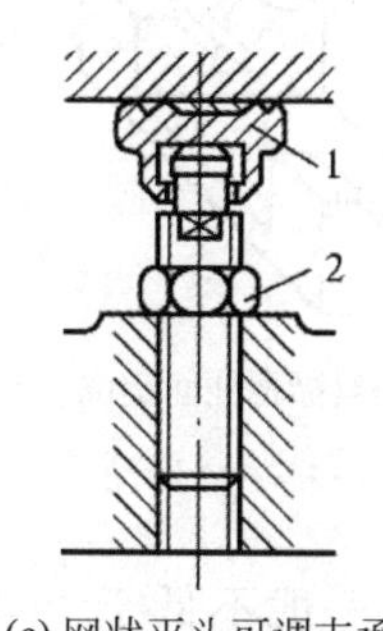

(c) 网状平头可调支承

1—调整螺钉；2—紧固螺母

图 6-17　可调支承

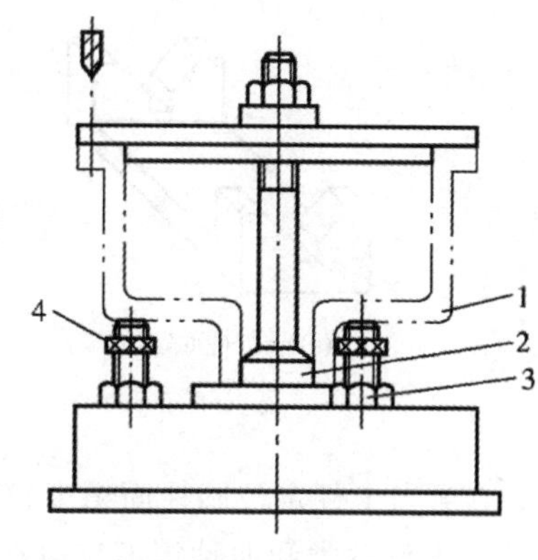

1—工件；2—短定位销；3—支承环；4—辅助支承

图 6-18　辅助支承提高弓箭的刚度和稳定性

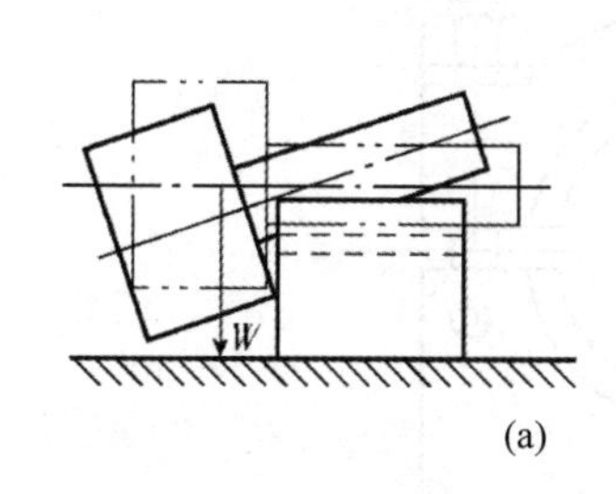

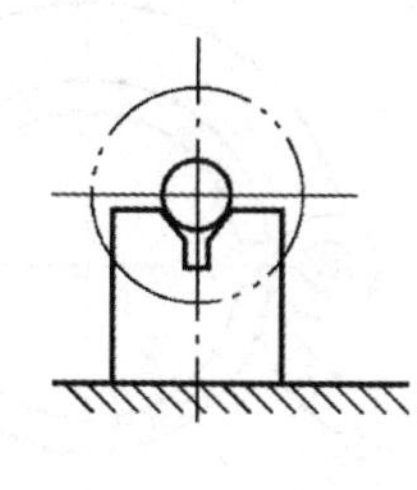

(a)

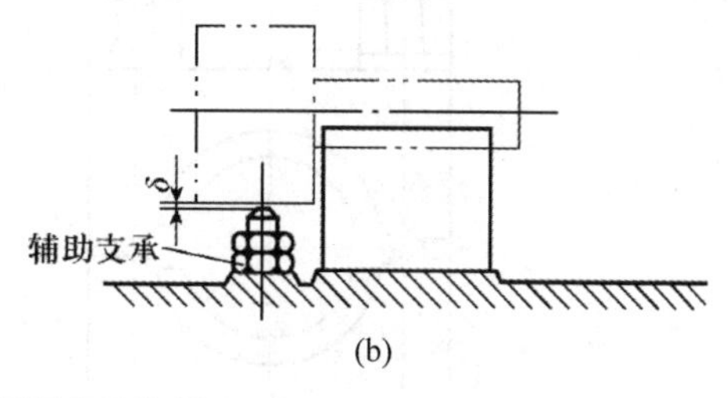

(b)

图 6-19　辅助支承起预定位作用

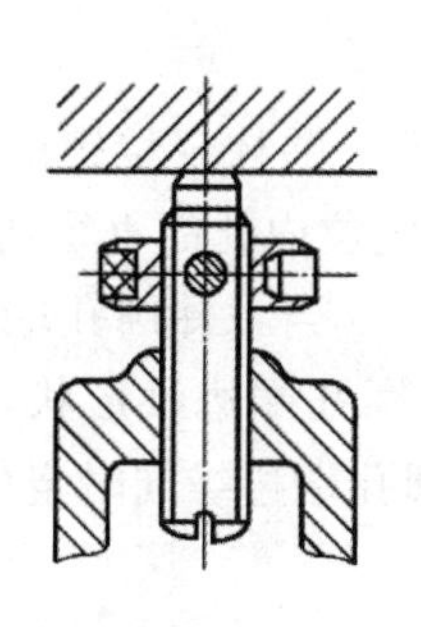

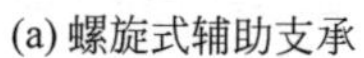
(a) 螺旋式辅助支承

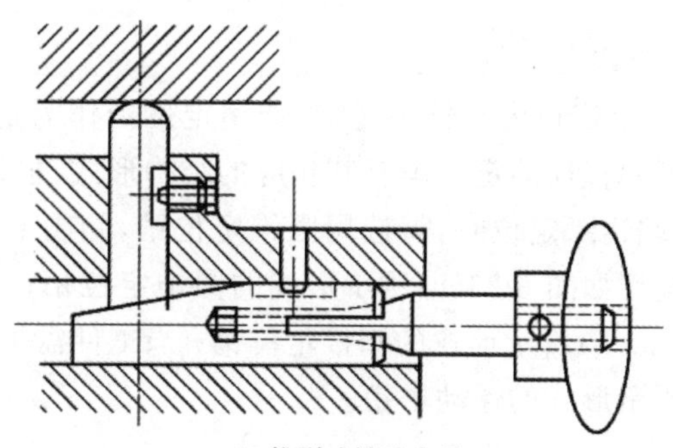
(b) 推引式辅助支承

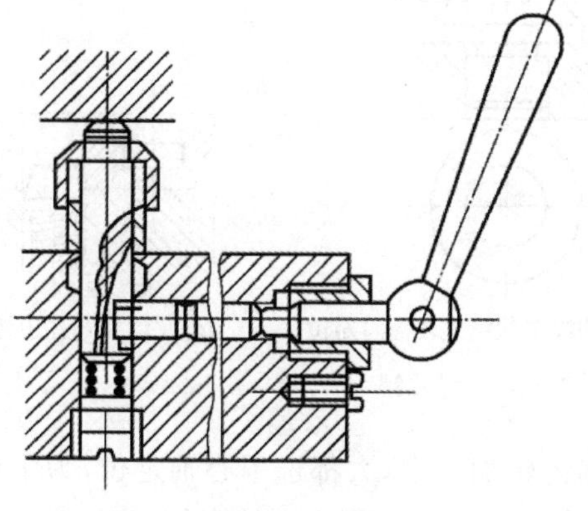
(c) 自位式辅助支承

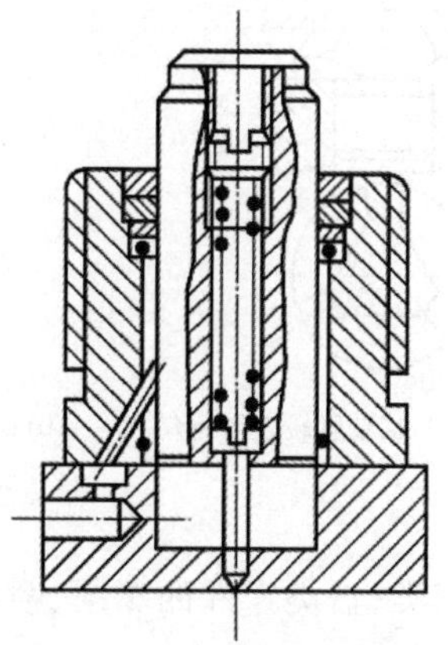
(d) 液压锁定辅助支承

图 6-20　辅助支承的类型

V形块

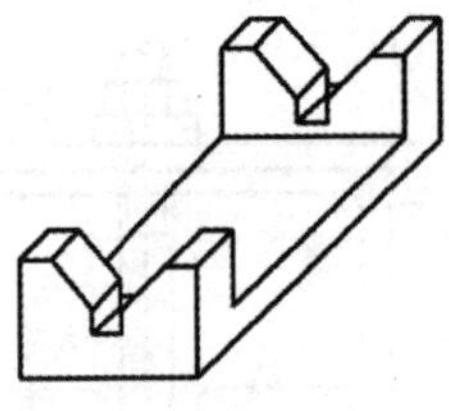
(a) 长圆柱面定位

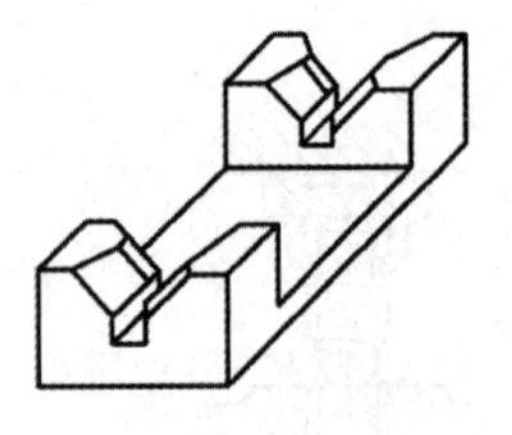
(b) 较粗糙圆柱面定位

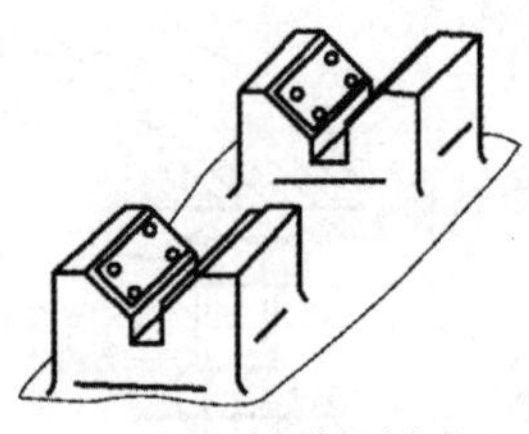
(c) 大尺寸圆柱面定位

图 6-21 V形块

(2) 当工件定位圆柱面精度较高时(一般不低于 IT8),可选用定位套或半圆形定位座定位。大型轴类和曲轴等不宜以整个圆孔定位的工件,可选用半圆定位座,如图 6-22 所示。

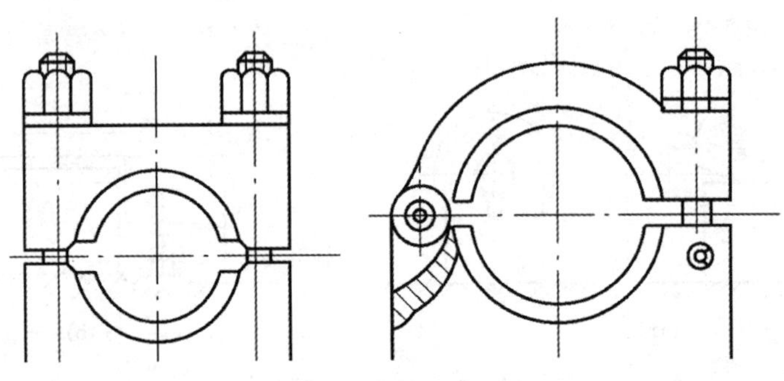

图 6-22 半圆定位座

3) 工件以内孔定位

(1) 工件上定位内孔较小时,常选用定位销作为定位元件。圆柱定位销的结构和尺寸已标准化,不同直径的定位销有其相应的结构形式,根据工件定位内孔的直径选用。当工件圆柱孔用孔端边缘定位时,需选用圆锥定位销,如图 6-23 所示。当工件圆孔端边缘形状精度较差时,选用如图 6-23(a)所示形式的圆锥定位销;当工件圆孔端边缘形状较高精度时,选用如图 6-23(b)所示形式的圆锥定位销;当工件需平面和圆孔端边缘同时定位时,选用如图 6-23(c)所示形式的浮动锥销。

圆锥定位销

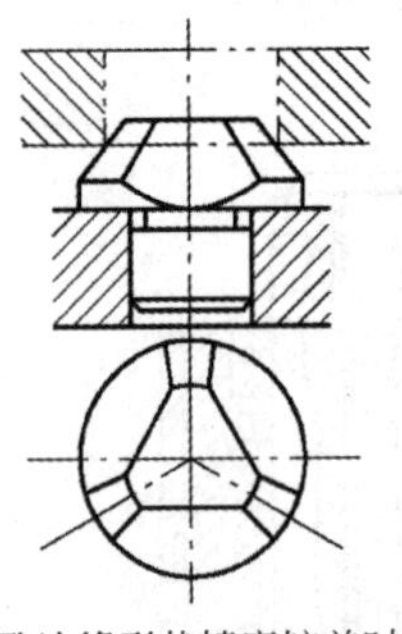
(a) 圆孔边缘形状精度较差时定位

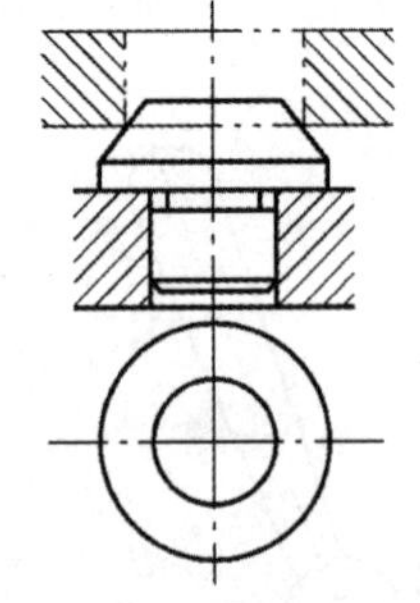
(b) 圆孔边缘形状精度较高时定位

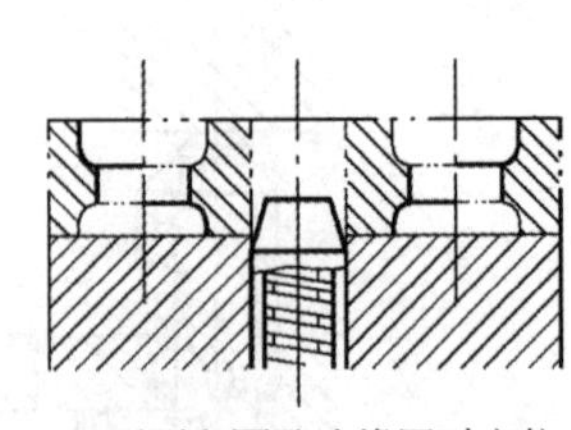
(c) 平面和圆孔边缘同时定位

图 6-23 圆锥定位销

(2) 在套类、盘类零件的车削、磨削和齿轮加工中,大都选用心轴定位,为了便于夹紧和减小工件因间隙造成的倾斜,当工件定位内孔与基准端面垂直精度较高时,常以孔和端面联合定位。因此，这类心轴通常是带台阶定位面的心轴，如图 6-24(a)所示；当工件以内花键为定位基准时，可选用外花键轴，如图 6-24(b)所示；当内孔带有花键槽时，可在圆柱心轴上设置键槽配装键块；当工件内孔精度很高，而加工时工件力矩很小时，可选用小锥度心轴定位。

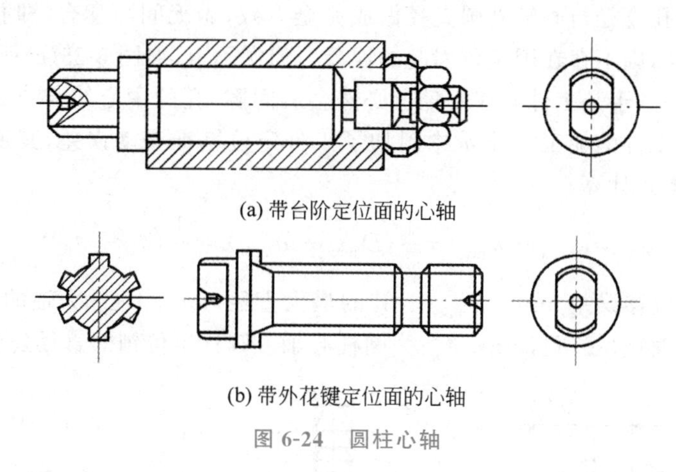

(a) 带台阶定位面的心轴

(b) 带外花键定位面的心轴

图 6-24　圆柱心轴

6.3　定位误差分析

六点定位原则解决了消除工件自由度的问题，即解决了工件在夹具中位置“定与不定”的问题。但是，由于一批工件逐个在夹具中定位时，各个工件所占据的位置不完全一致，即出现工件位置定得“准与不准”的问题。如果工件在夹具中所占据的位置不准确，加工后各工件的加工尺寸必然大小不一，形成误差。这种只与工件定位有关的误差称为定位误差，用 Δ_D 表示。

在工件的加工过程中，产生误差的因素很多，定位误差仅是加工误差的一部分，为了保证加工精度，一般限定定位误差不超过工件加工误差 T 的 1/5～1/3，即

$$\Delta_D \leqslant (1/5 \sim 1/3)T \tag{6-1}$$

式中：Δ_D 为定位误差，mm；T 为工件的加工公差，mm。

6.3.1　定位误差产生的原因

工件逐个在夹具中定位时，各个工件的位置不一致的原因主要是基准不重合，而基准不重合又分为两种情况：一是定位基准与限位基准不重合，产生的基准位移误差；二是定位基准与工序基准不重合，产生的基准不重合误差。

1. 基准位移误差 Δ_Y

1) 孔与定位心轴固定边接触(心轴水平放置时，孔单向移动→下移)

由于定位副的制造误差或定位副配合间隙所导致的定位基准在加工尺寸方向上的最大位置变动量，称为基准位移误差，用 Δ_Y 表示。不同的定位方式，基准位移误差的计算方式

也不同。

如图 6-25(a)所示,工件以圆柱孔在心轴上定位铣键槽,要求保证尺寸 $b^{+\delta_b}_{0}$ 和 $a^{0}_{-\delta_a}$。其中,尺寸 $b^{+\delta_b}_{0}$ 由铣刀保证,而尺寸 $a^{0}_{-\delta_a}$ 按心轴中心调整的铣刀位置保证。如图 6-25(b)所示,如果工件内孔直径与心轴外圆直径做成完全一致,做无间隙配合,即孔的中心线与轴的中心线位置重合,则不存在因定位引起的误差。但实际上,如图 6-25(c)所示,心轴和工件内孔都有制造误差。于是工件套在心轴上必然会有间隙,孔的中心线与心轴的中心线位置不重合,导致这批工件的加工尺寸 a 中附加了工件定位基准变动误差,其变动量即为最大配合间隙。可按下式计算:

$$\Delta_Y = a_{max} - a_{min} = \frac{1}{2}(D_{max} - d_{min}) = \frac{1}{2}(\delta_D + \delta_{d_0}) \tag{6-2}$$

式中:Δ_Y 为基准位移误差,mm;D_{max} 为孔的最大直径,mm;d_{min} 为轴的最小直径,mm;δ_D 为工件孔的最大直径公差,mm;δ_{d_0} 为圆柱心轴或圆柱定位销的直径公差,mm。

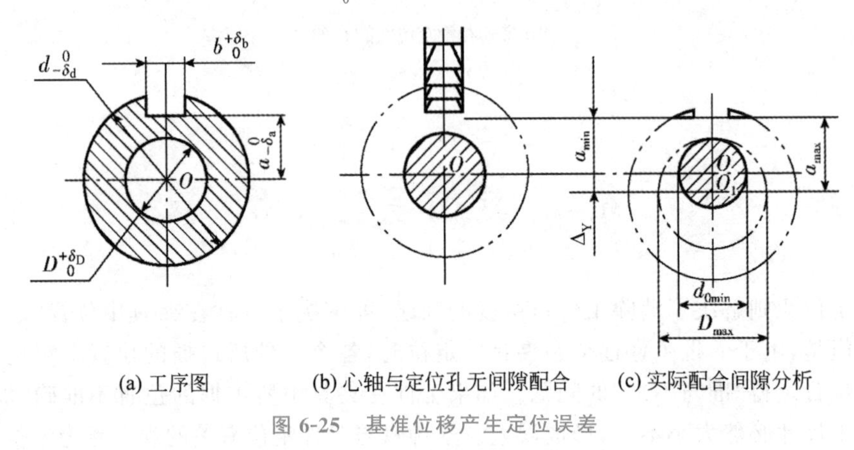

(a) 工序图　　(b) 心轴与定位孔无间隙配合　　(c) 实际配合间隙分析

图 6-25　基准位移产生定位误差

2) 孔与定位心轴任意边接触(心轴竖直放置时,孔可以前后左右移动)

此时,基准位移误差的方向是水平任意的,同时要考虑当孔尺寸最小、心轴尺寸最大时,配合间隙 X_{min} 引起的误差,则

$$\Delta_Y = \delta_D + \delta_{d_0} + X_{min} \tag{6-3}$$

减小定位配合间隙,即可减小基准位移误差值,以提高定位精度。

2. 基准不重合误差 Δ_B

图 6-26(a)所示,加工尺寸 h 的工序基准是外圆柱面的母线,但定位基准是工件圆柱孔中心线。这种由于工序基准与定位基准不重合所导致的工序基准在加工尺寸方向上的最大位置变动量,称为基准不重合误差,用 Δ_B 表示。此时除定位基准位移误差外,还有基准不重合误差。分析图 6-26,基准位移误差应为 $\Delta_Y = \frac{1}{2}(\delta_D + \delta_{d_0})$,基准不重合误差则为

$$\Delta_B = \frac{1}{2}\delta_d \tag{6-4}$$

式中:Δ_B 为基准不重合误差,mm;δ_d 为工件的最大外圆柱直径公差,mm。因此,尺寸 h 的定位误差为

$$\Delta_D = \Delta_Y + \Delta_B = \frac{1}{2}(\delta_D + \delta_{d_0}) + \frac{1}{2}\delta_d$$

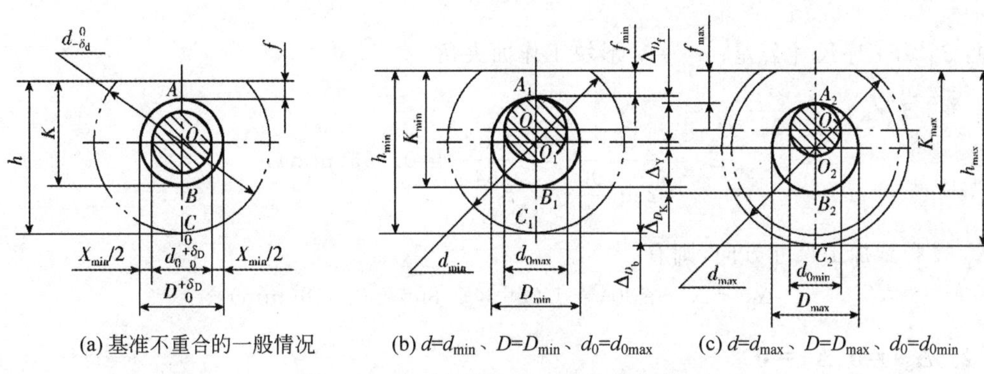

图 6-26 基准不重合时产生的定位误差

计算基准不重合误差时，应注意判别定位基准和工序基准。当基准不重合误差由多个尺寸影响时，应将其在工序尺寸方向上合成。

基准不重合误差的一般计算式为

$$\Delta_B = \sum \delta_i \cos\beta \tag{6-5}$$

式中：δ_i 为定位基准与工序基准间的尺寸链组成环的公差，mm；β 为 δ_i 的方向与加工尺寸方向间的夹角，(°)。

6.3.2 定位误差的计算

计算定位误差时，有两种方法：①可分别求出基准位移误差和基准不重合误差，再求出它们在加工尺寸方向上的矢量和；②按最不利情况，确定工序基准的两个极限位置，根据几何关系求出这两个位置的距离，将其投影到加工方向上，求出定位误差。

1. $\Delta_B = 0$、$\Delta_Y \neq 0$

此时，产生定位误差的原因是基准位移误差，故只要计算出 Δ_Y 即可，即

$$\Delta_D = \Delta_Y \tag{6-6}$$

【例 6-1】 如图 6-27 所示，用单角度铣刀铣削斜面，求加工尺寸为(39±0.04)mm 的定位误差。

解 由图 6-27 可知，工序基准与定位基准重合，$\Delta_B = 0$。

分析 V 形槽定位，比较从工件最小外圆直径(实线)情形到最大外圆直径(双点画线)情形，可知工件轴线沿 V 形槽斜面的法线方向平移位移为 $\delta_d/2$，通过分析直角三角形△OAB，可得沿 Y 方向的基准位移误差为

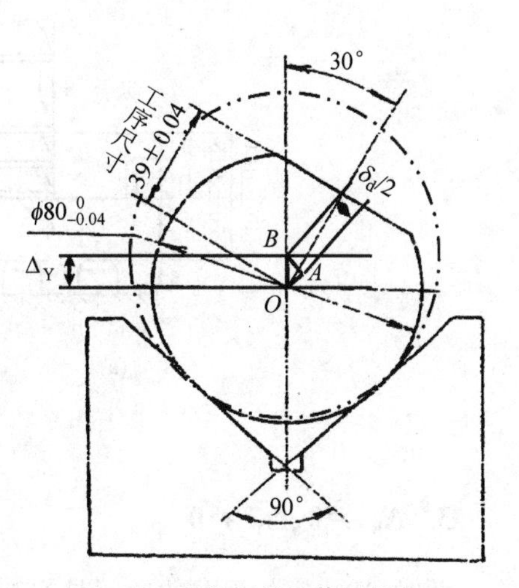

图 6-27 定位误差计算示例之一

$$\Delta_Y = \frac{\delta_d}{2\sin\frac{\alpha}{2}} \tag{6-7}$$

式中：δ_d 为工序尺寸公差；α 为V形块工作面夹角。

代入可得

$$\Delta_Y = \frac{\delta_d}{2\sin\frac{90^\circ}{2}} = \frac{0.08}{2\sin 45^\circ} = 0.056(\text{mm})$$

将 Δ_Y 投影到加工尺寸方向，则有

$$\Delta_D = \Delta_Y \cos 30^\circ = 0.056 \times 0.866 = 0.048(\text{mm})$$

2. $\Delta_B \neq 0$、$\Delta_Y = 0$

此时，产生定位误差的原因是基准不重合误差 Δ_B，故只要计算出 Δ_B 即可，即 $\Delta_D = \Delta_B$。

【例 6-2】 如图6-28所示，以 B 面定位，铣工件上的台阶面 C，保证尺寸(20±0.15)mm，求加工尺为(20±0.15)mm的定位误差。

解 由图6-28可知，以 B 面定位加工 C 面时，平面 B 与支承接触好，$\Delta_Y = 0$。

由图6-28(a)可知，工序基准是 A 面，定位基准是 B 面，故基准不重合。按式(6-5)得

$$\begin{aligned}\Delta_B &= \sum \delta_i \cos\beta \\ &= 0.28\cos 0^\circ = 0.28(\text{mm})\end{aligned}$$

因此

$$\Delta_D = \Delta_B = 0.28\text{mm}$$

而加工尺寸(20±0.15)mm的公差为0.30mm，留给其他的加工误差仅为0.02mm，在实际加工中难以保证。为保证加工要求，可在前工序加工 A 面时，提高加工精度，减小工序基准与定位基准之间的联系尺寸的公差值。也可以改为如图6-28(b)所示的定位方案，使工序基准与定位基准重合，则定位误差为零。但改为新的定位方案后，工件需从下向上夹紧，夹紧方案不够理想，且使夹具结构复杂。

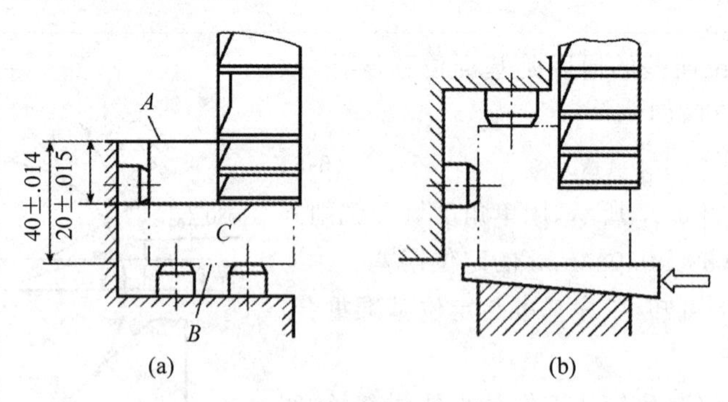

图 6-28 定位误差计算示例之二

3. $\Delta_B \neq 0$、$\Delta_Y \neq 0$

此时，造成定位误差的原因是相互独立的因素(δ_d、δ_D、δ_i 等)时，应将基准不重合误差

与基准位移误差相加，即

$$\Delta_D = \Delta_B + \Delta_Y$$

图 6-26 所示即属此类情况。

综上所述，定位误差包括基准位移误差和基准不重合误差，二者分别独立互不相干，它们都使工序基准位置产生变动。当无基准位移误差时，$\Delta_Y = 0$。当定位基准与工序基准重合时，$\Delta_B = 0$；若两项误差都没有，则 $\Delta_D = 0$。分析和计算定位误差的目的是对定位方案能否保证加工要求有一个明确的定量概念，以便对不同定位方案进行分析比较，同时也是在决定定位方案时的一个重要依据。

6.3.3 组合表面定位及其误差分析

以上所述的常见定位方式多为以单一表面作为定位基准，但在实际生产中，通常都以工件上的两个或两个以上的几何表面作为定位基准，即采用组合定位方式。工件以多个表面组合定位时，工序基准的位置与多个位置基准有关。用极限位置法求定位误差比较方便。这里以“一面双孔”定位为例介绍组合定位时定位误差的分析计算法。

工件采用“一面两孔”定位时，两孔可以是工件结构上原有的，也可以是定位需要专门设计的工艺孔。相应的定位元件是支承板和两定位销（一面双销），支承板限制工件 3 个自由度；短圆柱销限制工件的 2 个自由度；短菱形销限制 1 个自由度。

【例 6-3】 如图 6-29 所示，工件以“一面双孔”在夹具的一面双销上定位，由于孔 O_1 与短圆柱销存在最大配合间隙 X_{1max}，孔 O_2 与短菱形销存在最大配合间隙 X_{2max}，因此产生基准位置（位移和转角）误差，求解该误差。

解 (1) 计算孔 1 中心 O_1 的基准位移误差。已知孔 1 的尺寸公差 T_{D_1}，短圆柱销的公差 T_{d_1}，最小配合间隙 X_{1min}，由式(6-3)，孔 1 中心 O_1 的基准位移误差（移动范围）$\Delta_{Y(O_1)}$ 在水平任意方向上均为

$$\Delta_{Y(O_1)} = X_{1max} = T_{D_1} + T_{d_1} + X_{1min}$$

(2) 计算孔 2 基准位移误差。孔 2 在两孔连线方向（设为 X 向）上不起定位作用，故在该方向上不计基准位移误差。已知孔 2 的尺寸公差 T_{D_2}，在垂直于两孔连线方向（设为 Y 向）上，短菱形销的公差 T_{d_2}，最小配合间隙 X_{2min}，则 Y 方向上，存在最大配合间隙 X_{2max}，由式(6-3)，产生基准位移误差 $\Delta_{Y(O_{2Y})}$ 为

$$\Delta_{Y(O_{2Y})} = X_{2max} = T_{D_2} + T_{d_2} + X_{2min}$$

(3) 计算转角误差 。由于 X_{1max} 和 X_{2max} 的存在，在水平面内，两孔连线 O_1O_2 产生基准转角误差。如图 6-29 所示，设 O_1O_2 是定位基准的理想状态（销中心与孔中心重合），当定位销和定位孔的尺寸分别为 d_{1min}、d_{2min}、D_{1max}、D_{2max} 时，O_1 在 O_1' 和 O_1'' 之间变动，O_2 在 O_2' 和 O_2'' 之间变动。O_1O_2 两种极限状态如下。

① 交叉状态，如图 6-29(b)所示，定位基准由 $O_1'O_2''$ 变为 $O_1''O_2'$，此时基准转角误差 Δ_α 为

$$\Delta_\alpha = \arctan\frac{X_{1max} + X_{2max}}{2L}$$

由于交叉状态时转角范围$\pm\Delta_\alpha$，则有

$$2\Delta_\alpha = 2\arctan\frac{X_{1\max}+X_{2\max}}{2L}$$

② 单向移动，如图 6-29(a)所示，定位基准由O_1O_2变为$O'_1O'_2$，此时基准转角误差Δ_β为

$$\Delta_\beta = \arctan\frac{X_{2\max}-X_{1\max}}{2L}$$

(4) 将所求得的有关基准位移和基准转角误差，按最不利的情况，反映到工件尺寸方向上，即为基准位置误差引起工序尺寸的定位误差。

① 对于交叉状态

孔1基准O_1最大位置误差(引起Y向位移)$\Delta_{D_{1Y}}$为

$$\Delta_{D_{1Y}} = X_{1\max} + 2L\tan\Delta\alpha$$

孔2基准O_2最大位置误差(引起Y向位移)$\Delta_{D_{2Y}}$为

$$\Delta_{D_{2Y}} = X_{2\max} + 2L\tan\Delta\alpha$$

② 对于单向移动状态

孔1基准O_1最大位置误差(引起Y向位移)$\Delta_{D_{1Y}}$为

$$\Delta_{D_{1Y}} = X_{1\max} + L\tan\Delta\beta$$

孔2基准O_2最大位置误差(引起Y向位移)$\Delta_{D_{2Y}}$为

$$\Delta_{D_{2Y}} = X_{2\max} + L\tan\Delta\beta$$

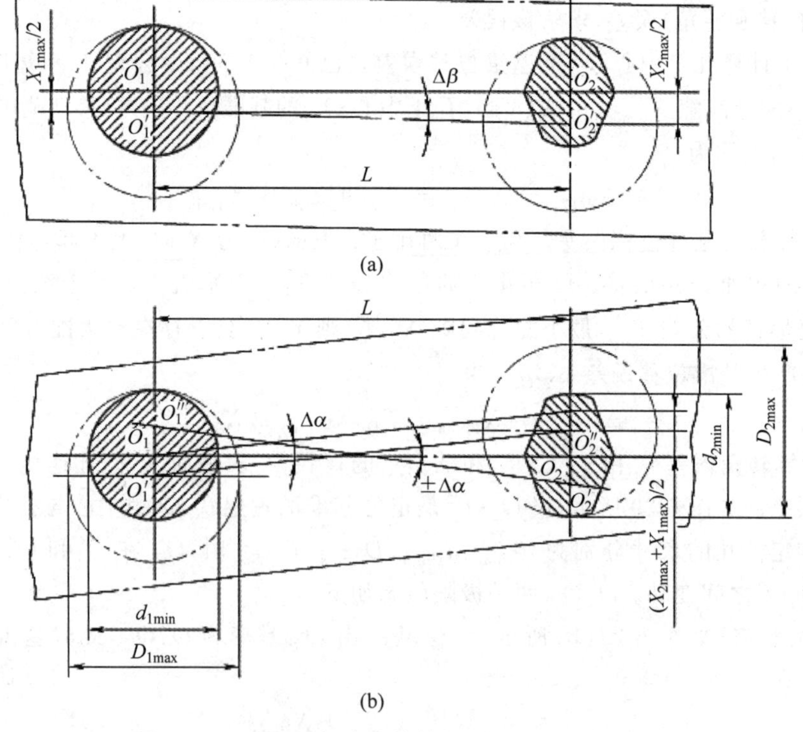

图 6-29 “一面双孔”定位的基准位移和基准转角误差

6.4　工件的夹紧

在机械加工过程中，工件会受到切削力、离心力惯性力等的作用。为了保证在这些外力作用下，工件仍能在夹具中保持已由定位元件所确定的加工位置，而不致发生振动和位移，在夹具结构中必须设置一定的夹紧装置，将工件可靠地夹牢。

6.4.1　夹紧装置的组成及其设计原则

工件定位后，将工件固定并使其在加工过程中保持定位位置不变的装置，称为夹紧装置。

1. 夹紧装置的组成

夹紧装置的组成如图 6-30 所示，由以下三部分组成。

液压夹紧的铣床夹具

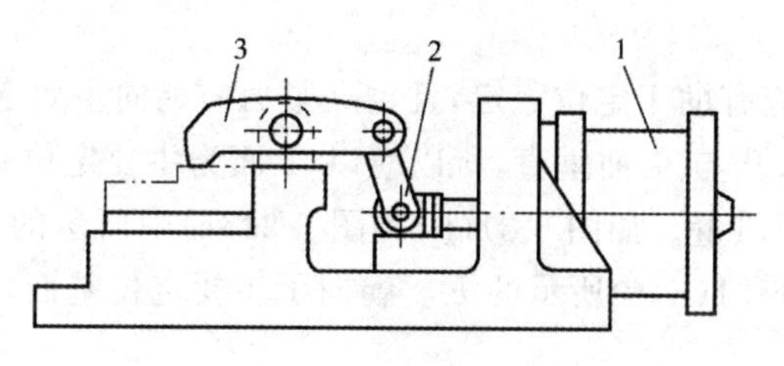

1—气缸；2—杠杆；3—压板

图 6-30　夹紧装置的组成

(1) 动力源装置。它是产生夹紧作用力的装置，分为手动夹紧和机动夹紧两种。手动夹紧的力源来自人力，用时比较费时费力。为了改善劳动条件和提高生产率，目前在大批量生产中均采用机动夹紧。机动夹紧的力源来自气动、液压、气液联动、电磁、真空等动力夹紧装置。图 6-30 所示的气缸就是一种动力源装置。

(2) 传力机构。它是介于动力源和夹紧元件之间传递动力的机构。传力机构的作用是：改变作用力的方向；改变作用力的大小；具有一定的自锁性能，以便在夹紧力一旦消失后，仍能保证整个夹紧系统处于可靠的夹紧状态，这一点在手动夹紧时尤为重要。图 6-30 所示的杠杆就是传力机构。

(3) 夹紧元件。它是直接与工件接触完成夹紧作用的最终执行元件。图 6-30 所示的压板就是夹紧元件。

2. 夹紧装置的设计原则

在夹紧工件的过程中，夹紧作用的效果会直接影响工件的加工精度、表面粗糙度以及生产效率。因此，设计夹紧装置应遵循以下原则。

(1) 工件不移动原则。夹紧过程中，应不改变工件定位后所占据的正确位置。

(2) 工件不变形原则。夹紧力的大小要适当，既要保证夹紧可靠，又应使工件在夹紧力的作用下不致产生加工精度所不允许的变形。

(3) 工件不振动原则。对刚性较差的工件,或者进行断续切削,以及不宜采用气缸直接压紧的情况,应提高支承元件和夹紧元件的刚性,并使夹紧部位靠近加工表面,以避免工件和夹紧系统的振动。

(4) 安全可靠原则。夹紧传力机构应有足够的夹紧行程,手动夹紧要有自锁性能,以保证夹紧可靠。

(5) 经济实用原则。夹紧装置的自动化和复杂程度应与生产纲领相适应,在保证生产效率的前提下,其结构应力求简单,便于制造、维修,工艺性能好;操作方便、省力、使用性能好。

6.4.2 确定夹紧力的基本原则

设计夹紧装置时,夹紧力的确定包括夹紧力的方向、作用点和大小三个要素。

1. 夹紧力的方向

夹紧力的方向与工件定位的基本配置情况及工件所受外力的作用方向等有关。选择时,必须遵守以下准则。

(1) 夹紧力的方向应有助于定位稳定,且主夹紧力应朝向主要定位基面。如图 6-31(a)所示直角支座镗孔,要求孔与 A 面垂直,所以应以 A 面为主要定位基面,且夹紧力 F_W 方向与之垂直,则较容易保证质量。如图 6-31(b)和图 6-31(c)中所示的 F_W 都不利于保证孔轴线与 A 的垂直度,如图 6-31(d)中所示的 F_W 朝向了主要定位基面,则有利于保证加工孔轴线与 A 面的垂直度。

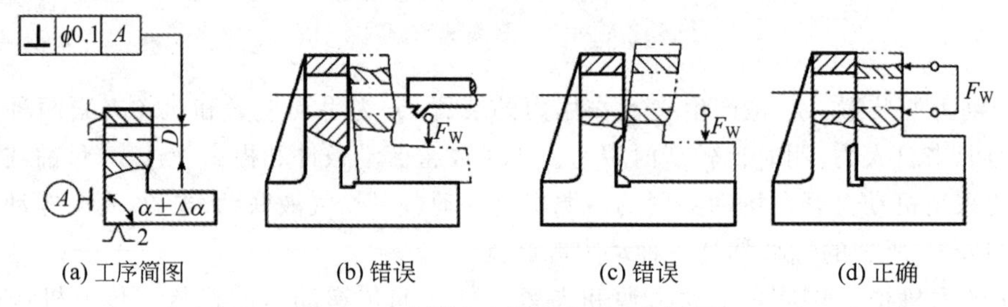

图 6-31 夹紧力应指向主要定位基面

(2) 夹紧力的方向应有利于减小夹紧力、减小工件的变形、减轻劳动强度。为此,夹紧力 F_W 的方向最好与切削力 F、工件的重力 G 的方向重合。图 6-32 为工件在夹具中加工时常见的几种受力情况。显然,图 6-32(a)为最合理,图 6-32(f)为最差。

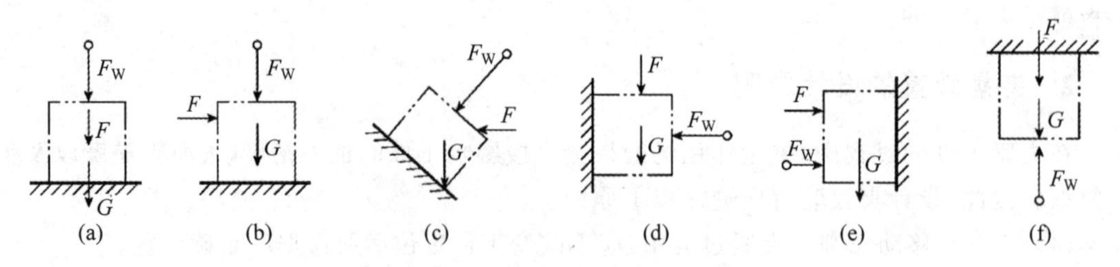

图 6-32 夹紧力方向与夹紧力大小的关系

(3) 夹紧力的方向应是工件刚性较好的方向。由于工件在不同方向上刚度是不等的，不同的受力表面也因其接触面积大小而变形各异。尤其在夹压薄壁零件时，更需注意使夹紧力的方向指向工件刚性最好的方向。

2. 夹紧力作用点

夹紧力作用点是指夹紧件与工件接触的一小块面积。选择作用点的问题是指在夹紧方向已定的情况下，确定夹紧力作用点的位置和数目。夹紧力作用点的选择是达到最佳夹紧状态的首要因素。合理选择夹紧力作用点必须遵守以下准则。

(1) 夹紧力的作用点应落在定位元件的支承范围内，应尽可能使夹紧点与支承点对应，使夹紧力作用在支承上。图 6-33(a)中的夹紧力作用在支承面范围之外，会使工件倾斜或移动，夹紧时将破坏工件的定位；图 6-33(b)所示的情况则是合理的。

(2) 夹紧力的作用点应选在工件刚性较好的部位。这对刚度较差的工件尤其重要，如图 6-34 所示，将作用点由中间的单点改成两旁的两点夹紧，可使变形大为减小，夹紧更加可靠。

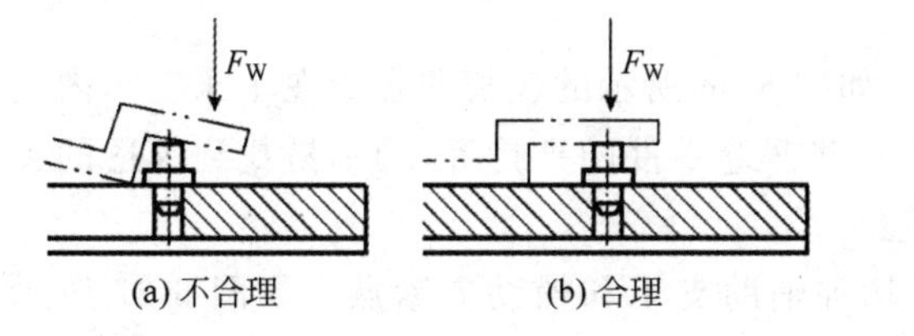

图 6-33　夹紧力的作用点应在支承面内

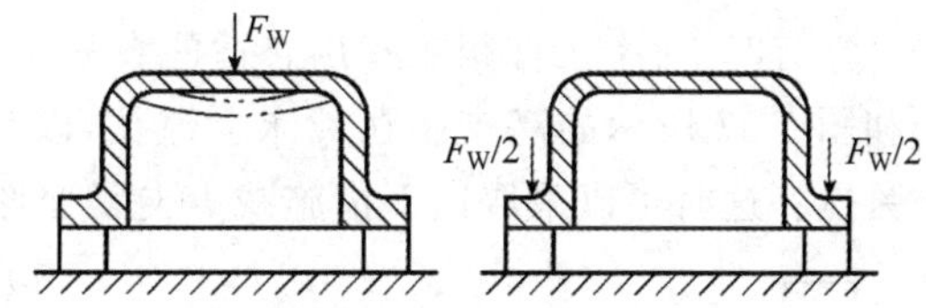

图 6-34　夹紧力作用点应在刚性较好部位

(3) 夹紧力的作用点应尽量靠近加工表面，防止工件产生振动和变形，提高定位的稳定性和可靠性。图 6-35 所示工件的加工部位为孔，图 6-35(a)所示的夹紧点离加工部位较远，易引起加工振动，使表面粗糙度增大；图 6-35(b)所示的夹紧点会引起较大的夹紧变形，造成加工误差；图 6-35(c)是比较好的一种夹紧点选择。

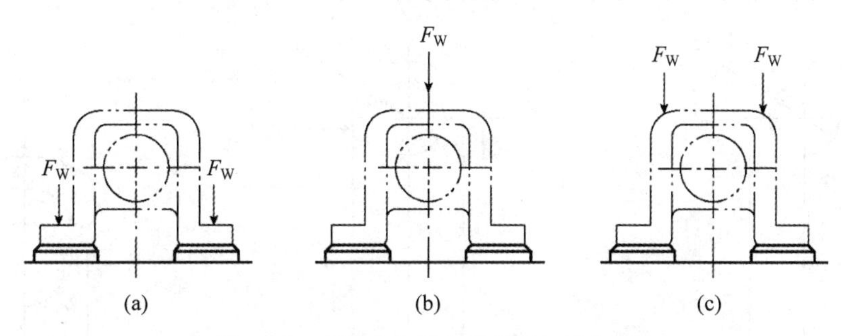

图 6-35　夹紧力作用点应靠近加工表面

3. 夹紧力的大小

夹紧力的大小对于保证定位稳定、夹紧可靠，确定夹紧装置的结构尺寸非常重要，夹紧力的大小要适当。夹紧力过小则夹紧不牢靠，在加工过程中工件可能发生位移而破坏定位，其结果轻则影响加工质量，重则造成工件报废甚至发生安全事故；夹紧力过大会使工件变形，也会对加工质量不利。

理论上，夹紧力的大小应与作用在工件上的其他力使工件处于平衡状态；而实际上，夹紧力的大小还与工艺系统的刚度、夹紧机构的传递效率等因素有关，计算很复杂。因此，实际设计中常采用估算法、类比法和试验法确定所需的夹紧力。

当采用估算法确定夹紧力的大小时，为简化计算，通常将夹具和工件看成一个刚性系统。根据工件所受切削力、夹紧力（大型工件应考虑重力、惯性力等）的作用情况，找出加工过程中对夹紧最不利的状态，按静力平衡原理计算出理论夹紧力，最后以安全系数作为实际所需夹紧力，即

$$F_{WK}=KF_{W} \tag{6-8}$$

式中：F_{WK} 为实际所需夹紧力，N；F_{W} 为在一定条件下，由静力平衡算出的理论夹紧力，N；K 为安全系数，粗略计算时，粗加工取 $K=2.5\sim3$，精加工取 $K=1.5\sim2$。

夹紧力三要素的确定实际是一个综合性问题。必须全面考虑工件结构特点、工艺方法、定位元件的结构和布置等多种因素，才能最后确定并具体设计出较为理想的夹紧装置。

4. 减小夹紧变形的措施

有时，一个工件很难找出合适的夹紧点。如图 6-36 所示的较长的套筒在车床上车内孔和图 6-37 所示的高支座在镗床上镗孔，以及一些薄壁零件的夹持等，均不易找到合适的夹紧点。这时可以采取以下措施减少夹紧变形。

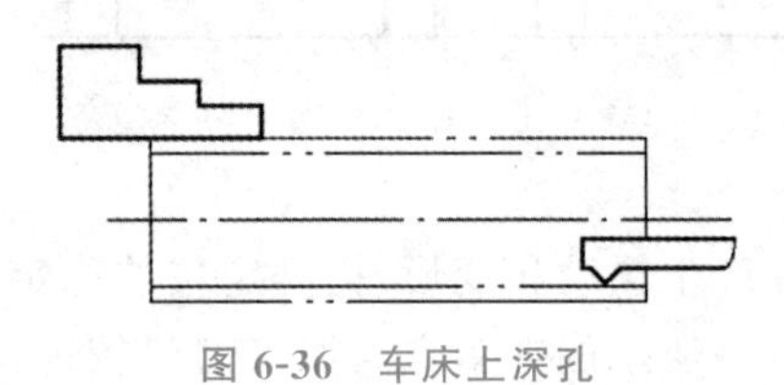

图 6-36 车床上深孔

（1）增加辅助支承和辅助夹紧点。如图 6-37 所示的高支座可采用图 6-38 所示的方法，增加一个辅助支承点及辅助夹紧力 F_{W_1}，就可以使工件获得满意的夹紧状态。

（2）分散着力点。如图 6-39 所示，用一块活动压板将夹紧力的着力点分散成两个或四个，从而改变着力点的位置，减少着力点的压力，获得减少夹紧变形的效果。

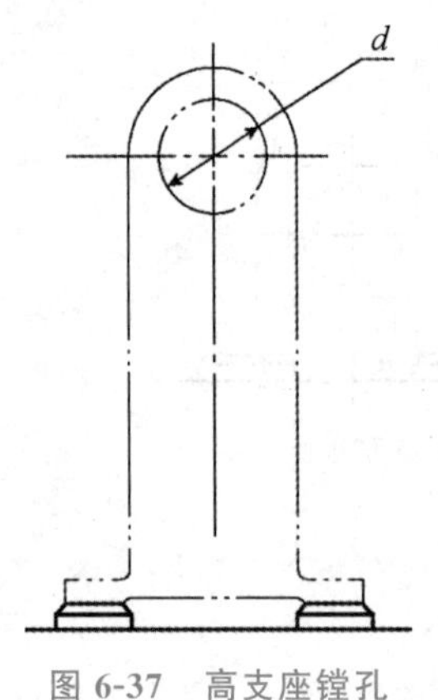

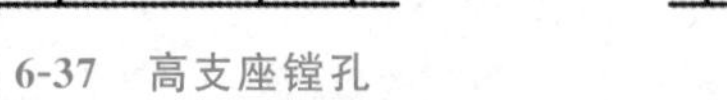

图 6-37 高支座镗孔

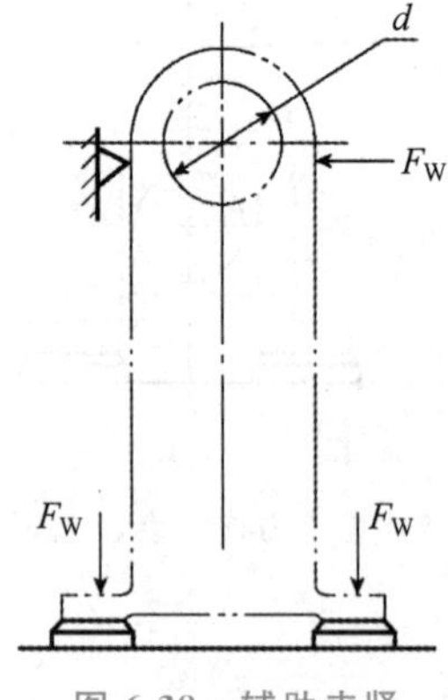

图 6-38 辅助夹紧

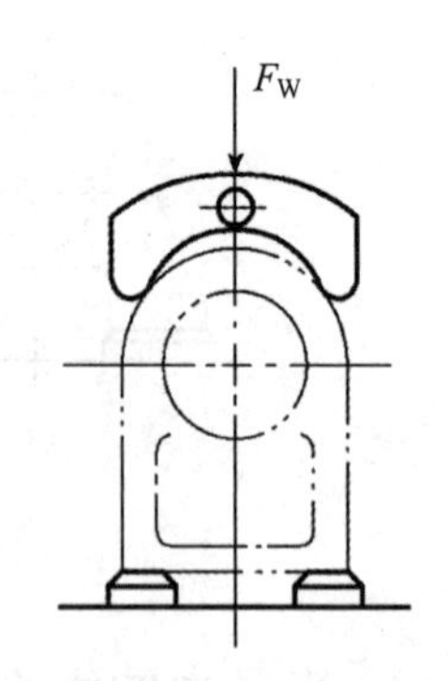

图 6-39 分散着力点

（3）增加压紧件接触面积。图 6-40 所示为三爪卡盘夹紧薄壁工件的情形。将图 6-40(a)改为图 6-40(b)的形式，改用宽卡爪增大和工件的接触面积，减小了接触点的比压，从而减

小了夹紧变形。图 6-41 列举了另外两种减少夹紧变形的装置。图 6-41(a)为常见的浮动压块,图 6-41(b)为在压板下增加垫环,使夹紧力通过刚性好的垫环均匀地作用在薄壁工件上,避免工件局部压陷。

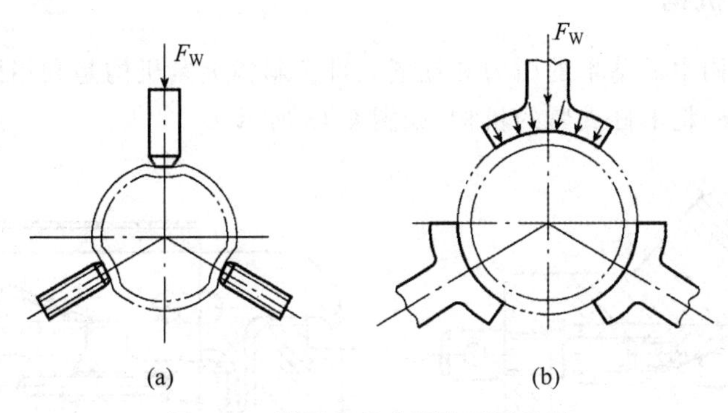

图 6-40　薄壁套的夹紧变形及改善

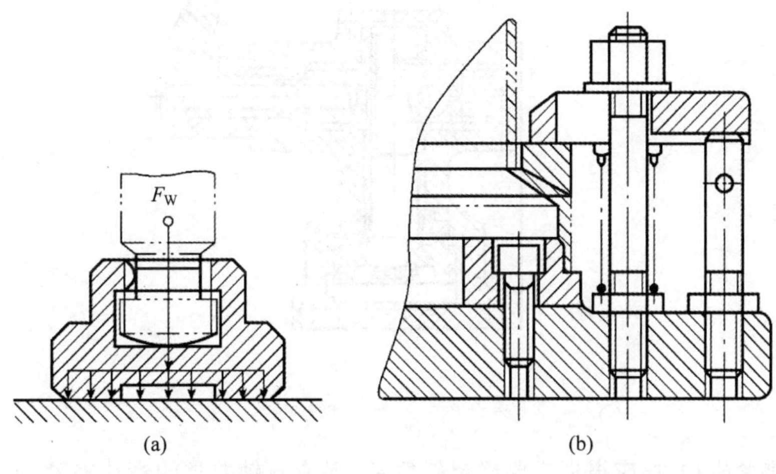

图 6-41　采用浮动压块和垫环减少工件夹紧变形

斜楔夹紧机构(拓展)

(4) 利用对称变形。加工薄壁套筒时,采用图 6-40 所示的方法加宽卡爪,如果夹紧力较大,仍有可能发生较大的变形。因此,在精加工时,除减小夹紧力外,夹具的夹紧设计应保证工件能产生均匀的对称变形,以便获得变形量的统计平均值,通过调整刀具,适当消除部分变形量,也可以达到所要求的加工精度。

(5) 其他措施。对于一些极薄的特形工件,靠精密冲压加工仍达不到所要求的精度而需要进行机械加工时,上述各种措施通常难以满足需要,可以采用一种冻结式夹具。这类夹具是将极薄的特形工件定位于一个随行的型腔里,然后浇灌低熔点金属,待其固结后一起加工,加工完成后,再加热熔解取出工件。低熔点金属的浇灌及熔解分离都是在生产线上进行的。

6.4.3　常用的夹紧机构及选用

机床夹具中所使用的夹紧机构绝大多数都是利用斜面将楔块的推力转变为夹紧力来夹

紧工件的。其中,最基本的形式就是直接利用有斜面的楔块,偏心轮、凸轮、螺钉等是楔块的变形。

1. 斜楔夹紧机构

斜楔是夹紧机构中最基本的增力和锁紧元件。斜楔夹紧机构是利用楔块上的斜面直接或间接(如用杠杆等)将工件夹紧的机构,如图 6-42 所示。

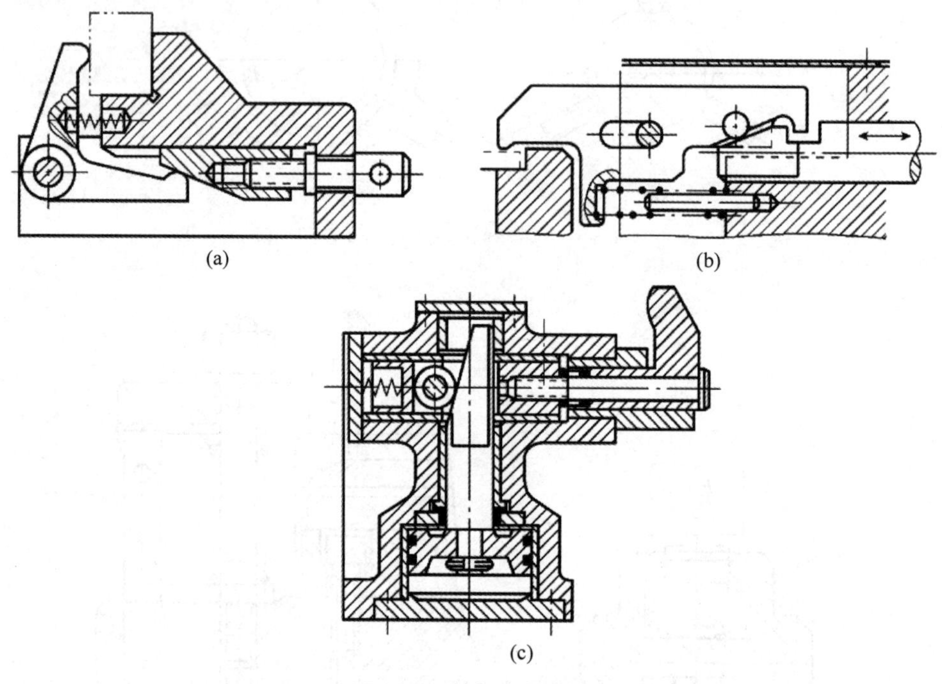

图 6-42 斜楔夹紧机构

选用斜夹紧机构时,应根据需要确定斜角 α。凡有自锁要求的楔块夹紧,由于楔块的前后两个面均须摩擦自锁,其斜角 α 必须小于 2φ(φ 为摩擦角),为可靠起见,通常取 $\alpha=6°\sim8°$。在现代夹具中斜楔夹紧机构常与气压、液压传动装置联合使用,由于气压和液压可保持一定压力,楔块斜角 α 不受此限,可取更大些,一般在 15°～30°内选择。斜楔夹紧机构结构简单,操作方便,但传力系数小,夹紧行程短,自锁能力差。

2. 螺旋夹紧机构

由螺钉、螺母、垫圈、压板等元件组成,采用螺旋直接夹紧或与其他元件组合实现夹紧工件的机构,统称为螺旋夹紧机构。螺旋夹紧机构不仅结构简单、容易制造,而且自锁性能好、夹紧可靠,夹紧力和夹紧行程都较大,是夹具中用得最多的一种夹紧机构。

1) 简单螺旋夹紧机构

简单螺旋夹紧机构有两种形式。图 6-43(a)所示的机构螺杆直接与工件接触,容易使工件受损害或移动,一般只用于毛坯和粗加工零件的夹紧。图 6-43(b)所示的是常用的螺旋夹紧机构,其螺钉头部常装有摆动压块,可防止螺杆夹紧时带动工件转动和损伤工件表面,螺杆上部装有手柄,夹紧时不需要扳手,操作方便、迅速。当工件夹紧不宜使用扳手,且对夹紧力要求不大时，可选用这种机构。简单螺旋夹紧机构的缺点是夹紧动作慢，工件装卸费时。为了克服这一缺点，可以采用如图 6-44 所示的快速螺旋夹紧机构。

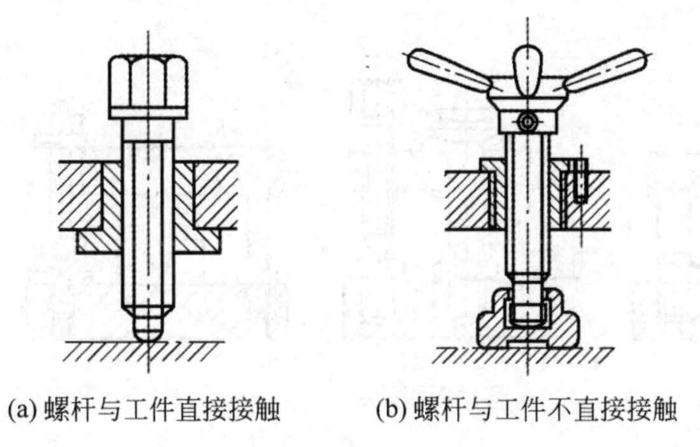

(a) 螺杆与工件直接接触　　(b) 螺杆与工件不直接接触

图 6-43　简单螺旋夹紧机构

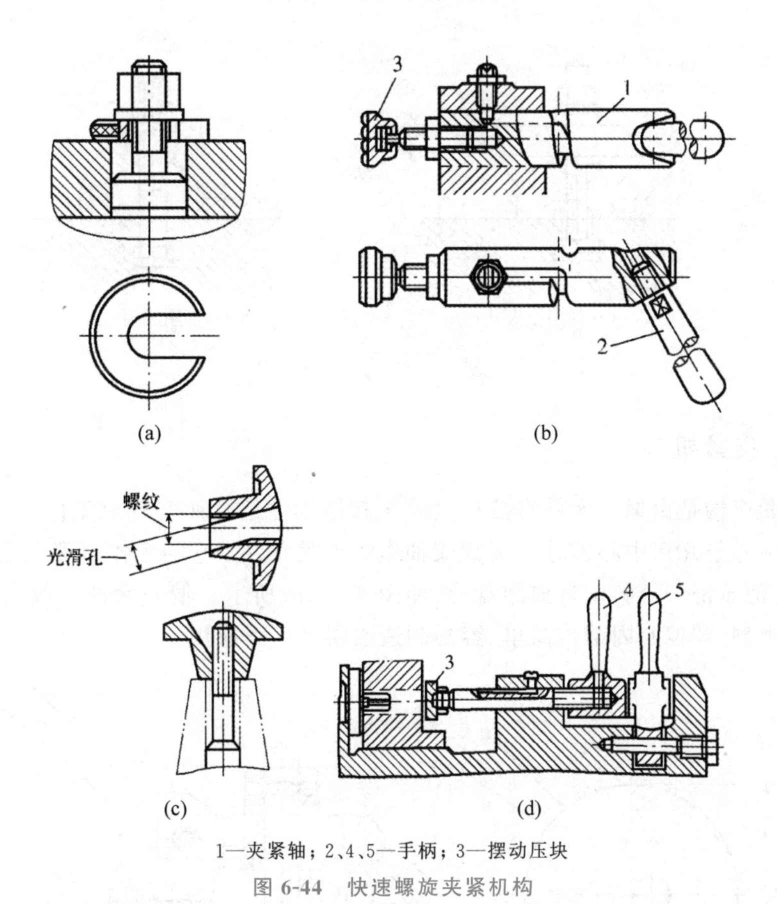

1—夹紧轴；2、4、5—手柄；3—摆动压块

图 6-44　快速螺旋夹紧机构

2）螺旋压板夹紧机构

在夹紧机构中，结构形式变化最多的是螺旋压板机构，常用的螺旋压板夹紧机构如图 6-45 所示。选用时，可根据夹紧力大小的要求、工作高度尺寸的变化范围、夹具上夹紧机构允许占有的部位和面积进行选择。例如，当夹具中只允许夹紧机构占很小面积，而夹紧力又要求不很大时，可选用如图 6-45(a)所示的螺旋钩形压板夹紧机构。又如工件夹紧高度变

化较大的小批量、单件生产，可选用如图 6-45(e)和图 6-45(f)所示的通用压板夹紧机构。

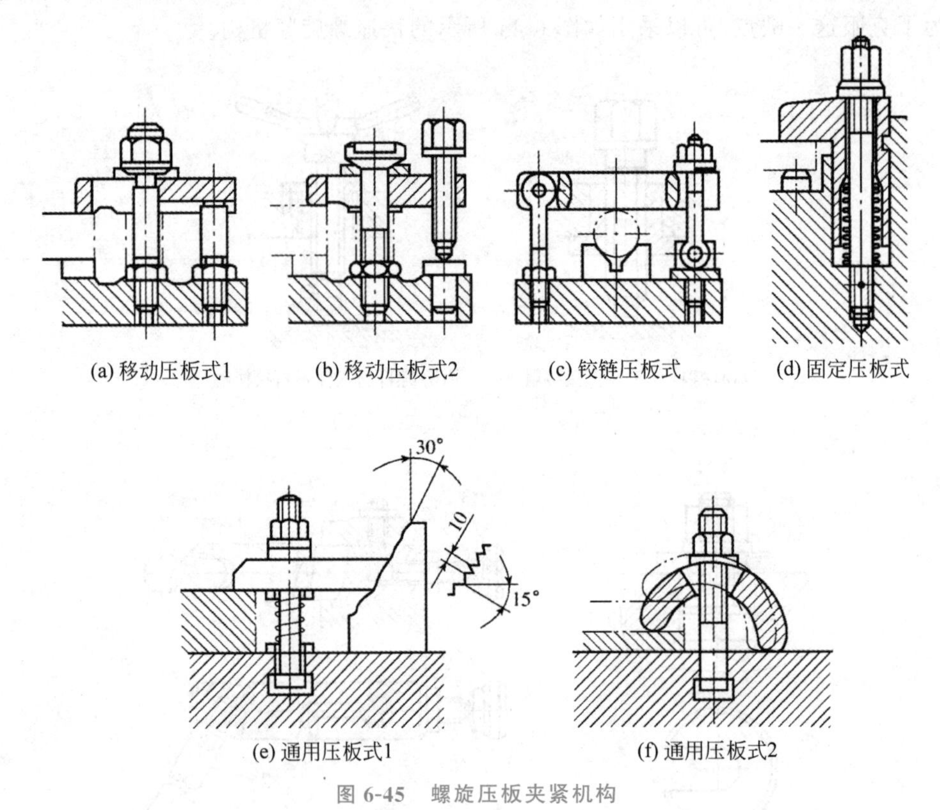

图 6-45 螺旋压板夹紧机构

螺旋压板夹紧机构

3. 偏心夹紧机构

偏心夹紧机构是由偏心元件直接夹紧或与其他元件组合而实现对工件夹紧的机构，它是利用转动中心与几何中心偏移的圆盘或轴作为夹紧元件。它的工作原理也是基于斜楔的工作原理，近似于把一个斜楔弯成圆盘形，如图 6-46(a)所示。偏心元件一般有圆偏心和曲线偏心两种类型，圆偏心因结构简单、容易制造而得到广泛应用。

偏心压板夹紧机构

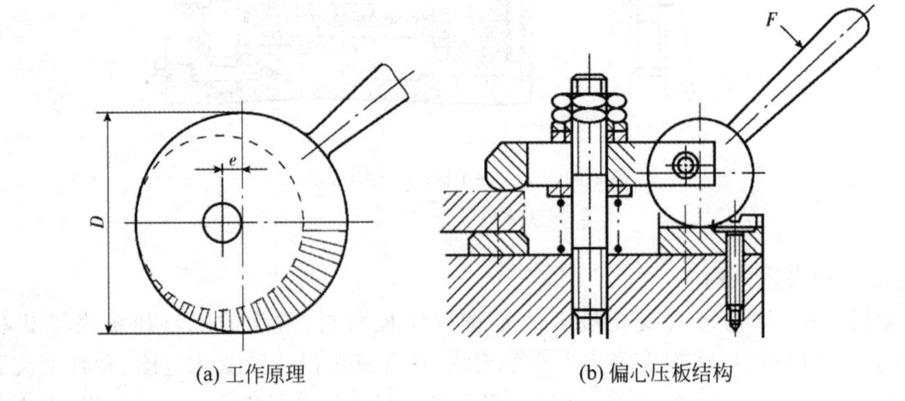

图 6-46 偏心压板夹紧机构

偏心夹紧机构结构简单、制造方便，与螺旋夹紧机构相比，还具有夹紧迅速操作方便等优点；其缺点是夹紧力和夹紧行程均不大，自锁能力差，结构不抗振，故一般适用于夹紧行程及切削负荷较小且平稳的场合。在实际使用中，偏心轮直接作用在工件上的偏心夹紧机构不多见。偏心夹紧机构一般多和其他夹紧元件联合使用。如图 6-46(b)所示是偏心压板夹紧机构。

4. 铰链夹紧机构

铰链夹紧机构是一种增力夹紧机构。由于其机构简单、增力倍数大，在气压夹具中获得较广泛的运用，以弥补气缸或气室力量的不足。如图 6-47 所示是铰链夹紧机构的 3 种基本结构。图 6-47(a)为单臂铰链夹紧机构臂的两头是铰链的连线，一头带滚子。图 6-47(b)为双臂单作用铰链夹紧机构。图 6-47(c)为双臂双作用铰链夹紧机构。

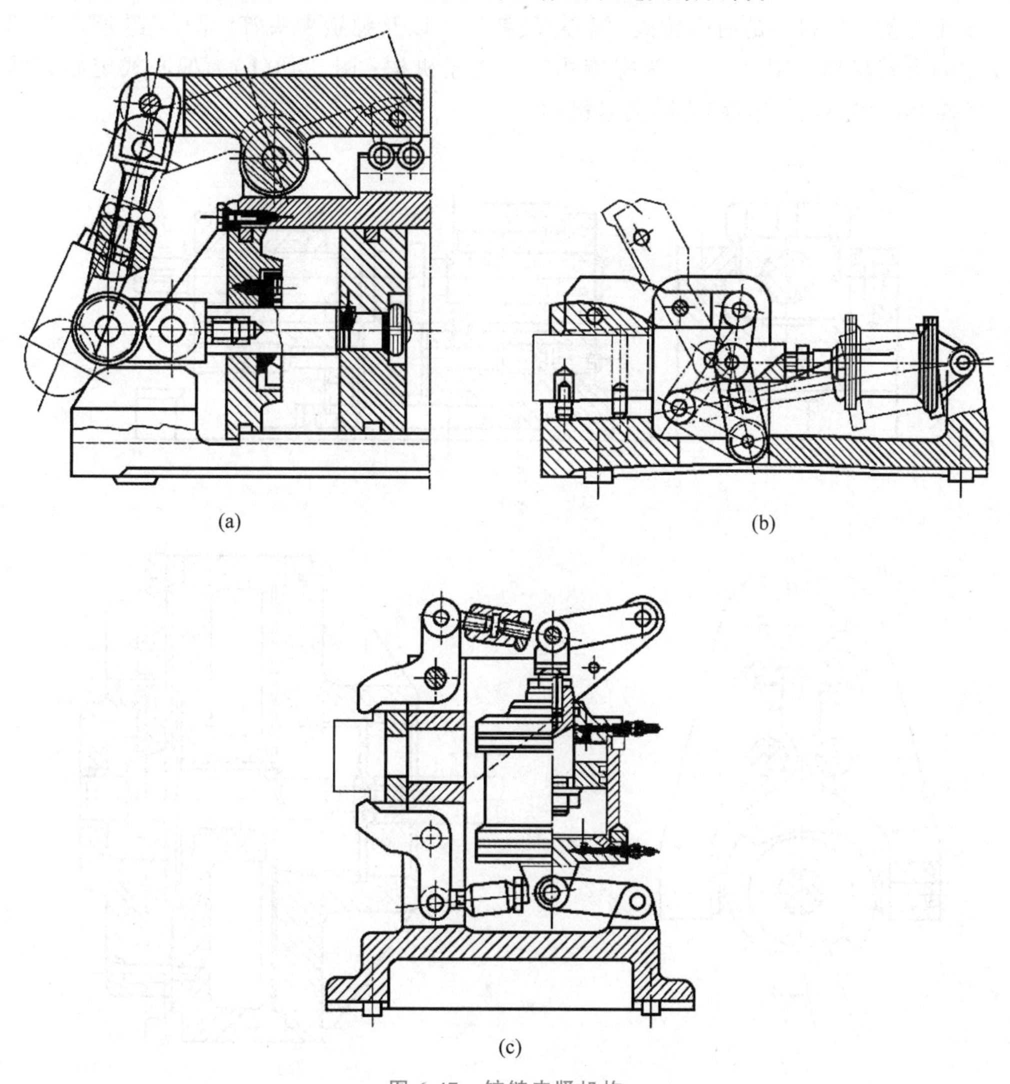

图 6-47　铰链夹紧机构

5. 定心夹紧机构

在工件定位时，常常将工件的定心定位和夹紧结合在一起，这种机构称为定心夹紧机构。定心夹紧机构的特点有以下几点。

(1) 定位和夹紧是同一元件。

(2) 元件之间有精确的联系。

(3) 能同时等距离地移向或退离工件。

(4) 能将工件定位基准的误差对称地分布开来。

常见的定心夹紧机构有：利用斜面作用的定心夹紧机构、利用杠杆作用的定心夹紧机构以及利用薄壁弹性元件的定心夹紧机构等。

1) 斜面作用的定心夹紧机构

属于此类夹紧机构的有螺旋式、偏心式、斜楔式以及弹簧夹头等。图 6-48 所示为部分这类定心夹紧机构。图 6-48(a)为螺旋式定心夹紧机构；图 6-48(b)为偏心式定心夹紧机构；图 6-48(c)为斜面(锥面)定心夹紧机构。

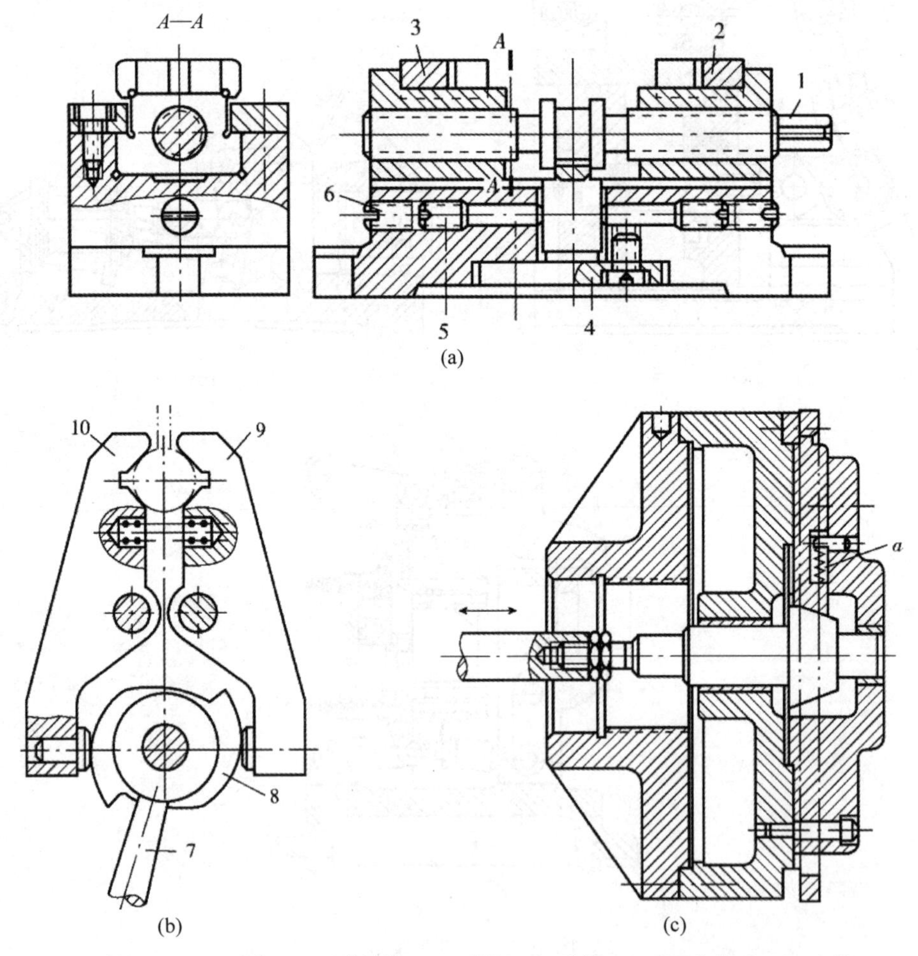

1—螺杆；2、3—V 形块；4—叉形零件；5、6—螺钉；7—手柄；8—双面凸轮；9、10—夹爪

图 6-48　斜面定心夹紧机构

弹簧夹头也属于利用斜面作用的定心夹紧机构。图 6-49 所示为弹簧夹头的结构简图。图中 1 为夹紧元件——弹簧套筒，2 为操纵件——拉杆。

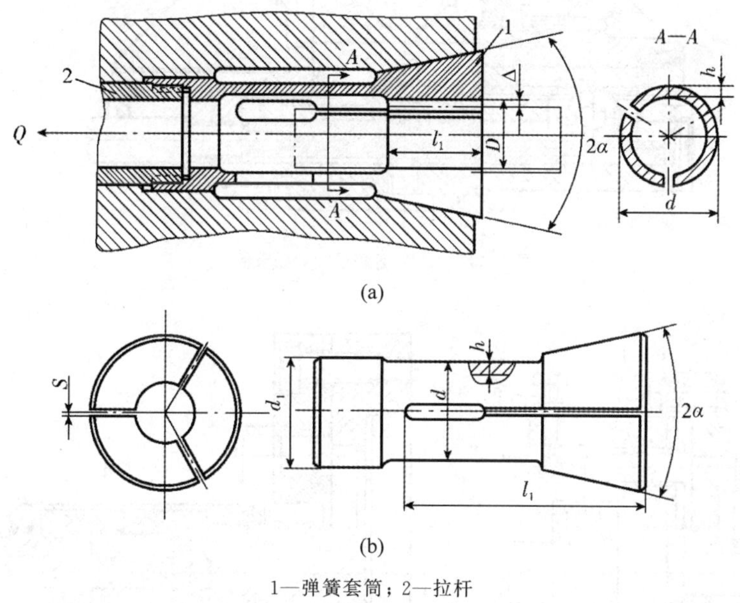

1—弹簧套筒；2—拉杆

图 6-49　弹簧夹头的结构

2）杠杆作用的定心夹紧机构

图 6-50 所示的车床卡盘即属此类夹紧机构。气缸力作用于拉杆 1，拉杆 1 带动滑块 2 左移，通过 3 个钩形杠杆 3，同时收拢 3 个夹爪 4，对工件进行定心夹紧。夹爪的张开是靠滑块上的 3 个斜面推动的。

图 6-51 所示为齿轮齿条传动的定心夹紧机构。气缸（或其他动力）通过拉杆推动右端钳口时，通过齿轮齿条传动，使左面钳口同步向心移动夹紧工件，使工件在 V 形块中自动定心。

3）弹性定心夹紧机构

弹性定心夹紧机构利用弹性元件受力后的均匀变形实现对工件的自动定心。根据弹性元件的不同，有鼓膜式夹具、碟形弹簧夹具、液性塑料薄壁套筒夹具及折纹管夹具等。图 6-52 所示为鼓膜式夹具。图 6-53 所示为液性塑料定心夹具。

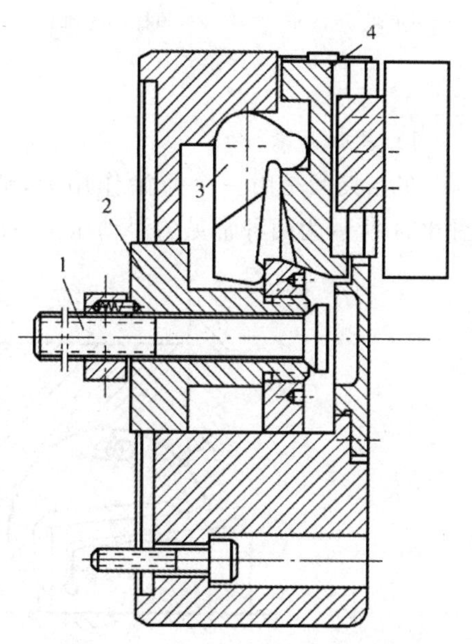

1—拉杆；2—滑块；3—钩形杠杆；4—夹爪

图 6-50　自动定心卡盘

6. 联动夹紧机构

在工件的装夹过程中，有时需要夹具同时有几个点对工件进行夹紧；有时则需要同时夹紧几个工件；而有些夹具除了夹紧动作外，还需要松开或固紧辅助支承等，这时为了提高生产率，减少工件装夹时间，可以采用各种联动机构。下面介绍一些常见的联动夹紧机构。

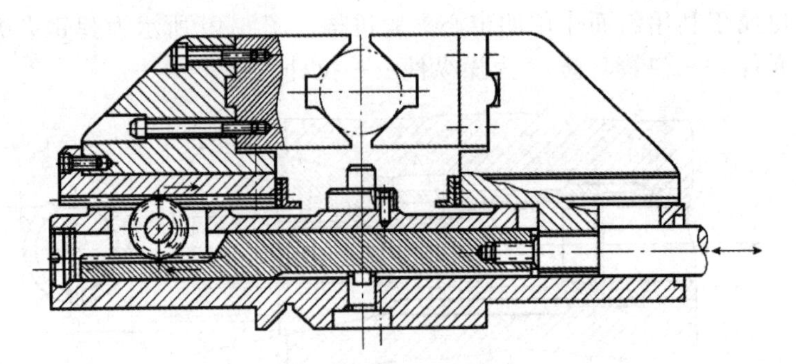

图 6-51 齿轮齿条定心夹紧机构

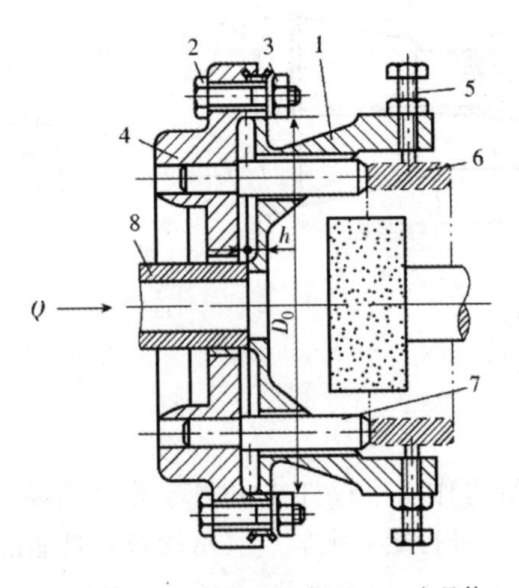

1—弹性盘；2—螺钉；3—螺母；4—夹具体；5—可调螺钉；6—工件；7—顶杆；8—推杆

图 6-52 鼓膜式夹具

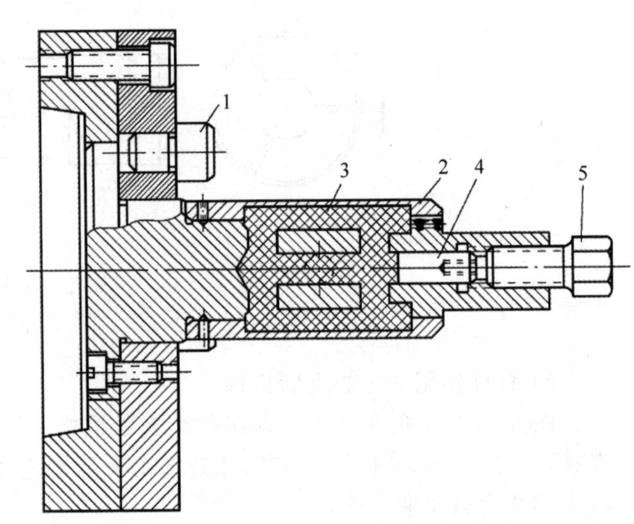

1—支钉；2—薄壁套筒；3—液性塑料；4—柱塞；5—螺钉

图 6-53 液性塑料定心夹具

1）多点夹紧

多点夹紧是用一个原始作用力，通过一定的机构分散到数个点上对工件进行夹紧。图 6-54 所示为两种常见的浮动压头。图 6-55 所示为几种浮动夹紧机构的例子。

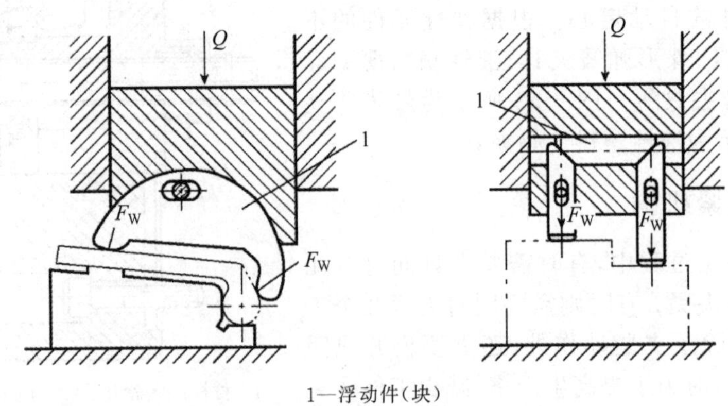

1—浮动件(块)

图 6-54 浮动压头

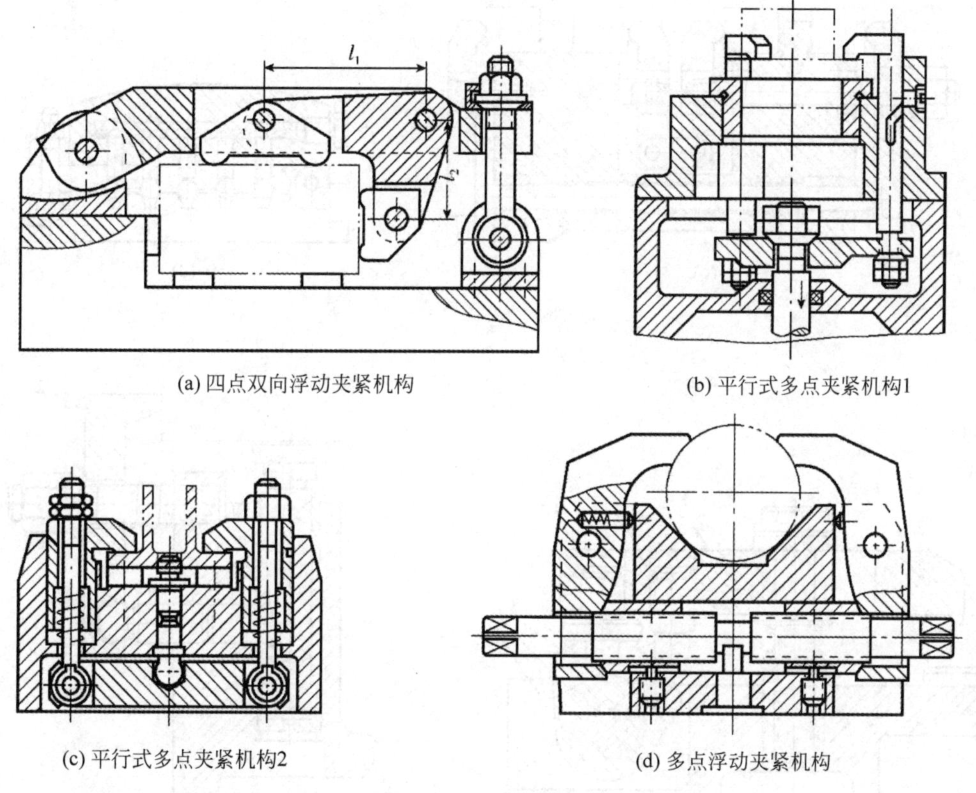

(a) 四点双向浮动夹紧机构　(b) 平行式多点夹紧机构1

(c) 平行式多点夹紧机构2　(d) 多点浮动夹紧机构

图 6-55　浮动夹紧机构

2）多件夹紧

多件夹紧是用一个原始作用力，通过一定的机构实现对数个相同或不同的工件进行夹紧。图 6-56 所示为部分常见的多件夹紧机构。

3）夹紧与其他动作联动

图 6-57 所示为夹紧与移动压板联动的机构；图 6-58 所示为夹紧与锁紧辅助支承联动的机构；图 6-59 所示为先定位后夹紧的联动机构。

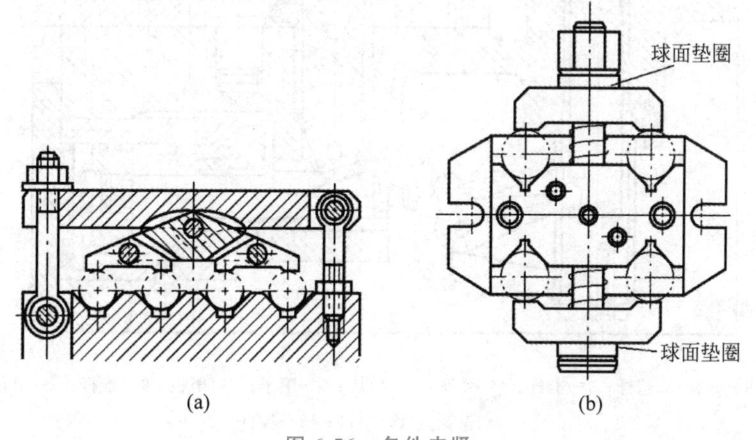

(a)　(b)

图 6-56　多件夹紧

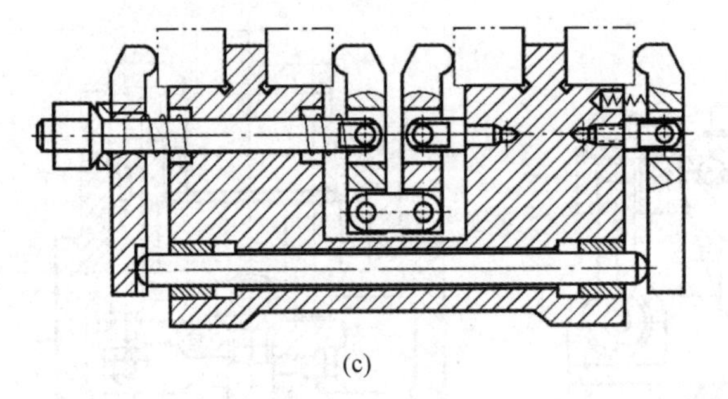
(c)

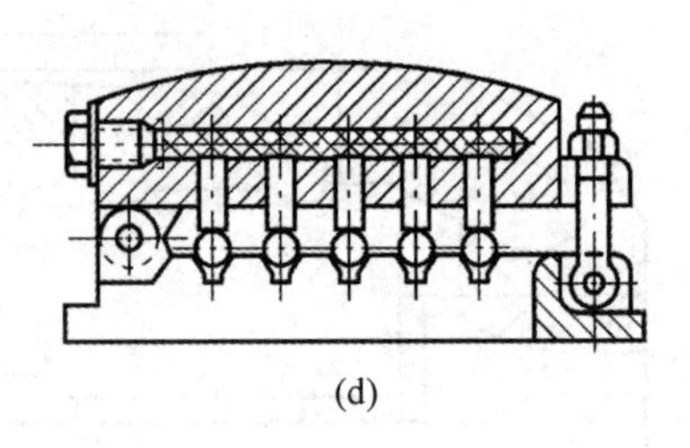
(d)

图 6-56(续)

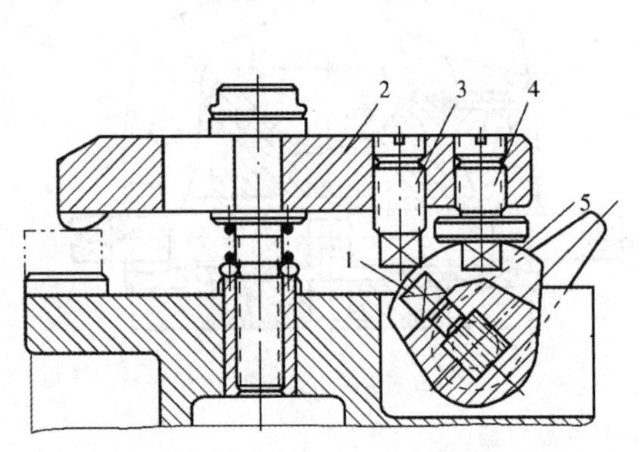

1—拔销；2—压板；3、4—螺钉；5—偏心轮

图 6-57 夹紧与移动压板联动

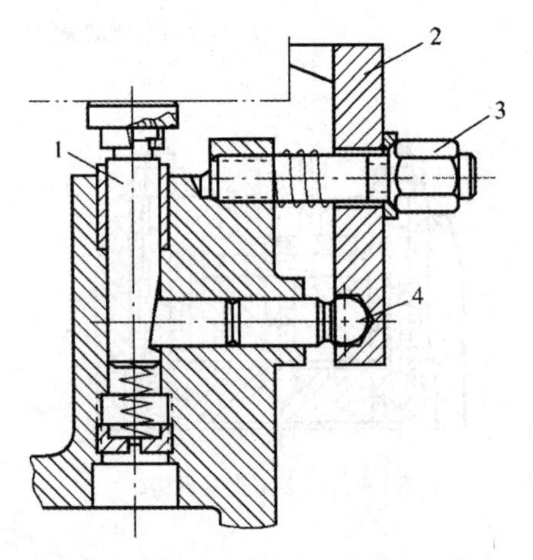

1—辅助支承；2—压板；3—螺母；4—锁销

图 6-58 夹紧与锁紧辅助支承联动

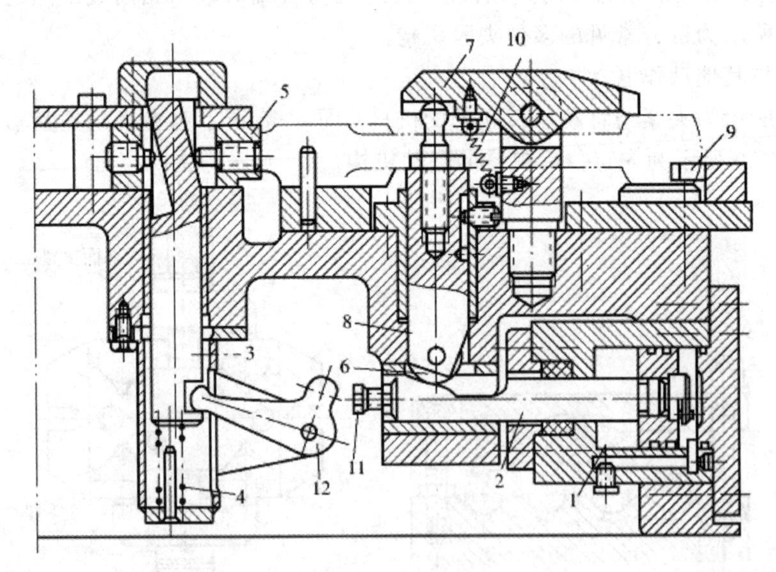

1—油缸；2—活塞杆；3—推杆；4—弹簧；5—活块；6—滚子；7—压板；8—推杆；9—定位块；10—弹簧；11—螺钉；12—拨杆

图 6-59 先定位后夹紧联动机构

6.4.4　夹紧机构的设计要求

夹紧机构是指能实现以一定的夹紧力夹紧工件选定的夹紧点的完整结构。它主要包括与工件接触的压板、支承件和施力机构。对夹紧机构通常有如下要求。

1. 可浮动

工件上各夹紧点之间总是存在位置误差，为了使压板可靠地夹紧工件或使用一块压板实现多点夹紧，一般要求夹紧机构和支承件等要有浮动自定位的功能。要使压板及支承件等产生浮动，可用球面垫圈、球面支承及间隙联接销来实现，如图 6-60 所示。

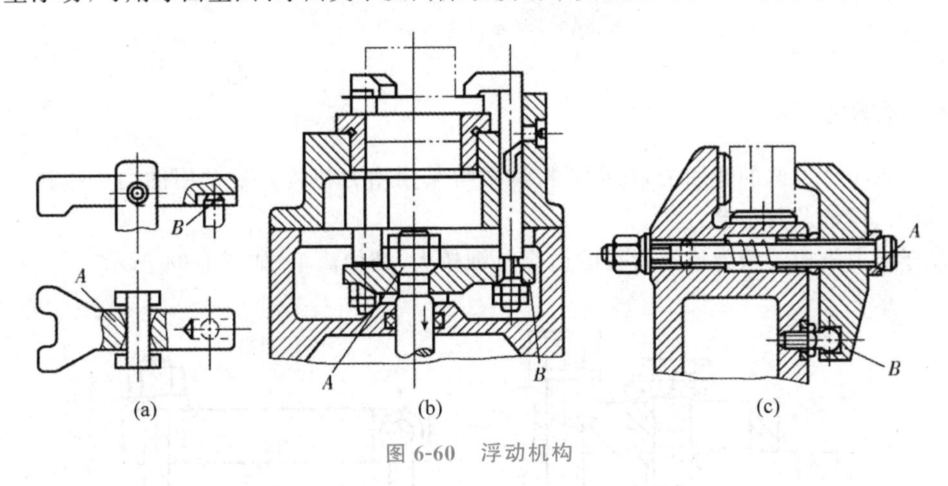

图 6-60　浮动机构

2. 可联动

为了实现几个方向的夹紧力同时作用或顺序作用，并使操作更加简便，设计中广泛采用各联动机构，如图 6-61～图 6-63 所示。

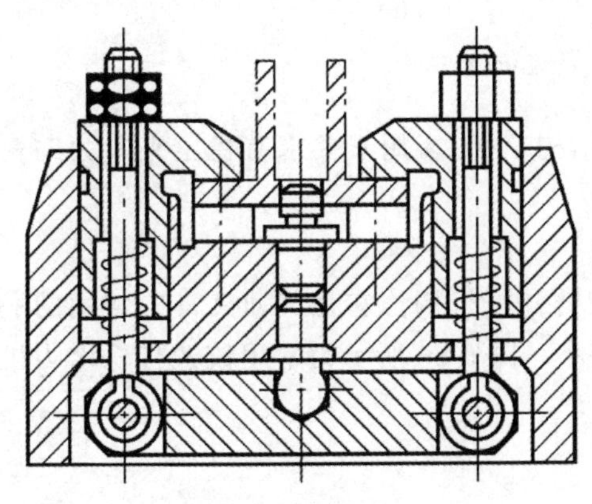

图 6-61　双件联动机构

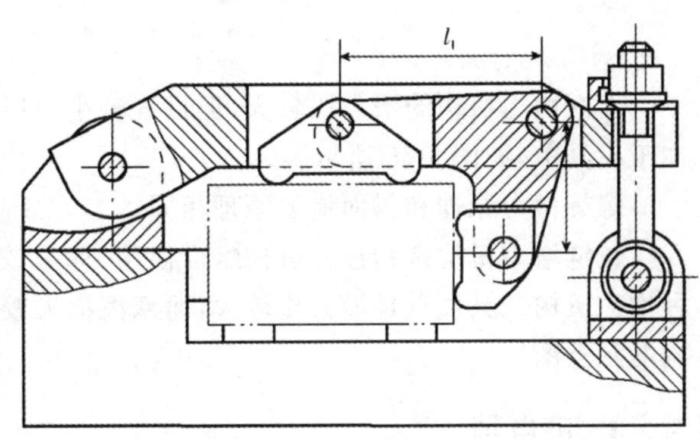

图 6-62　实现相互垂直作用力的联动机构

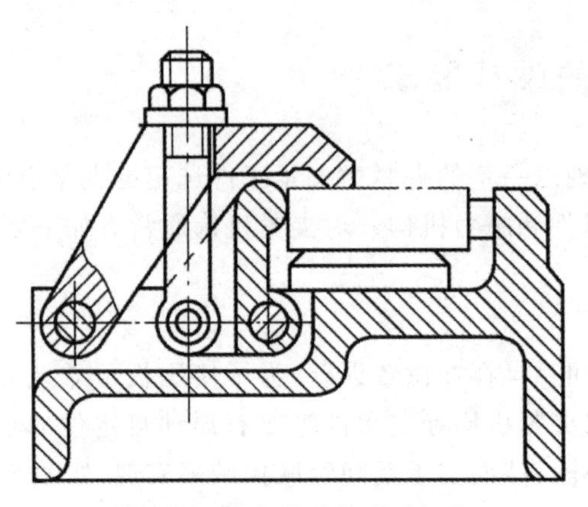

图 6-63　顺序作用的联动机构

3. 可增力

为了减小动力源的作用力,在夹紧机构中常采用增力机构。最常用的增力机构有螺旋杠杆、斜面、铰链及其组合。

杠杆增力机构的增力比及行程的适应范围较大,结构简单,如图 6-64 所示。

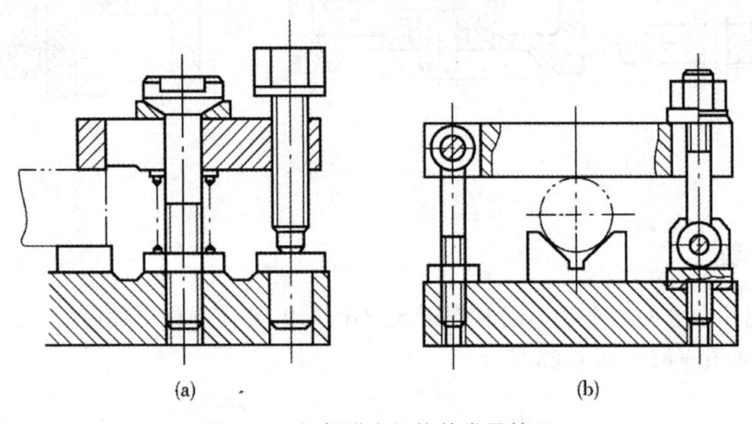

图 6-64　杠杆增力机构的常见情况

斜面增力机构的增力比较大,但行程较小,且结构复杂,多用于要求有稳定夹紧力的精加工夹具中,如图 6-65 所示。

螺旋增力原理和斜面增力原理相同。

铰链增力机构常和杠杆机构组合使用,称为铰链杠杆机构。它是气动夹具中常用的一种增力机构。其优点是增力比较大,而摩擦损失较小。图 6-66 所示为常用铰链杠杆增力机构的示意图。

4. 可自锁

当失去动力源的作用力之后,仍能保持对工件的夹紧状态,称为夹紧机构的自锁。自锁是夹紧机构一种十分重要并且十分必要的特性。常用的自锁机构有螺旋斜面及偏心机构等。

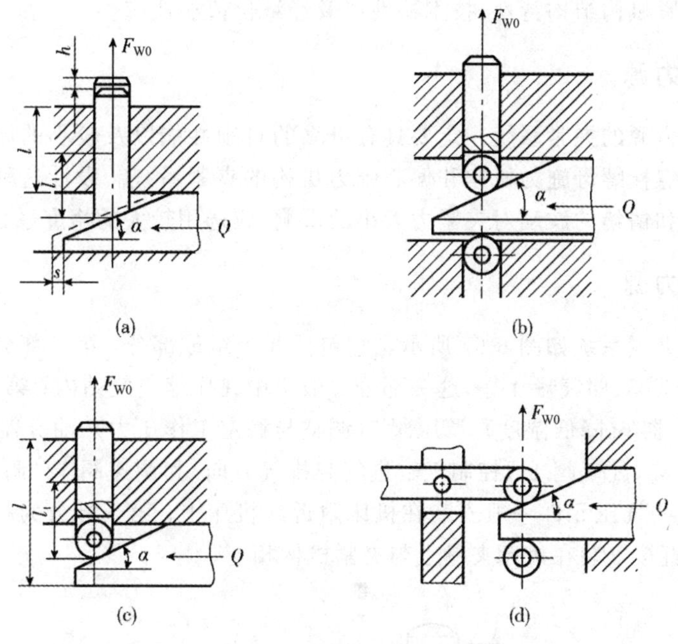

图 6-65　几种斜面增力机构

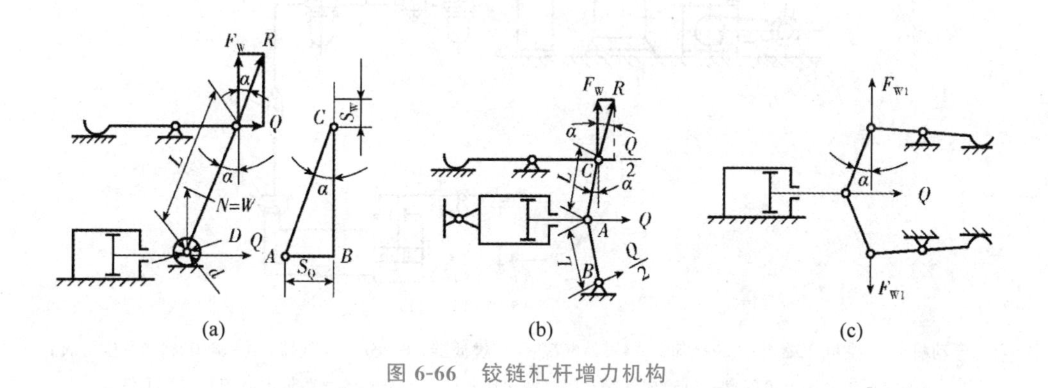

图 6-66　铰链杠杆增力机构

6.4.5　夹紧动力源装置

夹具的动力源有手动、气动、液压、电动、电磁、弹力、离心力和真空吸力等。随着机械制造工业的迅速发展，自动化和半自动化设备的推广，以及在大批量生产中要求尽量减轻操作人员的劳动强度，现在大多采用气动、液压等夹紧来代替人力夹紧。这类夹紧机构还能进行远距离控制，其夹紧力可保持稳定，机构也不必考虑自锁，夹紧质量也比较高。

设计夹紧机构时，应同时考虑所采用的动力源。选择动力源时通常应遵循以下两条原则。

(1) 经济合理。采用某一种动力源时，首先应考虑其经济效益，不仅应减少动力源设施的投资，而且应使夹具结构简化，降低夹具的成本。

(2) 与夹紧机构相适应。动力源的确定在很大程度上决定了所采用的夹紧机构，因此动力源必须与夹紧机构结构特性、技术特性以及经济价值相适应。

1. 手动动力源

选用手动动力源的夹紧系统一定要具有可靠的自锁性能以及较小的原始作用力，故手动动力源多用于螺栓螺母施力机构和偏心施力机构的夹紧系统。设计这种夹紧装置时，应考虑操作者体力和情绪的波动对夹紧力大小的影响，应选用较大的裕度系数。

2. 气动动力源

气动动力源夹紧系统如图 6-67 所示。它包括 3 个组成部分：第一部分为气源，包括空气压缩机 2、冷却器 3、储气罐 4 等，这一部分一般集中在压缩空气站内；第二部分为控制部分，包括分水滤气器 6(降低湿度)、调压阀 7(调整与稳定工作压力)、油雾器 9(将油雾化、润滑元件)、单向阀 10、配气阀 11(控制气缸进气与排气方向)和调速阀 12(调节压缩空气的流速和流量)等，这些气压元件一般安装在机床附近或机床上；第三部分为执行部分，如气缸 13 等，它们通常直接安装在机床夹具上与夹紧机构相连。

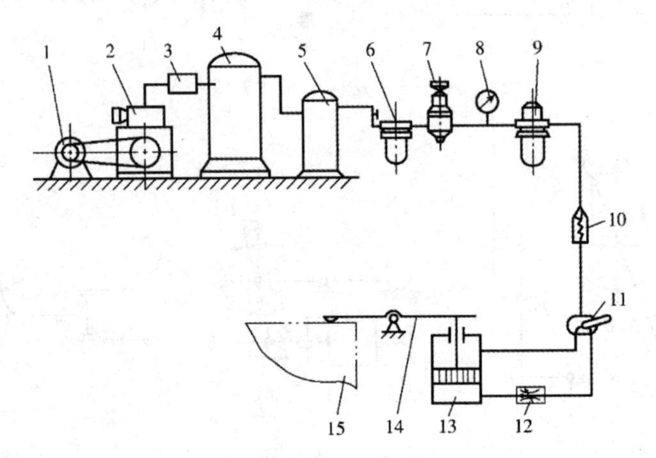

1—电动机；2—空气压缩机；3—冷却器；4—储气罐；5—过滤器；6—分水滤气器；7—调压阀；8—压力表；9—油雾器；10—单向阀；11—配气阀；12—调速阀；13—气缸；14—夹具示意图；15—工件

图 6-67 气动夹紧装置传动的组成

气缸是将压缩空气的工作压力转换为活塞的移动，以此驱动夹紧机构实现对工件夹紧的执行元件。它的种类很多，按活塞的结构可分为活塞式和膜片式两大类；按安装方式可分固定式、摆动式和回转式等；按工作方式还可分为单向作用气缸和双向作用气缸。

气动动力源的介质是空气，故不会变质和产生污染，且在管道中的压力损失小，但气压较低，一般为 0.4～0.6MPa，当需要较大的夹紧力时，气缸就要很大，致使夹具结构不紧凑。另外，由于空气的压缩性大，所以夹具的刚度和稳定性较差。此外，还有较大的排气噪声。

3. 液压动力源

液压动力源夹紧系统是利用液压油为工作介质来传力的一种装置。它与气压夹紧机构相比具有压力大、体积小、结构紧凑、夹紧力稳定、吸振能力强和不受外力变化的影响等优点。但结构比较复杂、制造成本较高，因此仅适用于大量生产。液压夹紧的传动系统与普通液压系统类似，但系统中常设有蓄能器，用以储蓄压力油，以提高液压泵电动机的使用效率。在工件夹紧后，液压泵电动机可停止工作，靠蓄能器补偿漏油保持夹紧状态。

4. 气液组合动力源

气液组合动力源夹紧系统的动力源为压缩空气，但要使用特殊的增压器，比气动夹紧装置复杂。它的工作原理如图 6-68 所示，压缩空气进入气缸 1 的右腔，推动增压器活塞 3 左移，活塞杆 4 随之在增压缸 2 内左移。因活塞杆 4 的作用面积小，使增压缸 2 和工作缸 5 内的油压得到增加，并推动工作缸活塞 6 上抬，将工件夹紧。

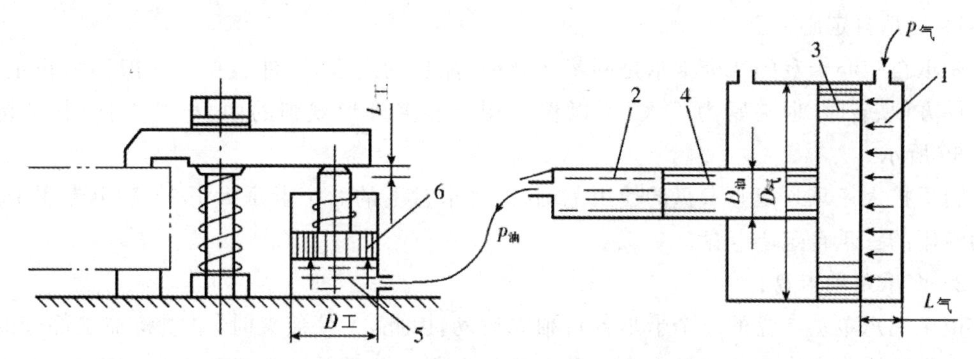

1—气缸；2—增压缸；3—气缸活塞；4—活塞杆；5—工作缸；6—工作缸活塞

图 6-68　气液组合夹紧工作原理

5. 电动电磁动力源

电动扳手和电磁吸盘都属于硬特性动力源，在流水作业线常采用电动扳手代替手动，不仅提高了生产效率，而且克服了手动时施力的波动，并减轻了工人的劳动强度，是获得稳定夹紧力的方法之一。电磁吸盘动力源主要用于要求夹紧力稳定的精加工夹具中。

6.5　各类机床夹具

6.5.1　车床夹具

1. 车床夹具的分类

车床主要用于加工零件的内外圆柱面、圆锥面、回转成形面、螺纹以及端平面等。上述各种表面都是围绕机床主轴的旋转轴线而形成的，根据这一加工特点和夹具在机床上安装的位置，将车床夹具分为以下两种基本类型。

1）安装在车床主轴上的夹具

在这类夹具中，除了各种卡盘、顶尖等通用夹具或其他机床附件外，往往根据加工的需要设计各种心轴或其他专用夹具。加工时夹具随机床主轴一起旋转，切削刀具做进给运动。

2）安装在滑板或床身上的夹具

对于某些形状不规则和尺寸较大的工件，常常把夹具安装在车床滑板上，刀具则安装在车床主轴上做旋转运动，夹具做进给运动。加工回转成形面的靠模就属于此类夹具。

车床夹具按使用范围，可分为通用夹具、专用夹具和组合夹具三类。

生产中需要设计且用得较多的是安装在车床主轴上的各种夹具，故下面只介绍该类夹具的结构特点。

2. 车床常用通用夹具的结构

1）三爪自定心卡盘

三爪自定心卡盘的3个卡爪是同步运动的，能自动定心，工件装夹后一般不需找正，装夹工件方便、省时，但夹紧力不大，所以仅适用于装夹外形规则的中、小型工件，其结构如图6-69所示。

为了扩大三爪自定心卡盘的使用范围，可将卡盘上的3个卡爪拆下来，装上专用卡爪，变为专用的三爪自定心卡盘。

2）四爪单动卡盘

由于四爪单动卡盘的4个卡爪各自独立运动，因此，工件装夹时，必须将加工部分的旋转中心找正到与车床主轴旋转中心重合后才可车削。四爪单动卡盘找正比较费时，但夹紧力较大，所以适用于装夹大型或形状不规则的工件。四爪单动卡盘可装成正爪或反爪两种形式，反爪用来装夹直径较大的工件。

图6-70是在四爪单动卡盘上用V形架固定圆件的方法。调好中心后，用三爪固定一个V形架，只用第四个卡爪夹紧和松开元件。

三爪自定心卡盘

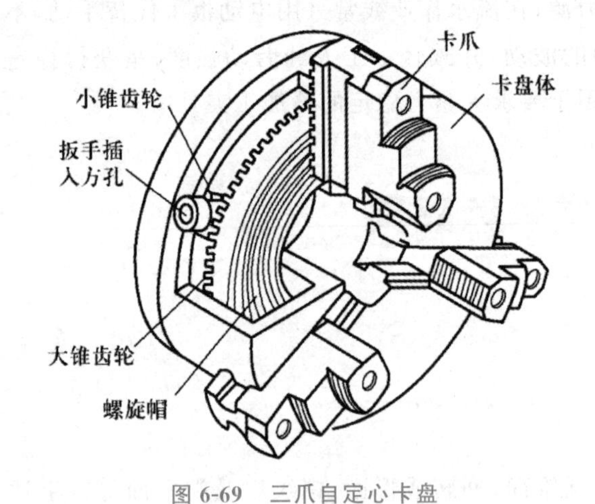

图6-69 三爪自定心卡盘

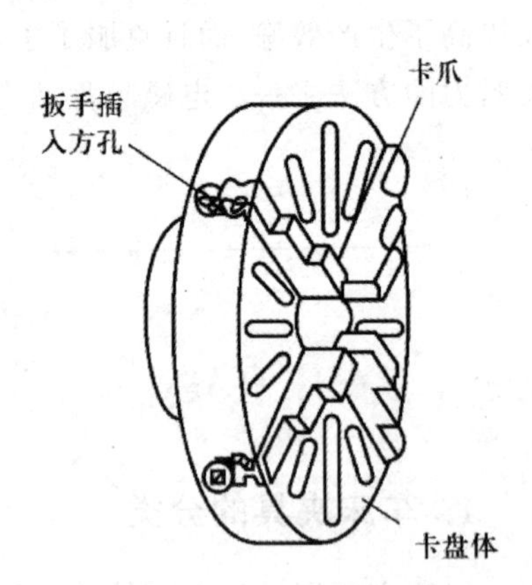

图6-70 四爪单动卡盘

3）拨动顶尖

为了缩短装夹时间，可采用内、外拨动顶尖，如图6-71所示。这种顶尖的锥面上的齿可以嵌入工件，拨动工件旋转。圆锥角一般采用60°，硬度为58～60HRC。

图6-71(a)为外拨动顶尖，用于装夹套类工件，它能在一次装夹中加工外圆。图6-71(b)为内拨动顶尖，用于装夹轴类工件。

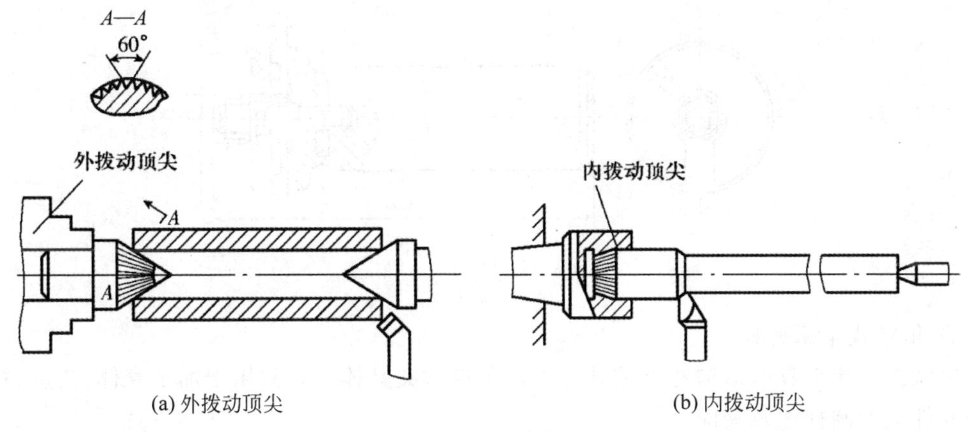

图 6-71 内外拨动顶尖

4）端面拨动顶尖

这种前顶尖装夹工件时，利用端面拨动爪带动工件旋转，工件仍以中心孔定位。这种顶尖的优点是可以快速装夹工件，并在一次安装中加工出全部外表面。适用于装夹外径为 50～150mm 的工件，其结构如图 6-72 所示。

图 6-72 端面拨动顶尖

3. 车床专用夹具的典型结构

1）心轴类车床夹具

心轴宜用于以孔作定位基准的工件，由于结构简单而常被采用。按照与机床主轴的联接方式，心轴可分为顶尖式心轴和锥柄式心轴。

图 6-73 为顶尖式心轴，工件以孔口 60°角定位车削外圆表面。当旋转调节螺母 6，活动顶尖套 4 左移，从而使工件定心夹紧。顶尖式心轴结构简单、夹紧可靠、操作方便，适用于加工内、外圆无同轴度要求，或只需加工外圆的套筒类零件。被加工工件的内径 d_s 一般在 32～100mm 范围内，长度 L_s 在 120～780mm 范围内。

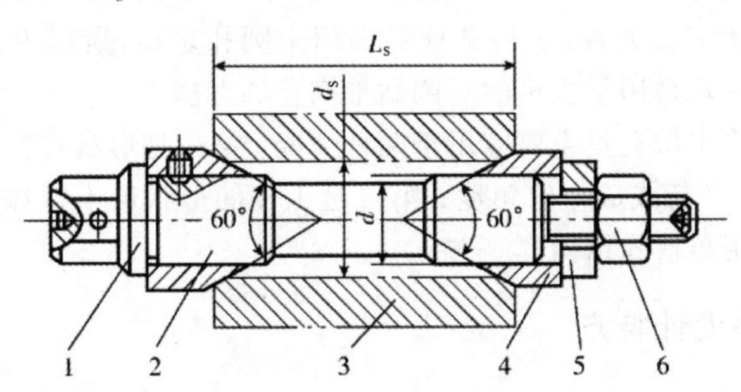

1—定挡环；2—固定式顶尖；3—工件；4—活动式顶尖；5—活动式挡环；6—用于调节两顶尖距离的调节螺母

图 6-73 顶尖式心轴

图 6-74 为锥柄式心轴，仅能加工短的套筒或盘状工件。锥柄式心轴应和机床主轴锥孔的锥度一致。锥柄尾部螺纹孔的作用是当承受力较大时可用拉杆拉紧心轴。

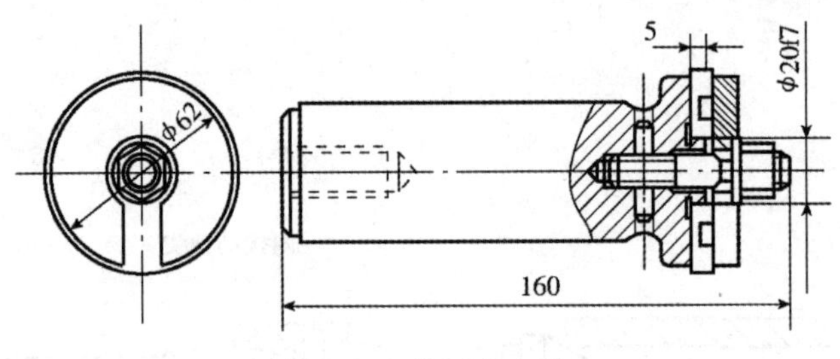

图 6-74 锥柄式心轴

2）角铁式车床夹具

角铁式车床夹具的结构特点是具有类似角铁的夹具体。它常用于加工壳体、支座、接头类等零件上的圆柱面及端面。

如图 6-75 所示的夹具，工件以一平面和两孔为基准在夹具倾斜的定位面和两个销子上定位。用两只钩形压板夹紧。被加工表面是孔和端面。为了便于在加工过程中检验所切端面的尺寸，靠近加工面处设计有测量基准面。此外，夹具上还装有配重和防护罩。

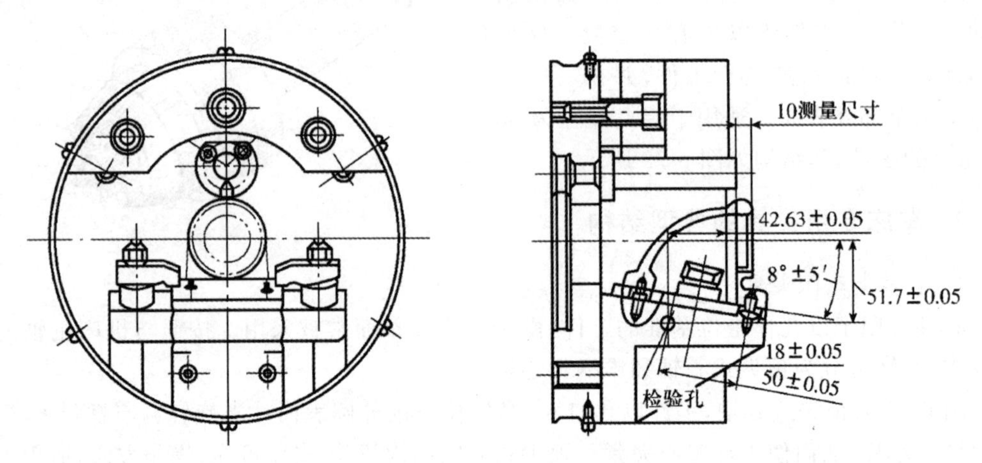

图 6-75 角铁式车床夹具

如图 6-76 所示的夹具是用来加工气门杆端面的，由于该工件是以细的外圆柱面为基准，这就很难采用自动定心装置，于是夹具就采用半圆孔定位，所以夹具体必然成角铁状。为了使夹具平衡，该夹具采用了在重的一侧钻平衡孔的办法。

由此可见，角铁式车床夹具主要应用于两种情况：第一是形状较特殊，被加工表面的轴线要求与定位基准面平行或成一定角度；第二是工件的形状虽不特殊，但却不宜设计成对称式夹具时，也可采用角铁式结构。

4. 车床夹具的设计特点

（1）因为整个车床夹具随机床主轴一起回转，所以要求它结构紧凑，轮廓尺寸尽可能小，重量尽量轻，重心尽可能靠近回转轴线，以减小惯性力和回转力矩。

（2）应有消除回转中的不平衡现象的平衡措施，以减小振动等不利影响。一般设置配置块或减重孔消除不平衡。

（3）与主轴连接部分是夹具的定位基准，有较准确的圆柱孔（或圆锥孔），其结构形式和

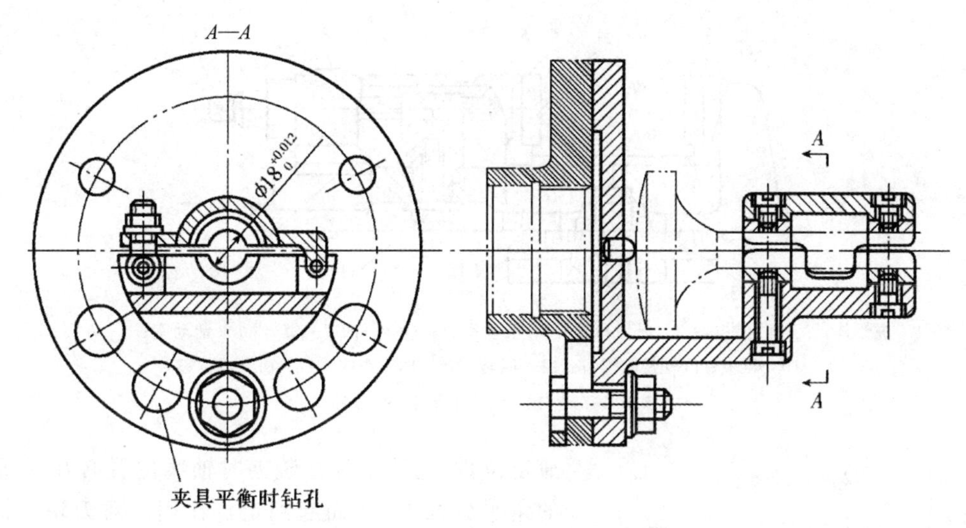

图 6-76　车气门杆的角铁式夹具

尺寸依照具体使用的机床而定。

（4）为使夹具使用安全，应尽可能避免有尖角或凸起部分，必要时回转部分外面可加防护罩。夹紧力要足够大，自锁可靠。

6.5.2　铣床夹具

1. 铣床夹具的分类

铣床夹具按使用范围进行分类，可分为通用夹具、专用夹具和组合铣夹具三类。这是最常用的分类方法。铣床夹具还可按工件在铣床上加工的运动特点进行分类，可分为直线进给夹具、圆周进给夹具、沿曲线进给夹具（如仿形装置）三类。机床夹具也可按自动化程度和夹紧动力源的不同（如气动、电动、液压）以及装夹工件数量的多少（如单件、双件、多件）等进行分类。

2. 铣床常用通用夹具的结构

铣床常用的通用夹具主要是平口虎钳，它主要用于装夹长方形工件，也可用于装夹圆柱形工件。

机用平口虎钳的结构组成如图 6-77 所示。机用平口虎钳是通过虎钳体 1 固定在机床上，固定钳口 2 和钳口铁 3 起垂直定位作用，虎钳体 1 上的导轨平面起水平定位作用。活动座 8、螺母 7、丝杆 6（及方头 9）和紧固螺钉 11 可作为夹紧元件。回转底座 12 和定位键 14 分别起角度分度和夹具定位作用。钳口铁 3 上的平面和侧平面也可作为对刀部位，但需用对刀规和塞尺配合使用。

3. 典型铣床专用夹具结构

1）铣削键槽用的简易专用夹具

如图 6-78 所示，该夹具用于铣削工件 4 上的半封闭键槽。夹具中，V 形块 1 是夹具体

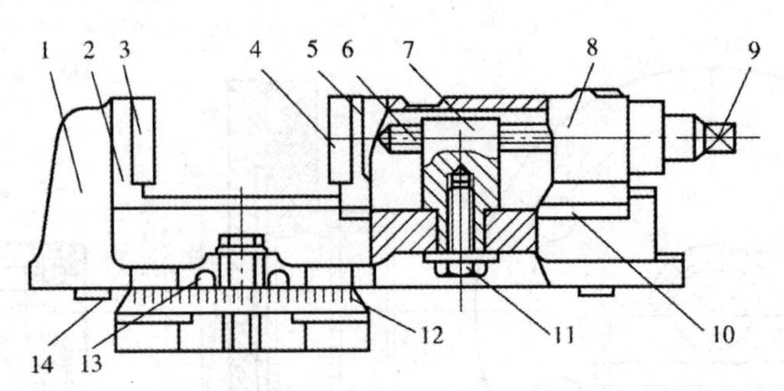

1—虎钳体；2—固定钳口；3、4—钳口铁；5—活动钳口；6—丝杆；7—螺母；8—活动座；9—方头；10—压板；11—紧固螺钉；12—回转底座；13—钳座零线；14—定位键

图 6-77 机用平口虎钳的结构

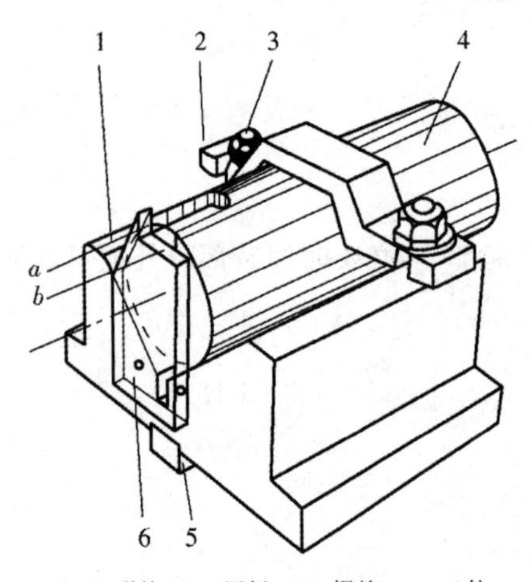

1—V 形块；2—压板；3—螺栓；4—工件；5—定位键；6—对刀块

图 6-78 铣削键槽用的简易专用夹具

兼定位件，它使工件在装夹时轴线位置必在 V 形面的角平分面上，从而起到定位作用。对刀块 6 同时也起到端面定位作用。压板 2 和螺栓 3 及螺母是夹紧元件，它们用来阻止工件在加工过程中因受切削力而产生的移动和振动。对刀块 6 除对工件起轴向定位外，主要用来调整铣刀和工件的相对位置。对刀面 a 通过铣刀周刃对刀，调整铣刀与工件的中心对称位置；对刀面 b 通过铣刀端面刃对刀，调整铣刀端面与工件外圆(或水平中心线)的相对位置。定位键 5 在夹具与机床间起定位作用，使夹具体(即 V 形块 1)的 V 形槽槽向与工作台纵向进给方向平行。

2）加工壳体的铣床夹具

如图 6-79 所示为加工壳体侧面棱边所用的铣床夹具。工件以端面、大孔和小孔作定位基准，定位元件为支承板 2 和安装在其上的大圆柱销 6 和菱形销 10。夹紧装置是采用螺旋压板的联动夹紧机构。操作时，只需拧紧螺母 4，就可使左右两个压板同时夹紧工件。夹具上还有对刀块 5，用来确定铣刀的位置。两个定向键(定位键)11 用来确定夹具在机床工作台上的位置。

4. 铣床夹具的设计特点

铣床夹具与其他机床夹具的不同之处在于：它是通过定位键在机床上定位，用对刀装置决定铣刀相对于夹具的位置。

1）铣床夹具的安装

铣床夹具在铣床工作台上的安装位置直接影响被加工表面的位置精度，因此在设计时必须考虑其安装方法，一般是在夹具底座下面装两个定位键。定位键的结构尺寸已标准化，应按铣床工作台的 T 形槽尺寸选定，它和夹具底座以及工作台 T 形槽的配合为 H7/h6、H8/h8。两定位键的距离应力求最大，以利于提高安装精度。

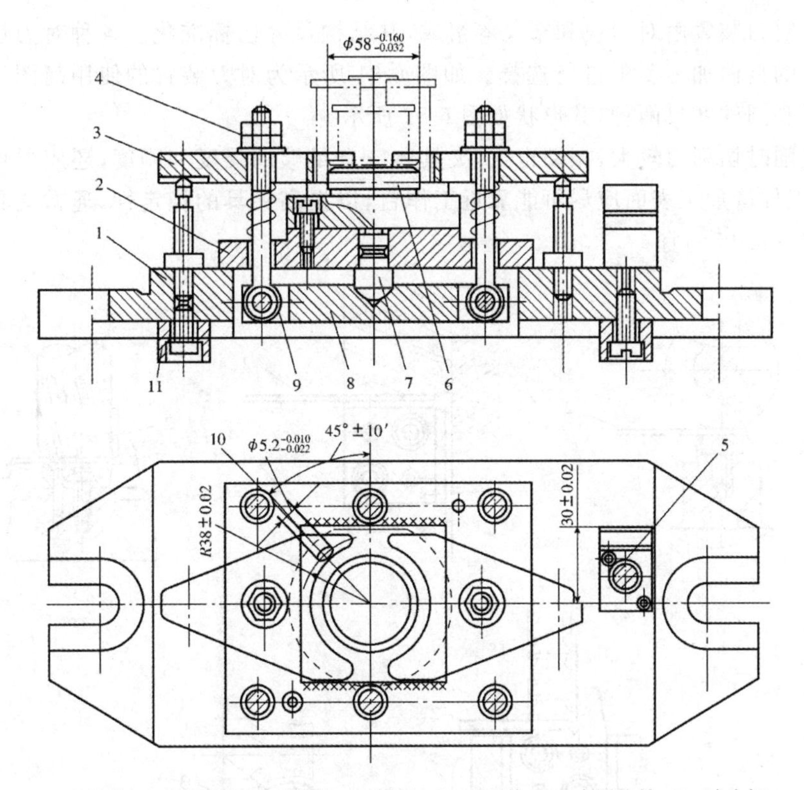

1—夹具体；2—支承板；3—压板；4—螺母；5—对刀块；6—大圆柱销；7—球头钉；
8—铰接板；9—螺杆；10—菱形销；11—定向键(定位键)

图 6-79　加工壳体的铣床夹具

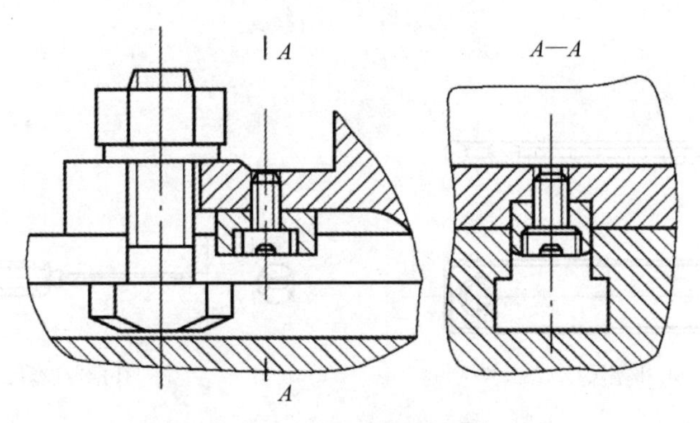

图 6-80　定位键及其连接

图 6-80 所示为定位键的安装情况。夹具通过两个定位键嵌入到铣床工作台的同一条 T 形槽中，再用 T 形螺栓和垫圈螺母将夹具体紧固在工作台上，所以在夹具体上还需要提供两个穿 T 形螺栓的耳座。如果夹具宽度较大时，可在同侧设置两个耳座，两耳座的距离要和铣床工作台两个 T 形槽间的距离一致。

2）铣床夹具的对刀装置

铣床夹具在工作台上安装完成以后，还要调整铣刀对夹具的相对位置，以便于进行定距加工。为了使刀具与工件被加工表面的相对位置能迅速且正确地对准，在夹具上可以采用对刀装置。对刀装置由对刀块和塞尺等组成，其结构尺寸已标准化。各种对刀块的结构可以根据工件的具体加工要求进行选择。如图 6-81 所示为对刀装置的使用简图。常用的塞尺有平塞尺和圆柱塞尺两种，其形状如图 6-82 所示。

由于铣削时切削力较大，振动也大，夹具体应有足够的强度和刚度，还应尽可能降低夹具的重心，工件待加工表面应尽可能靠近工作台，以提高夹具的稳定性，通常夹具体的高宽比 $H/B \leqslant 1 \sim 1.25$ 为宜。

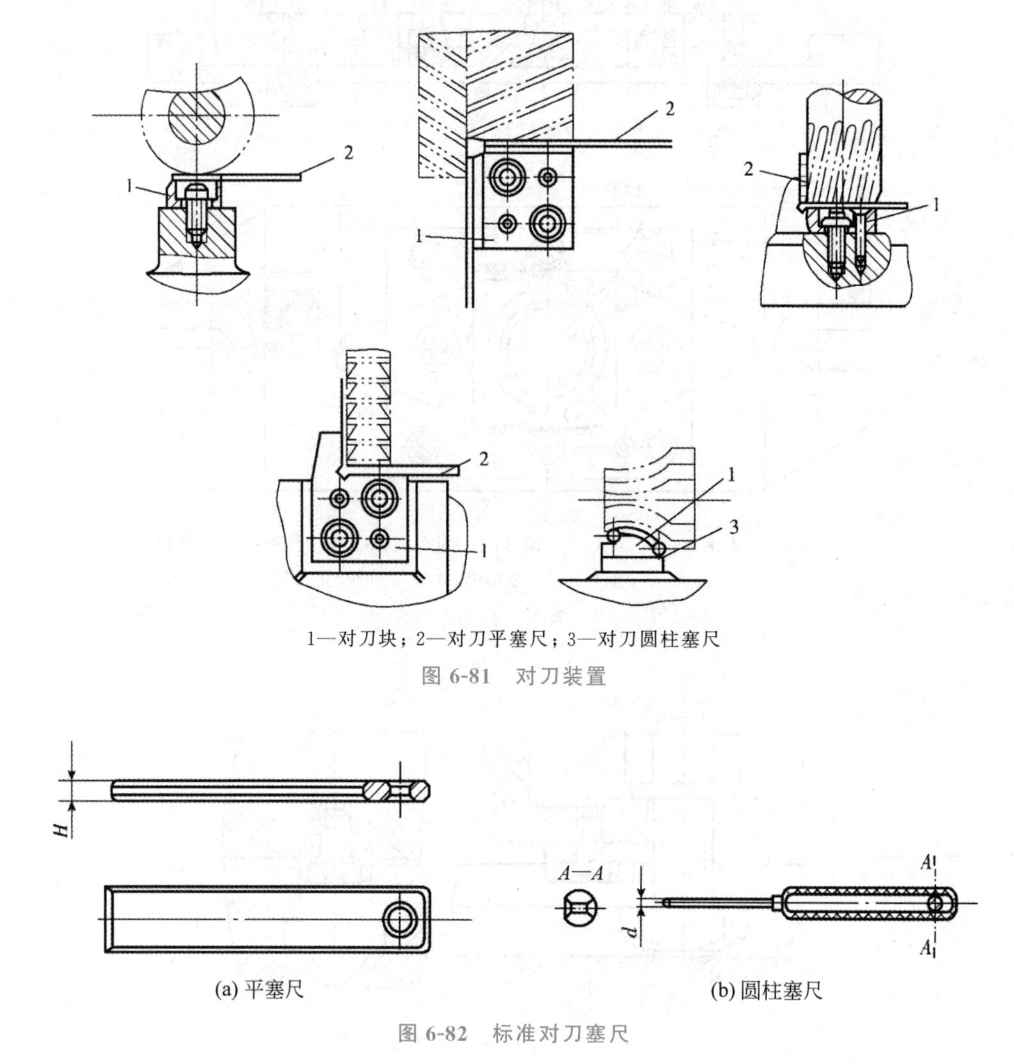

1—对刀块；2—对刀平塞尺；3—对刀圆柱塞尺

图 6-81 对刀装置

(a) 平塞尺 (b) 圆柱塞尺

图 6-82 标准对刀塞尺

6.5.3 钻镗夹具

1. 钻床夹具

在钻床上进行孔的钻、扩、铰、锪、攻螺纹加工所用的夹具称为钻床夹具。钻床夹具是用钻套引导刀具进行加工的，所以简称为钻模。钻模有利于保证被加工孔对其定位基准和各孔之间的尺寸精度和位置精度，并可显著提高劳动生产率。

1）钻床夹具的分类

钻床夹具的种类繁多，根据被加工孔的分布情况和钻模板的特点，一般分为固定式、回转式、移动式、翻转式、盖板式和滑柱式等几种类型。

（1）固定式钻模

固定式钻模在使用过程中，夹具和工件在机床上的位置固定不变。常用于在立式钻床上加工较大的单孔或在摇臂钻床上加工平行孔系。

在立式钻床上安装钻模时，一般先将装在主轴上的定尺寸刀具（精度要求高时用心轴）伸入钻套中，以确定钻模的位置，然后将其紧固。这种加工方式的钻孔精度较高。

（2）回转式钻模

在钻削加工中，回转式钻模使用较多，它用于加工同一圆周上的平行孔系，或分布在圆周上的径向孔。回转式钻模包括立轴、卧轴和斜轴回转三种基本形式。由于回转台已经标准化，故回转式夹具的设计，在一般情况下是设计专用的工作夹具和标准回转台联合使用，必要时才设计专用的回转式钻模。图 6-83 为一套专用回转式钻模，可加工工件上均布的径向孔。

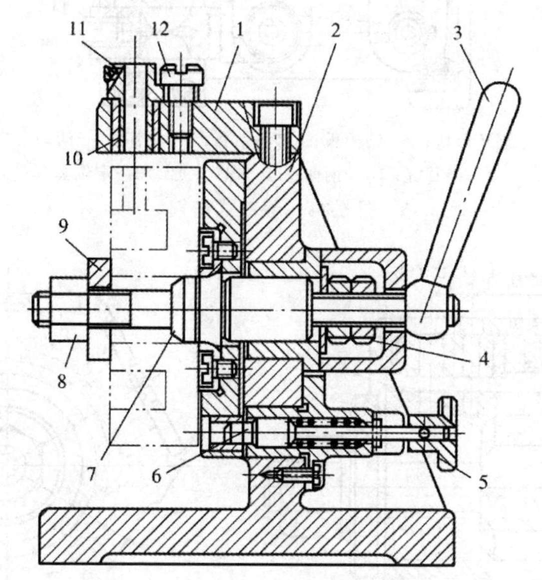

1—钻模板；2—夹具体；3—手柄；4、8—螺母；5—把手；6—对定销；7—圆柱销；9—快换垫圈；10—衬套；11—钻套；12—螺钉

图 6-83　专用回转式钻模

（3）移动式钻模

移动式钻模用于钻削中、小型工件同一表面上的多个孔。图 6-84 为移动式钻模，用于加工连杆大、小头上的孔。工件以端面及大、小头圆弧面作为定位基面，在定位套 12、13，固定 V 形块 2 及活动 V 形块 7 上定位。先通过手轮推动活动 V 形块 7 压紧工件，然后转动手轮 8 带动螺钉 11 转动，压迫钢球 10，使两片半月键 9 向外胀开面锁紧。V 形块带有斜面，使工件在夹紧分力作用下与定式钻位套贴紧。通过移动钻模，使钻头分别在两个钻套 4、5 中导入，从而加工工件上的两个孔。

（4）翻转式钻模

翻转式钻模主要用于加工中、小型工件分布在不同表面上的孔，图 6-85 为加工套筒上 4 个径向孔的翻转式钻模。工件以内孔及端面在台肩销 1 上定位，用快换垫圈 2 和螺母 3

夹紧。钻完一组孔后，翻转60°钻另一组孔。该夹具的结构比较简单，但每次钻孔都需找正钻套相对钻头的位置，所以辅助时间较长，而且翻转费力。因此，夹具连同工件的总重量不能太重，其加工批量也不宜过大。

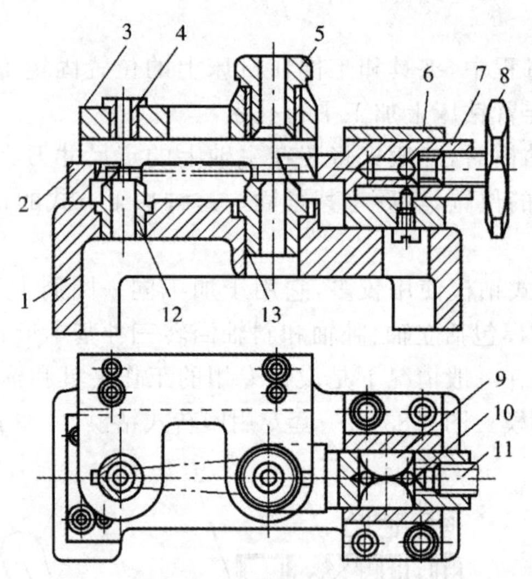

1—夹具体；2—固定V形块；3—钻模板；4、5—钻套；6—支座；7—活动V形块；8—手轮；9—半月键；10—钢球；11—螺钉；12、13—定位套

图6-84 移动式钻模

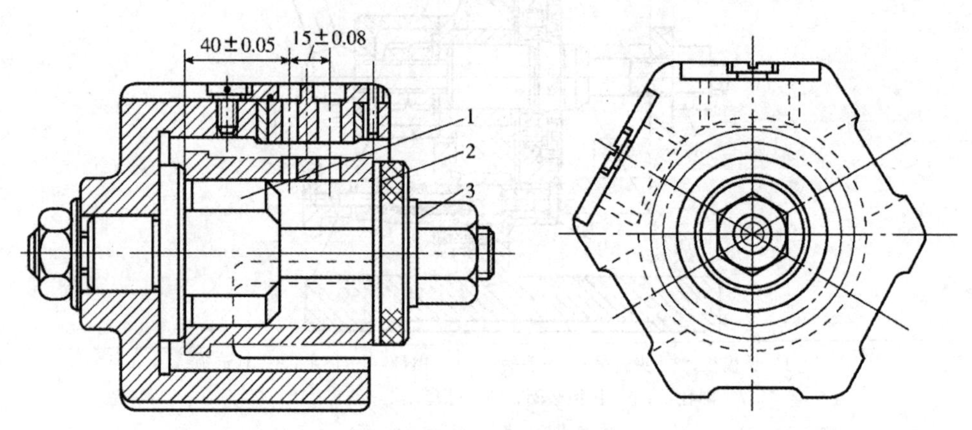

1—台肩销；2—快换垫圈；3—螺母

图6-85 60°翻转式钻模

(5) 盖板式钻模

盖板式钻模没有夹具体，钻模板上除钻套外，一般还装有定位元件和夹紧装置，只要将它覆盖在工件上即可进行加工。

图6-86所示为加工车床溜板箱上多个小孔的盖板式钻模。在钻模盖板1上不仅装有钻套，还装有定位用的圆柱销2、削边销3和支承钉4。因钻小孔，钻削力矩小，故未设置夹紧装置。

盖板式钻模结构简单，一般多用于加工大型工件上的小孔。因夹具在使用时经常搬动，故盖板式钻模所产生的重力不宜超过100N。为了减轻重量，可在盖板上设置加强肋而减小其厚度，设置减轻窗孔或用铸铝件。

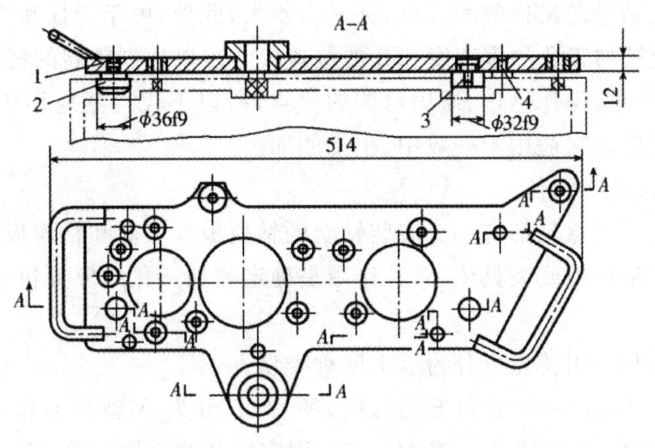

1—钻模盖板；2—圆柱销；3—削边销；4—支承钉

图 6-86　盖板式钻模

(6) 滑柱式钻模

滑柱式钻模是一种带有升降钻模板的通用可调夹具。图 6-87 为手动滑柱式钻模的通用结构，由夹具体 1、三根滑柱 2、钻模板 4 和传动机构、锁紧机构组成。使用时，只要根据工件的形状、尺寸和加工要求等具体情况，专门设计制造相应的定位、夹紧装置和钻套等，装在夹具体的平台和钻模板上的适当位置，就可用于加工。转动手柄 6 经过齿轮齿条的传动和左右滑柱的导向，便能顺利地带动钻模板升降，将工件夹紧或松开。

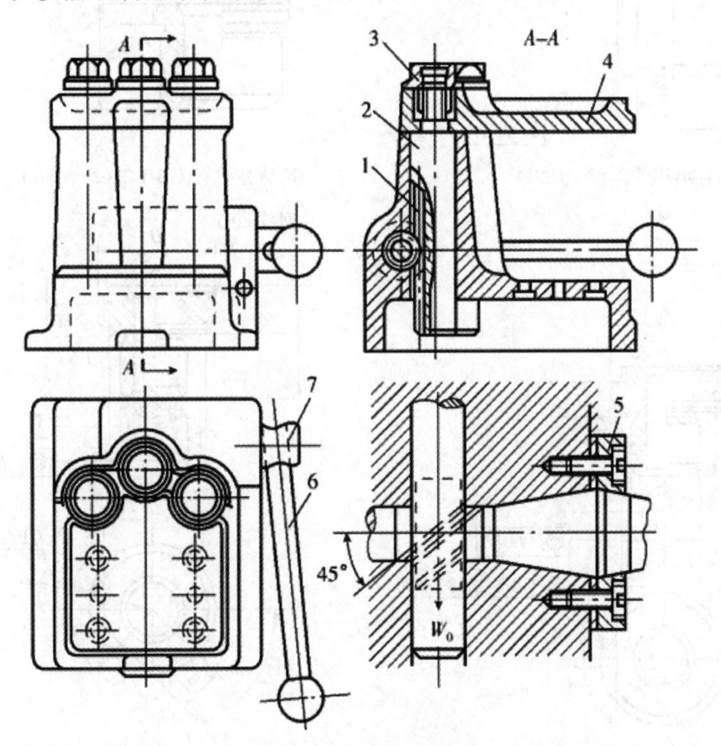

1—夹具体；2—滑柱；3—锁紧螺母；4—钻模板；5—套环；6—手柄；7—螺旋齿轮轴

图 6-87　滑柱钻模的通用结构

这种手动滑柱钻模的机械效率较低，夹紧力不大，此外，由于滑柱和导孔为间隙配合（一般为 H7/f7），因此被加工孔的垂直度和孔的位置尺寸难以达到较高的精度。但因其具有自锁性能可靠、结构简单、操作迅速、通用可调的优点，所以不仅广泛应用于大批量生产，而且已推广到小批生产中。它适用于一般中、小批的加工。

2）钻床夹具的设计特点

钻床夹具的主要特点是都有一个安装钻套的钻模板。钻套和钻模板是钻床夹具的特殊元件。钻套装配在钻模板或夹具体上，其作用是确定被加工孔的位置和引导刀具加工。

（1）钻套

钻套按其结构和使用特点可分为以下四种类型。

① 固定钻套。如图 6-88(a)和图 6-88(b)所示，它分为 A 型和 B 型两种钻套安装在钻模板或夹具体中，其配合为 H7/n6 或 H7/r6。固定钻套的结构简单，钻孔精度高，适用于单一钻孔工序和小批生产。

② 可换钻套。如图 6-88(c)所示。当工件为单一钻孔工序的大批量生产时，为便于更换磨损的钻套，常选用可换钻套。钻套与衬套之间采用 F7/m6 或 F7/k6 配合，衬套与钻模板之间采用 H7/n6 配合。当钻套磨损后，可卸下螺钉，更换新的钻套。螺钉能防止加工时钻套的转动，或退刀时随刀具自行拔出。

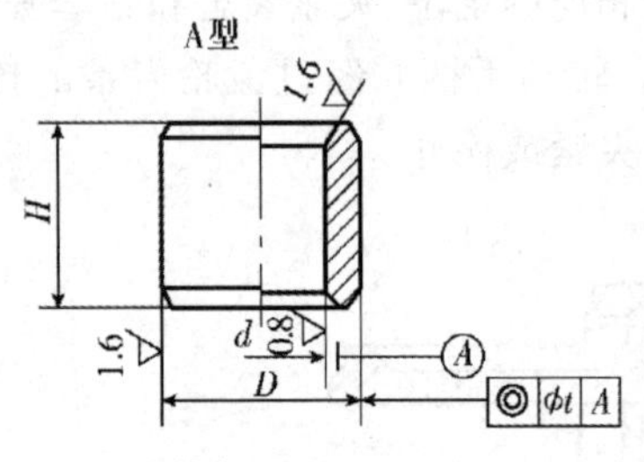

(a) 固定钻套(GB/T 2262—1991)

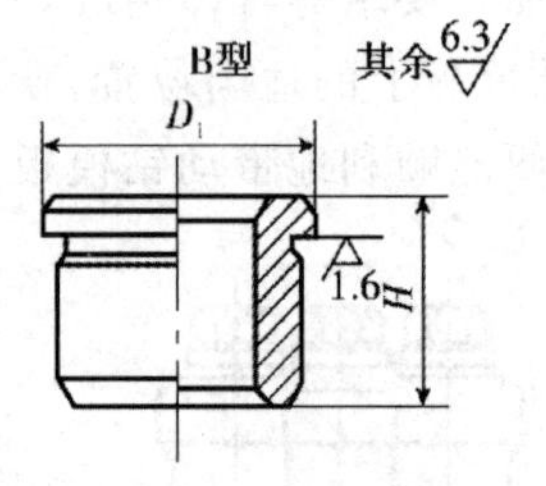

(b) 固定钻套(GB/T 2262—1991)

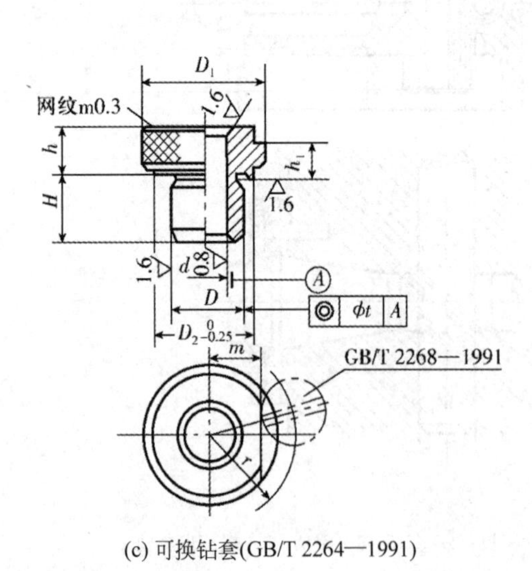

(c) 可换钻套(GB/T 2264—1991)

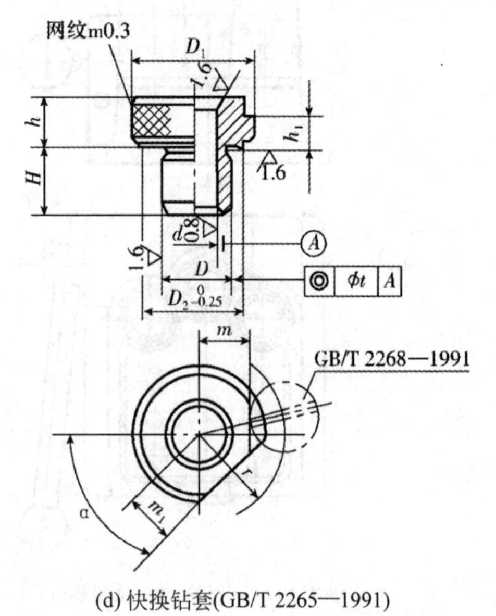

(d) 快换钻套(GB/T 2265—1991)

图 6-88 标准钻套

③ 快换钻套。如图 6-88(d)所示。当工件需钻、扩、铰多工序加工时，为能快速更换不同孔径的钻套，应选用快换钻套。快换钻套的有关配合与可换钻套的相同。更换钻套时，将钻套削边转至螺钉处，即可取钻套。削边的方向应考虑刀具的旋向，以免钻套随刀具自行拔出。

以上三类钻套已标准化，其结构参数、材料、热处理方法等，可查阅有关手册。

④ 特殊钻套。由于工件形状或被加工孔位置的特殊性，需要设计特殊结构的钻套。图 6-89 所示是几种特殊钻套的结构。

图 6-89(a)为加长钻套，在加工凹面上的孔时使用。为减少刀具与钻套的摩擦，可将钻套引导高度 H 以上的孔径放大。图 6-89(b)为斜面钻套，用于在斜面或圆弧面上钻孔。排屑空间的高度应小于 0.5mm，可增加钻头刚度，避免钻头引偏或折断。图 6-89(c)为小孔距钻套，用圆销确定钻套位置。图 6-89(d)为兼有定位与夹紧功能的钻套。在钻套与衬套之间，一段为圆柱间隙配合，一段为螺纹联接，钻套下端为内锥面，可使工件定位。

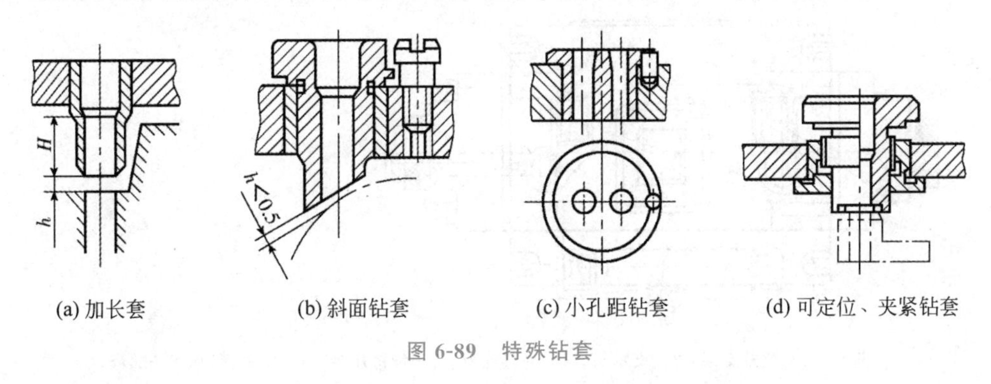

(a) 加长套　(b) 斜面钻套　(c) 小孔距钻套　(d) 可定位、夹紧钻套

图 6-89　特殊钻套

(2) 钻模板

钻模板是供安装钻套用的，应有一定的强度和刚度，以防止变形而影响钻套的位置和引导精度。

(3) 夹具体

为减少夹具底面与机床工作台的接触面积，使夹具放置平稳，一般都在相对钻头送进方向的夹具体上设置 4 个支脚。

2. 镗床夹具

镗床夹具通常称为镗模。镗模是一种精密夹具，它主要用来加工箱体类零件上的精密孔系。镗模和钻模一样，是依靠专门的导引元件——镗套来导引镗杆，从而保证所镗的孔具有较高的位置精度。采用镗模后，镗孔的精度可不受机床精度的影响。

1) 镗模的组成

一般镗模由定位元件、夹紧装置、导引元件(镗套)、夹具体(镗模支架和镗模底座)4 个部分组成。

图 6-90 所示为加工磨床尾架孔所用的镗模。工件以夹具体底座上的定位斜块 9 和支承板 10 作主要定位。转动压紧螺钉 6，便可将工件推向支承钉 3，并保证两者接触，以实现

工件的轴向定位。工件的夹紧则是依靠铰链压板 5。压板通过活节螺栓 8 和螺母 7 进行操纵。镗杆是由装在镗模支架 2 上的镗套 1 来导向的。镗模支架则用销钉和螺钉准确地固定在夹具体底座上。

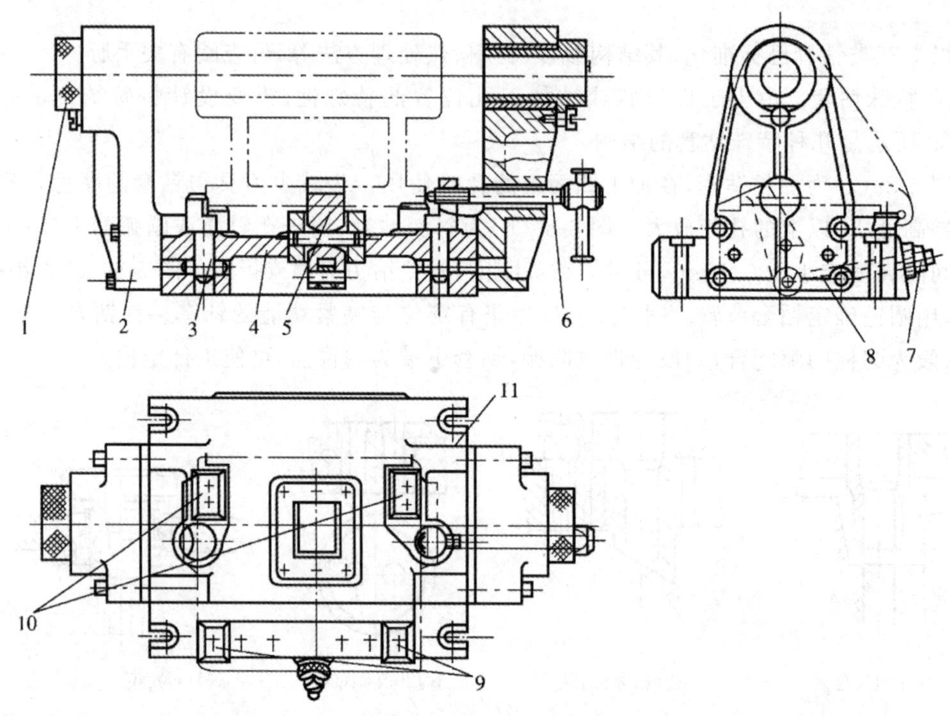

1—镗套；2—镗模支架；3—支承钉；4—夹具底座；5—铰链压板；6—压紧螺钉；7—螺母；8—活节螺栓；9—定位斜块；10—支承板；11—固定耳座

图 6-90 加工磨床尾架的镗模

2）镗套

镗套结构对于被镗孔的几何形状、尺寸精度以及表面粗糙度有很大影响，因为镗套结构决定了镗套位置的准确度和稳定性。

常用的镗套结构有以下两类。

（1）固定式镗套。固定式镗套的结构和前面介绍的钻套基本相似，它固定在镗模支架上而不能随镗杆一起转动，因此镗杆和镗套之间有相对运动，存在摩擦。固定式镗套外形尺寸小、结构紧凑、制造简单、容易保证镗套中心位置的准确度，但固定式镗套只适用于低速加工。

（2）回转式镗套。回转式镗套在镗孔过程中是随镗杆一起转动的，所以镗杆与镗套之间无相对转动，只有相对移动。当高速镗孔时，可以避免镗杆与镗套发热而咬死，而且改善了镗杆的磨损状况。由于回转式镗套要随镗杆一起转动，所以镗套必须另用轴承支承。按所用轴承形式的不同，回转式镗套可分为滑动镗套和滚动镗套 2 种，如图 6-91 和图 6-92 所示。

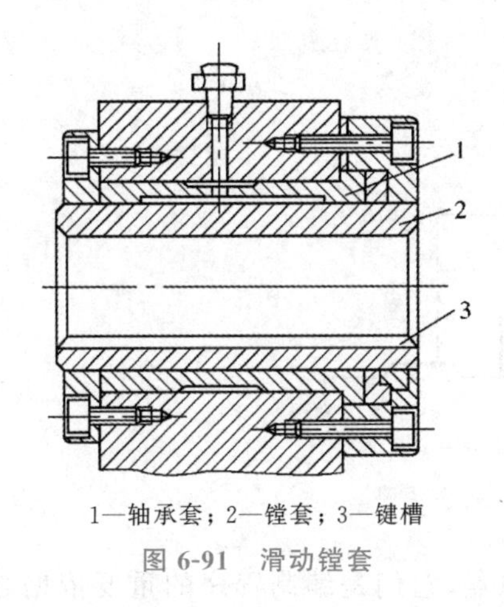

1—轴承套；2—镗套；3—键槽

图 6-91　滑动镗套

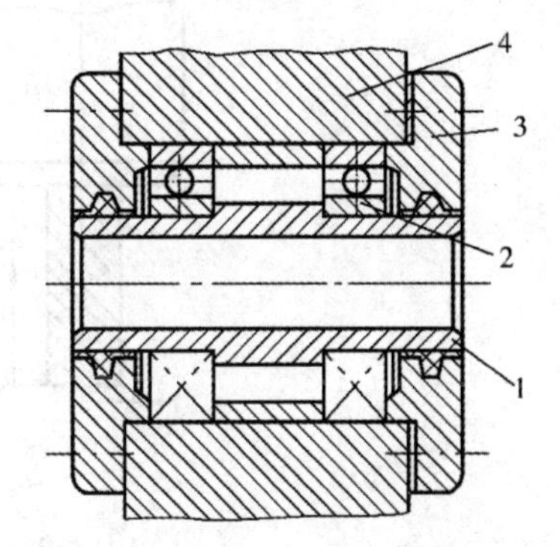

1—镗套；2—滚动轴承；3—轴承盖；4—镗模支架

图 6-92　滚动镗套

6.5.4　典型数控机床夹具

数控机床夹具有高效化、柔性化和高精度等特点，设计时，除了应遵循一般夹具设计的原则外，还应注意以下几点。

(1) 数控机床夹具应有较高的精度，以满足数控加工的精度要求。

(2) 数控机床夹具应有利于实现加工工序的集中，即可使工件在一次装夹后能进行多个表面的加工，以减少工件装夹次数。

(3) 数控机床夹具的夹紧应牢固可靠、操作方便；夹紧元件的位置应固定不变，防止在自动加工过程中，元件与刀具相碰。

如图 6-93 所示为用于数控车床的液动自定心三爪卡盘。在高速车削时，平衡块 1 所产生的离心力经杠杆 2 给卡爪 3 一个附加的力，以补偿卡爪夹紧力的损失。卡爪由活塞 5 经拉杆和楔槽轴 4 的作用将工件夹紧。如图 6-94 所示为数控铣镗床夹具的局部结构，要防止刀具(主轴端)进入夹紧装置所处的区域，通常应对该区域确定一个极限值。

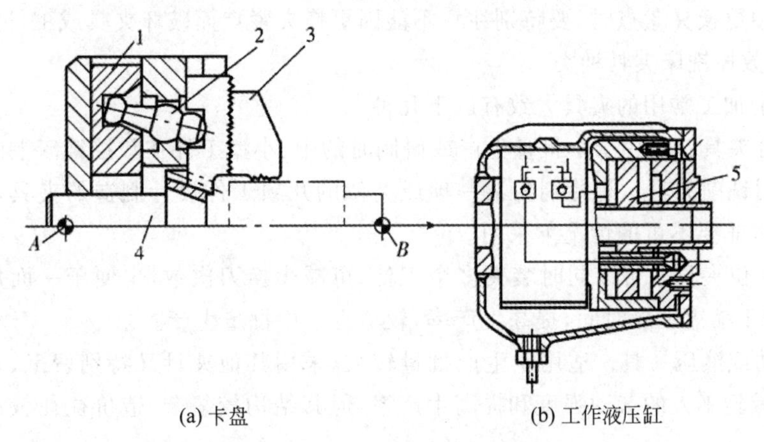

(a) 卡盘　　(b) 工作液压缸

1—平衡块；2—杠杆；3—卡爪；4—楔槽轴；5—活塞

图 6-93　液动三爪自定心卡盘

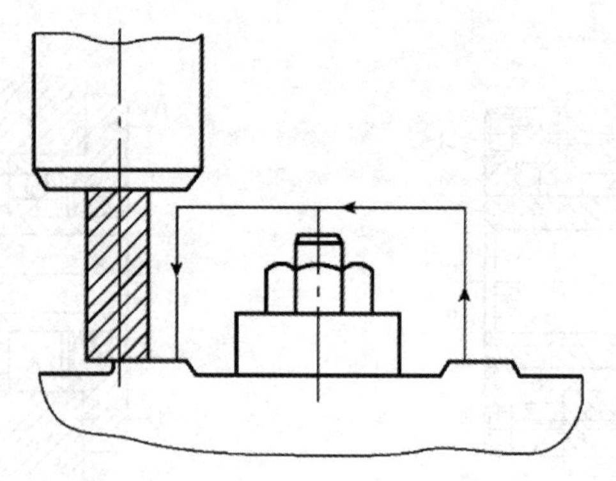

图 6-94 防止刀具与夹具元件相碰

(4) 每种数控机床都有自己的坐标系和坐标原点，它们是编制程序的重要依据之一。设计数控机床夹具时，应按坐标图上规定的定位和夹紧表面以及机床坐标的起始点，确定夹具坐标原点的位置。如图 6-93 所示中的 A 为机床原点，B 为工件在夹具上的原点。

1. 数控铣床夹具

1) 对数控铣床夹具的基本要求

实际上，数控铣削加工时一般不要求很复杂的夹具，只要求有简单的定位、夹紧机构就可以了。其设计原理也和通用铣床夹具相同，结合数控铣削加工的特点，这里只提出以下几点基本要求。

(1) 为保持零件安装方位与机床坐标系及编程坐标系方向的一致性，夹具应能保证在机床上实现定向安装，还要求能协调零件定位面与机床之间保持一定的坐标尺寸关系。

(2) 为保持工件在本工序中所有需要完成的待加工面充分暴露在外，夹具要做得尽可能开敞，因此夹紧机构元件与加工面之间应保持一定的安全距离，同时要求夹紧机构元件能低则低，以防止夹具与铣床主轴套筒或刀套、刀具在加工过程中发生碰撞。

(3) 夹具的刚性与稳定性要好。尽量不采用在加工过程中更换夹紧点的设计。当必须在加工过程中更换夹紧点时，要特别注意不能因更换夹紧点而破坏夹具或工件定位精度。

2) 常用数控铣床夹具种类

数控铣削加工常用的夹具大致有以下几种。

(1) 组合夹具。适用于小批量生产或研制时的中、小型工件在数控铣床上的铣削加工。

(2) 专用铣削夹具。是特别为某一项或类似的几项工件设计制造的夹具，一般在批量生产或研制时非要不可的情况下采用。

(3) 多工位夹具。可以同时装夹多个工件，可减少换刀次数，也便于一面加工，一面装卸工件，有利于缩短准备时间，提高生产率，较适宜于中批量生产。

(4) 气动或液压夹具。适用于生产批量较大，采用其他夹具又特别费工、费力的工件。这类夹具能减轻工人的劳动强度和提高生产率，但其结构较复杂，造价往往较高，而且制造周期长。

(5) 真空夹具。适用于有较大定位平面或具有较大可密封面积的工件。有的数控铣床(如壁板铣床)自身带有通用真空夹具，如图 6-95 所示，工件利用定位销定位，通过夹具体上的环形密封槽中的密封条与夹具密封。启动真空泵，使夹具定位面上的沟槽成为真空，工件在大气压力的作用下被夹紧在夹具体。

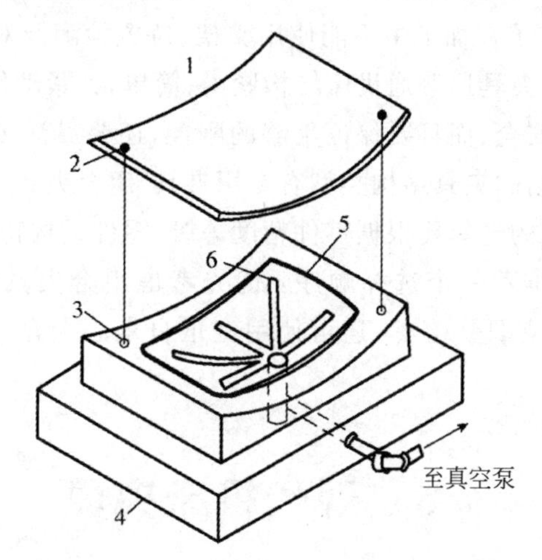

1—加工零件；2—定位孔；3—定位销；4—夹具体；5—密封槽；6—空气槽

图 6-95　真空夹具

除上述几种夹具外，数控削加工中也经常采用机用平口虎钳、分度头和三爪自定心卡盘等通用夹具。

2. 数控钻床夹具

数控钻床是数字控制的以钻削为主的孔加工机床。在数控机床的发展过程中，数控钻床的出现比较早，其夹具设计原理与通用钻床相同，结合数控钻削加工的特点，在夹具的选用上应注意以下几个问题。

(1) 优先选用组合夹具。对中小批量又经常变换品种的加工，使用组合夹具可节省夹具费用和准备时间，应首选。

(2) 在保证零件的加工精度及夹具刚性的情况下，应尽量减少夹压变形，选择合理的定位点及夹紧点。

(3) 对于单件加工工时较短的中小零件，应尽量减少装卸夹压时间，采用各种气动、液压夹具和快速联动夹紧方法，以提高生产效率。

(4) 为了充分利用工作台的有效面积，对中小型零件可考虑在工作台面上同时装夹几个零件。

(5) 避免干涉。在切削加工时，绝对不允许刀具或刀柄与夹具发生碰撞。

(6) 如有必要时，可在夹具上设置对刀点。对刀点实际是用来确定工件坐标与机床坐标系之间的关系。对刀点可在零件上，也可以在夹具或机床上，但必须与零件定位基准有一定的坐标关系。

3. 加工中心机床夹具

加工中心机床是一种功能较全的数控加工机床。在加工中心上，夹具的任务不仅是夹装工件，而且还要以各个方向的定位面为参考基准，确定工件编程的零点。在加工中心上加工的零件一般都比较复杂。零件在一次装夹中，既要粗铣、粗镗，又要精铣、精镗，需要多种多样的刀具，这就要求夹具既能承受大切削力，又要满足定位精度要求。加工中心机床的自动换刀(ATC)功能又决定了在加工中不能使用支架、位置检测及对刀块等夹具元件。加工中心机床的高柔性要求其夹具比普通机床结构紧凑、简单，夹紧动作迅速、准确，尽量减少辅助时间，操作方便、省力、安全，而且要保证足够的刚性，还要灵活多变。根据加工中心机床特点和加工需要，目前常用的夹具结构类型有专用夹具、组合夹具、可调整夹具和成组夹具。

加工中心上零件夹具的选择要根据零件精度等级、零件结构特点、产品批量及机床精度等情况综合考虑。在此，推荐一个选择顺序：优先考虑组合夹具，其次考虑可调整夹具，最后考虑专用夹具、成组夹具。当然，还可使用三爪自定心卡盘、机床用平口虎钳等通用夹具。

6.6　现代机床夹具

6.6.1　组合夹具

组合夹具早在20世纪50年代便已出现，现在已是一种标准化、系列化、柔性化程度很高的夹具。它由一套预先制造好的具有不同几何形状、不同尺寸的高精度元件与合件组成，包括基础件、支承件、定位件、导向件、压紧件、紧固件、其他件、合件等。使用时按照工件的加工要求，采用组合的方式组装成所需的夹具。根据组合夹具组装连接基面的形状可将其分为槽系和孔系两大类。槽系组合夹具的连接基面为T形槽，元件由键和螺栓等元件定位紧固连接。孔系组合夹具的连接基面为圆柱孔组成的坐标孔系。

1. T形槽系组合夹具

T形槽系组合夹具按其尺寸系列有小型、中型和大型3种，其区别主要在于元件的外形尺寸、T形槽宽度和螺栓及螺孔的直径规格不同。

(1) 小型系列组合夹具。主要适用于仪器、仪表和电信、电子工业，也可用于较小工件的加工。这种系列元件的螺栓直径为M8mm×1.25mm，定位键与键槽宽的配合尺寸为8H7/h6，T形槽之间的距离为30mm。

(2) 中型系列组合夹具。主要适用于机械制造工业，这种系列元件的螺栓直径为M12mm×1.5mm，定位键与键槽宽的配合尺寸为12H7/h6，T形槽之间的距离为60mm。这是目前应用最广泛的一个系列。

(3) 大型系列组合夹具。主要适用于重型机械制造工业，这种系列元件的螺栓直径为M16mm×2mm，定位键与键槽宽的配合尺寸为16H7/h6，T形槽之间的距离为60mm。

图6-96所示为T形槽系组合夹具的元件。图6-97所示为盘形零件钻径向分度孔的T形槽系组合夹具的实例。

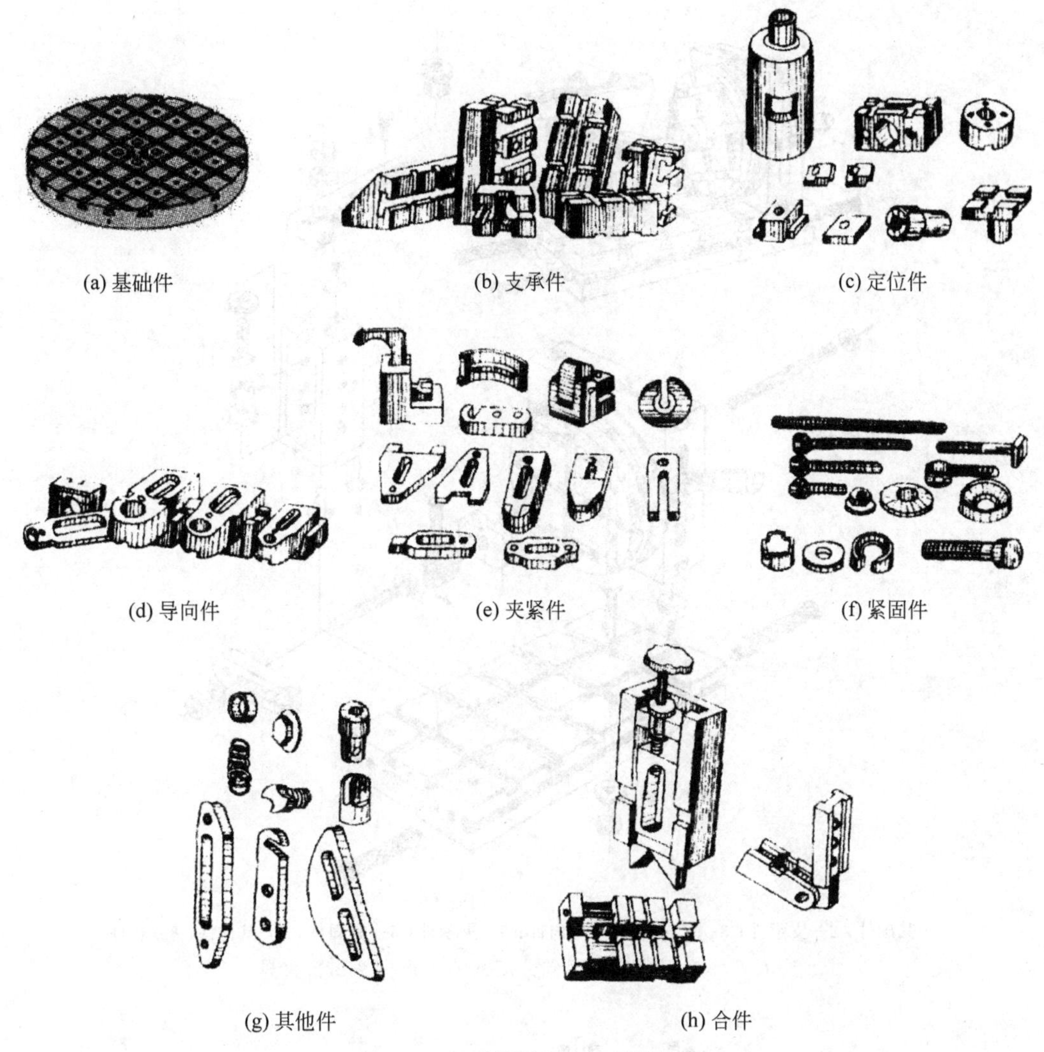

图 6-96　T 形槽系组合夹具的元件

2. 孔系组合夹具

孔系组合夹具元件的连接用两个圆柱销定位，一个螺钉紧固。孔系组合夹具较槽系组合夹具具有更高的刚度，且结构紧凑。图 6-98 所示为我国近年制造的 KD 型孔系组合夹具。其定位孔径为 ϕ16.01H6，孔距为 50±0.01mm，定位销直径为 ϕ16k5，用 M16mm 的螺钉连接。孔系组合夹具用于装夹小型精密工件。由于它便于计算机编程，所以特别适用于加工中心等数控机床。

3. 组合夹具的特点

组合夹具具有以下特点。

(1) 组合夹具元件可以多次使用，在变换加工对象后，可以全部拆装，重新组装成新的夹具结构，以满足新工件的加工要求，但一旦组装成某个夹具，则该夹具便成为专用夹具。

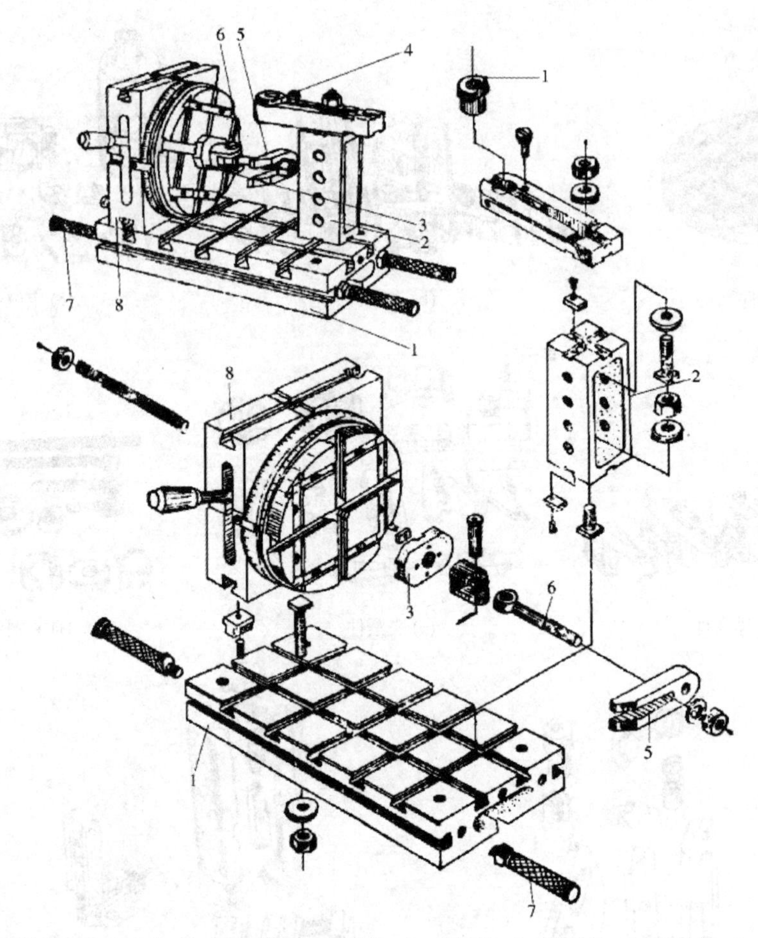

1—其础件；2—支承件；3—定位件；4—导向件；5—夹紧件；6—紧固件；7—其他件；8—合件

图 6-97　盘形零件钻径向分度孔的 T 形槽系组合夹具

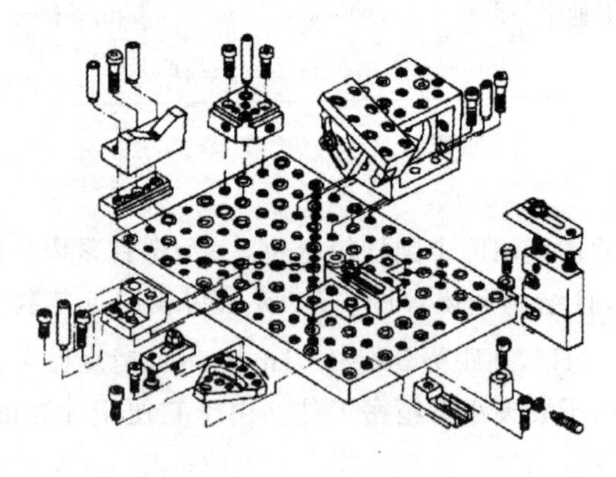

图 6-98　KD 型孔系组合夹具

(2) 和专用夹具一样，组合夹具的最终精度是靠组成元件的精度直接保证的，不允许进行任何补充加工，否则将无法保证元件的互换性。组合夹具元件本身的尺寸形状和位置精度以及表面质量要求高。同时，组合夹具需要多次装拆重复使用，故要求有较高的耐磨性。

(3) 组合夹具不受生产类型的限制，可以随时组装，以应生产之急，可以适应新产品试制中改型的变化等。

(4) 由于组合夹具是由各标准件组合的，因此刚性差，尤其是元件连接的接合面接触刚度对加工精度影响较大。

(5) 一般组合夹具的外形尺寸较大，不如专用夹具那样紧凑。

6.6.2　模块化夹具

模块化夹具是一种柔性化的夹具，通常由基础件和其他模块元件组成。

所谓模块化，是指将同一功能的单元，设计成具有不同用途或性能的、且可以相互交换使用的模块，以满足加工需要的一种方法。同一功能单元中的模块，是一组具有同一功能和相同连接要素的元件，也包括能增加夹具功能的小单元。这种夹具加工对象十分明确，调整范围只限于本组内的工件。

模块化夹具与组合夹具之间有许多共同点，如它们都具有方形、矩形和圆形基础件，在基础件表面有坐标孔系。两种夹具的不同点是组合夹具的万能性好，标准化程度高；而模块化夹具则为非标准的，一般是为本企业产品工件的加工需要而设计的。产品品种不同或加工方式不同的企业，所使用的模块结构会有较大差别。

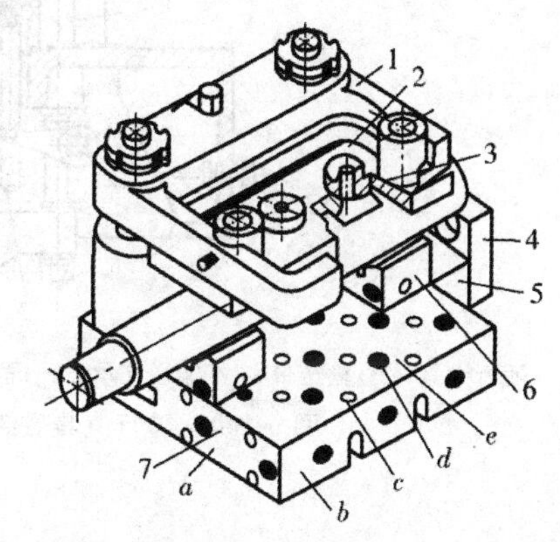

1—滑柱式钻模板；2—可换钻模板；3—可换钻套；
4—板形模块；5—方形模块；6—V 形模块；
7—基础板

图 6-99　模块化钻模

图 6-99 为一种模块化钻模，主要由基础板 7、滑柱式钻模板 1 和模块 4、5、6 等组成。基础板 7 上有坐标系孔 *c* 和螺孔 *d*，在其平面和侧面 *a*、*b* 上可拼装模块元件。图 6-99 中所配置的 V 形模块 6 和板形模块 4 的作用是使工件定位。按照被加工孔的位置要求，用方形模块 5 可调整模块 4 的轴向位置。可换钻套 3 和可换钻模板 2 按工件的加工需要加以更换调整。

模块化夹具适用于成批生产的企业。使用模块化夹具可大大减少专用夹具的数量，缩短生产周期，提高企业的经济效益。模块化夹具的设计依赖于对本企业产品结构和加工工艺的深入分析研究，如对产品加工工艺进行典型化分析等。在此基础上，合理确定模块的基本单元，以建立完整的模块功能系统。模块化元件应有较高的强度、刚度和耐用性，常用 20CMnTi、40Cr 等材料制造。

6.6.3　自动线夹具

自动线是由多台自动化单机，借助工件自动传输系统、自动线夹具、控制系统等组成的一种加工系统。常见的自动线夹具有随行夹具和固定自动线夹具两种。

现以随行夹具为例介绍自动线夹具的结构。随行夹具常用于形状复杂且无良好输送基面,或虽有良好的输送基面,但材质较软的工件。工件安装在随行夹具上,随行夹具除了完成对工件的定位和夹紧外,还带着工件按照自动线的工艺流程由自动线运输机构运送到各台机床的机床夹具上。工件在随行夹具上通过自动线上的各台机床完成全部工序的加工。

图 6-100 为随行夹具在自动线机床上工作的结构简图。随行夹具 1 由带棘爪的步进式输送带 2 运送到机床上。固定夹具 4 在输送支承 3 上用一面两销定位,且夹紧装置使随行夹具定位并夹紧,它还提供输送支承面 A_1。图 6-100 中,件 7 为定位机构,液压缸 6、杠杆 5、钩形压板 8 为夹紧装置。

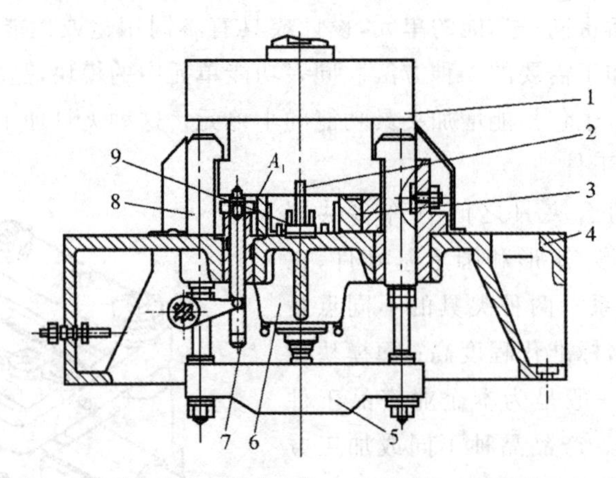

1—随行夹具;2—输送带;3—输送支承;4—固定夹具;5、9—杠杆;6—液压缸;7—定位机构;8—钩形压板

图 6-100 随行夹具在自动线机床的固定夹具上的工作简图

6.7 实践项目——专用夹具设计

夹具设计一般是在零件的机械加工工艺过程制定之后,按照某一工序的具体要求进行的。制定工艺过程应充分考虑夹具实现的可能性,而设计夹具时,如确有必要也可以对工艺过程提出修改意见。夹具设计质量的高低应以能否稳定地保证工件的加工质量、生产效率高、成本低、排屑方便、操作安全、省力和维护容易等为衡量指标。

夹具仿真装配

6.7.1 专用夹具设计的基本要求

一个优良的机床夹具必须满足下列基本要求。

1. 保证工件的加工精度

保证加工精度的关键,首先在于正确地选定定位基准、定位方法和定位元件,必要时需进行定位误差分析,还要注意夹具中其他零部件的结构对加工精度的影响,确保夹具能满足工件的加工精度要求。

2. 提高生产效率

专用夹具的复杂程度应与生产纲领相适应，应尽量采用各种快速、高效的装夹机构保证操作方便，缩短辅助时间，提高生产效率。

3. 工艺性能好

专用夹具的结构应力求简单、合理，便于制造、装配、调整、检验和维修等。专用夹具的制造属于单件生产，当最终精度由调整或修配保证时，夹具上应设置调整和修配结构。

4. 使用性能好

专用夹具的操作应简便、省力、安全可靠。在客观条件允许且又经济实用的前提下，应尽可能采用气动、液压等机械化夹紧装置，以减轻操作者的劳动强度。专用夹具还应排屑方便，必要时可设置排屑结构，防止切屑破坏工件的定位和损坏刀具，防止切屑的积聚带来大量的热量而引起工艺系统变形。

5. 经济性好

专用夹具应尽可能采用标准元件和标准结构，力求结构简单、制造容易，以降低夹具的制造成本。因此，设计时应根据生产纲领对夹具方案进行必要的技术经济分析，以提高夹具在生产中的经济效益。

使用夹具设计手册(查找尺寸)

6.7.2　夹具设计规范化概述

1. 夹具设计规范化的意义

研究夹具设计规范化程序的主要目的在于以下几点。

1) 保证设计质量，提高设计效率

夹具设计质量主要表现在以下方面。

(1) 设计方案与生产纲领的适应性。

(2) 高位设计与定位副设置的相容性。

(3) 夹紧设计技术经济指标的先进性。

(4) 精度控制项目的完备性以及各控制项目公差数值规定的合理性。

(5) 夹具结构设计的工艺性。

(6) 夹具制造成本的经济性。

有了规范的设计程序，就可以指导设计人员有步骤、有计划、有条理地进行工作，提高设计效率，缩短设计周期。

2) 有利于计算机辅助设计

有了规范化的设计程序，就可以利用计算机进行辅助设计，实现优化设计，减轻设计人员的负担。利用计算机进行辅助设计，除了进行精度设计之外，还可以寻找最佳夹紧状态，利用有限元法对零件的强度、刚度进行设计计算，实现包括绘图在内的设计过程的全部计算机控制。

3）有利于初学者尽快掌握夹具设计的方法

近年来，关于夹具设计的理论研究和实践经验总结已日渐完备，在此基础上总结出来的夹具规范化设计程序，使初级夹具设计人员的设计工作提高到了一个新的科学化水平。

2. 夹具设计精度的设计原则

要保证设计的夹具制造成本低，规定零件的精度要求时应遵循以下原则。

1）一般精度的夹具

（1）应使主要组成零件具有相应终加工方法的平均经济精度。

（2）应按获得夹具精度的工艺方法所达到的平均经济精度，规定基础件夹具体加工孔的形位公差。

对一般精度或精度要求低的夹具，组成零件的加工精度按此规定，既达到了制造成本低，又使夹具具有较大精度裕度，能使设计的夹具获得最佳的经济效益。

2）精密夹具

对精密夹具而言，除遵循一般精度夹具的两项原则外，对某个关键零件，还应规定与偶件配作或配研等，以达到无间隙滑动等。

6.7.3 夹具设计的规范程序

工艺人员在编制零件的工艺规程时，便会提出相应的夹具设计任务书，经有关负责人批准后下达给夹具设计人员。夹具设计人员根据任务书提出的要求进行夹具结构设计，现将夹具结构设计的规范化程序具体分述如下。

1. 明确设计要求，认真调查研究，收集设计资料

（1）仔细研究零件工作图、毛坯图及其技术条件。

（2）了解零件的生产纲领、投产批量以及生产组织等有关信息。

（3）了解工件的工艺规程和本工序的具体技术要求，了解工件的定位夹紧方案，了解本工序的加工余量和切削用量的选择。

（4）了解所使用量具的精度等级、刀具和辅助工具等的型号、规格。

（5）了解本企业制造和使用夹具的生产条件和技术现状。

（6）了解所使用机床的主要技术参数、性能、规格、精度以及与夹具连接部分结构的联系尺寸等。

（7）准备好设计夹具所需的各种标准、工艺规定、典型夹具图册和有关夹具的设计指导资料等。

（8）收集国内外有关设计、制造同类型夹具的资料，吸取其中先进而又能结合本企业实际情况的合理部分。

2. 确定夹具的结构方案

在广泛收集和研究有关资料的基础上，着手拟定夹具的结构方案，主要包括以下内容。

(1) 根据工艺的定位原理，确定工件的定位方式，选择定位元件。

(2) 确定工件的夹紧方案和设计夹紧机构。

(3) 确定夹具的其他组成部分，如分度装置、对刀块或引导元件、微调机构等。

(4) 协调各元件、装置的布局，确定夹具的总体结构和尺寸。

在确定方案的过程中，会有多种方案供选择，应从保证精度和降低成本的角度出发，选择一个与生产纲领相适应的最佳方案。

3. 绘制夹具总图

绘制夹具总图通常按以下步骤进行。

(1) 遵循国家制图标准，绘图比例应尽可能选取 1∶1，根据工件的大小，也可用较大或较小的比例；通常选取操作位置为主视图，以便使所绘制的夹具总图具有良好的直观性；视图剖面应尽可能少，但必须能够清楚地表达夹具各部分的结构。

(2) 用双点画线绘出工件轮廓外形、定位基准和加工表面。将工件轮廓线视为“透明体”，并用网纹线表示出加工余量。

(3) 根据工件定位基准的类型和主次，选择合适的定位元件，合理布置定位点，以满足定位设计的相容性。

(4) 根据定位对夹紧的要求，按照夹紧五原则选择最佳夹紧状态及技术经济合理的夹紧系统，画出夹紧工件的状态。对空行和较大的夹紧机构，还应用双点画线画出放松位置，以表达与其他部分的关系。

(5) 围绕工件的几个视图依次绘出对刀、导向元件以及定向键等。

(6) 最后绘制出夹具体及连接元件，把夹具的各组成元件和装置连成一体。

(7) 确定并标注有关尺寸。夹具总图上应标注以下五类尺寸。

① 夹具的轮廓尺寸：夹具的长、宽、高尺寸。若夹具上有可动部分应包括可动部分极限位置所占的空间尺寸。

② 工件与定位元件的联系尺寸：常指工件以孔在心轴或定位销上(或工件以外圆在内孔中)定位时，工件定位表面与夹具上定位元件间的配合尺寸。

③ 夹具与刀具的联系尺寸：用来确定夹具上对刀、导引元件位置的尺寸。对于铣、刨床夹具，是指对刀元件与定位元件的位置尺寸；对于钻、镗床夹具，则是指钻(镗)套与定位元件间的位置尺寸、钻(镗)套之间的位置尺寸，以及钻(镗)套与刀具导向部分的配合尺寸等。

④ 夹具内部的配合尺寸：它们与工件、机床、刀具无关，主要是为了保证夹具安装后能满足规定的使用要求。

⑤ 夹具与机床的联系尺寸：用于确定夹具在机床上正确位置的尺寸。对于车、磨床夹具，主要是指夹具与主轴端的配合尺寸；对于铣、刨床夹具，则是指夹具上的定向键与机床工作台上的 T 形槽的配合尺寸。标注尺寸时，常以夹具上的定位元件作为相互位置尺寸的基准。

上述尺寸公差的确定可分为两种情况处理：一是夹具上定位元件之间，对刀、导引元件之间的尺寸公差，直接对工件上相应的加工尺寸产生影响，因此可根据工件的加工尺寸公差确定，一般可取工件加工尺寸公差的1/3～1/5；二是定位元件与夹具体的配合尺寸公差、夹紧装置各组成零件间的配合尺寸公差等，则应根据其功用和装配要求，按一般公差与配合原则决定。

(8) 规定总图上应控制的精度项目，标注相关的技术条件。夹具的安装基面、定向键侧面以及与其相垂直的平面(称为三基面体系)是夹具的安装基准，也是夹具的测量基准，因此应该以此作为夹具的精度控制基准来标注技术条件。在夹具总图上应标注的技术条件(位置精度要求)有如下几个方面。

① 定位元件之间或定位元件与夹具体底面间的位置要求，其作用是保证工件加工面与工件定位基准面间的位置精度。

② 定位元件与连接元件(或找正基面)间的位置要求。

③ 对刀元件与连接元件(或找正基面)间的位置要求。

④ 定位元件与导引元件的位置要求。

⑤ 夹具在机床上安装时位置精度要求。

上述技术条件是保证工件相应的加工要求所必需的，其数值应取工件相应技术要求所规定数值的1/3～1/5。当工件没注明要求时，夹具上主要元件间的位置公差可以按经验取为(100∶0.02)～(100∶0.05)mm，或在全长上不大于0.03～0.05mm。

(9) 编制零件明细表。夹具总图上还应画出零件明细表和标题栏，写明夹具名称及零件明细表上所规定的内容。

4. 夹具精度校核

在夹具设计中，当结构方案拟定之后，应该对夹具的方案进行精度分析和估算；在夹具总图设计完成后，还应该根据夹具有关元件的配合性质及技术要求，再进行一次复核。这是确保产品加工质量而必须进行的误差分析。

5. 绘制夹具零件工作图

夹具总图绘制完毕后，对夹具上的非标准件要绘制零件工作图，并规定相应的技术要求。零件工作图应严格遵照所规定的比例绘制。视图、投影应完整，尺寸要标注齐全，所标注的公差及技术条件应符合总图要求，加工精度及表面光洁度应选择合理。

在夹具设计图纸全部完毕后，还有待于精心制造、实践与使用来验证设计的科学性。经试用后，有时还可能要对原设计做必要的修改。因此，要获得一项完善的、优秀的夹具设计，设计人员通常应参与夹具的制造、装配、鉴定和使用的全过程。

6. 设计质量评估

夹具设计质量评估就是对夹具磨损公差的大小和过程误差的留量这两项指标进行考核，以确保夹具的加工质量稳定和使用寿命。

6.7.4　机床专用夹具课程设计任务

1. 钻 $\phi 8$ 孔专用夹具设计

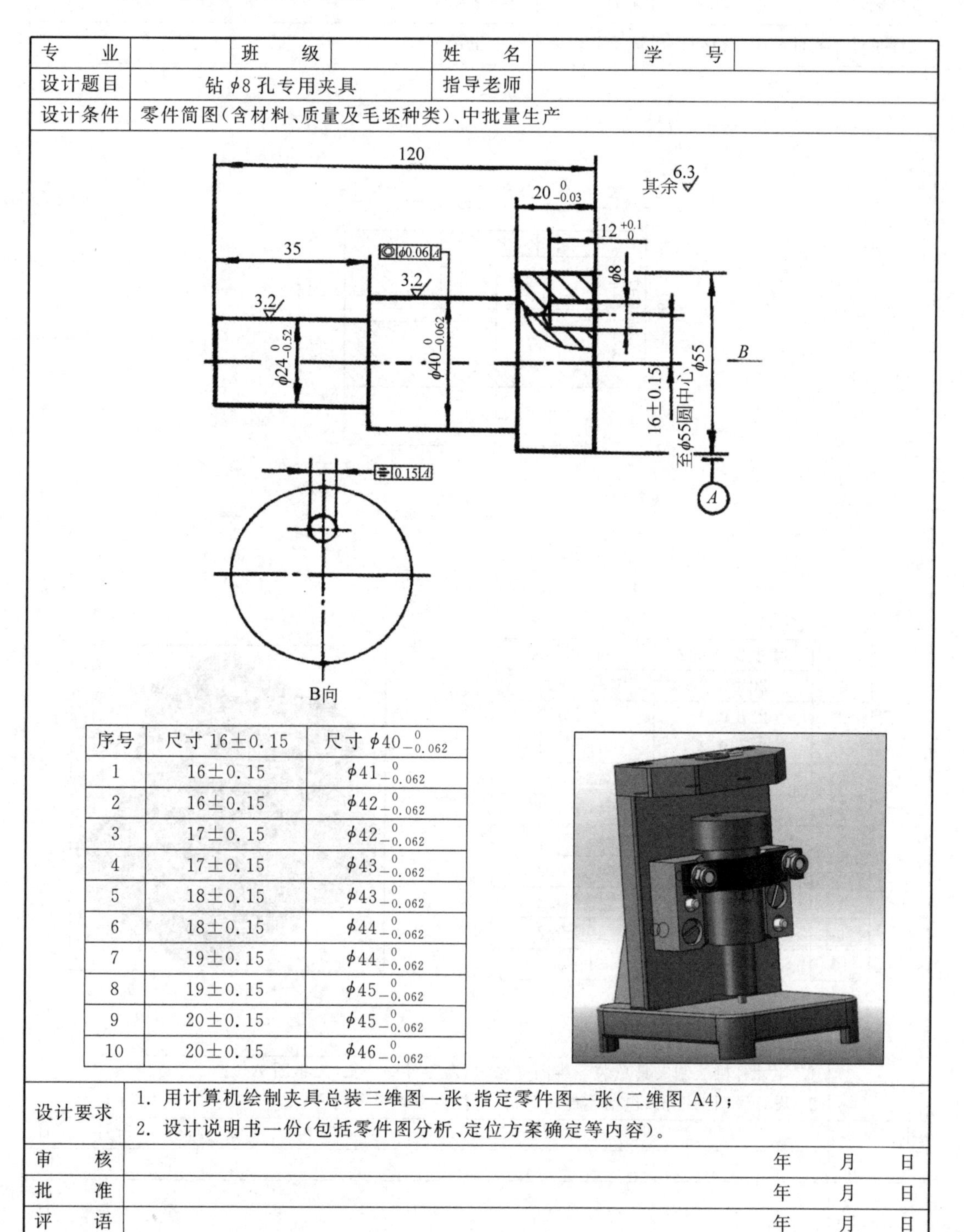

专　业		班　级		姓　名		学　号	
设计题目	钻 $\phi 8$ 孔专用夹具			指导老师			
设计条件	零件简图(含材料、质量及毛坯种类)、中批量生产						

序号	尺寸 16 ± 0.15	尺寸 $\phi 40_{-0.062}^{0}$
1	16 ± 0.15	$\phi 41_{-0.062}^{0}$
2	16 ± 0.15	$\phi 42_{-0.062}^{0}$
3	17 ± 0.15	$\phi 42_{-0.062}^{0}$
4	17 ± 0.15	$\phi 43_{-0.062}^{0}$
5	18 ± 0.15	$\phi 43_{-0.062}^{0}$
6	18 ± 0.15	$\phi 44_{-0.062}^{0}$
7	19 ± 0.15	$\phi 44_{-0.062}^{0}$
8	19 ± 0.15	$\phi 45_{-0.062}^{0}$
9	20 ± 0.15	$\phi 45_{-0.062}^{0}$
10	20 ± 0.15	$\phi 46_{-0.062}^{0}$

设计要求	1. 用计算机绘制夹具总装三维图一张、指定零件图一张(二维图 A4); 2. 设计说明书一份(包括零件图分析、定位方案确定等内容)。
审　核	年　月　日
批　准	年　月　日
评　语	年　月　日

2. 钻 2-ϕ8 孔专用夹具

专　业		班　级		姓　名		学　号	
设计题目	钻 2-ϕ8 孔专用夹具			指导老师			
设计条件	零件简图(含材料、质量及毛坯种类)、中批量生产						

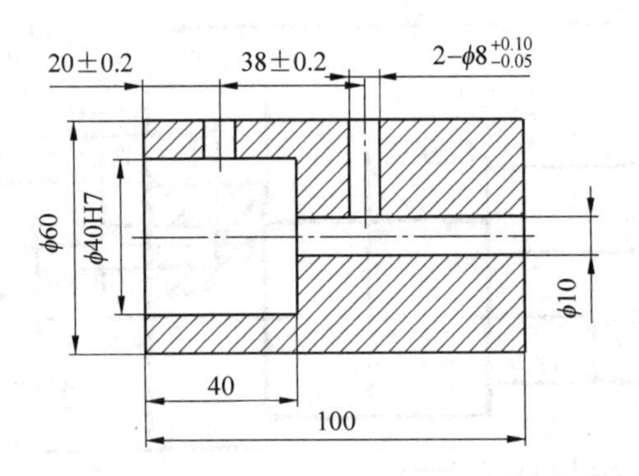

序号	尺寸 20±0.2	尺寸 38±0.2
1	20±0.2	38±0.2
2	22±0.2	40±0.2
3	24±0.2	41±0.2
4	25±0.2	43±0.2
5	26±0.2	44±0.2
6	28±0.2	45±0.2
7	29±0.2	47±0.2
8	30±0.2	48±0.2
9	32±0.2	49±0.2
10	33±0.2	51±0.2

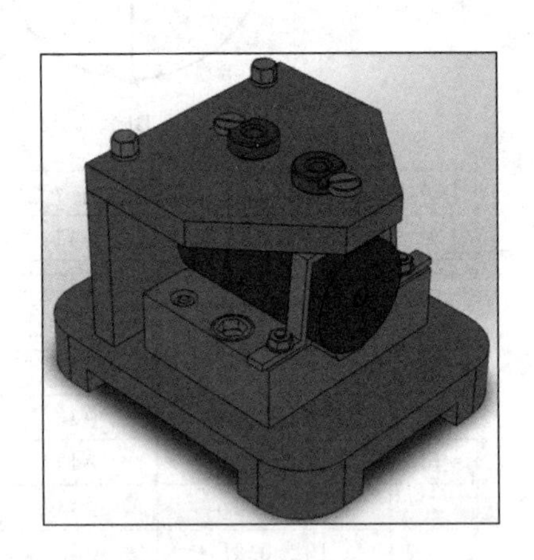

设计要求	1. 用计算机绘制夹具总装三维图一张、指定零件图一张(二维图 A4); 2. 设计说明书一份(包括零件图分析、定位方案确定等内容)。
审　核	年　月　日
批　准	年　月　日
评　语	年　月　日

3. 铣槽专用夹具

专　　业		班　　级		姓　　名		学　　号	
设计题目	铣槽专用夹具			指导老师			
设计条件	零件简图(含材料、质量及毛坯种类)、中批量生产						

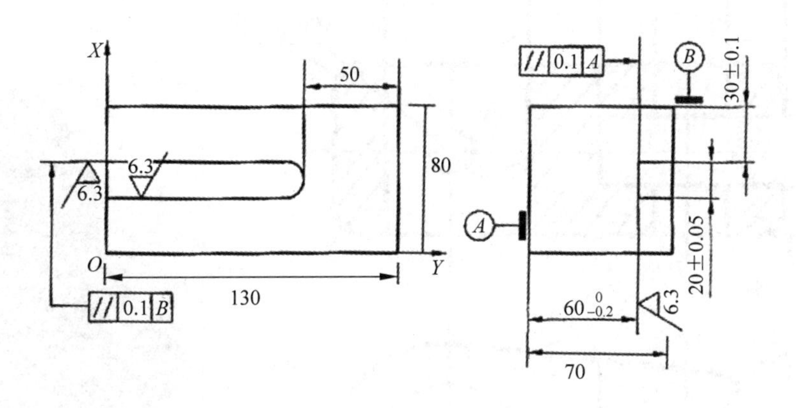

序号	尺寸 30±0.1	尺寸 $60_{-0.2}^{0}$
1	30±0.1	$60_{-0.2}^{0}$
2	31±0.1	$61_{-0.15}^{0}$
3	32±0.1	$62_{-0.2}^{0}$
4	33±0.1	$63_{-0.25}^{0}$
5	34±0.1	$64_{-0.25}^{0}$
6	35±0.1	$65_{-0.3}^{0}$
7	36±0.1	$66_{-0.3}^{0}$
8	37±0.1	$67_{-0.3}^{0}$
9	38±0.1	$68_{-0.35}^{0}$
10	39±0.1	$69_{-0.4}^{0}$

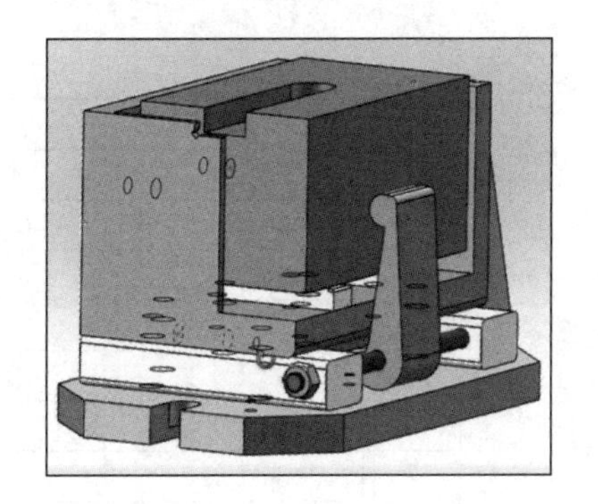

设计要求	1. 用计算机绘制夹具总装三维图一张、指定零件图一张(二维图 A4); 2. 设计说明书一份(包括零件图分析、定位方案确定等内容)。
审　　核	年　　月　　日
批　　准	年　　月　　日
评　　语	年　　月　　日

4. 铣槽12专用夹具

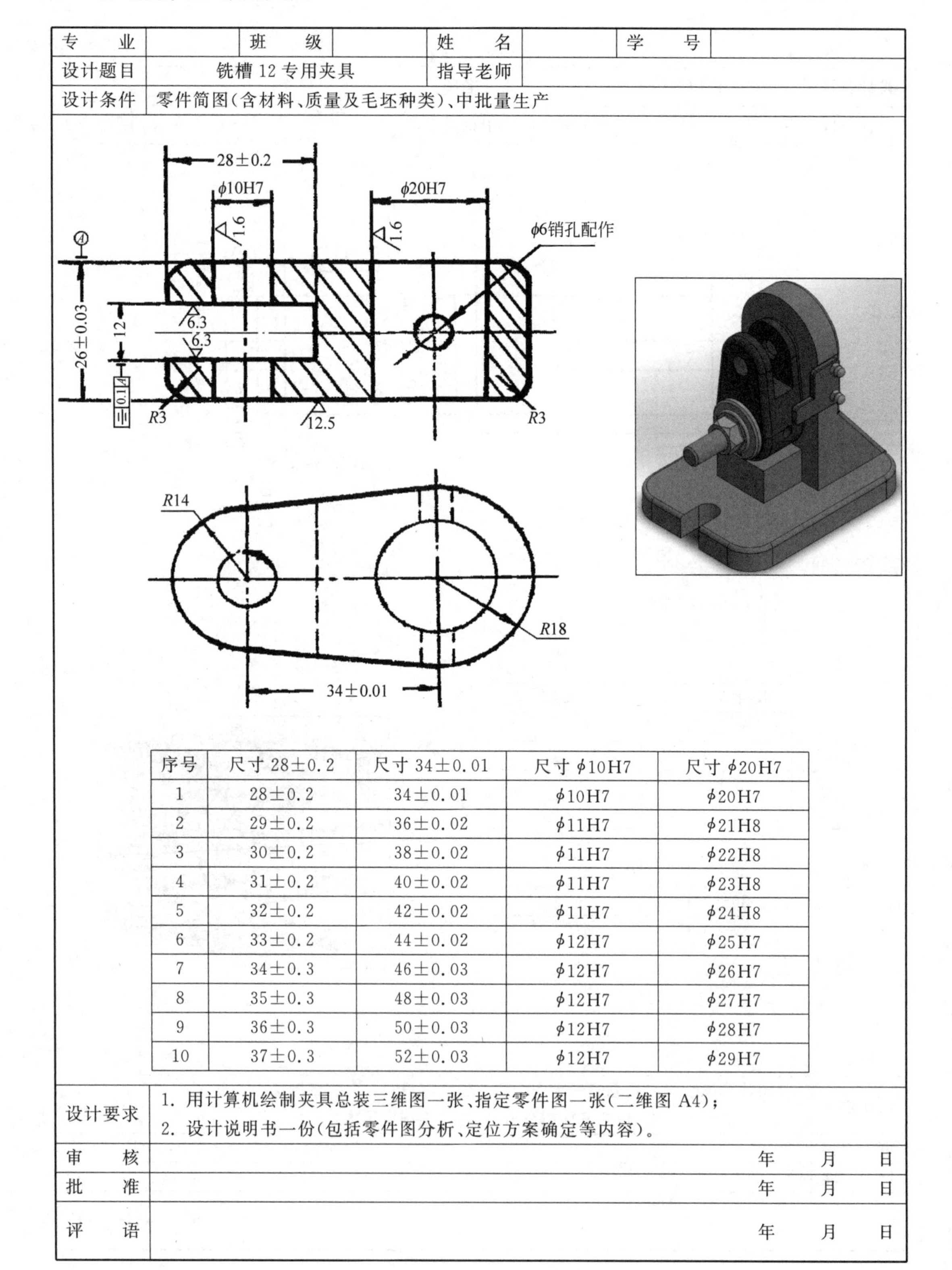

专　　业		班　　级		姓　　名		学　　号	
设计题目	铣槽12专用夹具			指导老师			
设计条件	零件简图(含材料、质量及毛坯种类)、中批量生产						

序号	尺寸28±0.2	尺寸34±0.01	尺寸ϕ10H7	尺寸ϕ20H7
1	28±0.2	34±0.01	ϕ10H7	ϕ20H7
2	29±0.2	36±0.02	ϕ11H7	ϕ21H8
3	30±0.2	38±0.02	ϕ11H7	ϕ22H8
4	31±0.2	40±0.02	ϕ11H7	ϕ23H8
5	32±0.2	42±0.02	ϕ11H7	ϕ24H8
6	33±0.2	44±0.02	ϕ12H7	ϕ25H7
7	34±0.3	46±0.03	ϕ12H7	ϕ26H7
8	35±0.3	48±0.03	ϕ12H7	ϕ27H7
9	36±0.3	50±0.03	ϕ12H7	ϕ28H7
10	37±0.3	52±0.03	ϕ12H7	ϕ29H7

设计要求	1. 用计算机绘制夹具总装三维图一张、指定零件图一张(二维图A4); 2. 设计说明书一份(包括零件图分析、定位方案确定等内容)。
审　　核	年　　月　　日
批　　准	年　　月　　日
评　　语	年　　月　　日

5. 铣两侧 $8_{-0.06}^{-0.03}$ 专用夹具

专　业		班　级		姓　名		学　号	
设计题目	铣两侧 $8_{-0.06}^{-0.03}$ 专用夹具			指导老师			
设计条件	零件简图(含材料、质量及毛坯种类)、中批量生产						

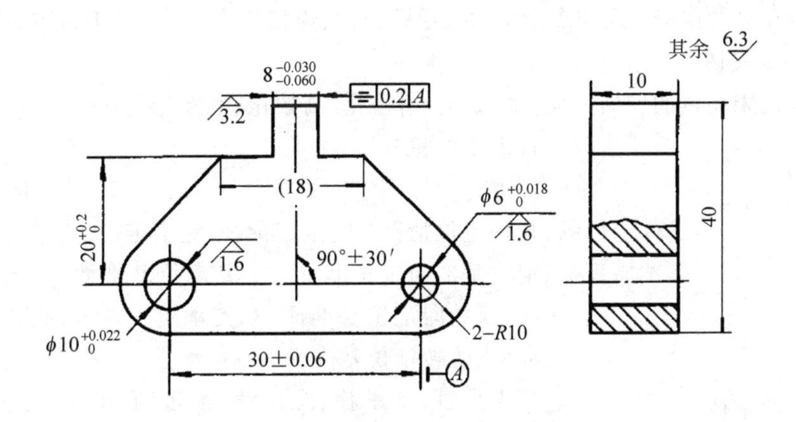

序号	尺寸 20±0.2	尺寸 38±0.2
1	20±0.2	38±0.2
2	22±0.2	40±0.2
3	24±0.2	41±0.2
4	25±0.2	43±0.2
5	26±0.2	44±0.2
6	28±0.2	45±0.2
7	29±0.2	47±0.2
8	30±0.2	48±0.2
9	32±0.2	49±0.2
10	33±0.2	51±0.2

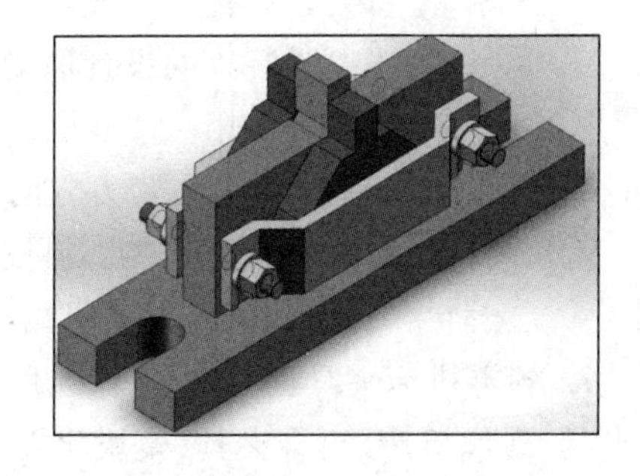

设计要求	1. 用计算机绘制夹具总装三维图一张、指定零件图一张(二维图 A4)； 2. 设计说明书一份(包括零件图分析、定位方案确定等内容)。
审　核	年　月　日
批　准	年　月　日
评　语	年　月　日

本章知识点梳理

1. 工件的装夹方法：找正装夹法、夹具装夹法

2. 夹具分类(按通用特性分)：通用夹具、专用夹具、可调夹具、成组夹具、组合夹具、自动线夹具

3. 机床夹具的组成：定位支承元件、夹紧装置、连接定向元件、对刀或导向元件、其他装置或元件、夹具体

4. 现代机床夹具的发展方向：标准化、精密化、高效化、柔性化

5. 工件的定位
   - 工件定位的基本原理
     - 自由度的概念
     - 六点定位原则
     - 几种定位情况：完全定位、不完全定位、欠定位、过定位
     - 定位基准与定位基面：主要定位基准面、导向定位基准面、双导向定位基准面、双支承定位基准面、止推定位基准面、防转定位基准面
   - 常见定位元件及选用组合
     - 支承钉、支承板、定位销、削边销、锥销、定位套、锥套、V形架、半圆孔、三爪卡盘、两顶尖、短外圆与中心孔、大平面与两圆柱孔、大平面与两外圆弧面、大平面与短锥孔、长圆孔与其他
   - 定位误差：基准位移误差、基准不重合误差

6. 夹紧装置
   - 夹紧装置的组成：动力源装置、传力机构、夹紧元件
   - 夹紧装置的设计原则：工件不移动、工件不变形、工件不振动、安全可靠、经济实用
   - 夹紧力：夹紧力方向、夹紧力大小、夹紧力作用点
   - 常用夹紧机构：斜楔夹紧机构、螺旋夹紧机构、偏心夹紧机构、铰链夹紧机构、定心夹紧机构、联动夹紧机构

7. 各类机床夹具：车床夹具(通用和专用)、铣床夹具(通用和专用)、钻镗夹具、数控机床夹具、现代机床(组合夹具、模块化夹具、自动线夹具)

习　题

1. 判断题(正确画√，错误画×)

(1) 三爪卡盘的三个卡爪是联动的，具有自动定心作用，所以它的定位精度一般要高于四爪卡盘。 (　　)

(2) 工件定位时，并不是任何情况都要限制六个自由度。 (　　)

(3) 工件被夹紧后，则六个自由度就被全部限制了。 (　　)

(4) V 形架的优点是对中性好,即可使一批工件的定位基准(轴线)对中在 V 形架两斜面的对称面内,只受到工件定位基面直径误差的影响。　(　　)

(5) 在车床上用三爪自定心卡盘多次装夹同一工件时,三爪自定心卡盘的对中精度将直接影响工件被加工表面的位置精度。　(　　)

(6) 对于零件外形无适合定位基准面的,应考虑增加工艺基准作为定位基准。　(　　)

(7) 当工件需用平面和圆孔边缘同时定位时,应选用端面和活动锥销。　(　　)

(8) 对具有整体外圆柱面或局部外圆柱面的工件进行定位时,若对称度要求较高,可选 V 形块定位。　(　　)

(9) 在套类、盘类零件的加工时,大都采用心轴定位,当工件定位孔与端面垂直度要求较高时,常以端面与心轴联合定位,如带有台阶定位面的心轴。　(　　)

(10) 夹紧力的方向应有利于减小夹紧力,以减小工件的变形、减轻劳动强度。　(　　)

(11) 一般在没有加工尺寸要求及位置精度要求的方向上,允许工件存在自由度,所以在此方向上可以不进行定位。　(　　)

(12) 夹紧力的方向应是工件刚性较差的方向。　(　　)

(13) 夹紧力作用点应落在定位元件的支承范围内,应尽可能使夹紧点与支承点对应,使夹紧力落在支承点上。　(　　)

(14) 在立式钻床上安装钻模时,一般先将装在主轴上的定尺寸刀具(如钻头)伸入钻套中,以确定钻模的位置,然后将其紧固。该方法可以提高钻孔精度。　(　　)

2. 填空题

(1) 夹具的基本组成部分有________、________、________、________和其他元件。

(2) 专为某一种工件的某道工序的加工而设计制造的夹具称为________夹具。

(3) 工件以外圆柱面定位时,常用的定位元件有 V 形块,V 形块有长、短之分,长 V 形块限制________个自由度,短 V 形块限制________个自由度。

(4) 根据六点定位原理分析工件的定位方式分为________、________、________、________。

(5) 机床夹具的定位误差主要由________和________引起。

(6) 夹紧力确定的三要素包括________、________和________。

(7) 夹紧力作用点应尽量靠近________,以防止工件产生振动和变形,提高定位的稳定性和可靠性。

(8) 凡有自锁要求的楔块夹紧,其斜角 a 必须小于楔块上下两个表面的________之和。

(9) ________夹具是将极薄的特型工件定位于一个随行的型腔里,然后浇灌低熔点金属,待其固结后一起加工,加工完成后,再加热溶解取出工件。

(10) 拨动顶尖一般包括________、________和________。

(11) 心轴适合于以孔作为定位基准的工件,结构简单而且应用广泛。按照与机床主轴的联接方式,可分为________和________。

(12) 根据组合夹具组装连接基面的形状,可将其分为________和________两类。

3. 单项选择题

(1) 工件夹紧力的方向应朝向(　　)。

A. 工作台面　　B. 主要定位基面　　C. 工件中心　　D. 工件重力方向

(2) 在车床上加工轴,用三爪卡盘安装工件,相对夹持较长,它的定位是(　　)。

A. 六点定位　　B. 五点定位　　C. 四点定位　　D. 三点定位

(3) 工件以外圆表面定位时,下面所对应的定位元件有(　　)。

A. 定位套　　B. 圆柱销　　C. 支承钉　　D. 心轴

(4) A 型平头支承钉可定位(　　)。

A. 粗基准面　　B. 精基准面　　C. 外圆表面　　D. 毛坯面

(5) “一面两孔”定位中所选用的两个销是(　　)。

A. 两个圆柱销　　B. 圆柱销和圆锥销

C. 圆锥销和菱形销　　D. 圆柱销和菱形销

(6) 在车床上采用中心架支承加工长轴时,属于(　　)定位。

A. 完全定位　　B. 不完全定位　　C. 过定位　　D. 欠定位

(7) 夹具的动力装置中,最常见的动力源是(　　)。

A. 气动　　B. 气液联动　　B. 电磁　　C. 真空

(8) 用来确定夹具与铣床之间位置的定位键是铣床夹具的(　　)装置。

A. 定位　　B. 夹紧　　C. 导向　　D. 传动

(9) 定心夹紧机构具有定心的同时,将工件(　　)的特点。

A. 定位　　B. 校正　　C. 平行　　D. 夹紧

(10) (　　)夹紧装置结构更简单、夹紧可靠。

A. 螺旋　　B. 螺旋压板　　C. 偏心轮　　D. 斜楔

(11) 三爪卡盘属于(　　)。

A. 专用夹具　　B. 组合夹具　　C. 真空夹具　　D. 通用夹具

(12) 车削时用一夹一顶装夹工件时,如果夹持部分较短,属于(　　)。

A. 完全定位　　B. 不完全定位　　C. 过定位　　D. 欠定位

(13) 工件以圆孔定位,定位元件为心轴时,若心轴水平放置,则工件与定位元件接触情况为(　　)。

A. 双边接触　　B. 单边接触　　C. 任意方向接触　　D. 两侧接触

(14) 在夹紧某些(　　)时,为防止变形,可以采用辅助支承。

A. 薄壁零件　　B. 重型零件　　C. 任何零件　　D. 合金零件

(15) 设计夹具时,定位元件的公差应不大于工件公差的(　　)。

A. 1　　B. 1/3　　C. 3/2　　B. 2

第7章 典型零件数控加工工艺

第7章
微课视频

学习目标

本章主要介绍典型零件的数控车削加工工艺；典型零件的数控铣削加工工艺。

本章重点是零件图分析，工、量、刃具的选择以及编制数控加工工艺路线。

通过本章的学习，要求掌握零件图分析，合理选择工、量、刃具，初步编制数控加工工艺路线，初步了解数控加工程序。

重点与难点

◇ 典型零件数控车削加工工艺

◇ 典型零件数控铣削加工工艺

教学资源

微课视频、实操视频、拓展知识视频、MOOC学习平台。

课程导入 大国工匠——韩利萍

韩利萍，女，汉族，1971年生，中共党员，大学本科，中国航天科技集团有限公司第一研究院519厂加工中心操作工，国家级高级技师，航天特级技师，国家级劳模创新工作室和技能大师工作室负责人。她是央视2017年度"大国工匠"、党的十九大代表、全国五一劳动奖章获得者、全国三八红旗手标兵、中华技能大奖获得者、全国技术能手、山西省委联系服务高级专家，享受国务院特殊津贴，2019年被授予首届三晋工匠年度人物(图7-Ⅰ)。

在航天三大里程碑工程中，作为航天地面发射装备零部件加工首席人选，她多次临危受命攻克制约工程研制的技术难关。2019年，某超硬材料异形构件是某国防装备产品转换机构中的关键件，该零件材料硬度高达HRC40～44，产品形状复杂，空间型面对称度为0.03mm，位置精度仅为0.01mm，表面粗糙度要求Ra1.6，试制阶段各空间位置精度超差严重，废品率很高，严重影响生产进度。韩利萍带领团队分析各种因素对变形的影响，经过近一个月的攻关，最终通过设计三套专用工装，将定位工装变"夹紧"为"拉紧"，实现异形构件一次装夹，多空间部位加工；采取小直径铣刀微量渐进铣削方式，消除应力释放对精度的影响。改造完成后，零件各个加工要素尺寸精度和形位公差要求全部满足工艺要求，确保了装备机构质量的稳定可靠。国庆 70 周年阅兵时，她受邀在天安门前观礼。

从业近 30 年，她在载人航天、嫦娥探月、北斗导航和新一代运载火箭发射支持系统以及国家重点国防装备产品的研制生产中，发扬航天“三大精神”，以国为重，刻苦攻关，以严慎细实的作风在三尺铣台诠释了劳模精神、劳动精神、工匠精神的时代内涵，在实现航天强国目标的时代征程中践行着矢志不渝的初心使命。

图 7-Ⅰ 大国工匠韩利萍

7.1 典型零件数控车削加工工艺

数控车床(图 7-1)是一种用计算机数字化信号控制的高精度、高效率的自动化车床，其加工对象与普通车床基本相同。数控车削加工工艺规划方法与普通车床类似，操作时将编制好的加工程序输入到机床专用计算机中，再由计算机指挥机床各坐标轴的伺服电动机去控制车床各部件运动的先后顺序、速度和移动量，并与选定的主轴转速相配合，车削出形状不同的工件。

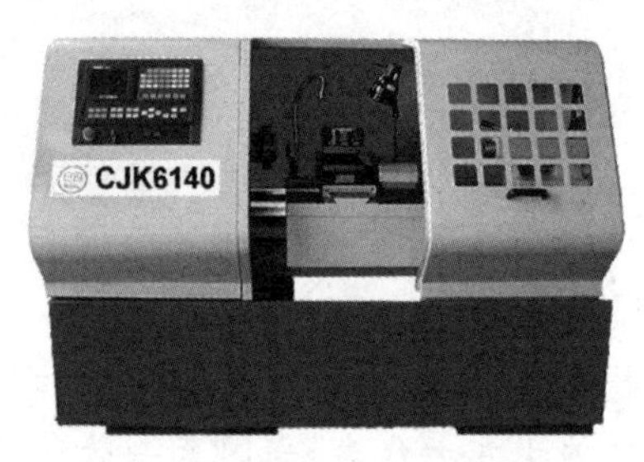

图 7-1 数控车床

常见数控车床分类：按数控系统不同，可分为 FANUC(法那克)数控系统、SIEMENS(西门子)数控系统、华中数控系统、广州数控系统、三菱数控系统等；按功能不同，可分为经济型数控车床(功能差、精度低)、普通数控车床(功能和精度中等、应用较广)和车削加工中心(功能和精度高、有刀库)；按主轴配置形式不同，可分为卧式数控车床和立式数控车床。

7.1.1 实践项目——阶梯轴数控车削加工

知识目标：了解零件数控车削加工工艺规划；掌握车削加工工序设计方法；掌握车削加工切削用量选择方法。

技能目标：会选择工、量、刃具；会填写加工工艺卡。

1. 典型零件数控车削加工任务

图 7-2(a)为待加工的阶梯轴零件平面图,材料选用 45 钢;图 7-2(b)为该零件的三维仿真图。

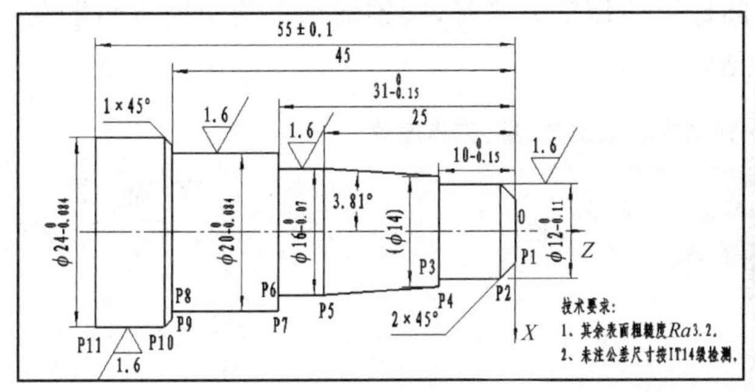

(a) 零件平面图

(b) 零件三维图

图 7-2　阶梯轴加工(材料:45 钢)

2. 切削用量的选择

1) 确定合理切削用量的意义

数控加工时对同一加工过程选用不同的切削用量,会产生不同的切削效果。合理的切削用量应能保证工件的质量要求(如加工精度和表面粗糙度),在切削系统强度、刚性允许的条件下,充分利用机床功率,最大限度地发挥刀具的切削性能,并保证刀具具有一定的使用寿命。

2) 选择切削用量的一般原则

(1) 粗加工时切削用量的选择

粗加工时一般以提高效率为主,兼顾经济性和加工成本。提高切削速度、加大进给量和切削深度都能提高生产率。其中,切削速度对刀具寿命的影响最大,切削深度对刀具寿命的影响最小。所以,考虑粗加工切削用量时,首先应选择一个尽可能大的切削深度,以减少进给次数,其次选择较大的进给速度,最后在刀具使用寿命和机床功率允许的条件下选择一个合理的切削速度。

(2) 精加工、半精加工时切削用量的选择

精加工和半精加工的切削用量要保证加工质量,兼顾生产效率和刀具寿命。精加工和半精加工的切削深度是根据零件加工精度和表面粗糙度要求及粗车后留下的加工余量决定的,一般情况是一次去除余量。精加工和半精加工的切削余量较小,产生的切削力也较小,所以,可在保证表面粗糙度的情况下适当加大进给量。

3. 典型零件数控车削加工工艺分析

1) 零件分析

分析图 7-2 阶梯轴,该零件结构主要有外圆面、锥面及倒角,几处外圆尺寸精度要求较高,选用数控车床加工能满足图纸技术要求。

2）工、量、刃具选择

（1）工具选择

圆棒料装夹在三爪自定心卡盘上，用划线盘校正，其他工具见表7-1。

（2）量具选择

长度尺寸选用游标卡尺测量，外圆选用外径千分测量，圆锥面用万能角度量角器测量，粗糙度用粗糙度样板比对，具体规格见表7-1。

表7-1 阶梯轴零件加工工、量、刃具清单

工、量、刃具清单				零件	阶梯轴	
种类	序号	名称	规格	精度/mm	单位	数量
工具	1	三爪自定心卡盘			个	1
	2	卡盘扳手			副	1
	3	刀架扳手			副	1
	4	垫刀片			块	若干
	5	划线盘			个	1
量具	1	游标卡尺	0～150mm	0.02	把	1
	2	外径千分尺	0～25mm	0.01	把	1
	3	万能角度量角器	0～320°	2′	把	1
	4	粗糙度样板			套	1
刃具	1	外圆粗车刀	90°		把	1
	2	外圆精车刀	90°		把	1
	3	切断刀	4×15		把	1

（3）刀具选择

加工材料为45钢，选用硬质合金外圆车刀进行粗、精车，并分别置于T01、T02号刀位；最后用切断刀切断工件，切断刀置于T03刀位。

3）加工工艺路线

用毛坯切削循环进行粗、精加工，最后用切断刀切断工件，具体加工工艺路线过程见表7-2。

表7-2 数控车削加工工艺卡

工步号	工步内容	刀具号	切削用量		
			背吃刀量 a_p/mm	进给量 f/(mm/r)	主轴转速 n/(r/min)
1	车右端面	T01	1～2	0.2	600
2	粗加工外轮廓，留0.4mm精车余量	T01	1～2	0.2	600
3	精加工外轮廓至尺寸	T02	0.2	0.1	800
4	切断，控制工件总长为55±0.1mm	T03	4	0.08	400

4. 编制参考加工程序

1）建立工件坐标系

根据工件坐标系建立原则，工件原点设在右端面与工件轴线交点上，如零件图7-3所示。

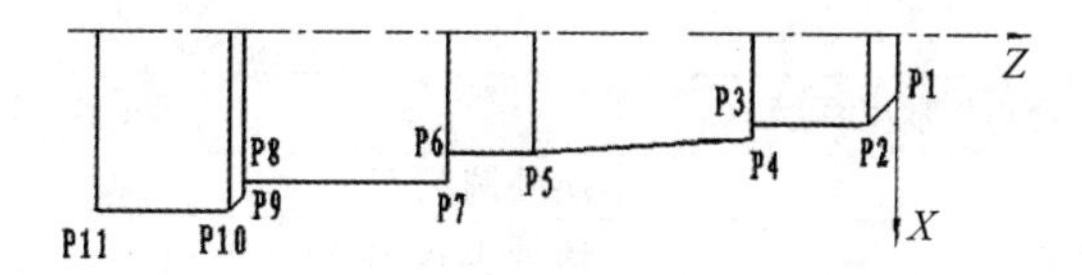

图 7-3　工件坐标系

2）计算基点坐标

基点 P1 到 P11 点坐标按各点极限尺寸平均值为准作为编程尺寸，具体坐标见表 7-3。

表 7-3　工件基点坐标

基点	坐标(Z,X)	基点	坐标(Z,X)
P1	(0,7.945)	P7	(−30.925,19.958)
P2	(−2,11.945)	P8	(−45,19.958)
P3	(−9.925,11.945)	P9	(−45,21.958)
P4	(−9.925,14)	P10	(−46,23.958)
P5	(−25,15.965)	P11	(−55,23.958)
P6	(−30.925,15.965)		

3）编制参考程序(表 7-4)

表 7-4　阶梯轴零件参考程序

程序段号	程序内容(法那克系统)	动 作 说 明
N05	T0101	选择 T01 号外圆粗车刀
N10	G40 G99 M3 S600 F0.2	取消刀尖半径补偿，绝对坐标编程，转速 600r/min，进给速度为 0.2mm/r
N20	G00 G42 X26 Z5	刀具快速移动至循环起点
N30	G71 U2 R1	设置循环参数，调用粗加工循环
N40	G71 P50 Q180 U0.4 W0.1	
N50	G00 X0	法那克系统轮廓精加工程序段
N60	G01 Z0	
N70	X7.945	
N80	X11.945 Z−2	
N90	Z−9.925	
N100	X14	
N110	X15.965 Z−25	
N120	Z−30.925	
N130	X19.958	
N140	Z−45	
N150	X21.958	
N160	X23.958 Z−46	
N170	Z−59	
N180	X25	
N190	G00 G40 X100 Z200	刀具退回至换刀点
N200	M0 M5	程序停、主轴停、测量

续表

程序段号	程序内容(法那克系统)	动 作 说 明
N210	T0202	换外圆精车刀
N220	M3 S800 F0.1	精加工转速 800r/min
N230	G70 P50 Q180	调用精加工循环,精加工
N240	G00 X100 Z200	刀具退回至换刀点
N250	M0 M5	程序停、主轴停、测量
N260	T0303	换切断刀
N270	M3 S400	主轴转速 400r/min
N280	G00 X28 Z−59	刀具移至工件左端
N290	G01 X0 F0.08	切断
N300	X28 F0.3	刀具沿 X 方向退出
N310	G00 X100 Z200	刀具退回至换刀点
N320	M30	程序结束

7.1.2 数控车床的加工特点和加工范围

1. 数控车床的加工特点

数控车床的加工特点如表 7-5 所示。

表 7-5 数控车床的加工特点

序号	特 点	说 明
1	能加工复杂型面	数控车床因能实现两坐标轴联动,所以容易实现许多卧式车床难以完成或无法加工的由曲线、曲面构成的回转体加工及非标准螺距螺纹、变螺距螺纹加工
2	具有高度柔性	使用数控车床,当加工的零件改变时,只需要重新编写(或修改)数控加工程序即可实现对新零件的加工;不需要重新设计模具、夹具等工艺装备,对多品种、小量零件的生产适应性强
3	加工精度高、质量稳定	数控车床按照预定的加工程序自动加工工件,加工过程中消除了操作者人为的操作误差,能保证零件加工质量的一致性,而且可以利用反馈系统进行校正及补偿加工精度。因此,可以获得比机床本身精度还要高的加工精度及重复精度
4	自动化程度高、工人劳动强度低	在数控车床上加工零件时,操作者除了输入程序、装卸工件、对刀、关键工序的中间检测等,不需要进行其他复杂的手工操作,劳动强度和紧张程度均大为减轻。此外,机床上一般都具有较好的安全防护、自动排屑、自动冷却等装置,操作者的劳动条件大为改善
5	生产效率高	数控车床结构刚性好,主轴转速高,可以进行大切削用量的强力切削。此外,机床移动部件的空行程运动速度快,加工时所需的切削时间和辅助时间均比普通机床少,生产效率比普通机床高 2～3 倍,尤其是加工形状复杂的零件,生产效率可提高十几倍到几十倍
6	经济效益高	单件、小批生产情况下,使用数控车床可以减少划线、调整、检验时间而减少生产费用;节省工艺装备,减少装备费用等而获得良好的经济效益;此外,加工精度稳定,减少了废品率;数控车床还可实现一机多用,节省厂房、节省建厂投资等

续表

序号	特　点	说　明
7	有利于生产管理的现代化	用数控车床加工零件,能准确地计算零件的加工工时,有效地简化了检验和工装夹具、半成品的管理工作。其加工及操作均使用数字信息与标准代码输入,目前已成为计算机辅助设计、制造及管理一体化的基础

2. 数控车床的加工范围

数控车床与普通卧式车床一样主要用于轴类、盘类等回转体零件的加工,如完成各种内外圆柱面、圆锥面、圆柱螺纹、圆锥螺纹、切槽、钻扩、铰孔等工序的加工;还可以完成普通卧式车床上不能完成的圆弧、各种非圆曲面构成的回转面、非标准螺纹、变螺距螺纹等表面加工。数控车床特别适合于复杂形状的零件或中、小批量零件的加工。

7.2　典型零件数控铣削加工工艺

数控铣床是在普通铣床的基础上发展起来的自动化机床,是能在程序代码的控制下较精确地进行铣削加工的机床,两者的加工工艺基本相同,结构也相似。在加工过程中,机床把所需的各种操作(如主轴变速、进刀与退刀、开车与停车、选择刀具、供给切削液等)和步骤以及刀具与工件之间的相对位移量采用数字化代码表示,通过控制介质或数控面板等将数字信息输入专用或通用的计算机,由计算机对输入的信息进行处理与运算,发出各种指令控制机床的伺服系统或其他执行机构,使机床加工出所需要的工件。图 7-4 为立式数控铣床外形图。

图 7-4　立式数控铣床

数控铣床分类:按机床形态,可分为立式数控铣床、卧式数控铣床和龙门数控铣床;按数控系统,可分为 FANUC(法那克)数控系统、SIEMENS(西门子)数控系统、华中数控系统、广州数控系统、三菱数控系统等。

7.2.1　实践项目——典型零件数控铣削加工

知识目标:能读懂零件图;掌握钻孔、铰孔及型腔加工的工艺知识及切削用量的选择;了解数控铣削加工工艺规划方法。

技能目标:能熟练选择钻孔、铰孔及型腔加工所需的刀具及夹具;会选择适当的量具检测工件;会填写加工工艺规程卡。

1. 典型零件数控铣削加工任务

图 7-5(a)为待加工的综合零件平面图,材料选用硬铝;图 7-5(b)为该零件的三维仿真图。

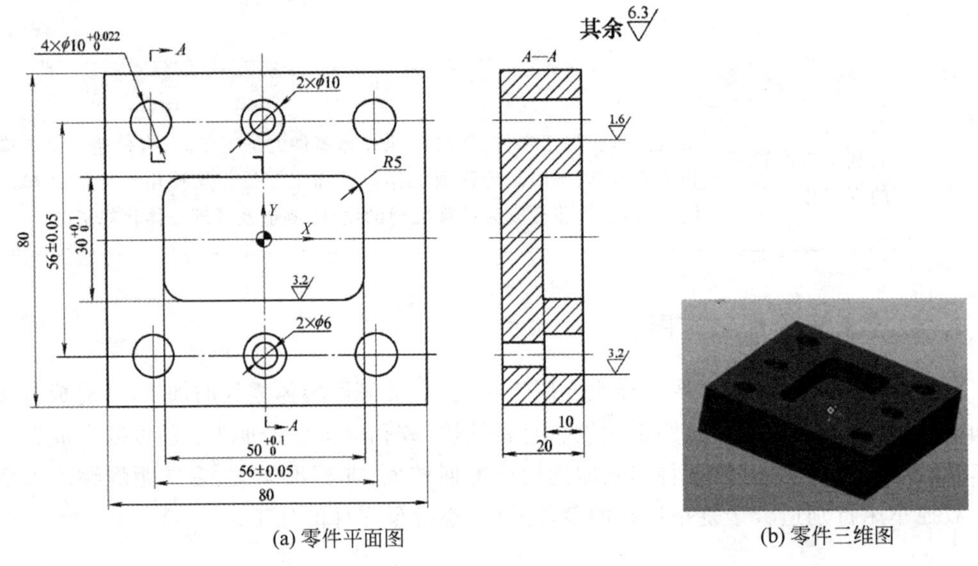

(a) 零件平面图　　(b) 零件三维图

图 7-5　综合零件加工(材料：硬铝)

2. 切削用量的选择

切削用量包括主轴转速、背吃刀量及进给速度等。切削用量的选择原则是：保证零件加工精度和表面粗糙度，充分发挥刀具切削性能，保证合理的刀具耐用度并充分发挥机床的性能，最大限度地提高生产率，降低成本。

1)主轴转速的确定

主轴转速根据切削速度和工件(或刀具)直径来选择。其计算公式为 $n=1000v/(\pi d)$。计算的主轴转速 n 最后要根据机床说明书，选取机床有的或较接近的转速。

2) 进给速度的确定

进给速度主要根据零件的加工精度和表面粗糙度要求以及刀具、工件的材料性质选取。最大进给速度受机床刚度和进给系统的性能限制。在轮廓加工中，在接近拐角处应适当降低进给量，以克服由于惯性或工艺系统变形在轮廓拐角处造成"超程"或"欠程"现象。

确定进给速度的原则如下。

(1) 当工件的质量要求能够得到保证时，为提高生产效率，可选择较高的进给速度。一般在 100～200mm/min 范围内选取。

(2) 在切断、加工深孔或用高速钢刀具加工时，宜选择较低的进给速度，一般在 20～50mm/min 范围内选取。

(3) 当加工精度、表面粗糙度要求高时，进给速度应选小一些，一般在 20～50mm/min 范围内选取。

(4) 刀具空行程时，特别是远距离"回零"时，可以选择该机床数控系统给定的最高进给速度。

3) 背吃刀量的确定

如图 7-6 所示，背吃刀量 a_p 为平行于铣刀轴线测量的切削层尺寸，端铣时 a_p 为切削层深度，圆周铣削时 a_p 为被加工表面的宽度。侧吃刀量 a_c 为垂直于铣刀轴线测量的切削层尺寸，端铣时 a_c 为被加工表面宽度，圆周铣削时 a_c 为切削层深度。端铣背吃刀量和圆周铣削侧吃刀量的选取主要由加工余量和对表面质量的要求决定。

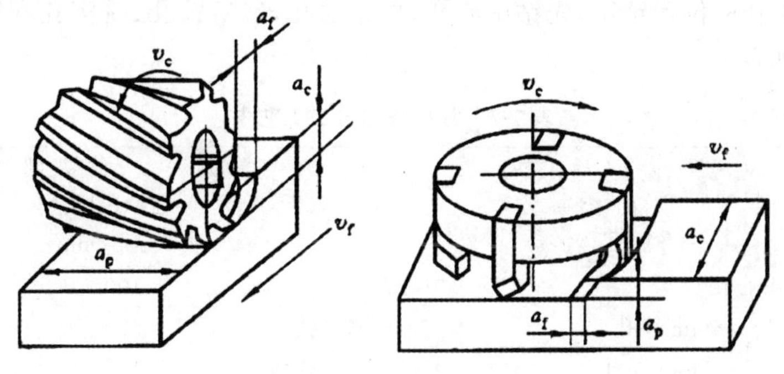

图 7-6　铣刀铣削用量

如工件表面粗糙度要求为 Ra0.8～3.2μm，可分粗铣、半精铣、精铣三步铣削加工。半精铣时，端铣背吃刀量或圆周铣削侧吃刀量取 1.5～2mm；精铣时，端铣背吃刀量取 0.5～1mm，圆周铣削侧吃刀量取 0.3～0.5mm。在机床、工件和刀具的刚度允许的条件下，应尽可能使背吃刀量等于工件的加工余量，这样可以减少走刀次数，提高生产效率。为了保证加工表面质量，可留 0.2～0.5mm 精加工余量。

3. 典型数控铣削工件加工工艺分析

1）零件分析

零件中含有孔、型腔结构。四角处孔的精度要求较高，可以采用钻铰加工工艺。中间型腔尺寸有精度要求，可以先粗加工，后精加工，使工艺达到技术要求。选用立式数控铣床能满足加工要求，毛坯采用 80mm×80mm×20mm 铝块。

2）工、量、刃具选择

数控铣削用到的工、量、刃具较多，具体见表 7-6。

表 7-6　综合零件铣削加工工、量、刃具清单

工、量、刃具清单				零件	阶　梯　轴	
种类	序号	名称	规格	精度/mm	单位	数量
工具	1	平口钳	QH160		个	1
	2	垫铁			块	若干
	3	橡胶锤子			把	1
	4	呆扳手			个	若干
	5	寻边器	ϕ10mm		个	1
量具	1	游标卡尺	0～150mm	0.02	把	1
	2	百分表及表座	0～10mm	0.01	把	1
	3	深度游标卡尺	0～150mm	0.02	把	1
	4	内径千分尺	5～25mm	0.001	把	1
刃具	1	中心钻	A2		把	1
	2	麻花钻	ϕ6mm、ϕ10mm		把	各 1
	3	机用铰刀	ϕ10H8		把	1
	4	平底立铣刀	ϕ10		把	1

3）加工工艺路线

为确保加工孔的位置精度，先钻中心孔，再钻通孔，然后铰孔、铣沉孔和铣型腔等，具体加工工艺路线见表7-7。

表7-7 数控铣削加工工艺卡

工步号	工步内容	刀具	切削用量	
			进给速度 v_f/(mm/min)	主轴转速 n/(r/min)
1	钻中心孔	中心钻	100	1000
2	钻2×ϕ6mm通孔	ϕ6mm麻花钻	100	1000
3	钻4×ϕ10mm通孔	ϕ9.7mm麻花钻	100	800
4	铰4×ϕ10mm	ϕ10H8机用铰刀	80	1200
5	铣2×ϕ10mm沉孔、粗精加工中间型腔。	ϕ10平底立铣刀	100	800

4. 编制参考加工程序

选择工件中心为工件坐标系X、Y原点，工件的上表面为工件坐标系的$Z=0$面。

1）钻中心孔程序

```
O4271;
N10 G40 G49 G90 G80;
N20 G54;
N30 M03 S1000;
N40 G00 G43 Z100. H01;
N50 G99 G81 X-28. Y28. Z-2. R3. F100.;
N60 X0. Y28.;
N70 X28. Y28.;
N80 X28. Y-28.;
N90 X0. Y-28.;
N100 G98 X-28. Y-28.;
N110 M30;
```

2）钻2×ϕ6mm通孔程序

```
O4272;
N05 T0101;
N10 G40 G49 G90 G80;
N20 G54;
N30 M03 S1000;
N40 G00 G43 Z100. H02;
N50 G99 G81 X0. Y28. Z-25. R3 F100.;
N60 G98 X0. Y-28.;
N70 M30;
```

3）钻4×ϕ10mm通孔程序

```
O4273;
N10 G40 G49 G90 G80;
```

```
N20 G54;
N30 M03 S600;
N40 G00 G43 Z100. H03;
N50 G99 G81 X-28. Y28. Z-25. R3. F100.;
N60 X28. Y28.;
N70 X28. Y-28.;
N80 G98 X-28. Y-28.;
N90 M30;
```

4）铰 4×ϕ10mm 程序

```
O4274;
N10 G40 G49 G90 G80;
N20 G54;
N30 M03 S1200;
N40 G00 G43 Z100 H03;
N50 G99 G85 X-28 Y28 Z-25 R3 F80;
N60 X28 Y28;
N70 X28 Y-28;
N80 G98 X-28 Y-28;
N90 M30;
```

5）铣 2×ϕ10mm 沉孔、粗精加工中间型腔程序

```
O4275;
N10 G40 G49 G90 G80;
N20 G54;
N25 M03 S800;
N30 G00 G43 Z100. H04;
N40 G00 X0. Y28.;
N50 Z3.;
N60 G01 Z-10. F100.;
N70 G00 Z3.;
N80 X0 Y-28.;
N90 G01 Z-10. F100.;
N100 G00 Z3.;
N110 G00 X-15. Y-4.;
N120 G01 Z0.5 F100.;
N130 G01 X15. Z-2.;
N140 G01 X-15. Z-3.5;
N150 G01 X15. Z-4.5;
N160 G01 X-15. Z-5.;
N170 G01 X15. Y-4.;
N180 X15 Y4.;
N190 X-15 Y4.;
N200 X-15 Y-4.;
N210 G01 G41 X-20. Y-15. D04;
N220 G01 X20. Y-15.;
N230 G03 X25. Y-10. R5.;
N240 G01 X25. Y10.;
N250 G03 X20. Y15. R5.;
```

```
N260 G01 X-20. Y15.;
N270 G03 X-25. Y10. R5.;
N280 G01 X-25. Y-10.;
N290 G03 X-20. Y-15. R5.;
N300 G01 G40 X-15. Y-4.;
N310 G00 Z100.;
N320 M30;
```

7.2.2 数控铣床的加工特点和应用场合

1. 数控铣床的加工特点

数控铣床的加工特点如表7-8所示。

表7-8 数控铣床的加工特点

序号	特点	说明
1	能加工形状复杂的零件	数控铣床(加工中心)因能实现多坐标联动,所以容易实现许多普通机床难以完成或无法加工的空间曲线、曲面的加工
2	具有高度柔性	柔性即"灵活""可变",是相对"刚性"而言。使用数控铣床,当加工的零件改变时,只需要重新编写(或修改)数控加工程序即可实现对新的零件的加工,不需要重新设计模具、夹具等工艺装备,对多品种、小批量零件的生产,适应性强,生产周期短
3	加工精度高、质量稳定	数控铣床按照预定的加工程序自动加工工件。加工过程中消除了操作者人为的操作误差,能保证零件加工质量的一致性,而且可以利用反馈系统进行校正及补偿加工精度。因此,可以获得比机床本身精度还要高的加工精度及重复精度
4	自动化程度高、工人劳动强度低	在数控铣床上加工零件时,操作者除了输入程序、装卸工件、对刀、关键工序的中间检测及观察机床运行之外,不需要进行其他复杂的手工操作,劳动强度和紧张程度均大为减轻。此外,机床上一般都具有较好的安全防护、自动排屑、自动冷却等装置,操作者的劳动条件大为改善
5	生产效率高	数控铣床结构刚性好,主轴转速高,可以进行大切削用量的强力切削。此外,机床移动部件的空行程运动速度快,加工时所需的切削时间和辅助时间均比普通机床少,生产率比普通机床一般高2~3倍,尤其是加工形状复杂的零件,生产效率可提高十几倍到几十倍
6	经济效益高	使用数控铣床加工零件时,分摊在每个零件上的设备费用较昂贵,但在单件、小批生产情况下,可以节省许多其他方面的费用,如减少划线、调整、检验时间而直接减少生产费用;节省工艺装备,减少装备费用等而获得良好的经济效益;此外,加工精度稳定,减少了废品率;数控铣床还可实现一机多用,节省厂房、节省建厂投资等
7	有利于生产管理的现代化	用数控铣床加工零件,能准确地计算零件的加工工时,并有效地简化了检验和工装夹具、半成品的管理工作。其加工及操作均使用数字信息与标准代码输入,目前已成为计算机辅助设计、制造及管理一体化的基础

2. 数控铣床的应用场合

数控铣床相对于一般铣床具有许多优点,随着数控技术的发展,数控铣床的应用范围也在不断扩大，但因设备投资费用较高，还不能完全替代普通铣床，它最适用于以下几种情况。

(1) 形状复杂的零件。形状复杂的零件，如凸轮、样板、模具、叶片等，使用普通铣床加工困难，有时甚至无法加工，因此其不论批量大小，都适宜采用数控铣床加工。

(2) 精度高，尺寸一致性要求高的零件。数控铣床通过数控程序控制零件尺寸精度，首件加工合格后，能保证一批零件的尺寸精度，且精度不受人为因素的影响，尺寸一致性好，仅存在刀具磨损带来的误差影响。

(3) 多品种、小批量生产的零件。零件生产批量与加工总费用存在一定关系，当生产批量在 100 件以下、具有一定复杂程度的零件用数控铣床加工时，加工费用最低，能获得较高的经济效益。

(4) 频繁改型的零件。当生产的产品不断更新时，使用数控铣床只需更改相应数控加工程序，从而节省大量的工艺装备，使综合费用降低。

(5) 价值昂贵，不允许报废的关键零件。

(6) 设计制造周期短的急需零件。

用数控铣床替代普通铣床，可提高生产率，减轻劳动者的工作强度，是技术发展不可逆转的方向和趋势。

本章知识点梳理

1. 数控车削加工工艺
   - 数控车床分类
     - 按数控系统分：法那克、西门子、华中、广数控、三菱等系统
     - 按功能分：经济型（功能差、精度低）、普通型（功能和精度中等、应用广）、车削加工中心（功能和精度高、有刀库）
     - 按主轴形式分：卧式数控车床、立式数控车床
   - 切削用量的选择：粗加工时切削用量的选择、精加工和半精加工时切削用量的选择
   - 数控车削加工工艺分析
     - 零件分析
     - 工、量、刃具选择
     - 加工工艺路线的确定
     - 编制数控加工程序
   - 其他：数控车床的加工特点、数控车床的加工范围
2. 数控铣削加工工艺
   - 数控铣床分类
     - 按机床形态分：立式数控铣床、卧式数控铣床、龙门数控铣床
     - 按数控系统分：法那克、西门子、华中、广数控、三菱等系统
   - 切削用量的选择：主轴转速的确定、进给速度的确定、背吃刀量的确定
   - 数控铣削加工工艺分析
     - 零件分析
     - 工、量、刃具选择
     - 加工工艺路线的确定
     - 编制数控加工程序
   - 其他：数控铣床的加工特点、数控铣床的加工范围

习　题

1. 判断题(正确画√,错误画×)

(1) 为了适应数控加工的发展,提高产品质量和效率,应推广使用模块化和标准化刀具。 (　　)

(2) 数控机床不适合于多品种、经常变换的小批量生产。 (　　)

(3) 插补是根据给定的信息,在理想的轮廓(或轨迹)上两个已知点之间,确定一些中间点的一种方法。 (　　)

(4) 对于数控机床,零件的加工尺寸由程序控制,所以数控机床的几何精度对零件的加工精度影响很小。 (　　)

(5) 大批量生产简单零件,适合在数控铣床上加工。 (　　)

(6) 数控车床使用较长时间后,应定期检查机械间隙。 (　　)

(7) 区别于一般数控机床的主要特征是,加工中心设置有刀库和相应的换刀机构。 (　　)

(8) 数控机床为避免运动部件运动时的爬行现象,可以通过减少运动部件的摩擦来实现,如采用滚珠丝杠螺母副、滚动导轨和静压导轨等。 (　　)

(9) 在数控铣床上,铣削脆性材料时,铣刀应该选择较大的前角。 (　　)

(10) 数控铣床适合加工形状复杂、多品种小批量的工件。 (　　)

2. 单项选择题

(1) 伺服系统精度最差的是(　　)。

A. 闭环系统　　B. 开环系统　　C. 半闭环系统　　D. 变频调速系统

(2) 下列规定中(　　)是数控机床的开机安全规定。

A. 按机床启动顺序开机,查看机床是否显示报警信息

B. 机床通电,检查各开关、按钮和键是否正常、灵活,机床有无异常现象

C. 手动回参考点时,注意不要碰撞,并且机床要预热 15min 以上

D. 以上 A、B、C 项都是

(3) 标准的坐标系是一个(　　)坐标系。

A. 绝对坐标系　　B. 球坐标系

C. 极坐标系　　D. 右手笛卡尔坐标系

(4) 当铸、锻毛坯件的加工(　　)过大或很不均匀时,若采用数控加工,则既不经济,又降低了机床的使用寿命。

A. 体积　　B. 公差　　C. 余量　　D. 粗糙度值

(5) 程序编制中首件试切的作用是(　　)。

A. 检查零件图设计的正确性

B. 检验零件工艺方案的正确性

C. 检验程序单的正确性,综合检验所加工的零件是否符合图纸要求

D. 仅检验程序单的正确性

(6)(　　)要求是保证零件表面微观精度的重要要求,也是合理选择数控机床、刀具及确定切削用量的重要依据。

A. 尺寸公差　　B. 热处理　　C. 毛坯精度　　D. 表面粗糙度

(7) 插补运算采用的原理和方法很多,一般归纳为(　　)两大类。

A. 基准脉冲插补和数据采样插补　　B. 逐点比较法和数字积分法

C. 逐点比较法和直线函数法　　D. 基准脉冲和逐点比较法

(8) 数控车床加工生产率高,自动换刀装置的换刀速度快,刀具(　　)高。

A. 设计精度　　B. 安装精度　　C. 定位精度　　D. 运动精度

(9) 编程误差由插补误差、圆整和(　　)误差组成。

A. 一次逼近误差　　B. 对刀　　C. 定位　　D. 回程误差

(10) 为了使机床达到热平衡状态,必须使机床空运转(　　)。

A. 15min 以上　　B. 8min　　C. 2min　　D. 6min

(11) 数控机床要求伺服系统承载能力强、调速范围宽、较高的(　　)、合理的跟踪速度系统的稳定和可靠。

A. 运动速度　　B. 加工质量　　C. 控制精度　　D. 生产效率

(12) 数控机床是由(　　)部分组成。

A. 控制介质、数控装置、伺服系统和机床本体

B. 穿孔纸带、磁盘、计算机和机床本体

C. 显示器、控制面板、控制介质和伺服系统

D. 计算机、PLC、和伺服系统

(13) 数控机床上可用脉冲编码器检测(　　)。

A. 位置　　B. 速度　　C. 角度　　D. 位置和速度

(14) 三轴二联动加工中心是指加工中心的运动坐标数有(　　)个,同时控制的坐标数有(　　)个。

A. 3、3　　B. 2、2　　C. 2、1　　D. 3、2

(15) 数控机床主轴镗刀进行镗削内孔时,床身导轨与主轴不平行,会导致孔出现(　　)误差。

A. 锥度　　B. 圆柱度　　C. 圆度　　D. 直线度

(16) 数控机床精度检验包括机床的(　　)精度检验、定位精度检验和加工精度检验。

A. 几何　　B. 综合　　C. 动态　　D. 以上都不是

(17) 数控精车时,一般应选用(　　)。

A. 较小的吃刀量、较低的主轴转速、较高的进给速度

B. 较小的吃刀量、较低的主轴转速、较低的进给速度

C. 较小吃刀量、较高的主轴转速、较高的进给速度

D. 较小吃刀量、较高的主轴转速、较低的进给速度

(18) 数控车床的刀具中,(　　)是成型车刀。

A. 螺纹车刀　　B. 90°偏刀　　C. 圆弧形车刀　　D. 切断刀

(19) 数控车床中的螺母副是将驱动电动机所输出的(　　)运动转换为刀架在纵、横方向上(　　)运动的运动副。构成螺旋运动副的传动机构的部件一般为滚珠丝杠副。

A. 旋转、旋转　　B. 直线、旋转　　C. 旋转、直线　　D. 直线、直线

(20) (　　)伺服系统的主要特征是,在其系统中有包括位置检测元件在内的测量反馈装置,并与数控装置、伺服电机及机床工作台等形成全部位置随动控制环路。

A. 闭环　　B. 开环　　C. 交流　　D. 直流

(21) 闭环控制系统的反馈装置(　　)。

A. 装在电机轴上　　B. 装在位移传感器上

C. 装在传动丝杠上　　D. 装在机床位移部件上

(22) (　　)是一种功能较齐全的数控加工机床,它把铣削、镗削、钻削和切削螺纹等功能集中在一台设备上。

A. 数控车床　　B. 加工中心　　C. 数控铣床　　D. 数控磨床

(23) 数控机床在无切削载荷作用的情况下,因本身的制造、安装和磨损造成的误差称为机床的(　　)。

A. 物理误差　　B. 动态误差　　C. 静态误差　　D. 调整误差

(24) 数控铣削加工过程中,粗铣时应选择较大的(　　),这样才能提高生产效率。

A. 进给量　　B. 背吃刀量

C. 切削速度　　D. 进给量和切削速度

(25) 轮廓控制系统中,数控机床之所以能加工出形状各异的零件轮廓,主要是因为有(　　)。

A. 计算机　　B. 双轴联动　　C. 编程功能　　D. 插补功能

3. 简答题

(1) 数控车床如何分类?

(2) 目前工厂中常用的数控系统有哪些?

(3) 数控车削用到了哪些工、量、刃具?

(4) 简述半精加工、精加工时切削用量的选择原则。

(5) 数控车床有哪些加工特点?

(6) 数控铣床如何分类?

(7) 数控铣削用到了哪些工、量、刃具?

(8) 数控铣床有哪些加工特点?

(9) 数控铣床用于什么场合?

机械装配工艺基础

第8章
微课视频

学习目标

本章主要介绍装配概述、装配方法和装配工艺规程的制定。

本章重点是装配方法。

通过本章的学习，要求掌握装配图分析；合理选择装配方法；初步掌握制定装配工艺规程。

重点与难点

◇ 装配概述
◇ 装配方法
◇ 装配工艺规程的制定

教学资源

微课视频、实操视频、拓展知识视频、MOOC学习平台。

课程导入　大国重器"神州第一挖"

黑岱沟煤矿是亚洲最大的露天煤矿之一。开采工作需要进行爆破，因此会产生170万立方米的碎石，需要尽快移出采煤区。图8-Ⅰ是我国自主研发的第一台700t超大型液压挖掘机——"神州第一挖"。它拥有相当于近30辆家用小轿车的动力，一斗可以铲起60t物料，接近一节火车皮的容量，最大挖掘高度18.7m，相当于7层楼的高度，一个上午可以完成400次挖装，机器越大，效率越高。此前只有德国、日本、美国等国家能研发制造。"神州第一挖"来自江苏徐州工程机械集团(简称徐工)。

走进徐工，此时厂里生产的是400t挖掘机，工人们正在组装行走系统，引导轮组件插入纵梁的过程一定要保证水平。为避免引导轮与纵梁发生碰撞，引导轮座嵌入纵梁的过程最为重要，四周安装间隙只有5mm，这就像吊在半空中完成穿针引线的高难度动作，不同的是，这根针足有两吨重。引导轮就像挖掘机行走时的导航员，它要与履带板严密配合，保证履带不摇摆、不跑偏，车辆行走平顺，轮子中心与纵梁中心误差必须严格控制在3mm以内。

这种履带式移动设备最大的特点就是自己边走边给自己铺路，轮子走的路是履带板铺好的，这就像一场由上千个零部件组成的行走大合唱，重量越大，配合越要严密。行走时，引导轮要指挥支重轮、驱动轮、托链轮与履带板严密配合，四种轮子与履带之间的关系如孪生兄弟一般行动一致，灵巧应对各种复杂工况。扣上履带板，上下对准，插上销轴，四轮一带组装完成，检测、验收、出厂，徐工在超大型挖掘机设计、制造、组装等一系列环节实现了完全自主，已踏上远征世界的征途。

图 8-Ⅰ　大国重器“神州第一挖”

任何机械产品都是由零件装配而成的。把零件装配成符合要求的机械，该过程不仅与零件的公差(精度)有关，还与零件的基本偏差(公差带的位置)有关。如何处理零件精度和产品精度之间的关系，以及最终达到装配精度要求的方法，这些都是装配工艺所要解决的基本问题。

8.1 概　　述

8.1.1 装配的概念

零件是组成机械的基本单元。为了设计、加工和装配的方便，通常将机器分成若干个独立的装配单元。图 8-1 所示为机器装配工艺系统示意图，在图上可以看出装配单元通常可划分为五个等级，即零件、套件、组件、部件和机器。部件是由若干个零件组成的，是机械上能够完成独立功能、相对独立的部分。在部件中，由若干个零件组成的在结构与装配关系上有一定的独立性的部分，称为组件。在组件中，由一个基础零件装上一个或若干个零件构成的最小装配单元，称为套件。其中，组件与套件的区别在于，组件在以后的装配中可拆卸，而套件在以后的装配中一般不再拆开，通常作为一个整体参加装配。图 8-2(a)所示为由蜗轮和齿轮组成的套件，其中蜗轮为基准零件。图 8-2(b)所示属于组件，其中蜗轮与齿轮为一个先装好的套件，而后以阶梯轴为基准零件，与套件和其他零件组合为组件。

按规定的程序和技术要求，将零件、组件和部件进行配合和连接，使之成为半成品或成品的工艺过程称为装配。在一个基础零件上安装一个或若干零件形成套件的过程称为套件装配(简称套装)；在一个基础零件上安装零件和套件的过程称为组件装配(简称组装)；把零件、套件和组件装配成部件的过程称为部件装配(简称部装)；将零件、套件、组件和部件装配成为最终产品的过程称为总装配(简称总装)。机器质量最终是通过装配保证的，装配质量

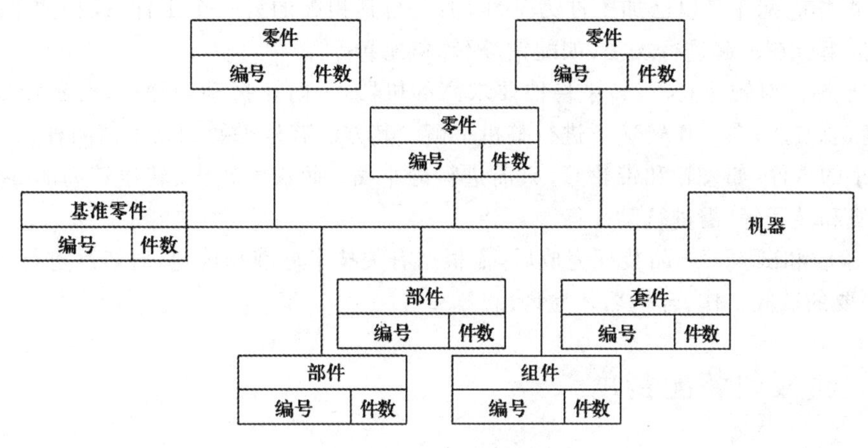

图 8-1　装配工艺系统图

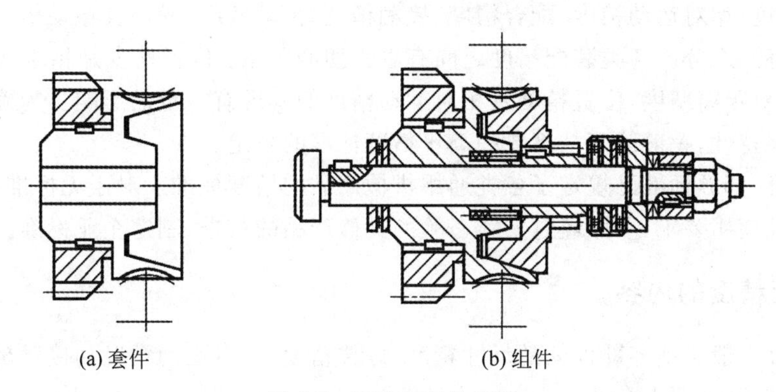
(a) 套件　(b) 组件

图 8-2　套件和组件实例

在很大程度上决定了机器的最终质量。装配工艺过程在机械制造中占有十分重要的地位。

8.1.2　装配工作的一般内容

机械装配是整个机械制造过程中最后一个重要环节。它主要包括装配、检验、试验、喷涂和包装等工作。装配工作的主要内容如下。

(1) 清洗。清洗是使用清洁剂清除产品或工件在制造、储运和运输等环节造成的油污及其他杂质的过程。清洗后的零件通常具有一定的防锈能力。

(2) 连接。装配工作中有大量的连接工作。连接方式有两种：一种为可拆卸连接，如螺纹联接、键联接和销联接等，其中以螺纹联接应用最广；另一种为不可拆卸连接，如焊接、铆接和过盈连接等。过盈连接多用于轴、孔的配合，通常用压入配合法、热胀配合法和冷缩配合法。一般机械常用压入配合法，重要精密机械用热胀和冷缩配合法。

(3) 校正。校正是指在工艺过程中对相关零部件的相互位置进行找正、找平和相应的调整工作。如卧式车床总装时，床身水平和导轨扭曲的校正等。

(4) 调整。调整是指在装配过程中对相关零部件的相互位置进行的具体调整工作。除配合校正工作调整零部件的精度外，还需调整运动副的间隙，以保证其运动精度。

（5）配作。配作是以已加工件为基准，加工与其相配的另一个工件，或将两个（或两个以上）工件组合在一起进行加工，如配钻、配铰和配磨等。

（6）平衡。对转速高、运转平稳性要求高的机器，为防止振动与噪声，对旋转零部件要进行平衡，总装后，在工作转速下进行整机平衡。其方法有静平衡和动平衡两种。一般直径大、长度小的零件（如飞轮和带轮等）只需进行静平衡；而长度较大、转速较高的零件（如曲轴、电动机和转子等）需进行动平衡。

（7）验收和试验。产品装配完成后，需根据有关技术标准和规定，对产品进行较全面的检验和必要的试验工作，合格后才允许出厂。

8.1.3 机械的装配精度

机械的装配精度指装配后实际达到的精度。产品的装配精度一般包括零部件间的距离精度、位置精度、相对运动精度、配合精度、接触精度、传动精度、噪声及振动等。这些精度要求有动态和静态之分。各类装配精度之间有着密切的关系：位置精度是相对运动精度的基础，配合精度对距离精度、位置精度及相对运动精度的实现有一定的影响。为确保产品的可靠性和精度保持性，一般装配精度要稍高于精度标准的规定。

国家标准、部颁标准已规定了各类通用机械产品的精度标准。对于无标准可循的产品，可根据用户的使用要求，参照经过实践考验的类似产品的数据，制定企业标准。

1. 装配精度的内容

装配精度一般包括零部件间的尺寸精度、位置精度、相对运动精度和接触精度等。

1）零部件间的尺寸精度

零部件间的尺寸精度包括配合精度和距离精度。配合精度是指配合面间达到规定的间隙或过盈的要求。例如，轴和孔的配合间隙或配合过盈要求满足一定的配合精度，它影响配合性质和配合质量。距离精度是指零部件间的轴向间隙、轴向距离和轴线距离等。

2）零部件间的位置精度

零部件间的位置精度是指相关零、部件的平行度、垂直度、同轴度和各种跳动等。如台式钻床主轴对工作台台面的垂直度、车床主轴的径向圆跳动等。

3）零部件间的相对运动精度

相对运动精度是指有相对运动的零部件在运动方向和运动位置上的精度。运动方向上的精度包括零部件间相对运动时的直线度、平行度和垂直度等。运动位置精度即传动精度，是指内联系统传动链中，始末两端传动元件间的相对运动（转角）精度，如滚齿机滚刀主轴与工作台的相对运动精度，以及车床车螺纹的主轴与刀架移动的相对运动精度等。

4）零部件间的接触精度

接触精度是指两配合表面、接触表面和连接面间达到规定的接触面积大小与接触点分布情况。它影响接触刚度和配合质量的稳定性。如锥体配合、齿轮啮合和导轨面之间均有接触精度要求。

从以上内容不难看出，各种装配精度之间存在着一定的关系。接触精度和配合精度是距离精度和位置精度的基础，而位置精度又是相对运动精度的基础。

2. 装配精度与零件精度的关系

机械及其部件都是由零件所组成的，装配精度与相关零部件特别是关键零部件的制造误差的累积有关。例如，卧式车床尾座移动对床鞍移动的平行度，主要取决于床身导轨与B的平行度，如图 8-3 所示。又如，车床主轴锥孔轴心线和尾座套筒锥孔轴心线的等高度(A_0)主要取决于主轴箱、尾座及座板的 A_1、A_2 及 A_3 的尺寸精度，如图 8-4 所示。

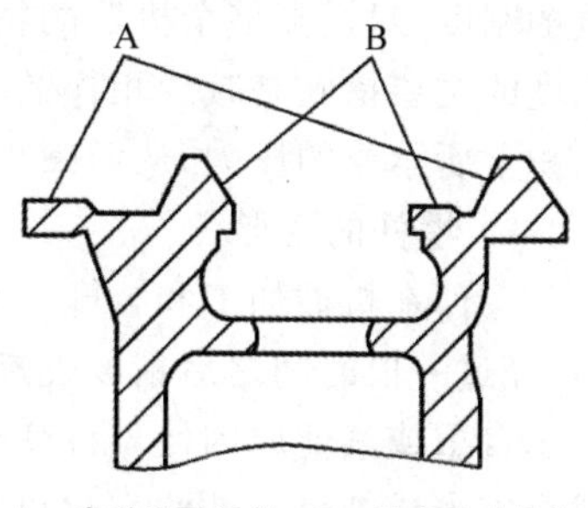

A—床鞍移动导轨；B—尾座移动导轨

图 8-3　床身导轨

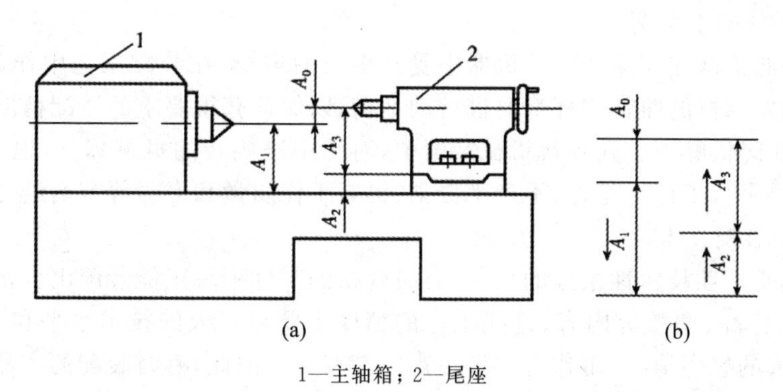

1—主轴箱；2—尾座

图 8-4　主轴箱、主轴中心、尾座套筒中心等高示意图

另外，装配精度又取决于装配方法，在单件小批生产及装配精度要求较高时，装配方法尤为重要。例如，图 8-4 中所示的等高度要求是很高的。如果靠提高尺寸 A_1、A_2 及 A_3 的尺寸精度来保证是不经济的，甚至在技术上也是很困难的。比较合理的办法是在装配中通过检测，对某个零部件进行适当的修配来保证装配精度。

总之，机械的装配精度不但取决于零件的制造精度，而且取决于装配方法。通常可根据生产量、零件的加工难易程度和选定的加工方法，确定相关零件的制造精度，可按经济精度来确定零件的精度要求，使之易于加工；而在装配时，运用装配尺寸链理论，采用一定的工艺措施来保证装配精度。

3. 影响装配精度的因素

1）零件的加工精度

产品的精度最终是在装配时达到的，保证零件加工精度，目的在于保证产品装配精度。一般来说，高精度的零件是获得高精度机器的基础。零件加工精度的一致性对装配精度有很大影响。零件加工精度一致性不好，装配精度就不易保证，同时会增加装配工作量。

2）零件之间的配合要求和接触质量

零件之间的配合间隙量或过盈量取决于相配零件的尺寸及其精度，其决定了配合性质。同时，对零件相配表面的粗糙度应有相应的要求，否则会因接触变形而影响过盈量或间隙量，从而改变实际的配合性质。零件之间的接触质量包括接触面积的大小和位置，它主要影响接触刚度，即接触变形，同时也影响配合性质。

提高配合质量和接触质量是现代机械装配中的一个重要问题。特别是提高配合表面的接触刚度,对提高整个机器的精度、刚度、抗振性和寿命等都有极其重要的作用。提高接触刚度的主要措施是减少相连的零件数,使接触面的数量减少,或者增加接触面积,减少单位面积上所承受的压力,从而减少接触变形。

3) 零件的变形

零件在机械加工和装配过程中,因力、热、内应力等所产生的变形,会使装配合格的机器,经过一段时间之后精度逐渐降低。有些零件在机械加工后是合格的,但由于存放不当,由于自重或其他原因使零件变形;有的装配精度是合格的,但由于机械加工时,零件里层的残余应力或外界条件的变化可能产生内应力而影响装配精度。因此某些精密仪器、精密机床必须在恒温条件下装配,使用时也必须保证恒温。

4) 旋转零件的不平衡

旋转零件的平衡在高速运转的机器中受到极大的重视,在装配工艺中作为必要的工序进行安装。如发动机的曲轴连杆都要进行动平衡,以保证获得要求的装配精度,使机器正常工作,同时还能降低噪声。在现代机械装配中,对于中速旋转的机械部件,也开始重视动平衡问题,这主要是从工作平稳性、不产生振动、提高工作质量和寿命等方面进行考虑的。

5) 工人的装配技术

装配工作是一项技术性很强的工作,有时合格的零件不一定能装配出合格的产品,因为装配工作包括修配、调整等内容,这些工作的精度主要靠工人的技术水平和工作经验来保证,甚至与工人的思想情绪、工作态度等主观因素有关。因此,有时装配的产品不合格,也可能是装配技术造成的。

4. 配合、基本偏差、基轴制和基孔制(知识回顾)

1) 配合

基本尺寸相同的、相互结合的孔和轴(指广义的孔和轴)公差带之间的关系称为配合。根据使用的要求不同,孔和轴之间的配合有松有紧,国家标准规定配合分三类:间隙配合、过盈配合和过渡配合。

(1) 间隙配合

孔和轴配合时,具有间隙(包含最小间隙等于零)的配合,此时孔的公差带在轴的公差带之上,如图 8-5 所示。

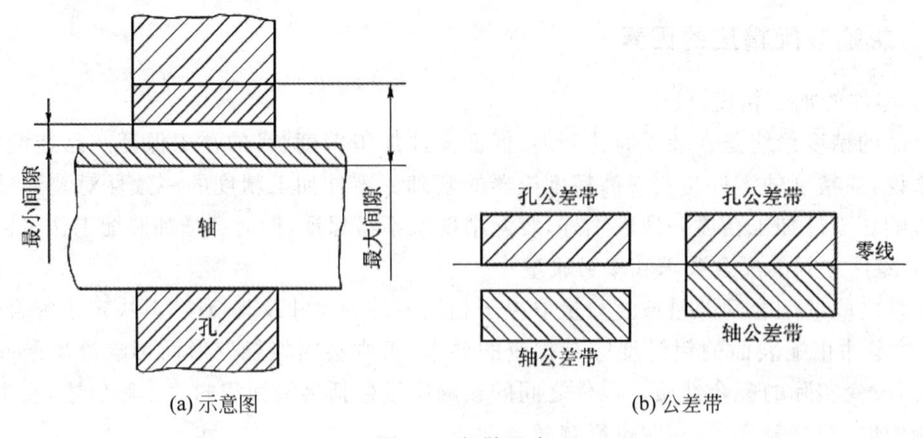

(a) 示意图　(b) 公差带

图 8-5　间隙配合

（2）过盈配合

孔和轴配合时，孔的尺寸减去相配合的轴的尺寸，其代数差为负值为过盈。具有过盈的配合称为过盈配合。此时孔的公差带在轴的公差带之下，如图 8-6 所示。

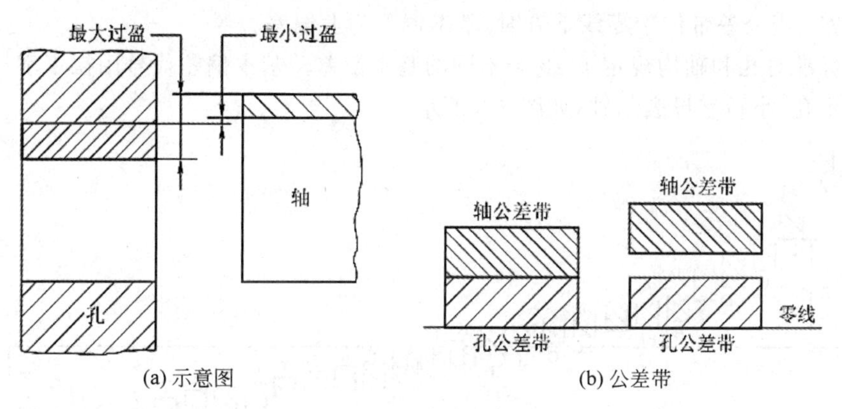

图 8-6　过盈配合

（3）过渡配合

可能具有间隙或过盈的配合为过渡配合。此时孔的公差带与轴的公差带相互交叠，如图 8-7 所示。

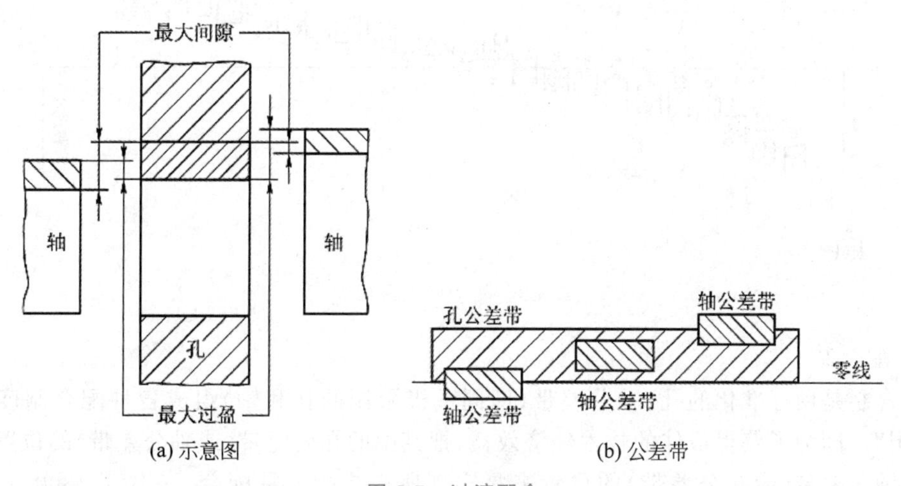

图 8-7　过渡配合

对轴孔配合的使用要求，一般为三种情况：①装配后有相对运动要求的，应选用间隙配合；②装配后需要靠过盈传递载荷的，应选用过盈配合；③装配后有定位精度要求或需要拆卸的，应选用过渡配合或小间隙、小过盈的配合。

2）标准公差与基本偏差

（1）标准公差

标准公差的数值是用基本尺寸和公差等级来决定的，其中公差等级是确定尺寸精度程度的等级。标准公差分为 20 级，即 IT01，IT0，IT1，…，IT18，其尺寸精度程度从 IT01 到 IT18 依次降低。

(2) 基本偏差

基本偏差是国家标准极限与配合制(GB/T 1800.1—2009)中确定公差带相对零线位置的那个极限偏差,即上下两个偏差中靠近零线的偏差。如当公差带位于零线上方时,基本偏差为下偏差;当公差带位于零线下方时,基本偏差为上偏差。

国家标准对孔和轴均规定了 28 个不同的基本偏差。基本偏差代号用拉丁字母表示,大写字母表示孔,小写字母表示轴,如图 8-8 所示。

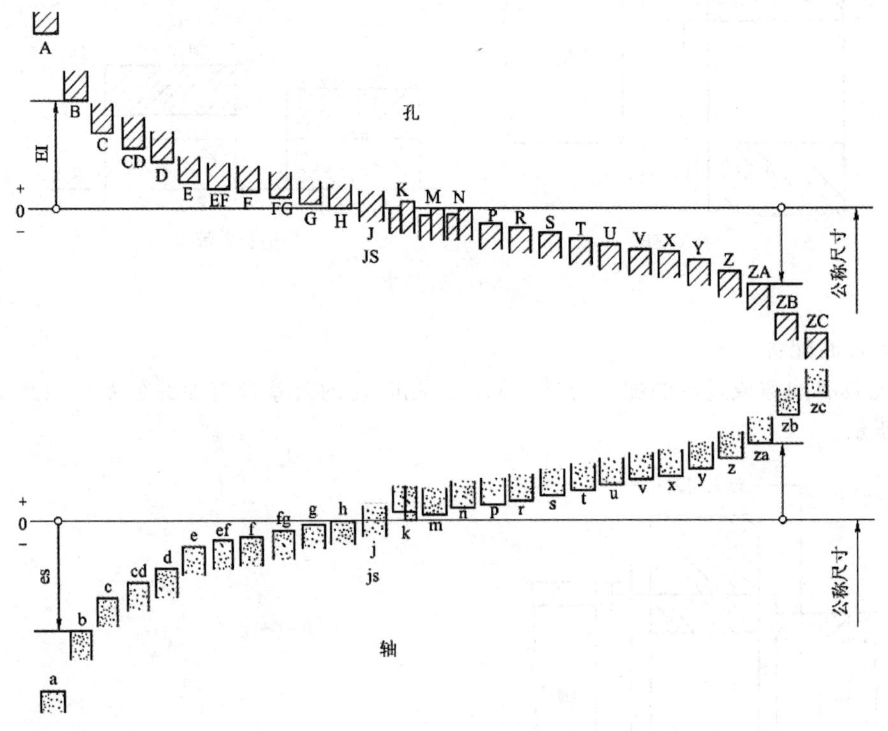

图 8-8 基本偏差系列图

3) 配合制

配合制是用标准化的孔、轴公差带(即同一极限制的孔和轴)组成各种配合制度,也称“基准制”。即为了获得最佳的技术经济效益,把其中的孔公差带(或轴公差带)的位置固定,而改变轴公差带(或孔公差带)的位置来是实现所需要的各种配合。GB/T 1800.1—2009 对配合规定了两种配合制,即基孔制配合和基轴制配合,如图 8-9 所示。

(1) 基孔制

公称尺寸相同的相互配合的孔和轴,将孔的公差带位置固定,通过变换轴的公差带位置而得到的不同配合。

基孔制的孔为基准孔,基本偏差代号为 H,其下偏差(EI)为 0。孔是配合的基准件,而轴是非基准件。孔的基本偏差数值可查阅国标 GB/T 1800.3—1998。

(2) 基轴制

基本偏差为一定的轴的公差带,将轴的公差带位置固定,通过变换孔的公差带位置(即不同基本偏差)而得到的不同配合。

基轴制配合中的轴为基准轴,用基本偏差代号 h 表示,基准轴的上偏差(ES)为 0。

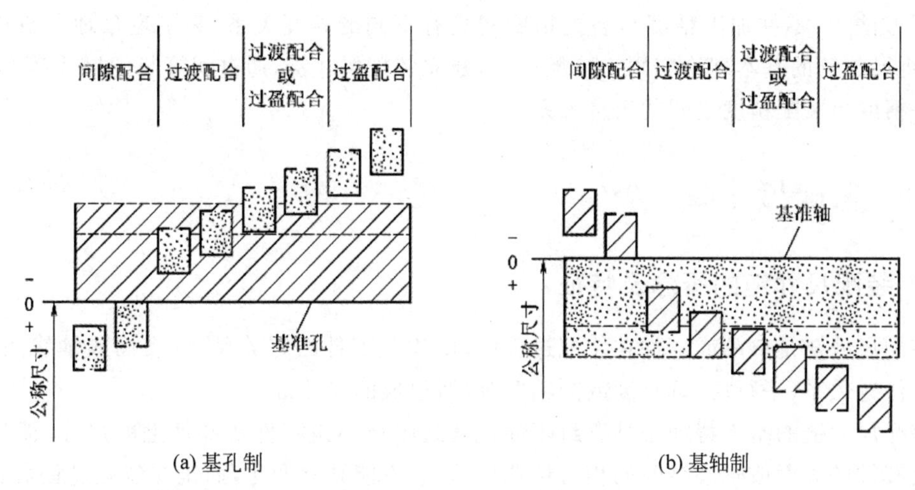

(a) 基孔制　　(b) 基轴制

图 8-9　基准制示意图

基孔制

(3) 基孔制与基轴制的配合关系

基孔制配合与基轴制配合是规定配合系列的基础。按照孔、轴公差带相对位置的不同，基孔制和基轴制都有间隙配合、过渡配合和过盈配合三种配合。

(4) 基孔制与基轴制的选择

① 基孔制的选择

一般应优先选用基孔制。设计时，为了减少定尺寸刀具、量具的规格和种类，便于生产，提高经济性，应优先采用基孔制。

② 基轴制的选择

在可以获得明显经济效益的情况下选择基轴制。如在机械制造中，采用具有一定公差等级的冷拉圆钢，其外径不用切削加工即能满足使用要求时，应采用基轴制，这在技术上、经济上都是合理的。

③ 与标准件配合的基准制选择

基准制的选择依标准件而定。如键(基孔制)、圆柱销(基轴制)及滚动轴承(外圈与孔基轴制，内圈与轴基孔制)均为标准件。

8.2　装配方法

机械的装配首先应当保证装配精度和提高经济效益。装配精度越高，则相关零件的精度要求也越高。这对机械加工很不经济，有时甚至是不可能达到加工要求的。所以，对不同的生产条件，应采取适当的装配方法，在不过高地提高相关零件制造精度的情况下来保证装配精度。当然，随着技术进步及先进装备的更新换代，过去认为难以实现的加工精度已成为历史，装配工艺也应与时俱进。

在长期的装配实践中，人们根据不同的机械、不同的生产类型条件，创造了许多巧妙的装配工艺方法，归纳起来有互换装配法、选配装配法、修配装配法和调整装配法四种。

产品的装配方法必须根据产品的性能要求、生产类型、装配的生产条件来确定。在不同的装配方法中，零件加工精度与装配精度间具有不同的相互关系，为了定量地分析这种关系，常将尺寸链的基本理论应用于装配过程，建立装配尺寸链，通过解算装配尺寸链，最后确定零件精度与装配精度之间的定量关系。

8.2.1 装配尺寸链

1. 装配尺寸链的概念及特征

装配尺寸链是产品或部件在装配过程中，由相关零件的有关尺寸（表面或轴线间距离）或相互位置关系（平行度、垂直度或同轴度等）所组成的尺寸链。

装配尺寸链的基本特征是具有封闭性。其封闭环不是零件或部件上的尺寸，而是不同零件或部件的表面或轴心线间的相对位置尺寸，它不能独立变化，而是在装配过程最后形成的，封闭环即为装配精度，如图 8-4(a)中的 A_0。从封闭环任意一端开始，沿着装配精度要求的位置方向，将与装配精度有关的各零件尺寸依次首尾相连，直到与封闭环另一端相接为止，形成一个封闭形的尺寸图，如图 8-4(b)所示，图中的各个尺寸即是组成环。其各组成环不是在同一个零件上的尺寸，而是与装配精度有关的各零件上的有关尺寸，如图 8-4 中的 A_1、A_2 及 A_3。显然，A_2 和 A_3 是增环，A_1 是减环。

2. 装配尺寸链的分类

按照各环的几何特征和所处的空间位置不同，装配尺寸链大致可分为以下四类。

(1) 直线尺寸链（线性尺寸链）。由长度尺寸组成，各环尺寸相互平行并且处于同一平面内的装配尺寸链。直线尺寸链所涉及的一般为距离尺寸的精度问题，如图 8-4(b)所示。

(2) 角度尺寸链。由角度、平行度、垂直度等组成的装配尺寸链，所涉及的一般为相互位置的角度问题。角度尺寸链常用于分析和计算机械结构中有关零件要素的位置精度，如平面度、垂直度和同轴度等。

(3) 平面尺寸链。由成角度关系布置的长度尺寸及相应的角度尺寸（或角度关系）构成，且各环处于同一平面或彼此平行平面内的装配尺寸链，一般在装配中可以见到。

(4) 空间尺寸链。其是指全部组成环位于几个不平行平面内的尺寸链，一般在装配中较为少见。

装配尺寸链中常见的是前两种。平面尺寸链和空间尺寸链可以用坐标投影法转换为直线尺寸链。本项目重点讨论直线尺寸链。

3. 装配尺寸链的建立

正确建立装配尺寸链是解决装配精度问题的基础。应用装配尺寸链（直线尺寸链）分析和解决装配精度问题，首先要查明和建立尺寸链，即确定封闭环，并以封闭环为依据，查明各组成环，然后确定保证装配精度的工艺方法和进行必要的计算。查明和建立装配尺寸链的步骤如下。

1) 确定封闭环

在装配过程中，要求保证的装配精度就是封闭环。

2）查明组成环，画装配尺寸链图

组成环是对装配精度有直接影响的有关零部件的相关尺寸。因此，查找组成环时，一般从封闭环任意一端开始，沿着装配精度要求的位置方向，将与装配精度有关的各零件尺寸依次首尾相连，直到与封闭环另一端相接为止，形成一个封闭形的尺寸图，图中的各个尺寸即是组成环。

3）判别组成环的性质

画出装配尺寸链图后，按工艺尺寸链中所述的定义判别组成环的性质，即增环、减环。在建立装配尺寸链时，除满足封闭性、相关性原则外，还应符合下列要求。

（1）组成环数最少原则

在装配精度要求一定的条件下，组成环数目越少，分配到各组成环的公差就越大，零件的加工就越容易、越经济。从工艺角度出发，在结构已经确定的情况下，标注零件尺寸时，应使一个零件仅有一个尺寸进入装配尺寸链，即组成环数目等于相关零件数目，一件一环。如图 8-10(a)所示，轴只有 A 一个尺寸进入尺寸链，是正确的。8-10(b)所示的标注法中，轴有 a、b 两个尺寸进入尺寸链，是不正确的。

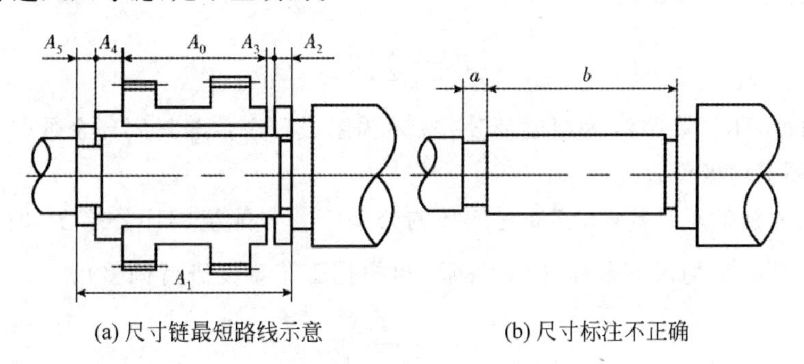

(a) 尺寸链最短路线示意　　(b) 尺寸标注不正确

图 8-10　组成环尺寸的标注法

（2）按封闭环的不同位置和方向，分别建立装配尺寸链

例如，常见的蜗杆副结构，为保证正常啮合，蜗杆副两轴线的距离（啮合间隙）及蜗杆轴线与蜗轮中间平面的对称度均有一定要求，这是两个不同位置方向的装配精度，因此需要在两个不同方向分别建立装配尺寸链。

4. 装配尺寸链的计算

1）计算类型

（1）正计算法。已知组成环的基本尺寸及偏差，代入公式，求出封闭环的基本尺寸及偏差，此方法计算比较简单，不再赘述。

（2）反计算法。已知封闭环的基本尺寸及偏差，求各组成环的基本尺寸及偏差。下面介绍利用“协调环”解算装配尺寸链的基本步骤。

在组成环中，选择一个比较容易加工或在加工中受到限制较少的组成环作为“协调环”，其计算过程是先按经济精度确定其他环的公差及偏差，然后利用公式算出“协调环”的公差及偏差。

（3）中间计算法。已知封闭环及组成环的基本尺寸及偏差，求另一组成环的公称尺寸及偏差，计算也较简便，不再赘述。

无论哪一种情况，其解算方法都有两种：极值法和概率法。

2）计算方法

（1）极值法。用极值法解算装配尺寸链的公式与第5章计算工艺尺寸链相同，可参考。

（2）概率法（或统计法）。极值法的优点是简单可靠，缺点是从极端情况下出发推导的计算公式，比较保守。当封闭环的公差较小，而组成环的数目又较多时，则各组成环分得的公差是很小的，这将使加工困难，制造成本增加。生产实践证明，加工一批零件时，其实际尺寸处于公差中间部分的是多数，而处于极限尺寸的零件是极少数的。而且在一批零件装配中，尤其是对于多环尺寸链的装配，同一部件的各组成环恰好都处于极限尺寸的情况更是少见。因此，在成批、大量生产中，当装配精度要求高且组成环的数目又较多时，应用概率法解算装配尺寸链比较合理。

（3）概率法和极值法所用的计算公式的区别。二者在计算封闭环公差和组成环平均公差上有区别，其他完全相同。

① 极值法的封闭环公差和组成环平均极值公差（见5.2.3小节）

a. 极值法的封闭环公差

$$T_0 = \sum_{i=1}^{n-1} T_{\mathrm{i}}$$

式中：T_0 为封闭环公差；T_{i} 为组成环公差；n 为组成环个数与封闭环个数（1个）之和。

b. 组成环平均极值公差

在进行尺寸链的反计算时，已知封闭环的公差 T_0，分配组成环公差 T_{i} 时，按“等公差”原则计算组成环的平均极值公差 $\overline{T}$（计算后，再根据工艺难度进行调整）。

$$\overline{T} = \frac{T_0}{n-1} \tag{8-1}$$

② 概率法的封闭环公差和各组成环平均统计公差

a. 概率法的封闭环公差

$$T_0 = \sqrt{\sum_{i=1}^{n-1} T_{\mathrm{i}}^2} \tag{8-2}$$

b. 各组成环平均统计公差

当遇到反计算时，可按“等公差”原则先求出各组成环的平均统计公差 T'（计算后，再根据工艺难度进行调整）。

$$T' = \frac{T_0}{\sqrt{n-1}} \tag{8-3}$$

概率法可将组成环的平均公差相对于极值法扩大 $\sqrt{n-1}$ 倍，而且组成环的环数越多，平均公差增大的也越多，从而使零件加工更容易，成本更低。

8.2.2 互换装配法

互换装配法是在装配过程中，零件互换后仍能达到装配精度要求的装配方法。产品采用互换装配法时，装配精度主要取决于零件的加工精度。互换法的实质就是通过控制零件的加工误差来保证产品的装配精度。

根据零件互换程度的不同，互换法又分为完全互换法和大数互换法。

1. 完全互换法

在全部产品中，装配时各组成环不需挑选或改变其大小或位置，装配后即能达到装配精度的要求，这种装配方法称为完全互换法。

该装配方法的特点是：装配质量稳定可靠，对装配工人的技术等级要求较低，装配工作简单、经济、生产率高，便于组织流水装配和自动化装配，又可保证零部件的互换性，便于组织专业化生产和协作生产，容易解决备件供应，因此完全互换装配法是较先进和理想的装配方法。

但是，当封闭环要求较严和组成环数目较多时，会提高零件的精度要求，加工比较难。因此，只要各组成环数量不多、加工技术可行，且经济合理时，应该尽量优先采用完全互换装配法。尤其在成批、大量生产时，更应如此。例如，大批、大量生产汽车拖拉机、缝纫机和自行车等产品时，大多采用完全互换装配法。

采用完全互换装配法时，装配尺寸链采用极值法计算，运用式(8-1)分配组成环公差。然后根据各组成环尺寸的大小和加工的难易程度，对各组成环的公差进行适当调整。在调整中可参照下列原则。

(1) 组成环是标准件尺寸(如轴承环或弹性挡圈的厚度等)时，其公差值及分布在相应标准中已有规定，为既定值。

(2) 组成环是几个尺寸链的公共环时，其公差值及其分布由对其要求最严的尺寸链先行确定，对其余尺寸链而言则该环为已定值。

(3) 尺寸相近、加工方法相同的组成环，可取其公差相等；尺寸大小不同，所用加工方法、加工精度相当的可取其精度相等。

(4) 难加工或难测量的组成环，其公差可取较大数值；易加工、易测量的组成环，其公差取较小值。

(5) 确定好各组成环的公差后，按“入体原则”确定极限偏差，属外尺寸(如轴)的组成环按基轴制(h)决定其极限偏差；属内尺寸(如孔)的组成环按基孔制(H)决定其极限偏差；孔中心距的尺寸极限偏差按对称分布选取。必须指出，如有可能，应使各组成环的公差大小和分布位置符合公差与配合相关国家标准的规定，这样会给生产组织工作带来一定的好处。

显然，当各组成都按上述原则确定其公差时，按公式计算的公差累积值常不符合封闭环的要求。因此，就需选取一个组成环，其公差及其分布需经计算确定，以便与组成环相协调，最后满足封闭环的精度要求，这个事先选定的在尺寸链中起协调作用的组成环称为协调环。一般地，不能选取标准件或公共环作为协调环，因为其公差和极限偏差是已定值。可选易于加工的零件作为协调环，而将难于加工的零件的尺寸公差从宽选取；也可将难以加工的零件作为协调环，而将易于加工的零件的尺寸公差从严选取。

【例 8-1】 图 8-11 为齿轮箱部件，装配后要求轴向蹿动量为 0.2～0.7mm，即 $0_{+0.200}^{+0.700}$mm，已知其他零件的有关基本尺寸 $A_1=122$mm，$A_2=28$mm，$A_3=5$mm，$A_4=140$mm，$A_5=5$mm，试确定各组成环的上下偏差。

解　(1) 画出装配尺寸链，检验各环基本尺寸。由于 A_1、A_2 为增环，A_3、A_4、A_5 为减

环，则封闭环基本尺寸为

$$A_0 = (A_1 + A_2) - (A_3 + A_4 + A_5) = 0$$

可见各环基本尺寸的给定数值正确。

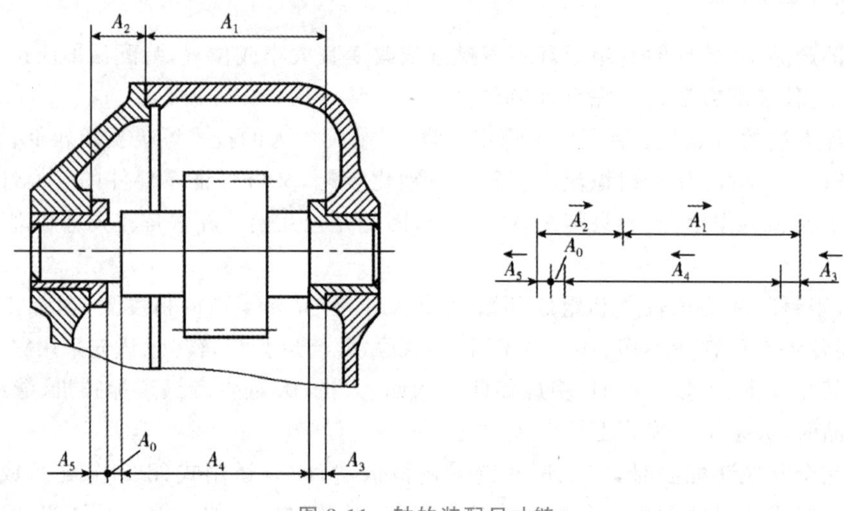

图 8-11 轴的装配尺寸链

(2) 利用极值法确定各组成环的公差大小和极限偏差。在最终确定各 T_i 值之前，可先按“等公差”原则计算分配到各环的平均公差值，根据式(8-1)，有

$$\overline{T} = \frac{T_0}{n-1} = \frac{0.5}{5} = 0.1(\text{mm})$$

由此值可知，零件的制造精度不算太高，是可以加工的，故用完全互换法是可行的。但还应从加工难易和设计要求等方面考虑，调整各组成环公差。这里，A_1、A_2 加工难些，可适当加大公差，而 A_3、A_5 加工方便，则可提高精度(减小公差)。故令 $T_1 = 0.2\text{mm}$，$T_2 = 0.1\text{mm}$，$T_3 = T_5 = 0.05\text{mm}$。按入体原则确定各尺寸极限偏差，则有 $A_1 = 122^{+0.200}_{0}\text{mm}$，$A_2 = 28^{+0.100}_{0}\text{mm}$，$A_3 = A_5 = 5^{0}_{-0.050}\text{mm}$。

(3) 利用极值法确定协调环公差的极限偏差。由于 $A_{4\,\text{EI}}^{\ \ \text{ES}}$ 是特意留下的一个组成环，它的公差大小应在上面分配封闭环公差时，经济合理地统一确定下来。即

$$T_4 = T_0 - (T_1 + T_2 + T_3 + T_5) = 0.10(\text{mm})$$

运用式(5-15)和式(5-16)计算协调环上下偏差：

根据式(5-15)，有 $0.7 = (0.2 + 0.1) - (-0.05 + \text{EI} - 0.05)$，化简得到

$$\text{EI} = -0.300\text{mm}$$

根据式(5-16)，有 $0.2 = (0 + 0) - (0 + \text{ES} + 0)$，化简得到

$$\text{ES} = -0.200\text{mm}$$

所以，协调环 $A_{4\text{EI}}^{\text{ES}} = 140^{-0.200}_{-0.300}\text{mm}$。

(4) 最后进行验算。由于 $T_0 = T_1 + T_2 + T_3 + T_4 + T_5 = 0.20 + 0.10 + 0.05 + 0.10 + 0.05 = 0.50(\text{mm})$，故计算结果符合装配要求。

2. 大数互换法

在绝大多数产品中，装配时各组成环不需要挑选或改变其大小或位置，装入后即能达到

封闭环的公差要求，这种装配方法称为大数互换法或统计互换装配法、不完全互换装配法、部分互换装配法。

大数互换装配法与完全互换装配法相比，其优点是组成环零件公差可以放大些，从而使零件加工容易、成本低，也能达到互换性装配的目的。其缺点是将会有一部分产品的装配精度超差。这就需要采取补救措施或进行经济论证。

采用大数互换装配法时，装配尺寸链采用概率法计算。

【例 8-2】 现仍以图 8-6 为例进行计算，比较各组成环的公差大小。

解 (1) 画出装配尺寸链，校核各环基本尺寸。由于封闭环基本尺寸等于所有增环基本尺寸之和减去所有减环基本尺寸之和，所以封闭环的基本尺寸为 $A_0=0$。

(2) 确定各组成环尺寸的公差大小和极限偏差。由于采用概率法解算，所以 T_0 在最终确定各 T_i 值之前，也按"等公差"计算各环的平均公差值，根据式(8-3)，有

$$T'=\frac{T_0}{\sqrt{n-1}}=\frac{0.5}{\sqrt{5}}=0.22(\text{mm})$$

按加工难易的程度，参照上值调整各组成环公差值分别为 $T_1=0.4\text{mm}$，$T_2=0.2\text{mm}$，$T_3=T_5=0.08\text{mm}$。

为满足式(8-2)的要求，应从协调环公差进行计算，故有

$$0.5^2=0.4^2+0.2^2+0.08^2+T_4^2+0.08^2$$

因此，$T_4=0.192\text{mm}$。

按"入体原则"分配各组成环公差(标注上下偏差)，并计算中间偏差 Δ_i(即上下偏差之和除以 2)。取 $A_1=122^{+0.400}_{0}\text{mm}$，$\Delta_1=0.2\text{mm}$；$A_2=28^{+0.200}_{0}\text{mm}$，$\Delta_2=0.1\text{mm}$；$A_3=A_5=5^{0}_{-0.08}\text{mm}$，$\Delta_3=\Delta_5=-0.04\text{mm}$。

另外，由于封闭环 $A_0=0^{+0.700}_{+0.200}\text{mm}$，则 $\Delta_0=0.45\text{mm}$。

接下来，确定协调环公差的极限偏差。由于

$$\Delta_0=(\Delta_1+\Delta_2)-(\Delta_3+\Delta_4+\Delta_5)$$

于是，容易求得 A_4 的中间偏差 $\Delta_4=-0.07\text{mm}$，这样便可求得 A_4 的极限偏差为

$$\text{ES}_4=\Delta_4+\frac{1}{2}\text{T}_4=0.026(\text{mm})$$

$$\text{EI}_4=\Delta_4-\frac{1}{2}\text{T}_4=-0.166(\text{mm})$$

所以，协调环 A_4 的尺寸和极限偏差为

$$A_4=140^{+0.026}_{-0.166}\text{mm}$$

对比例 8-1 和例 8-2 的计算结果，发现大数互换法扩大了组成环和协调环的公差(大约 $\sqrt{n-1}$ 倍，n 为所有尺寸环数之和)。零件加工容易、成本低、装配过程简单、生产效率高，仅有极少数出现返修。因此，大数互换法更适用于大批量生产中装配精度要求较高且组成环数又多的机器结构。当然，也适用于中小批量的生产，尤其有利于装备制造业中的中小企业，运用大数互换法可以降低备品备件制造及其更换的售后服务成本。

8.2.3 选配装配法

在成批或大量生产条件下，有些部件或产品的装配尺寸链组成环较少而装配精度要求

特别高同时又不便于采用调整装置,若采用互换装配法装配,则组成环的公差将过小,导致加工困难或很不经济,此时可采用选配装配法。选配装配法在装配时组成环按加工经济精度制造,然后选择合适的零件进行装配,以保证规定的装配精度要求。

选配装配法有三种:直接选配法、分组装配法和复合选配法。

1. 直接选配法

由装配工人从许多待装配的零件中凭经验挑选合适的零件,通过试凑进行装配,以保证装配精度的方法,称为直接选配法。其特点如下。

(1) 操作简单,零件不必先分组,装配精度较高。

(2) 装配时凭经验和判断性测量选择零件,挑选零件的时间长,装配时间不易准确控制,不适用于节拍要求较严的大批量生产。

(3) 装配精度在很大程度上取决于工人的技术水平。

2. 分组装配法

在成批或大量生产中,将产品各配合副的零件按实测尺寸大小分组,装配时按对应组进行互换装配以达到装配精度的方法,称为分组装配法。分组装配法在机床装配中用得很少,但在内燃机轴承等大批量生产中有一定应用。

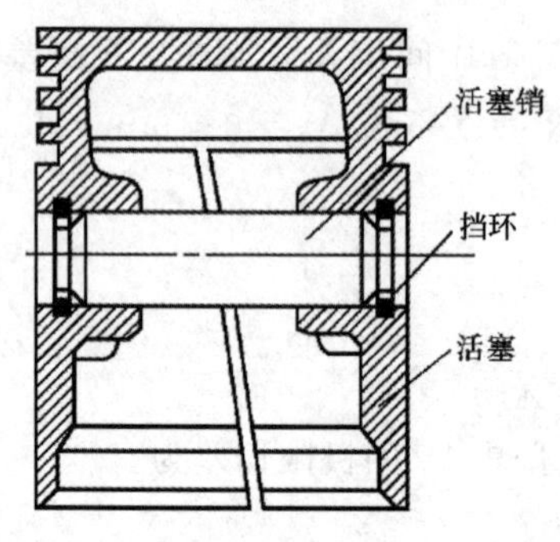

图 8-12 活塞销与活塞销孔装配图

【例 8-3】 如图 8-12 为某发动机内直径为 $\phi 28$mm 的活塞销与活塞孔的装配示意图。要求销子与销孔装配时,有 0.01~0.02mm 的过盈量,试用分组选配法解算该尺寸链并确定各组成环的偏差值。设轴、孔的经济公差为 0.02mm。

解 (1) 先按完全互换法确定各组成环的公差和偏差值。

由已知条件,封闭环 $A_0 = 0_{-0.02}^{-0.01}$mm,计算封闭环公差 δ_Δ 为

$$\delta_\Delta = (-0.01\text{mm}) - (-0.02\text{mm}) = 0.01(\text{mm})$$

根据"等公差原则",取

$$\delta_1 = \delta_2 = 0.005\text{mm}$$

按"入体原则",活塞销的公差带位置应为单向负偏差,即活塞销尺寸为

$$A_1 = 28_{-0.005}^{\ 0}\ \text{mm}$$

根据配合要求可知,活塞销孔尺寸为

$$A_2 = 28_{-0.020}^{-0.015}\ \text{mm}$$

画出活塞销和活塞销孔的尺寸公差带图,如图 8-13(a)所示。

(2) 根据经济公差,可将得出的组成环公差扩大 4 倍,得到 $4\times 0.005\text{mm} = 0.02\text{mm}$ 的经济制造公差。

(3) 按相同方向扩大制造公差,得活塞销尺寸为 $\phi 28_{-0.020}^{\ 0}$mm,活塞销孔尺寸为 $\phi 28_{-0.035}^{-0.015}$mm,如图 8-13(b)所示。

(4) 制造后,按实际加工尺寸分为 4 组,如图 8-13(b)所示。然后按表 8-1 的对应组进

行装配，各组配合公差与允许配合公差相同，因此符合装配要求。

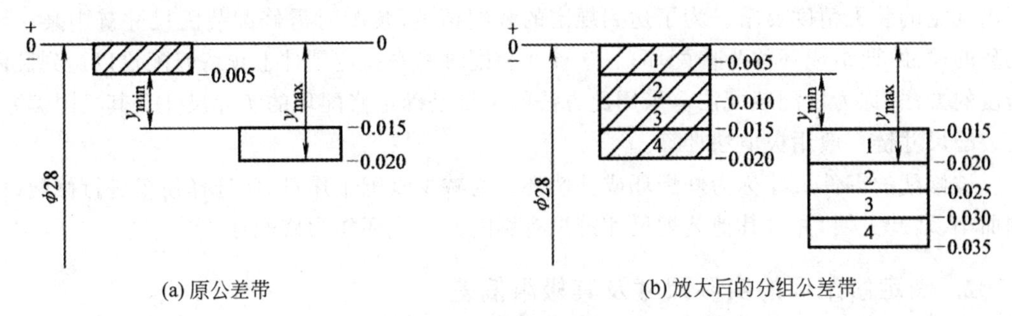

(a) 原公差带　　(b) 放大后的分组公差带

图 8-13　活塞销与活塞销孔的尺寸公差带

表 8-1　活塞销与活塞销孔的分组尺寸

组别	活塞销直径/mm	活塞销孔直径/mm	配合情况	
			最小过盈	最大过盈
1	$\phi 28_{-0.005}^{0}$	$\phi 28_{-0.020}^{-0.015}$	0.010	0.020
2	$\phi 28_{-0.010}^{-0.005}$	$\phi 28_{-0.025}^{-0.020}$		
3	$\phi 28_{-0.015}^{-0.010}$	$\phi 28_{-0.030}^{-0.025}$		
4	$\phi 28_{-0.020}^{-0.015}$	$\phi 28_{-0.035}^{-0.030}$		

采用分组装配法时应注意以下几点。

(1) 为了保证分组后各对应组的配合精度和配合性质符合设计要求，各组配合公差要相等，且公差扩大的方向要一致，扩大的倍数就是分组数。

(2) 零件的分组数不宜多，否则会因零件测量、分组、储存、保管、运输工作量的增大而使生产组织工作变得复杂。

(3) 分组后各对应组内相配合零件的数量要相符，形成配套，否则会出现某些尺寸零件的积压浪费现象。

分组装配法的主要优点：零件的制造精度不高，却可获得很高的装配精度；组内零件可以互换，装配效率高。此方法适用于在大批量生产中装配那些组成环数少而装配精度又要求特别高的机器结构，如滚动轴承的装配等。

3. 复合选配法

复合选配法是直接选配与分组装配的综合装配法。即预先测量分组，装配时再在各对应组内凭工人的经验直接选配。这一方法的特点是配合件公差可以不等，装配质量高、装配效率高，能满足一定的节拍要求。发动机装配、气缸与活塞的装配多采用这种方法。

8.2.4　修配装配法

1. 修配环

在单件、小批生产中，装配那些装配精度要求高、组成环数又多的机器结构时，常用修配法装配。此时,各组成环均按加工经济精度加工,装配时封闭环所产生的累积误差,势必会超出规定的装配精度要求。为了达到规定的装配精度,装配时需修配装配尺寸链中某一组成环的尺寸(此组成环称为修配环)。这种在装配时修去指定零件上预留修配量以达到装配精度的方法,称为修配装配法。采用此方法的关键是确定修配环的实际尺寸及其极限偏差,其装配尺寸链一般用极值法计算。

被修配的零件尺寸称为修配环或补偿环。为减少修配工作量,应选择便于进行修配(修刮面小、装卸方便)并对其他装配尺寸链没有影响的组成环作为修配环。

2. 确定修配环的实际尺寸及其极限偏差

修配环(增环或减环)在修配时对封闭环尺寸变化的影响有以下两种情况。

1)使封闭环尺寸变大

修配环为增环时,若修配使增环尺寸增大,结果会使封闭环尺寸变大;而当修配环为减环时,若修配使减环尺寸减小,结果也会使封闭环尺寸变大,这种情况简称“越修越大”。需注意,放大组成环公差后的实际封闭环最大极限尺寸 $A'_{0\max}$ 应满足设计要求,即

$$A'_{0\max}=A_{0\max}=\sum_{i=1}^{m}A_{i\max}-\sum_{j=m+1}^{n-1}A_{j\min} \tag{8-4}$$

式中:$A_{0\max}$ 为设计要求的封闭环最大极限尺寸;$A_{i\max}$ 为增环最大极限尺寸;$A_{j\min}$ 为减环最小极限尺寸。

2)使封闭环尺寸变小

修配环为增环时,若修配使增环尺寸减小,结果使封闭环尺寸变小;而当修配环为减环时,若修配使减环尺寸增大,结果也会使封闭环尺寸变小,这种情况简称“越修越小”。需注意,放大组成环公差后的实际封闭环最小极限尺寸($A'_{0\min}$)应满足设计要求,即

$$A'_{0\min}=A_{0\min}=\sum_{i=1}^{m}A_{i\min}-\sum_{j=m+1}^{n-1}A_{j\max} \tag{8-5}$$

式中:$A_{0\min}$ 为设计要求的封闭环最小极限尺寸;$A_{i\min}$ 为增环最小极限尺寸;$A_{j\max}$ 为减环最大极限尺寸。

3. 常用的修配装配法

生产中通过修配达到装配精度的方法很多,常见的有以下三种。

1)单件修配法

这种方法是将零件按加工经济精度加工后,装配时将预定的修配环用修配加工的方法改变其尺寸,以保证装配精度。

【例 8-4】 如图 8-4 所示,卧式车床前后顶尖对床身导轨的等高要求为 0.06mm(要求尾座略高),此尺寸链有 3 个组成环,主轴中心至主轴箱底面距离 $A_1=205$mm,尾座的底座板厚度 $A_2=49$mm,尾座顶尖中心至尾座底面距离 $A_3=156$mm。A_1 为减环,A_2、A_3 为增环,试确定修配环的实际尺寸及其极限偏差。

解 (1)若用完全互换法装配,由于封闭环 A_0 为 0~0.06mm,于是 $T_0=0.06$mm,则各组成环平均公差为 $\overline{T}=0.02$mm。这样小的公差将使加工困难,所以一般采用修配法,各组成环仍按经济精度加工。对于主轴孔和尾座套筒孔的加工,根据镗孔的经济加工精度,取

$T_1=0.1$mm，$T_3=0.1$mm；对于尾座的底座板加工，根据半精刨的经济加工精度，取 $T_2=0.15$mm。由于在装配中修刮尾座的底座板的下表面是比较方便的，修配面也不大，所以选尾座的底座板为修配件。

(2) 组成环的公差一般按"单向入体原则"分布，而此例中的 A_1、A_3 是中心距尺寸，故采用"对称原则"分布，即 $A_1=205\pm0.05$mm，$A_3=156\pm0.05$mm。至于 A_2 的公差带位置分布，要通过计算确定。

(3) 本例中，修配尾座的底座板下表面，增环 A_2 尺寸减小，会使封闭环尺寸变小，因此应按式(8-6)求封闭环最小极限尺寸，则有：

$$A_{0\min}=A_{2\min}+A_{3\min}-A_{1\max}$$

因此 $A_{2\min}=49.10$mm。

(4) 因为 $T_2=0.15$mm，所以 $A_2=49^{+0.25}_{+0.10}$mm。

(5) 修配加工是为了补偿组成环累积误差比封闭环公差超出部分的误差，所以最大修配量 $F_{\max}=\sum_{i=1}^{3}T_i-T_0=(0.1+0.15+0.1)-0.06=0.29(\text{mm})$，而最小修配量为 0。考虑到车床总装时，尾座的底座板与床身配合的导轨面还需配刮，故应补充修正，取最小修刮量为 0.05mm，修正后的 A_2 尺寸为 $A_2=49^{+0.30}_{+0.15}$mm，此时最多修配量为 0.34mm。

2) 合并加工修配法

这种方法是将两个或多个零件合并在一起进行加工修配。合并加工所得的尺寸可看作一个组成环，这样减少了组成环的环数，相应减小了累积误差、减少了修配工作量。

【例 8-5】 在例 8-4 的尾座装配时，也可采用合并修配法。

解 一般先把尾座和底座板相配合的平面分别加工好，并配刮横向小导轨，然后将两者装配为一体，以底座板的底面为基准，镗尾座套筒孔，直接控制尾座套筒孔至底板面的尺寸公差，这样组成环 A_2、A_3 合并成一环，仍取公差为 0.1mm，其最大修配量 $F_{\max}=\sum_{i=1}^{3}T_i-T_0=(0.1+0.1)-0.06=0.14(\text{mm})$。修配工作量相应减少了。

合并加工修配法由于零件合并后再加工和装配，所以需要对号入座，给组织装配生产带来很多不便，因此多用于单件小批量生产中。

3) 自身加工修配法

在机床制造中，有些装配精度要求较高，是在总装配时利用机床本身的加工能力，采用"自己加工自己"的方法来保证的，这即是自身加工修配法。

图 8-14 所示的转塔车床，转塔的 6 个安装刀架的大孔和 6 个垂直平面，这些表面在装配前不进行加工，而是采用自身加工修配法。在转塔装配到机床上后，先是经过镗削，依次精镗出转塔上的 6 个孔，然后采用铣削方式，依次精加工出转塔的 6 个平面。这样可准确地保证 6 个大孔中心线与机床主轴轴线的同轴度以及 6 个垂直平面与主轴轴线的垂直度两项精度要求。

修配装配法的主要优点是组成环均可以按加工经济精度制造，却可获得很高的装配精度。不足之处是增加了修配工作量(有时需拆装几次)，生产效率低；装配中零件不能互换，难以组织流水线作业；对装配工人的技术水平要求高。

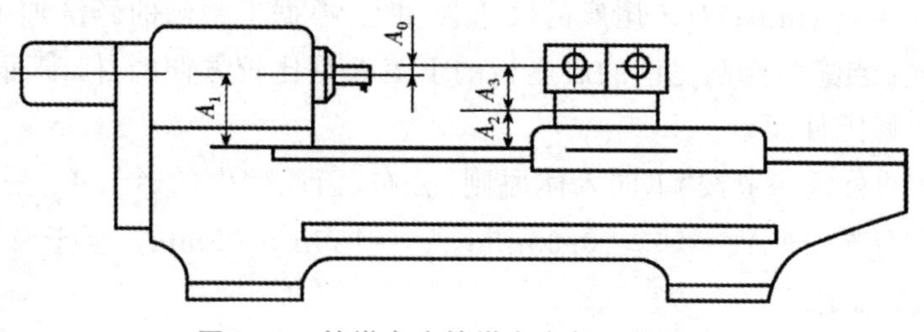

图 8-14　转塔车床转塔自身加工修配法

8.2.5　调整装配法

在成批大量生产中，对于装配精度要求较高而组成环数目较多的尺寸链，也可以采用调整装配法进行装配。所谓调整装配法，就是在装配时通过改变产品中可调零件的位置或更换尺寸合适的可调零件来保证加工精度的方法。调整法与修配法的实质相同，都是按经济精度确定各组成环的公差，并选一个组成环为调整环，通过改变调整环的尺寸来保证装配精度。不同的是调整法是依靠改变调整件的位置或更换调整件来保证装配精度，而修配法则是通过去除材料的方法来保证加工精度。

根据调整方式的不同，调整法可分为可动调整法、固定调整法和误差抵消调整法三种。通过改变调整件位置来保证装配精度的方法称为可动调整装配法（调整位置法）。在装配尺寸链中选择一个零件作为调整件，根据各组成环形成的累积误差的大小来更换不同尺寸的调整件，以保证装配精度要求的方法称为固定调整装配法（更换零件法）。在产品或部件装配时，通过调整有关零件的相互位置，使其加工误差相互抵消一部分，以保证装配精度的方法称为误差抵消装配法。

8.3　装配工艺规程的制定

装配工艺规程是指装配工艺过程的文件固定形式。它是指导装配工作和保证装配质量的技术文件，是制定装配生产计划和进行装配技术准备的主要技术依据，是设计和改造装配车间的基本文件。

8.3.1　制定装配工艺规程的原则

装配是机器制造和修理的最后阶段，是机器质量的最后保证环节。在制定装配工艺规程时应遵循以下原则。

(1) 保证并力求提高产品装配质量，以延长产品的使用寿命。

(2) 合理安排装配工序，尽量减少钳工装配工作量以提高装配生产率。

(3) 尽可能减少装配车间的生产面积，以提高单位面积生产率。

8.3.2 制定装配工艺规程的原始资料

在制定装配工艺规程时,通常应具备以下原始资料。

(1) 机械产品的总装配图、部件装配图以及有关的零件图。

(2) 机械产品装配的技术要求和验收的技术条件。

(3) 产品的生产纲领及生产类型。

(4) 现有生产条件,包括装配设备、车间面积、工人的技术水平等。

8.3.3 制定装配工艺规程的步骤

1. 产品分析

(1) 研究产品的装配图和部件图,审查图样的完整性和正确性。

(2) 明确产品的性能、工作原理和具体结构。

(3) 对产品进行结构工艺性分析,明确各零部件间的装配关系。

(4) 研究产品的装配技术要求和验收标准,以便制定相应措施予以保证。

(5) 进行必要的装配尺寸链的分析与计算。

在产品的分析过程中,如发现问题,应及时提出,并同有关工程技术人员进行协商解决,报主管领导批准后执行。

2. 确定装配组织形式

在装配过程中,因产品结构的特点和生产纲领不同,所采用的装配组织形式也不相同。常见的装配组织形式有固定式装配和移动式装配两种。

(1) 固定式装配是指产品或部件的全部装配工作都安排在某一固定的装配工作地上进行的装配。在装配过程中产品的位置不变,装配所需要的所有零部件都汇集在工作地附近。其特点是对装配工人的技术水平要求较高,占地面积较大,装配生产周期较长,生产率较低。因此,它主要适用于单件小批生产以及装配时不便于或不允许移动的产品的装配,如新产品试制或重型机械的装配等。

(2) 移动式装配是指在装配生产线上,通过连续或间歇式的移动,依次通过各装配工作地,以完成全部装配工作的装配。其特点是装配工序分散,每个装配工作地重复完成固定的装配工序内容,广泛采用专用设备及工具,生产率高,但对装配工人的技术水平要求不高。因此,多用于大批量生产,如汽车、柴油机等的装配。

装配组织形式的选择主要取决于产品结构特点(包括尺寸、重量和装配精度等)和生产类型。

3. 划分装配单元

装配单元的划分就是从工艺的角度出发,将产品划分为若干个可以独立进行装配的组件或部件,以便组织平行装配或流水作业装配。这是设计装配工艺规程中最重要的工作,对于大批量生产中装配那些结构较为复杂的产品尤为重要。

4. 确定装配顺序

在确定各级装配单元的装配顺序时，首先要选定某一零件或比它低一级的装配单元(或组件，或部件)作为装配基准件(装配基准件一般应是产品的基体或主干零件，一般应有较大的体积、重量和足够大的承压面)；然后，以此基准件作为装配的基础，按照装配结构的具体情况，根据“预处理工序先行，先下后上，先内后外，先难后易，先重大后轻小，先精密后一般”的原则，确定其他零件或装配单元的装配顺序；最后用装配工艺系统图或装配工艺卡的形式表示出来。图 8-15 所示为一车床床身部件图，图 8-16 为该车床床身部件的装配工艺系统图。装配工艺卡的形式可见表 8-2 中的减速器总装配工艺卡。

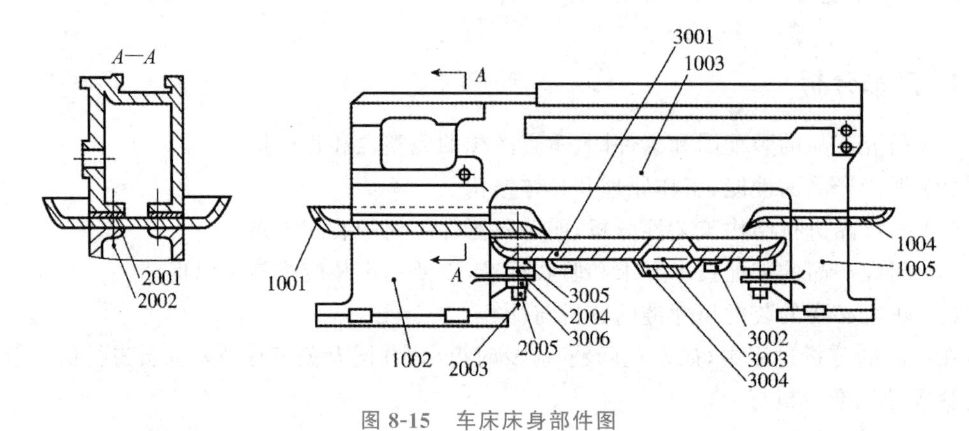

图 8-15　车床床身部件图

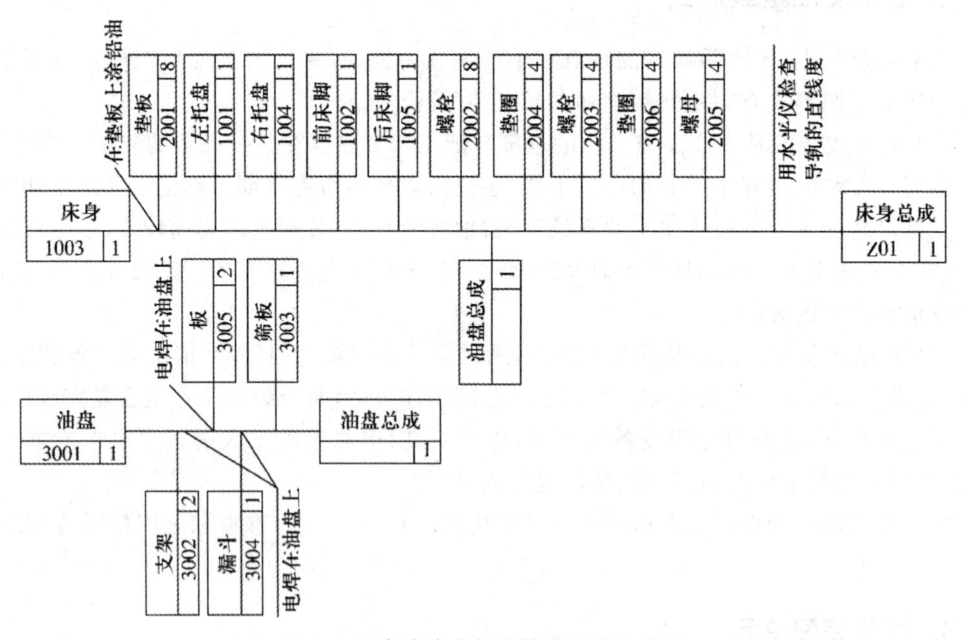

图 8-16　车床床身部件装配工艺系统图

5. 划分装配工序，进行工序设计

根据装配的组织形式和生产类型，将装配工艺过程划分为若干个装配工序。其主要任务如下。

(1) 划分装配工序，确定各装配工序的内容。

(2) 确定各工序所需要的设备及工具，如需专用夹具和设备，必须提出设计任务书。

(3) 制定各工序的装配操作规范，如过盈配合的压入力、装配温度、拧紧紧固件的额定扭矩等。

(4) 规定装配质量要求与检验方法。

(5) 确定时间定额，平衡各工序的装配节拍。

(6) 填写装配工艺文件。

在单件小批生产时，通常不制定装配工艺文件，仅绘制装配系统图即可。成批生产时，应根据装配系统图分别制定出总装和部装的装配工艺过程卡，关键工序还需要制定装配工序卡。大批量生产时，每一个工序都要制定出装配工序卡，详细说明该工序的装配内容，用来直接指导装配工人进行操作。

(7) 制定产品的试验验收规范。产品装配后，应按产品的要求和验收标准进行试验验收。因此，还应制定出试验验收规范。其中，包括试验验收的项目、质量标准方法、环境要求、试验验收所需的工艺装备、质量问题的分析方法和处理措施等。

8.4　实践项目——减速器装配实例

8.4.1　减速器装配

图 8-17 所示为蜗轮与圆锥齿轮减速器装配简图，它具有结构紧凑、工作平稳、噪声小、传动比大等特点。减速器的运动由联轴器输入经蜗杆传给蜗轮，再借助于蜗轮轴上的平键将运动传给圆锥齿轮副，最后由安装在圆锥齿轮轴上的圆柱齿轮输出。

1. 减速器装配的技术要求

(1) 按照减速器的装配技术要求，必须将零件和组件正确地安装在规定的位置上，不得装入图样中没有的其他任何零件(如垫圈、衬套)。

(2) 固定联接件必须将零件或组件牢固地联接在一起。

(3) 各轴线之间应有正确的相对位置，且轴承间隙合适，旋转机构能灵活地转动。

(4) 各运动副应有良好的润滑，且不得有润滑油渗漏现象。

(5) 啮合零件(如蜗轮副、齿轮副)必须符合图样规定的技术要求。

2. 减速器的装配工艺过程

(1) 零件的清洗、整形及补充加工(如配钻、配铰等)。

(2) 减速器的预装配，即将相配合的零件先进行试装配。

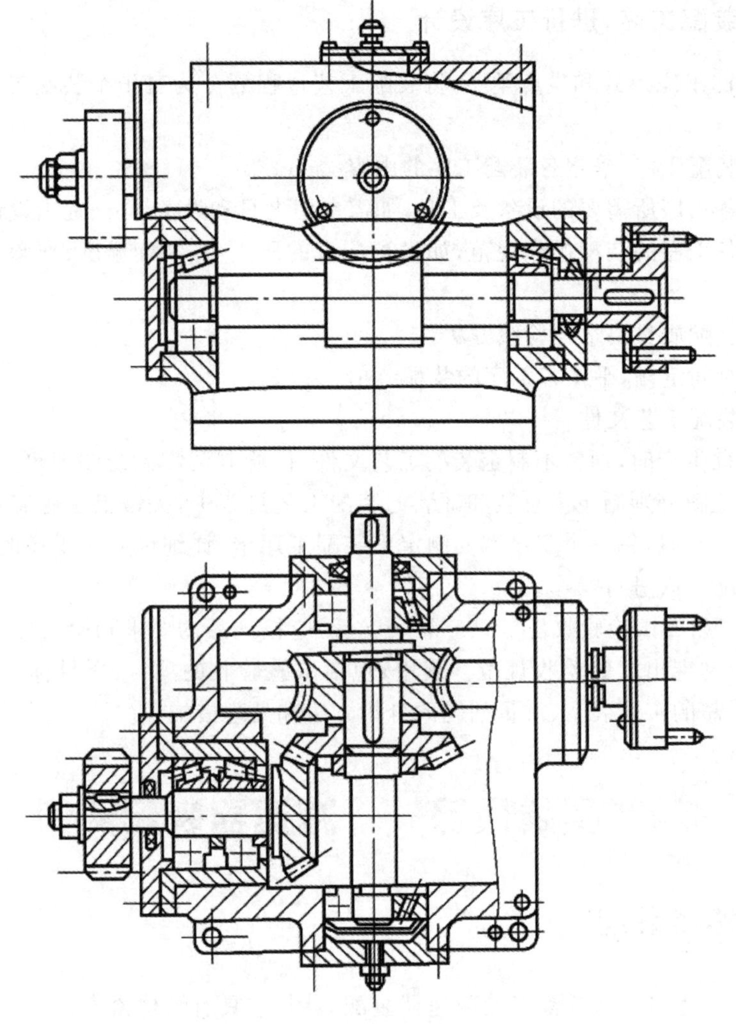

图 8-17 减速器装配简图

（3）组件的装配。

（4）总装配及调试。

3. 减速器装配工艺规程

1）蜗轮与锥齿轮减速器装配

按其装配工艺过程执行(见表 8-2)，装配要求符合机器的常规技术要求。

表 8-2 减速器总装配工艺卡

减速器总装配图 （图 8-17）	装配技术要求： 1. 零、组件必须正确安装，不得装入图样未规定的垫圈等其他零件 2. 固定联接件必须保证将零、组件紧固在一起 3. 旋转机构必须转动灵活，轴承间隙合适 4. 啮合零件的啮合必须符合图样要求 5. 各零件轴线之间应有正确的相对关系

续表

<table>
<tr><td colspan="2" rowspan="2">工厂</td><td colspan="2" rowspan="2"></td><td>产品型号</td><td>部件名称</td><td colspan="3">装配图号</td></tr>
<tr><td></td><td>轴承套</td><td colspan="3"></td></tr>
<tr><td colspan="2">车间名称</td><td>工段</td><td>班组</td><td>工序数量</td><td>部件数</td><td colspan="3">净重</td></tr>
<tr><td colspan="2">装配车间</td><td></td><td></td><td>5</td><td>1</td><td colspan="3"></td></tr>
<tr><td rowspan="2">工序</td><td rowspan="2">工步</td><td colspan="2" rowspan="2">装 配 内 容</td><td rowspan="2">设备</td><td>工艺装备</td><td colspan="2">工人等级</td><td>工序</td></tr>
<tr><td>名称</td><td>编号</td><td></td><td>时间</td></tr>
<tr><td rowspan="5">Ⅰ</td><td>1</td><td colspan="2">将蜗杆组件装入箱体</td><td rowspan="5"></td><td rowspan="5"></td><td rowspan="5"></td><td rowspan="5"></td><td rowspan="5"></td></tr>
<tr><td>2</td><td colspan="2">用专用量具分别检查箱体和轴承外尺寸</td></tr>
<tr><td>3</td><td colspan="2">从箱体孔两端装入轴承外圈</td></tr>
<tr><td>4</td><td colspan="2">装上右端轴承盖组件，并用螺钉拧紧，轻敲杆轴，使右端轴承消除间隙</td></tr>
<tr><td>5</td><td colspan="2">装入调整垫和左轴承盖，并用百分表量间隙，确定垫圈厚度，然后将上述零件装入，用螺钉拧紧。保证蜗杆轴向间隙为 0.01～0.02mm</td></tr>
<tr><td rowspan="7">Ⅱ</td><td>1</td><td colspan="2">试装</td><td rowspan="7">压力机</td><td rowspan="7"></td><td rowspan="7"></td><td rowspan="7"></td><td rowspan="7"></td></tr>
<tr><td>2</td><td colspan="2">用专用量具测量轴承、轴等相配零件的外圆及孔尺寸</td></tr>
<tr><td>3</td><td colspan="2">将轴承装入蜗轮轴两端</td></tr>
<tr><td>4</td><td colspan="2">将蜗轮轴通过箱体孔，装上蜗轮、锥齿轮，轴承外圈、轴承套、轴承盖组件</td></tr>
<tr><td>5</td><td colspan="2">移动蜗轮轴、调整蜗杆与蜗轮正确的啮合位置，测量轴承端面至孔端面距离，并调整轴承盖轴肩尺寸</td></tr>
<tr><td>6</td><td colspan="2">装上蜗轮轴两端轴承盖，并用螺钉拧紧</td></tr>
<tr><td>7</td><td colspan="2">装入轴承套组件，调整两锥齿轮正确的啮合位置(使齿背齐平)，分别测量轴承套肩面与孔端面的距离以及锥齿轮端面与蜗轮端面的距离，并调整好垫圈尺寸，然后卸下各零件</td></tr>
<tr><td rowspan="3">Ⅲ</td><td>1</td><td colspan="2">最后装配</td><td rowspan="3">压力机</td><td></td><td></td><td></td><td></td></tr>
<tr><td>2</td><td colspan="2">从大轴孔方向装入蜗轮轴，同时依次将键、蜗轮、垫圈、锥齿轮、带齿垫圈和圆螺母装在轴上。然后在箱体轴承孔两端分别装入滚动轴承及轴承盖，用螺钉拧紧并调整好间隙。装好后，用手转动蜗杆时，应灵活无阻滞现象</td><td></td><td></td><td></td><td></td></tr>
<tr><td>3</td><td colspan="2">将轴承套组件与调整垫圈一起装入箱体，并用螺钉紧固</td><td></td><td></td><td></td><td></td></tr>
<tr><td>Ⅳ</td><td></td><td colspan="2">安装联轴器及箱盖零件</td><td></td><td></td><td></td><td></td><td></td></tr>
</table>

续表

工序	工步	装 配 内 容				设备	工艺装备	工人等级		工序
							名称	编号		时间
V		运转试验：清理内腔，注入润滑油，连上电动机，接上电源，进行空转试车。运转30min左右后，要求传动系统噪声及轴承温度不超过规定要求并符合其他各项技术要求								
										共 张
编号		日期	签章	编号	日期	编制	移交	批准		第 张

2）减速器装配质量的检验

装配质量的综合检查可采用涂色法。一般是将红丹粉涂在蜗杆的螺旋面和齿轮齿面上。转动蜗杆，根据蜗轮、齿轮面的接触斑点来判断啮合情况。

（1）检验普通圆柱蜗杆蜗轮副的啮合质量。对于这种传动的装配，不仅要保证规定的接触精度，而且要保证较小的啮合侧隙（一般为0.06～0.03mm）。

① 侧隙大小的检查。通常将百分表测头沿蜗轮齿圈切向接触于蜗轮齿面与工作台相应的凸面，固定蜗杆（有自锁能力的蜗杆不需固定），摇摆工作台（或蜗轮），百分表的读数差即为侧隙的大小。

② 接触斑点的检验。蜗轮齿面上的接触斑点应在中部稍偏蜗杆旋出方向，蜗杆与蜗轮达到正常接触时，轻负荷时接触斑点长度约为齿宽的25%～50%，全负荷时接触斑点长度最好能达到齿宽的90%以上。不符合要求时，可适当调节蜗杆座径向位置。

（2）锥齿轮传动装置的检验项目。

① 检验锥齿轮传动装置轴线相交的正确性。在锥齿轮传动装置中，两个啮合的锥齿轮的锥顶必须重合于一点。因此，必须用专门装置来检验锥齿轮传动装置轴线相交的正确性。图8-18中的两根塞杆的末端先沿轴线各切去一半，然后将两根塞杆分别插入安装锥齿轮轴的两孔中，用塞尺测出切开平面间的距离 a，即为相交轴线的误差。

② 检验锥齿轮轴线之间角度的准确性。此准确性是用经校准的塞杆及专门的样板来校验的（图8-19）。将样板放入外壳安装锥齿轮轴的孔中，将塞杆放入另一个孔中，如果两孔的轴线不成直角，则样板中的一个短脚与塞杆之间存在间隙，这个间隙可用塞尺测得。

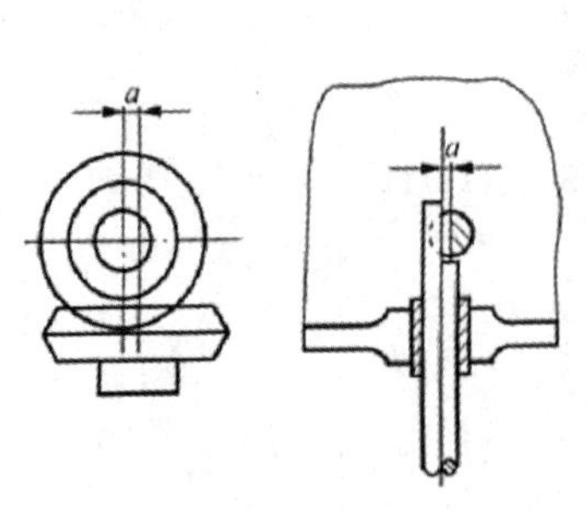

图8-18 锥齿轮传动装置轴线相交的正确性检验

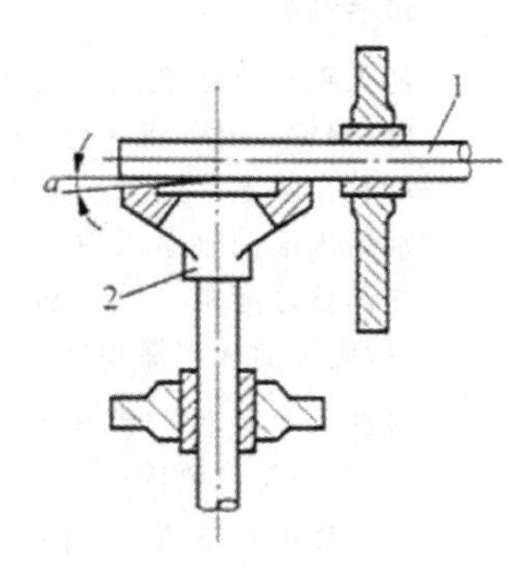

图8-19 锥齿轮轴线交角的检验

8.4.2　装配工作法

1. 可拆连接的装配

可拆连接包括螺纹联接、键联接、花键联接和圆锥面联接，其中螺纹联接应用最广。

1）螺纹联接的装配技术要求

装配中广泛地应用螺栓、螺钉（或螺柱）与螺母来联接零部件（图 8-20），具有装拆、更换方便、易于多次装拆等优点。螺纹联接的装配质量主要包括螺栓和螺母正确地旋紧，螺栓和螺钉在联接中不应有歪斜和弯曲的情况，锁紧装置可靠，被连接件应均匀受压，互相紧密贴合，联接牢固。螺纹联接应做到用手能自由旋入，拧得过紧将会降低螺母的使用寿命和在螺栓中产生过大的应力，拧得过松则受力后螺纹会断裂。为使螺纹联接在长期工作条件下能保证结合零件的稳固，必须给予一定的拧紧力矩，使螺纹副产生足够的预紧力。

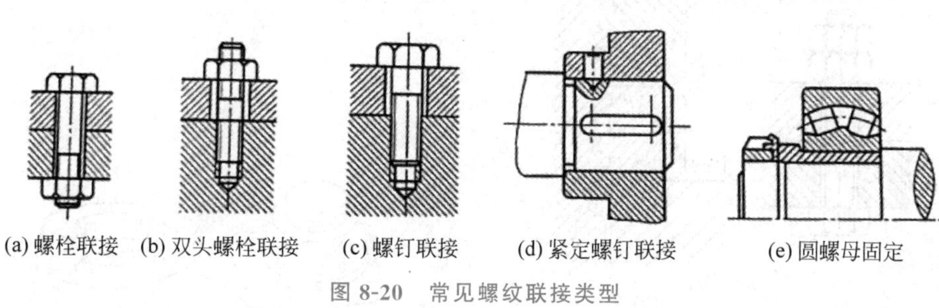

图 8-20　常见螺纹联接类型

（1）保证螺纹联接预紧力的方法

① 控制转矩法

用测力扳手使预紧力达到给定值。图 8-21 所示为控制拧紧力矩的指针式扭力扳手。在弹性扳手柄 3 的一端装有手柄 6，另一端装有带方头的柱体 2。方头上套装一个可更换的梅花套筒（可用于拧紧螺钉或螺母）。柱体 2 上还装有一个长指针 4，刻度盘固定在柄座上。工作时，由于扳手柄和刻度盘一起向旋转的方向弯曲，因此指针就可在刻度盘上指示出拧紧力矩的大小。

② 控制螺栓伸长法

这是一种通过控制螺栓伸长量来控制预紧力的方法。如图 8-22 所示，螺母拧紧前，长度为 L_1，按预紧力要求拧紧后，螺栓的长度变为 L_2。通过测量 L_1 和 L_2 便可确定拧紧力矩是否符合要求。

③ 控制螺母扭角法

通过控制螺母拧紧时应转过的角度来控制预紧力的方法。其原理和测量螺栓伸长法相同，即在螺母拧紧消除间隙后，测得转角 φ_1，再拧紧一个转角 φ_2，通过测量 φ_1 和 φ_2 来确定预紧力。

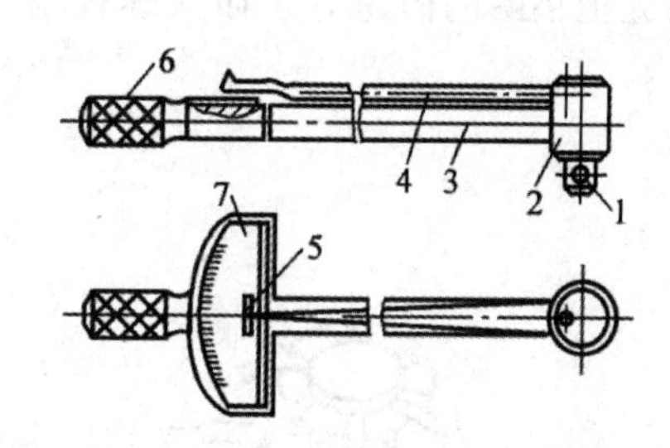

1—钢球；2—柱体；3—弹性扳手柄；4—长指针；5—指针尖；6—手柄；7—刻度盘

图 8-21　指针式扭力扳手

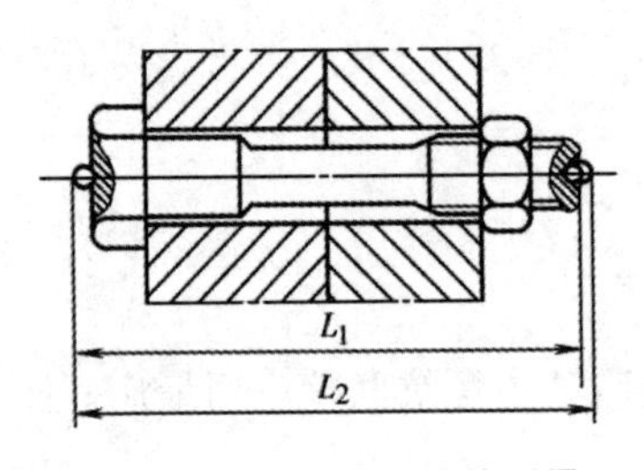

图 8-22　螺栓伸长量的测量

(2) 有可靠的防松装置

① 附加摩擦力防松装置

a. 锁紧螺母(双螺母)防松。如图 8-23 所示,使用时先将主螺母拧紧到预定位置,然后拧紧副螺母,造成在主、副螺母之间的这段螺杆受拉伸长,使主、副螺母分别与螺杆牙型的两个侧面接触,从而产生正压力及摩擦力。当螺杆再受到某个方向的突加载荷,导致主螺母里侧摩擦力减小时,副螺母与主螺母之间能始终保持足够的摩擦力。由于增加了结构尺寸和重量,一般用于低速重载或较平稳的场合。

b. 弹簧垫圈防松。弹簧垫圈防松装置如图 8-24 所示,其结构简单,防松可靠,一般应用在不经常装拆的场合。

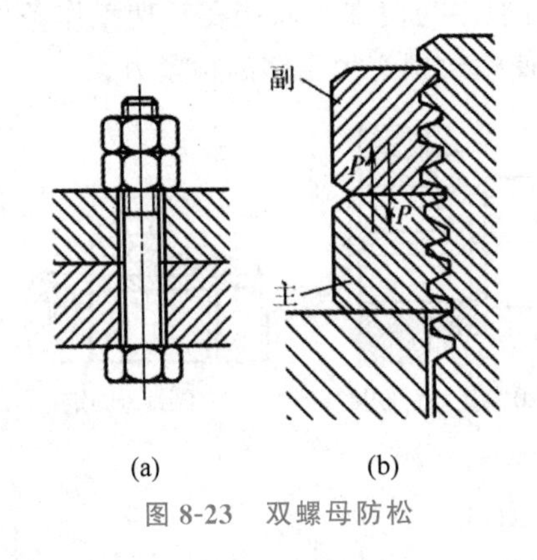

图 8-23　双螺母防松

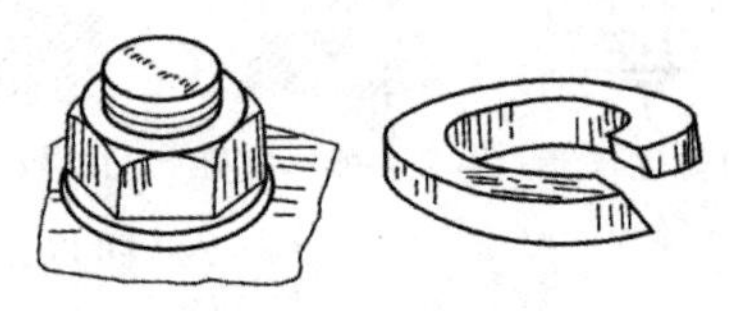

图 8-24　弹簧垫圈防松

② 机械方法防松的装置

a. 开口销与带槽螺母防松。如图 8-25 所示,开口销横穿过螺母外侧螺杆,直接把螺母锁在螺杆上。由于螺杆上销孔位置不易与螺母最佳缩紧位置吻合,故多用于变载和振动处。

b. 止动垫圈防松。如图 8-26 所示为圆螺母止动垫圈防松装置。装配圆螺母止动垫圈时,先把垫圈的内翅对正插入螺杆槽中,然后拧紧螺母后,再把外翅折弯卡入螺母的外缺口内。

图 8-25　开口销与带槽螺母防松

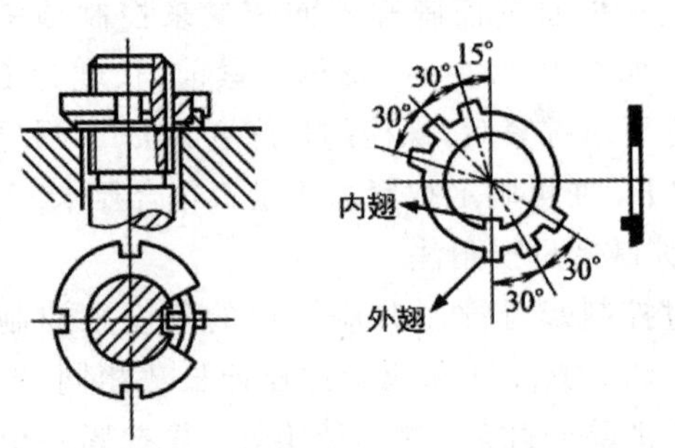

图 8-26　圆螺母止动垫圈防松

图 8-27 所示为六角螺母止动垫圈防松装置。当拧紧螺母后，将带耳止动垫圈的耳边弯折，并与螺母贴紧，防松可靠，但只能用于联接部分可容纳弯耳的场合。

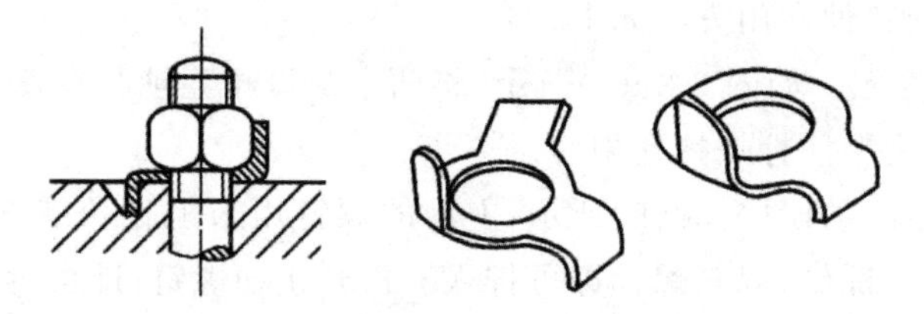

图 8-27　六角螺母止动垫圈防松

c. 串联钢丝防松。如图 8-28(a)所示，用钢丝连续穿过一组螺钉头部的径向小孔(或螺母，或螺栓的径向小孔)，以钢丝的牵制作用来防止回松。图 8-28(b)所示虚线的钢丝穿绕方向是错误的，螺钉仍有回松的余地。

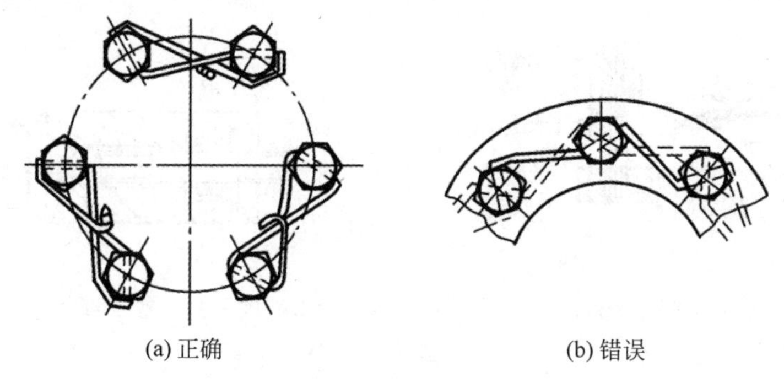

(a) 正确　　(b) 错误

图 8-28　串联钢丝防松

③ 其他螺纹防松装置

a. 点铆法防松。

b. 粘接法防松。

c. 钎焊法防松。

(3) 保证螺纹联接的配合精度

螺纹联接的配合精度由螺纹公差带和旋合长度两个因素确定，分为精密、中等和粗糙三种，如图 8-29 所示。

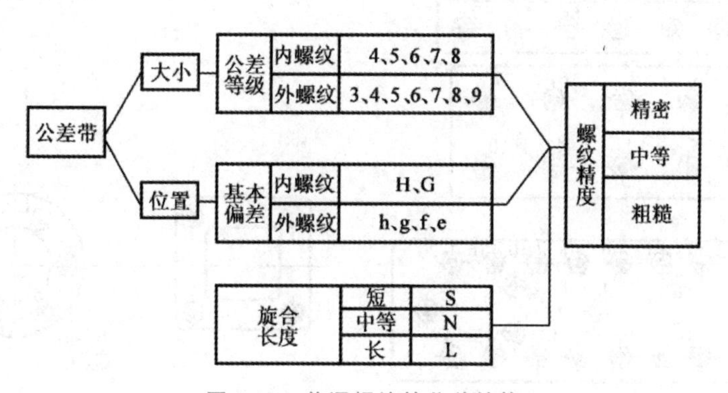

图 8-29　普通螺纹的公差结构

(4) 螺纹联接装配工艺

① 双头螺柱的装配要点

拧入双头螺柱的三种常用方法如下。

a. 用两个螺母拧入。如图 8-30(a)所示,将两个螺母相互锁紧在双头螺柱上,然后扳动上面一个螺母,把双头螺柱拧入螺孔中。

b. 用长螺母拧入。如图 8-30(b)所示,上面的螺钉用来阻止长螺母与双头螺柱之间的相对转动,然后扳动长螺母,双头螺柱即可拧入。松开止动螺钉,即可拆掉长螺母。

c. 用专用工具拧入。图 8-31 所示为双头螺柱拧入的专用工具。三个滚柱放在工具体空腔内,由限位套筒 4 确定其周向和轴向位置。限位套筒由凹槽挡圈固定,滚柱的松开和夹紧由工具体内腔曲线控制。滚柱应夹在螺柱的光杆部分,按图 8-31 所示箭头方向转动工具体即可拧入双头螺柱,反之则可松开螺柱。拆卸双头螺柱的工具,其凹槽曲线方向应和拧入工具的曲线方向相反。

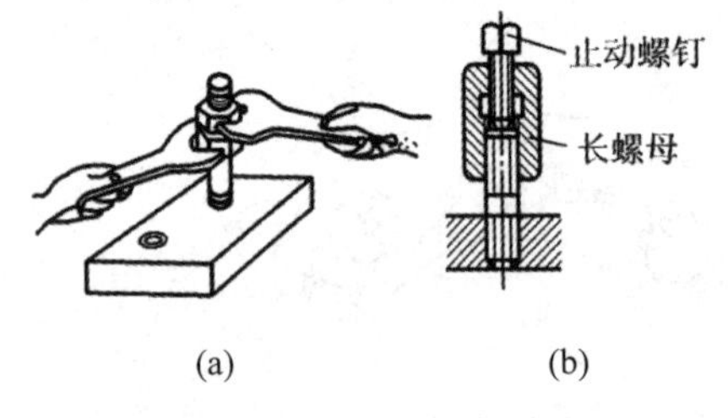

图 8-30 拧入双头螺柱的方法

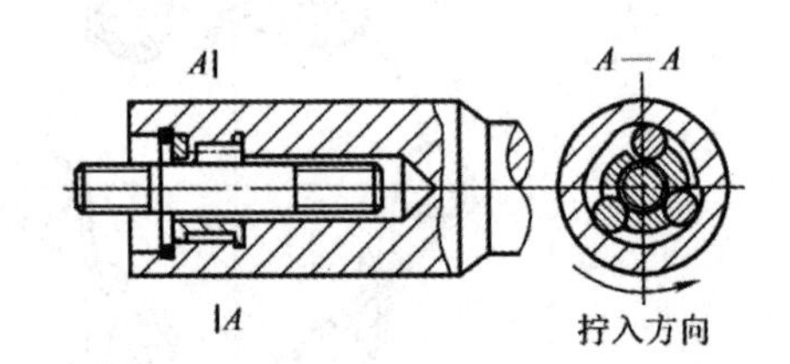

图 8-31 双头螺柱拧入专用工具

② 螺母与螺钉的装配要点

a. 螺杆应不产生弯曲变形,螺钉头部、螺母底面应与联接件接触良好。

b. 被联接件应均匀受压,互相紧密贴合,联接牢固。

c. 成组螺栓或螺母拧紧时,应根据被联接件形状和螺栓的分布情况,按一定的顺序逐次(一般为 2~3 次)拧紧螺母,如图 8-32 所示。在拧紧长方形布置的成组螺母时(图 8-32(a)),应从中间开始,逐渐向两边对称地进行;在拧紧圆形或方形布置的成组螺母时(图 8-32(b)),必须对称进行(如有定位销,应从靠近定位销的螺栓开始),以防止零件或螺栓产生松紧不一致,甚至变形。

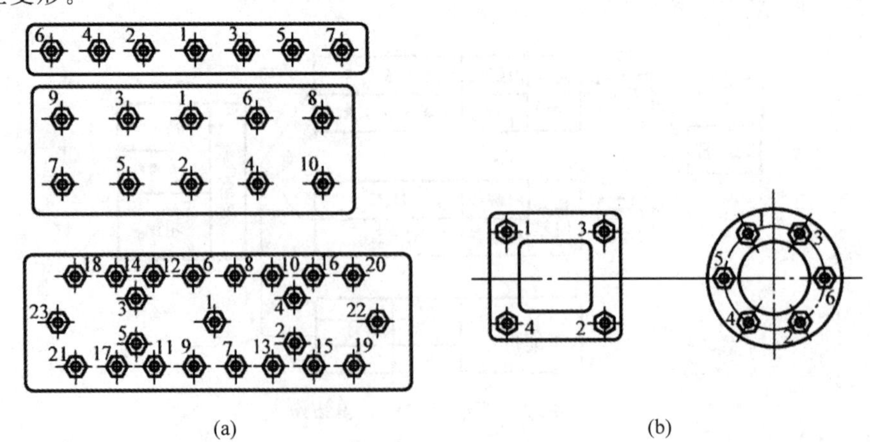

图 8-32 拧紧成组螺母的顺序

2）键联接的装配技术要求

键是用来联接轴和旋转套件（如齿轮、带轮、联轴器等）的一种机械零件，主要用于周向固定以传递转矩。它具有结构简单、工作可靠、装拆方便等优点，因此得到广泛应用。

根据结构特点和用途不同，键联接可分为松键联接、紧键联接和花键联接三大类。

（1）松键联接的装配

① 松键联接概述

松键联接所用的键有普通平键、半圆键、导向平键及滑键等，如图 8-33 所示。它们的特点是：靠键的侧面来传递转矩，只能对轴上零件做周向固定，而不能承受轴向力。轴上零件的轴向固定，要靠紧定螺钉、定位环等定位零件来实现。松键联接的对中性好，能保证轴与轴上零件有较高的同轴度，在高速精密连接中应用较多。松键联接的键与键槽的配合技术要求包括松联接、正常联接、紧密联接。

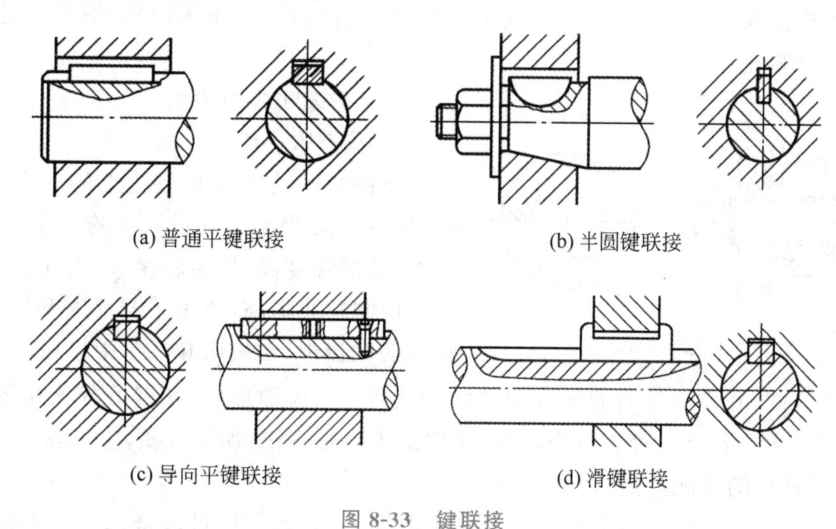
(a) 普通平键联接　(b) 半圆键联接

(c) 导向平键联接　(d) 滑键联接

图 8-33　键联接

② 松键联接的装配要点

a. 清理键及键槽上的毛刺，以防止配合后产生过大的过盈量而破坏配合的正确性。

b. 对于重要的键联接，装配前应检查键的直线度、键槽对轴线的对称度和平行度等。

c. 对普通平键和导向平键，可用键的头部与轴槽试配，应能使键较紧地嵌在轴槽中。

d. 锉配键长时，在键长方向上键与轴槽应有 0.1mm 左右的间隙。

e. 在配合面上加全损耗系统用油，用铜棒或台虎钳（钳口应加软钳口）将键压装在轴槽中，注意使键与槽底贴紧。

f. 试配并安装旋转套件（齿轮、带轮等）时，键与键槽的非配合面应留有间隙，装配后的套件在轴上不允许有周向摆动，否则机器工作时，容易引起冲击和振动。

（2）紧键联接的装配

① 紧键联接概述

紧键联接又叫楔键联接。楔键联接分为普通楔键联接和钩头楔键联接两种，如图 8-34 所示。楔键的上下两面是工作面，键的上表面和与它相接触的轮毂槽的底面均有 1∶100 的斜度，键侧与键槽有一定的间隙，装配时将键打入而构成紧键联接。紧键联接能传递转矩，还能轴向固定零件和传递单方向轴向力。紧键联接的对中性较差，多用于对中性要求不高和转速较低的场合。有钩头的楔键用于不能从另一端将键打出的场合。

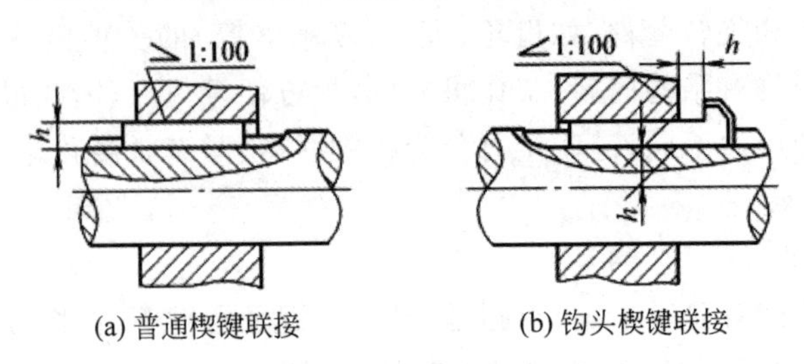

图 8-34 楔键联接

② 楔键联接装配要点

装配楔键时，要用涂色法检查楔键上下表面与轴槽和轮毂槽的接触情况，接触率应大于65%。若发现接触不良，可用锉刀、刮刀修整键槽。合格后，轻敲入键槽，至套件的周向、轴向都紧固可靠为止。

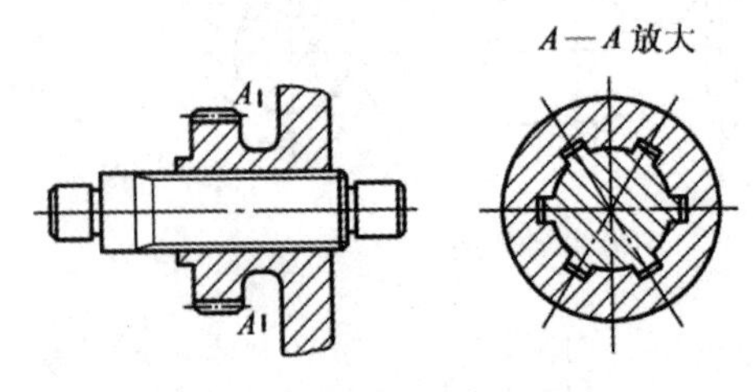

图 8-35 矩形花键联接

(3) 花键联接的装配

① 花键联接概述

花键联接是由轴和毂孔上的多个键齿组成的，如图 8-35 所示。花键联接的工作特点是多齿工作，轴的强度高、传递转矩大、对中性及导向性好。但制造成本高，适用于载荷大和同轴度要求较高的联接中，在机床和汽车中应用较多。

按工作方式，花键联接有静联接和动联接两种；按齿廓形状，花键可分为矩形花键、渐开线花键和三角形花键三种。其中，矩形花键的齿廓是直线，加工方便，应用较广泛。

② 花键联接的装配要点

a. 静联接花键装配。由于套件固定在花键轴上，故有少许过盈量，装配时可用铜棒轻轻打入，但不得过紧，以防止拉伤配合表面。如果过盈量较大，则应将套件加热至 80～120℃后再进行装配。

b. 动联接花键装配。动联接花键装配应保证精确的间隙配合。套件在花键轴上可以自由滑动，没有阻滞现象，但也不能过松，用手摆动套件时，不应感觉有明显的周向间隙。

c. 花键的修整。拉削后热处理的内花键，为消除热处理产生的微量缩小变形，可用花键推刀修整，也可以用涂色法修整，以达到技术要求。

d. 花键副的检验。花键联接装配后应检查花键轴与套件的同轴度和垂直度误差。

3) 销联接的装配技术要求

(1) 销联接概述

销联接的主要作用是定位、联接或锁定零件，有时还可以作为安全装置中的过载剪断元件，如图 8-36 所示。销是一种标准件，形状和尺寸已标准化。大多数销用 35 钢、45 钢制造。销的种类较多，应用广泛，其中最多的是圆柱销及圆锥销。

(2) 圆柱销的装配

圆柱销一般依靠过盈配合固定在孔中，用以固定零件、传递动力或作为定位元件。用圆柱销定位时，为了保证联接质量，被联接件的两孔应同时钻、铰。对销孔尺寸、形状、表面粗

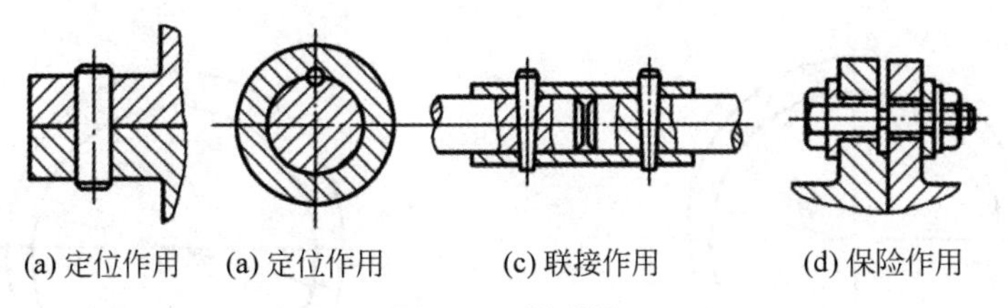
(a) 定位作用　(a) 定位作用　(c) 联接作用　(d) 保险作用

图 8-36　销联接

糙度要求较高,孔壁表面粗糙度值应低于 $Ra1.6\mu m$。圆柱销装配时,应在销子表面涂上全损耗系统用油,用铜棒将销子轻轻打入,也可用 C 形夹头将销子压入销孔。由于圆柱销孔经过铰削加工,多次装拆会降低定位精度和联接的紧固性,故圆柱销不宜多次装拆。

(3) 圆锥销的装配

圆锥销具有 1∶50 的锥度,以小端直径和长度代表其规格,钻孔时以小端直径选用钻头。圆锥销定位准确,装拆方便,在横向力作用下可保证自锁,一般多用作定位、经常装拆的场合。圆锥销装配时,两联接件的销孔应一起钻、铰。用 1∶50 锥度的铰刀铰孔,铰孔时,用试装法控制孔径,以圆锥销自由地插入全长的 80%～85%为宜,如图 8-37 所示。然后,用锤子敲入,圆锥销的大端可稍微露出,或与被联接件表面平齐。

拆卸普通圆柱销和圆锥销时,可从小头(圆锥销)向外敲出。有螺尾的圆锥销可用螺母旋出,如图 8-38 所示。拆卸带内螺纹的圆锥销时,可用拔销器拔出,如图 8-39 所示。

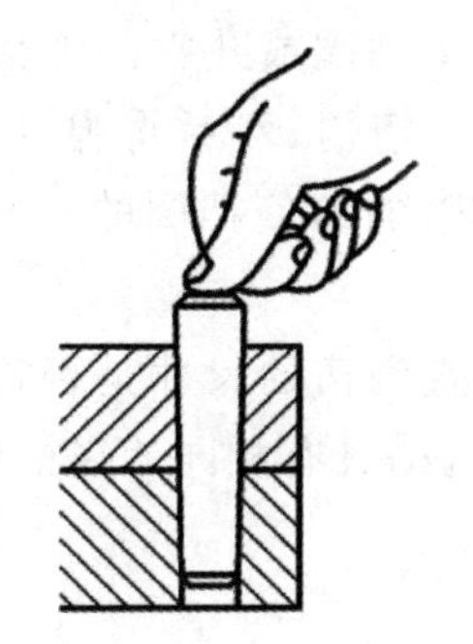
图 8-37　安装圆锥销

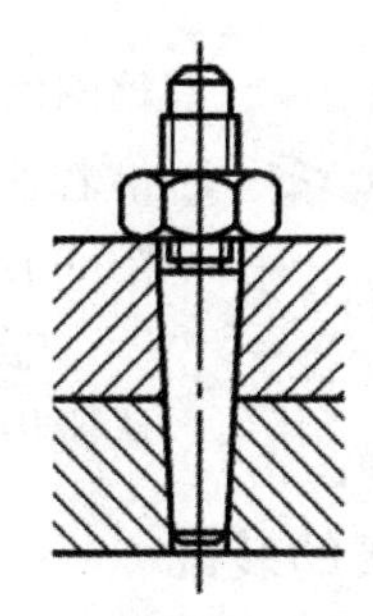
图 8-38　带螺尾圆锥销的拆卸

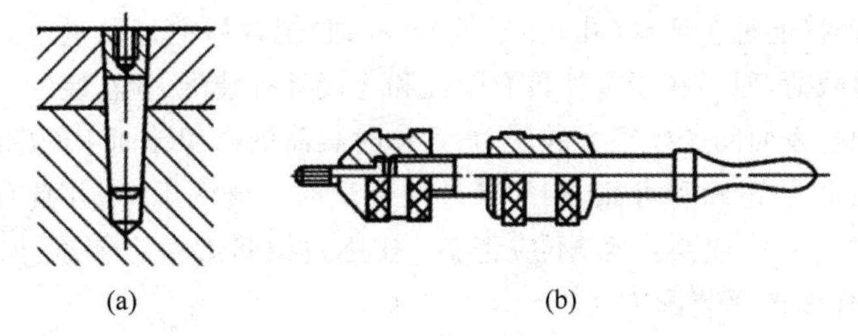
(a)　(b)

图 8-39　带内螺纹圆锥销的拆卸

4) 弹性挡圈的装配技术

(1) 弹性挡圈概述

弹性挡圈用于防止轴或其上零件的轴向移动,分为轴用弹性挡圈(图 8-40)、孔用弹性挡圈(图 8-41)。

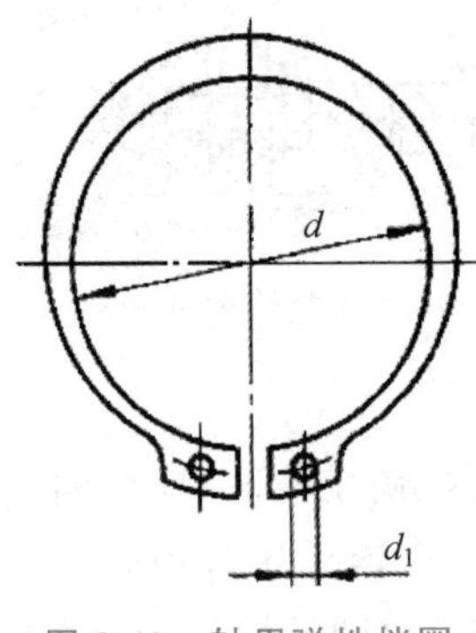

图 8-40 轴用弹性挡圈

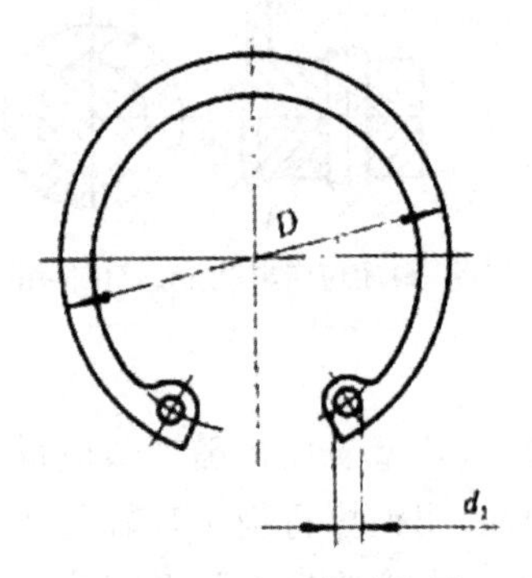

图 8-41 孔用弹性挡圈

在装配过程中，当将轴用弹性挡圈装至轴槽上时，需用轴用挡圈钳（也称外卡簧钳）将挡圈张开；将孔用弹性挡圈装入孔中时，需用孔用挡圈钳（也称内卡簧钳）将挡圈挤压，从而使弹性挡圈承受较大的弯曲应力。

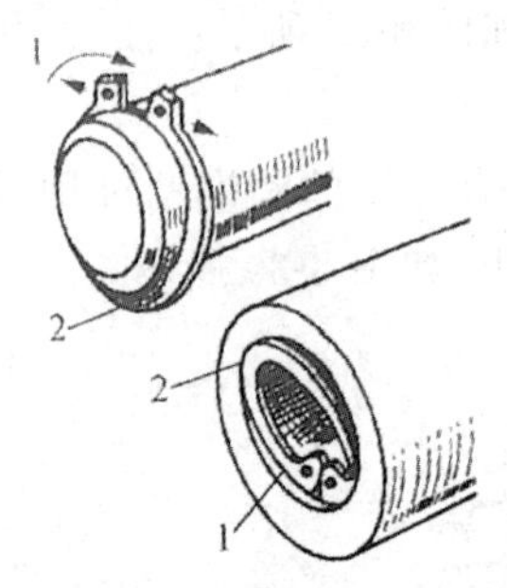

1—两端；2—其余部分

图 8-42 弹性挡圈装配图

（2）装配和拆卸弹性挡圈时注意事项

① 在装配和拆卸弹性挡圈时，应使其工作应力不超过其许用应力（即弹性挡圈的张开量或挤压量不得超出其许可变形量），否则会导致挡圈的塑性变形，影响其工作的可靠性。

② 在装配沟槽处于轴端或孔端的弹性挡圈时，应将弹性挡圈的两端 1 先放入沟槽内，然后将弹性挡圈的其余部分 2 沿着轴或孔的表面推进沟槽，使挡圈的径向扭曲变形最小，如图 8-42 所示。

③ 在安装前应检查沟槽的尺寸是否符合要求，同时应确认所用的弹性挡圈与沟槽具有相同的规格尺寸。

2. 不可拆连接的装配

不可拆连接的特点是连接零件不能相对运动，当拆开连接时，将损伤或破坏连接零件。属于不可拆连接的有过盈连接、焊接连接、铆钉连接、黏合连接和滚口及卷边连接。本节重点介绍过盈连接，过盈连接通过包容件（孔）和被包容件（轴）配合后的过盈量达到紧固连接。过盈连接之所以能传递载荷，原因在于零件具有弹性和连接具有装配过盈，装配后包容件和被包容件的径向变形使配合表面间产生很大的压力，工作时载荷依靠相伴而生的摩擦力来传递。

为保证过盈连接的正确和可靠，相配零件在装配前应清洗干净，并具有较低的表面粗糙度和较高的形状精度；位置要正确，不应歪斜；实际过盈量要符合要求，必要时测出实际过盈量，分组选配；合理选择装配方法。

1）过盈连接

常用的过盈装配方法有压入配合法、热胀配合法、冷缩配合法、液压套合法等。

（1）压入配合法

压入配合法包括手锤加垫块敲击压装法、工具压装法和压力机压装法。其中，锤击法适用于配合精度要求较低或配合长度较短的场合，多用于单件小批生产；工具压装法适用于较紧的过渡配合和轻型过盈配合，如小型的轮圈、轮毂、齿轮、套筒和一般要求的滚动轴承，多用于小批量生产；压力机压装法的压力范围为 $1\sim10^7$N，适于中型和大型过盈配合的连接件，如车轮、飞轮、齿圈、轮毂、连杆衬套、滚动轴承等，多用于成批生产。

（2）热胀配合法

利用物体热胀冷缩的原理，将孔加热使孔径增大，然后将轴自由装入孔中。其常用的加热方法是把孔放入热水（80～100℃）或热油（90～320℃）中。热装零件时加热要均匀，加热温度一般不宜超过 320℃，淬火件不超过 250℃。热胀法一般适用于大型零件且过盈量较大的场合。

（3）冷缩配合法

利用物体热胀冷缩的原理，将轴进行冷却（用固体 CO_2 冷却的零件的冷却槽如图 8-43 所示），待轴缩小后再把轴自由装入孔中。常用的冷却方法是采用干冰、低温箱和液氮进行冷却。冷缩法与热胀法相比，收缩变形量较小，因此多用于过渡配合，有时也用于过盈量较小的配合。

（4）液压套合法

如图 8-44 所示，液压套合法（油压过盈连接）也是一种常用的装配方法。它与压入法、温差法相比有着明显的优点。由于配合的零件间压入高压油，因此包容件产生弹性变形，内孔扩大，配合表面间有一薄层润滑油，再用液压装置或机械推动装置给以轴向推力，当配合件沿轴向移动达到位置后，卸去高压油（先卸径向油压，0.5～1h 后再卸轴向油压），包容件内孔收缩，在配合表面间产生过盈，配合面不易擦伤。

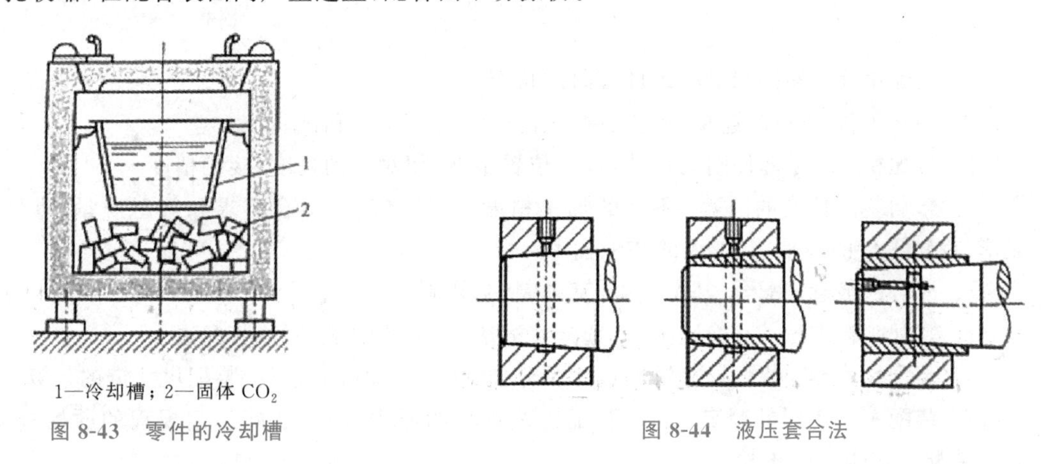

1—冷却槽；2—固体 CO_2

图 8-43　零件的冷却槽

图 8-44　液压套合法

2）过盈连接装配法的选择

（1）压入法或温差法

当配合面为圆柱面时，可采用压入法或温差法（加热包容件或冷却被包容件）装配。当其他条件相同时，用温差法能获得较高的摩擦力或力矩，因为它不像压入法那样会擦伤配合表面。方法的选择由设备条件、过盈量大小、零件结构和尺寸等决定。

（2）手锤打入法

对于零件不经常拆卸、同轴度要求不高的装配，可直接采用手锤打入。

(3) 压力机与专用夹具

相配零件压合后，包容件的外径将会增大，而被包容件如果是套件，则其内径将缩小。压合时除使用压力机外，还须使用一些专用夹具，以保证压合零件得到正确的装夹位置及避免变形。

(4) 包容件加热法

一般包容件可以在煤气炉或电炉中，用空气或液体作介质进行加热。如零件加热温度需要保持在一个狭窄的范围内，且加热特别均匀，最好用液体作介质。液体可以是水或纯矿物油，在高温加热时可使用蓖麻油。大型零件，如齿轮的轮缘和其他环形零件，可用移动式螺旋电加热器以感应电流加热。

(5) 冷却较小的被包容件法

加热大型包容件的工作量很大，最好用相反的方法，即通过冷却较小的被包容件来获得两个零件的温度差。冷却零件时用固体 CO_2 可以把零件冷却到−78℃，液态空气和液态氮气可以把零件冷却到更低的温度(−190～−180℃)。使用冷却方法必须采用保护措施，以防止介质伤人。

总之，过盈连接有对中性好、承载能力强、并能承受一定冲击力等优点，但对配合面的精度要求高，加工和装拆都比较困难。

本章知识点梳理

1. 装配单元：零件、套件、组件、部件、机器
2. 装配工作：清洗、连接、校正、调整、配作、平衡、验收和试验
3. 装配精度：零部件间的尺寸精度、位置精度、相对运动精度、接触精度
4. 影响装配精度的因素：零件的加工精度、零件之间的配合要求和接触质量、零件的变形、旋转零件的不平衡、工人的装配技术
5. 配合的概念：配合、基本偏差、基轴制、基孔制
6. 装配工艺方法：互换装配法、选配装配法、修配装配法、调整装配法
7. 装配尺寸链：装配尺寸链的概念及分类、装配尺寸链的建立、装配尺寸链的计算
8. 装配工艺规程的制定：制定装配工艺规程的原则、制定装配工艺规程的原始资料、制定装配工艺规程的步骤
9. 制定装配工艺规程的步骤：产品分析、确定装配组织形式、划分装配单元、确定装配顺序、划分装配工序、进行工序设计

习 题

1. 判断题(正确画√，错误画×)

(1) 装配工艺过程还应包括调整、检验、试验、油漆和包装等工作。　　(　　)

(2) 机器的质量最终是通过装配质量保证的，若装配不当，即使零件的制造质量都合格，也不一定能够装配出合格的产品。（　）

(3) 有时零件的制造质量不是很好，即使在装配中采用合适的工艺措施，也不能使产品达到规定的技术要求。（　）

(4) 由于在装配过程中，能及时发现机器设计上的错误和零件的加工质量问题，但无法改进，因此可以说装配工艺又是机器制造的最终检验环节。（　）

(5) 一般机器装配单元可以划分为五个等级，即零件、套件、组件、部件和机器。（　）

(6) 分组互换装配法常用于装配精度要求很高、组成环数少、成批或者大量生产的生产场合。（　）

(7) 组件与套件的区别是：组件在以后的装配中可以拆卸，而套件在以后的装配中一般不再拆卸，通常作为一个整体参加装配。（　）

(8) 轴与孔的配合精度是指二者的配合间隙量或配合过盈量有一个精度范围，配合精度影响配合性质和配合质量。（　）

(9) 装配过程中，零部件间的接触精度是指两配合表面、接触表面和连接面间达到规定的接触面积大小与接触点分布情况。（　）

2. 填空题

(1) 在一个基础零件上，装上一个或若干个零件，从而构成一个＿＿＿＿＿所进行的装配过程称为＿＿＿＿＿。

(2) 在一个基础零件上，装上一个或若干个套件和零件，从而构成一个＿＿＿＿＿所进行的装配过程称为＿＿＿＿＿。

(3) 在一个基础件上，装上若干组件、套件和零件，从而构成一个＿＿＿＿＿所进行的装配过程称为＿＿＿＿＿。

(4) 在一个基础件上，装上若干个部件、组件、套件、零件，从而构成机器所进行的装配过程称为＿＿＿＿＿。

(5) 装配精度一般包括零部件间的＿＿＿＿＿、＿＿＿＿＿、＿＿＿＿＿和＿＿＿＿＿。

(6) 装配过程中零部件间的位置精度包括＿＿＿＿＿、＿＿＿＿＿、＿＿＿＿＿和＿＿＿＿＿。

(7) 通常将装配工艺方法归纳为四种，分别为＿＿＿＿＿、＿＿＿＿＿、＿＿＿＿＿和＿＿＿＿＿。

(8) 互换装配法又分为＿＿＿＿＿和＿＿＿＿＿。

3. 多项选择题

(1) 在大批量生产中一般常使用（　）。

A. 完全互换法装配　　B. 分组互换法装配

C. 修配法装配　　D. 固定调整法装配

(2) 装配过程中，零部件间的相对运动精度是指有相对运动的零部件在（　）上的精度。

A. 运动方向　　B. 运动位置　　C. 水平方向　　D. 平行位置

(3) 装配过程中,零部件间的尺寸精度包括(　　)。

A. 配合精度　B. 距离精度　C. 形状精度　D. 尺寸精度

(4) 选配装配法包括(　　)。

A. 直接选配法　B. 分组选配法　C. 复合选配法　D. 测量选配法

(5) 修配法包括(　　)。

A. 单件修配法　B. 合并修配法　C. 自身加工修配法　D. 分组修配法

(6) 调整装配法包括(　　)。

A. 可动调整装配法　B. 固定调整装配法

C. 误差抵消调整装配法　D. 组合调整装配法

(7) 按规定的技术要求,将(　　)进行配合和连接,使之成为半成品或成品的工艺过程称为装配。

A. 零件　B. 套件　C. 组件　D. 部件

4. 简答题

(1) 机器产品的质量是以什么综合评定的?其性能和技术指标是什么?

(2) 机器产品的装配精度和零件的加工精度、装配工艺方法有什么关系?

(3) 什么是装配尺寸链?它与一般的工艺尺寸链有什么不同?

(4) 装配尺寸链如何查找?查找时应注意什么?

(5) 利用极值法和概率法求解装配尺寸链的区别在哪里?应用概率法求解装配尺寸链应注意什么?极值法和概率法各用于什么装配方法?

公称尺寸至 800mm 的标准公差数值（GB/T 1800.1—2009 摘录）

公称尺寸/mm	标准公差等级/μm																	
	IT1	IT2	IT3	IT4	IT5	IT6	IT7	IT8	IT9	IT10	IT11	IT12	IT13	IT14	IT15	IT16	IT17	IT18
＜3	0.8	1.2	2	3	4	6	10	14	25	40	60	100	140	250	400	600	1000	1400
＞3～6	1	1.5	2.5	4	5	8	12	18	30	48	75	120	180	300	480	750	1200	1800
＞6～10	1	1.5	2.5	4	6	9	15	22	36	58	90	150	220	360	580	900	1500	2200
＞10～18	1.2	2	3	5	8	11	18	27	43	70	110	180	270	430	700	1100	1800	2700
＞18～30	1.5	2.5	4	6	9	13	21	33	52	84	130	210	330	520	840	1300	2100	3300
＞30～50	1.5	2.5	4	7	11	16	25	39	62	100	160	250	390	620	1000	1600	2500	3900
＞50～80	2	3	5	8	13	19	30	46	74	120	190	300	460	740	1200	1900	3000	4600
＞80～120	2.5	4	6	10	15	22	35	54	87	140	220	350	540	870	1400	2200	3500	5400
＞120～180	3.5	5	8	12	18	25	40	63	100	160	250	400	630	1000	1600	2500	4000	6300
＞180～250	4.5	7	10	14	20	29	46	72	115	185	290	460	720	1150	1850	2900	4600	7200
＞250～315	6	8	12	16	23	32	52	81	130	210	320	520	810	1300	2100	3200	5200	8100
＞315～400	7	9	13	18	25	36	57	89	140	230	360	570	890	1400	2300	3600	5700	8900
＞400～500	8	10	15	20	27	40	63	97	155	250	400	630	970	1550	2500	4000	6300	9700
＞500～630	9	11	16	22	32	44	70	110	175	280	440	700	1100	1750	2800	4400	7000	11000
＞630～800	10	13	18	25	36	50	80	125	200	320	500	800	1250	2000	3200	5000	8000	12500

注：1. 公称尺寸大于 500mm 的 IT1～IT5 的数值为试行数值。

2. 公称尺寸小于或等于 1mm 时，无 IT14～IT18。

公差等级与加工方法的关系

加工方法	公差等级(IT)																	
	01	0	1	2	3	4	5	6	7	8	9	10	11	12	13	14	15	16
研磨	—	—	—	—	—	—	—											
珩						—	—	—	—									
圆磨、平磨							—	—	—	—								
金刚石车、金刚石镗							—	—	—									
拉削							—	—	—	—								
铰孔								—	—	—	—	—						
车、镗									—	—	—	—	—					
铣										—	—	—	—					
刨、插												—	—					
钻孔												—	—	—	—			
滚压、挤压												—	—					
冲压												—	—	—	—	—		
压铸													—	—	—	—		
粉末冶金成型								—	—	—								
粉末冶金烧结									—	—	—	—						
砂型铸造、气割																		—
锻造																	—	

机械加工余量

单位：mm

1. 总加工余量

常见毛坯	手工造型铸件	自由锻件	模锻件	圆棒料
总加工余量	3.5～7	2.5～7	1.5～3	1.5～2.5

2. 工序余量

加工方法	粗车	半精车	高速精车	低速精车	磨削	研磨
总加工余量	1～1.5	0.8～1	0.4～0.5	0.1～0.15	0.15～0.25	0.003～0.025

3. 镗孔加工余量

加工孔的直径	材料								
	轻合金		巴氏合金		青铜及铸铁		钢件		细镗前加工精度为4级
	粗加工	精加工	粗加工	精加工	粗加工	精加工	粗加工	精加工	
≤ϕ30	0.2	0.1	0.3	0.1	0.2	0.1	0.2	0.1	0.045
ϕ31～ϕ50	0.3	0.1	0.4	0.1	0.3	0.1	0.2	0.1	0.05
ϕ51～ϕ80	0.4	0.1	0.5	0.1	0.3	0.1	0.2	0.1	0.06
ϕ81～ϕ120	0.4	0.1	0.5	0.1	0.3	0.1	0.3	0.1	0.07
ϕ121～ϕ180	0.5	0.1	0.6	0.2	0.4	0.1	0.3	0.1	0.08
ϕ181～ϕ260	0.5	0.1	0.6	0.2	0.4	0.1	0.3	0.1	0.09
ϕ261～ϕ360	0.5	0.1	0.6	0.2	0.4	0.1	0.3	0.1	0.1

注：当一次镗削时，加工余量应该是粗加工余量＋精加工余量。

参考文献

[1] 吴拓. 机械制造技术基础[M]. 北京：清华大学出版社，2007.
[2] 杨壮凌. 机械制造技术基础[M]. 北京：中国地质大学出版社，2013.
[3] 于爱武. 机械加工工艺编制与实施[M]. 北京：人民邮电出版社，2020.
[4] 刘治伟. 装配钳工工艺学[M]. 北京：机械工业出版社，2019.
[5] 李凯岭. 机械制造技术基础[M]. 北京：机械工业出版社，2019.
[6] 于俊一. 机械制造技术基础[M]. 北京：机械工业出版社，2009.
[7] 李华. 机械制造技术[M]. 北京：高等教育出版社，2009.
[8] 谢志刚. 基于知识模块化与考核过程化的"机械制造技术"教学实践与研究[J]. 哈尔滨职业技术学院学报，2014(6)：42-43.
[9] 陈立德. 机械设计基础课程设计指导书[M]. 北京：高等教育出版社，2019.
[10] 朱仁盛. 机械制造技术基础[M]. 北京：北京理工大学出版社，2017.
[11] 李蓓智. 机械制造技术基础[M]. 上海：上海科学技术出版社，2017.
[12] 赵玉民. 机械制造技术[M]. 北京：北京邮电大学出版社，2008.
[13] 陈朴. 机械制造技术基础[M]. 重庆：重庆大学出版社，2012.
[14] 陈勇. 机械制造技术[M]. 北京：冶金工业出版社，2008.
[15] 曾志新. 机械制造技术基础[M]. 北京：高等教育出版社，2011.
[16] 劳动和社会保障部教材办公室组织. 机床夹具[M]. 北京：中国劳动社会保障出版社，2001.
[17] 徐发仁. 机床夹具设计[M]. 重庆：重庆大学出版社，1993.
[18] 傅承基. 机床夹具[M]. 2 版. 南京：东南大学出版社，1994.
[19] 杨金凤. 机床夹具及应用[M]. 北京：北京理工大学出版社，2011.
[20] 东北重型机械学院，洛阳农业机械学院. 机床夹具设计手册[M]. 上海：上海科学技术出版社，1980.
[21] 徐鸿本. 机床夹具设计手册[M]. 沈阳：辽宁科学技术出版社，2004.
[22] 宋绪丁. 机械制造技术基础[M]. 西安：西北工业大学出版社，2011.
[23] 唐建生. 金属切削与刀具[M]. 武汉：武汉理工大学出版社，2009.
[24] 许先绪. 金属切削刀具[M]. 上海：上海科学技术文献出版社，1985.
[25] 郭欣宾. 金属切削刀具[M]. 北京：机械工业出版社，1987.
[26] 袁哲俊. 金属切削刀具[M]. 2 版. 上海：上海科学技术出版社，1993.
[27] 王晓霞. 金属切削原理与刀具[M]. 北京：航空工业出版社，2000.
[28] 张兆隆. 机械制造技术[M]. 北京：北京理工大学出版社，2019.
[29] 陈爱荣. 机械制造技术[M]. 北京：北京理工大学出版社，2019.
[30] 赵雪松. 机械制造技术基础[M]. 武汉：华中科技大学出版社，2006.